studien—text
Physik

studien—text

Physik

Grawert, G.: Quantenmechanik
5. Aufl., VIII, 346 Seiten, 22 Abb., kart., DM 29,80, ISBN 3-923944-40-3

Großmann, S.: Fuktionalanalysis im Hinblick auf Anwendungen in der Physik
4., korr. Aufl. 317 S., 11 Abb., kart., DM 36,80, ISBN 3-89104-479-8

Heber, G.: Einführung in die Theorie des Magnetismus
172 Seiten, 53 Abb., kart., DM 29,80, ISBN 3-923944-46-2

Jelitto, R.: Mechanik I (Theoretische Physik 1)
3., korr. Aufl., 273 Seiten, 85 Abb., kart., DM 29,80, ISBN 3-89104-512-3

Jelitto, R.: Mechanik II (Theoretische Physik 2)
3., vollst. neu bearb. Aufl., XIII, 314 Seiten, 73 Abb., kart., DM 39,90, ISBN 3-89104-569-7

Jelitto, R.: Elektrodynamik (Theoretische Physik 3)
3., vollst. neu bearb. Aufl., 382 Seiten, 106 Abb., kart., DM 39,80, ISBN 3-89104-568-9

Jelitto, R.: Quantenmechanik I (Theoretische Physik 4)
3., korr. Aufl., X, 380 Seiten, 54 Abb., kart., DM 36,80, ISBN 3-89104-547-6

Jelitto, R.: Quantenmechanik II (Theoretische Physik 5)
2., korr. Aufl., VI, 458 Seiten, 52 Abb., kart., DM 36,80, ISBN 3-89104-468-2

Jelitto, R.: Thermodynamik und Statistik (Theoretische Physik 6)
2., korr. Aufl. XII, 440 Seiten, 82 Abb., kart., DM 36,80, ISBN 3-89104-469-4

Schmelzer, J.: Repetitorium der klassischen theoretischen Physik.
Theoretische Mechanik, Elektrodynamik und Thermodynamik.
Formelsammlung, wesentliche Resultate und Kontrollfragen.
XII, 206 Seiten, 91 Abb., kart., DM 29,80, ISBN 3-69104-534-4

Schmelzer, J., Ulbricht, H., Mahnke, R.: Aufgabensammlung zur klassischen theoretischen Physik.
Aufgaben mit Lösungen und Lösungshinweisen.
XII, 399 Seiten, zahlr. Abb., kart., DM 34,80, ISBN 3-89104-545-X

Zimmermann, P.: Einführung in die Atom- und Molekülphysik
VIII, 115 Seiten, 61 Abb., kart., DM 19,80, ISBN 3-923944-76-4

Preisänderungen vorbehalten

Rainer J. Jelitto

Mechanik II

Theoretische Physik 2

Eine Einführung in die
mathematische Naturbeschreibung

Mit 73 Abbildungen, Aufgaben und Lösungen

3., vollständig neu bearbeitete Auflage

AULA-Verlag Wiesbaden

Prof. Dr. Rainer J. Jelitto
Institut für Theoretische Physik
der J. W. Goethe Universität
Robert-Mayer-Str. 8-10
60325 Frankfurt/M.

Die Deutsche Bibliothek - CIP-Einheitsaufnahme

Jelitto, Rainer J.:
Theoretische Physik : eine Einführung in die mathematische
Naturbeschreibung / Rainer J. Jelitto. - Wiesbaden : Aula-Verl.
  (Studien-Text : Physik)
  Teilw. in der Akad.Verl.-Ges., Wiesbaden
2. Mechanik. - 2. - 3., vollst. neu bearb. Aufl. - 1995
  ISBN 3-89104-569-7

3.,vollständig neu bearbeitete Auflage 1995.

© 1983, 1995 AULA-Verlag GmbH, Wiesbaden, Verlag für Wissenschaft und Forschung

Das Werk ist einschließlich aller seiner Teile urheberrechtlich geschützt. Jede Verwertung außerhalb der engen Grenzen des Urheberrechtsgesetzes ist ohne Zustimmung des Verlages unzulässig und strafbar. Dies gilt insbesondere für Vervielfältigungen auf fotomechanischem Wege (Fotokopie, Mikrokopie), Übersetzungen, Mikroverfilmungen und die Einspeicherung und Verarbeitung in elektronischen Systemen.
Druck und Verarbeitung: PDC, Paderborner Druck Centrum
Printed in Germany / Imprimé en Allemagne

ISSN 0170-6969
ISBN 3-89104-569-7

Vorwort

zu Band II

In diesem Band wird die Theoretische Mechanik zu einem dem Kursniveau entsprechenden Abschluß gebracht. In Inhalt und Methode stellt er eine direkte Fortsetzung der *Mechanik I* dar. Rein optisch dient die fortlaufende Zählung der Kapitel der Unterstreichung dieses Sachverhaltes.

Abermals lege ich großen Wert auf die Betonung des Zusammenhanges physikalischer Fragestellungen mit den zu ihrer Behandlung angemessenen mathematischen Methoden. Das gilt besonders für die Theorie linearer Abbildungen in Vektorräumen, die weit über ihre rein rechentechnische Anwendung hinaus zum Eckpfeiler theoretisch-physikalischen Denkens geworden ist. Der Darstellung der für diesen Zweck wichtigsten Ergebnisse dient das einleitende Kapitel 7, das die Einführung in die Lineare Algebra im Rahmen des Mathematikkurses ergänzen möge. Mit Bedacht bediene ich mich dabei einer Sprache, die bereits jetzt den Zugang zur Mathematik der Quantenmechanik vorbereitet.

Hingegen konnte ich mich – vor allem in Hinblick auf den Umfang des Bandes – nicht dazu entschließen, die Einführung in allgemeine Koordinatentransformationen, die in Kapitel 10 erfolgt, in der – an sich angemessenen – Sprache der Tensoranalysis zu formulieren. Dieses Kapitel hat nicht nur die Aufgabe, allgemein nützliches mathematisches Rüstzeug bereitzustellen; es soll auch – nicht zuletzt durch die gewisse Unhandlichkeit seiner Ergebnisse – die Einsicht in den praktischen Nutzen der Lagrangeschen und Hamiltonschen Theorie fördern.

Im übrigen habe ich darauf verzichtet, im Ausbau der Theorie *elementare* und *formale* Mechanik säuberlich voneinander zu trennen. So werden das Keplerproblem und die Mechanik des starren Körpers erst nach der Darstellung der Lagrangeschen Form der Mechanik behandelt. Doch macht die Erweiterung des Invarianzrahmens, die durch diese Formulierung geleistet wird, die Behandlung der erwähnten konkreten Probleme begrifflich wie technisch um soviel leichter, daß mir der eingeschlagene Weg als vernünftig erscheint.

Im Zuge der Ausführungen zum Problem der Potentialstreuung in Kapitel 13 macht der Leser erstmals Bekanntschaft mit statistischen Argumenten. Aus diesem Grunde ist dort – ungewöhnlich an dieser Stelle – eine Einführung in die Grundlagen der Wahrscheinlichkeitsrechnung zu finden.

Bei der Darstellung der analytischen Mechanik schließlich, die im umfangreichen Kapitel 15 erfolgt, versuche ich über eine Grundlegung der Begriffe *Zustand* und *Prozeß* erste Einblicke in die strukturelle Gemeinsamkeit physikalischer Theorien schlechthin zu vermitteln. Ansonsten bin ich darum bemüht, wenigstens am Rande auf Begriffe wie *integrable Systeme*, *orbitale Stabilität* und *dynamische (Halb)gruppe* hinzuweisen, die während der letzten Jahre stark in den Mittelpunkt des Interesses gerückt sind.

Für die Anfertigung der Reinschrift und der Zeichnungen habe ich abermals den Damen *E. Martens* und *G. Boffo* herzlich zu danken. Die Idee zu mancher Formulierung entstand im Gespräch mit meinem Mitarbeiter *Dr. Michael Heise*; auch ihm sei an dieser Stelle gedankt.

Frankfurt am Main, im August 1982

Rainer J. Jelitto

Vorwort

zur 3. Auflage

Die augenfälligste Änderung, die die *Mechanik II* in der 3. Auflage erfahren hat, liegt in ihrem neuen Erscheinungsbild infolge des Überganges vom Schreibmaschinen- zum zeitgemäßen TEX-Satz.

Diese Umstellung bot die Möglichkeit sowohl zur inhaltlichen Überarbeitung als auch zur typographischen Umgestaltung. Von beidem wurde gründlich Gebrauch gemacht.

Grundsätzliche Änderungen in inhaltlicher Hinsicht erschienen mir allerdings nach wie vor nicht vonnöten, zumal dieser Band der *Mechanik I* in der Auflage nur nachfolgt. Doch gab es Anlaß für eine ganze Reihe kleiner und größerer Modifikationen, meist innerhalb der Kapitel, wo Verbesserungen inhaltlicher oder stilistischer Art anstanden, die im starren Rahmes des bisherigen Typoskripts nicht realisiert werden konnten. Nur die markantesten sollen hier erwähnt werden. So wurden die Kapitel 8 und 9 aus Gründen der Logik des Aufbaus der Darstellung gegeneinander ausgetauscht. Größere Änderungen erfuhr auch das Kapitel 13: Hier wurde zum einen die Einführung in die Wahrscheinlichkeitsrechnung gründlich überarbeitet und – wie ich hoffe – einsichtiger gemacht und zum anderen ein Fehler in der graphischen Darstellung des Rutherfordschen Wirkungsquerschnitts beseitigt.

Die während der Entwicklung des Stoffes von Fall zu Fall zitierte Literatur wurde zusammen mit einigen ergänzenden Literaturhinweisen in einem **Kommentierten Literaturverzeichnis** zusammengefaßt. Dort findet der Leser Hinweise auf die Bedeutung und Einordnung der verschiedenen Quellen, die ihm bei der Auswahl von ergänzender Literatur helfen sollen.

Die größten Änderungen hat aber der **Übungsteil** erfahren, der von den Lesern und von mir gleichermaßen als besonders wichtig angesehen wird. Er wurde neu strukturiert und durch einige neue Aufgaben zu wichtigen Konzepten ergänzt. Auch sind die Aufgaben jetzt ausnahmslos mit ausführlichen Lösungen versehen. Viele Übungsaufgaben, die sich abgeschlossenen Themen widmen, tragen nun illustrative Überschriften. Wichtige Aufgaben, die den Stoff wesentlich ergänzen, sind als solche gekennzeichnet. Des weiteren sind nun auch Stichworte aus dem Übungsteil in das Register eingestellt, um die Orientierung über die Übungsthemen zu erleichtern. All diese Maßnahmen werden, so hoffe ich, die Nützlichkeit dieses wesentlichen Bestandteiles des Lehrbuchs erhöhen.

Die typographischen Möglichkeiten von TEX wurden genutzt, um eine bessere Strukturierung des Textes zu erreichen. Dazu gehört sowohl, daß Nebengedanken und Beispiele durch kleineren Druck vom Haupttext abgesetzt wurden, als auch das allerdings sparsam eingesetzte Mittel der Rahmung wirklich wichtiger Formeln. Zusammen mit der besseren Lesbarkeit des Textes und vor allem der Formeln sollen diese Veränderungen die Orientierung in dem Buch erleichtern und dadurch zu seiner Verständlichkeit beitragen.

Der einzige Nachteil der Umstellung soll allerdings nicht unerwähnt bleiben: Bei aller Sorgfalt wird der komplette Neusatz von Text und Formeln ganz unweigerlich auch zu neuen Fehlern geführt haben, die der Korrektur bisher entgangen sind. Hierfür bitte ich die Leser schon jetzt um Nachsicht! Bereits in der Vergangenheit habe ich ihnen Hinweise auf zahlreiche Fehler und viele Verbesserungsvorschläge zu verdanken gehabt; auch für die Zukunft möchte ich ihre Hilfe herzlich erbitten.

Dank habe ich zu sagen meinem Mitarbeiter *Dr. Michael Heise* für Korrekturlesen und Diskussionen, dem *AULA-Verlag* für die Unterstützung der Umsetzung und ganz besonders Herrn *Dr. Manfried Milch, Stuttgart*, für ihre perfekte technische Realisierung. Ohne seinen Einsatz wäre die TEX-Fassung nicht so pünktlich und reibungslos fertig geworden.

Frankfurt am Main, im April 1995

Rainer J. Jelitto

Inhaltsverzeichnis

7 Lineare Abbildungen und Transformationen   **1**
7.1 Lineare Abbildungen und Funktionale 1
    7.1.1 Lineare Funktionale auf unitären Vektorräumen 3
    7.1.2 Lineare Operatoren auf endlich-dimensionalen unitären Vektorräumen und Matrizen 4
        7.1.2.1 Definition der Matrix 4
        7.1.2.2 Hintereinanderausführung von linearen Abbildungen und Matrixprodukt 5
        7.1.2.3 Der Vektorraum der $(d' \times d)$-Matrizen 8
        7.1.2.4 Die Algebra der quadratischen Matrizen 8
        7.1.2.5 Funktionen von Matrizen 10
        7.1.2.6 Zur Frage der Inversen einer quadratischen Matrix 11
        7.1.2.7 Die transponierte und die adjungierte Matrix . 12
7.2 Drehungen, orthogonale und unitäre Koordinatentransformationen 14
    7.2.1 Definition und allgemeine Eigenschaften 14
    7.2.2 Die aktive und die passive Deutung; orthogonale Koordinatentransformationen 16
7.3 Eigenwerte, Eigenvektoren und hermitesche Matrizen 18
    7.3.1 Definitionen und grundlegende Eigenschaften 18
    7.3.2 Das Eigenwertproblem bei speziellen Typen von Abbildungen 19
        7.3.2.1 Hermitesche Matrizen in unitären Vektorräumen 20
        7.3.2.2 Hauptachsentransformationen 21
        7.3.2.3 Symmetrische Matrizen in euklidischen Vektorräumen 23
        7.3.2.4 Unitäre und orthogonale Matrizen 23
        7.3.2.5 Antisymmetrische Matrizen im dreidimensionalen euklidischen Vektorraum 24

7.4	Weiteres zu unitären und orthogonalen Transformationen	25
	7.4.1 Allgemeine Definition von Matrixfunktionen	25
	7.4.2 Hypermaximale Darstellung unitärer Transformationen	26
	7.4.3 Die Exponentialdarstellung eigentlicher Drehungen im dreidimensionalen euklidischen Vektorraum	27
7.5	Determinanten	28
	7.5.1 Definition und grundlegende Eigenschaften	28
	7.5.2 Anwendungen auf die Matrizenrechnung	31

8 Gleichgewichte und Schwingungen von Punktsystemen — 34

- 8.1 Harmonisch gebundene Punktsysteme … 34
  - 8.1.1 Das Modell … 34
  - 8.1.2 Die Formulierung des Problems mittels Matrizen … 36
  - 8.1.3 Das mechanische Gleichgewicht des Punktsystems … 37
  - 8.1.4 Bewegungen um die Gleichgewichtslage … 38
  - 8.1.5 Anwendungen und Beispiele … 40
    - 8.1.5.1 Zwei gekoppelte lineare Oszillatoren … 41
    - 8.1.5.2 Lineare Schwingungen eines dreiatomigen symmetrischen Moleküls … 43
    - 8.1.5.3 Physikalische Anwendungen … 45
- 8.2 Schwingungen um Gleichgewichte … 46

9 Bewegte Bezugssysteme — 51

- 9.1 Transformation zwischen kartesischen Koordinatensystemen … 51
- 9.2 Zeitabhängige Koordinatentransformationen … 54
  - 9.2.1 Reine Drehungen … 54
  - 9.2.2 Allgemeine Bewegungen … 58
- 9.3 Physikalische Anwendungen … 59
  - 9.3.1 Transformation der Bewegungsgleichungen … 59
  - 9.3.2 Irdische Laborsysteme als beschleunigte Bezugssysteme … 60

10 Krummlinige Koordinaten — 64

- 10.1 Differenzierbare punktweise Abbildungen des Raumes … 65
- 10.2 Krummlinige Koordinaten und Koordinatensysteme … 69
  - 10.2.1 Die lokale Basis … 69
  - 10.2.2 Darstellungen in der lokalen Basis … 74
    - 10.2.2.1 Darstellung von Vektoren … 74
    - 10.2.2.2 Darstellung von skalaren und Vektorfeldern … 76
    - 10.2.2.3 Zeitableitungen und Vektoroperationen … 78
- 10.3 Beispiele … 81
  - 10.3.1 Zylinderkoordinaten … 82
  - 10.3.2 Kugelkoordinaten … 84

11 Die Formulierung der Mechanik nach Lagrange — 88
11.1 Vorläufiges zur Motivation 88
11.2 Zwangsbedingungen II, Freiheitsgrade, generalisierte Koordinaten und der Konfigurationsraum 91
    11.2.1 Zwangsbedingungen 91
        11.2.1.1 Vorbereitung am Beispiel eines Massenpunktes 91
        11.2.1.2 Punktsysteme 93
    11.2.2 Generalisierte Koordinaten und der Konfigurationsraum 95
11.3 Das Hamiltonsche Prinzip und die Lagrangeschen Gleichungen 97
    11.3.1 Vorbemerkungen 97
    11.3.2 Das Wirkungsfunktional und das Hamiltonsche Prinzip 98
    11.3.3 Grundzüge der Variationsrechnung 101
    11.3.4 Die Lagrangeschen Gleichungen der Mechanik 106
    11.3.5 Die Lagrange-Funktion 106
    11.3.6 Der Äquivalenzbeweis 107
        11.3.6.1 Systeme ohne Zwangsbedingungen 107
        11.3.6.2 Die Invarianz unter Punkttransformationen . . 108
        11.3.6.3 Der Einbau holonomer Zwangsbedingungen . . 110
11.4 Vertieftes Verständnis der Lagrange-Theorie 111
    11.4.1 Die Form der Lagrange-Funktion in beliebigen Koordinaten 111
    11.4.2 Beispiel: Das Keplerproblem 114
    11.4.3 Erweiterungen der Theorie 115

12 Das Zweikörper-Zentralkraftproblem — 120
12.1 Reduktion auf ein Einkörperproblem 121
12.2 Die Relativbewegung 122
12.3 Vergleich mit der eindimensionalen Bewegung und Bahnformen 124
12.4 Die Keplerbewegung 128
    12.4.1 Allgemeine Betrachtungen 128
    12.4.2 Der Orbit der Keplerbewegung 129
    12.4.3 Die Keplerschen Gesetze 132
    12.4.4 Rückbesinnung auf das Zweikörperproblem 134

13 Elemente der Streutheorie — 138
13.1 Zur Statistik von Streuversuchen 139
    13.1.1 Determination und Statistik 139
    13.1.2 Elemente der Wahrscheinlichkeitsrechnung 140
    13.1.3 Statistische Interpretation des Streuexperimentes; der Wirkungsquerschnitt 150

13.2 Die Streuung am Zentralpotential 155
    13.2.1 Allgemeine Betrachtungen 156
    13.2.2 Coulombstreuung und die Rutherfordsche Streuformel . 158
13.3 Reale Streuprozesse 162
    13.3.1 Umrechnung des Streuquerschnitts in das Laborsystem . 163
    13.3.2 Weiterführende Bemerkungen 164

14 Mechanik des starren Körpers   166
14.1 Der kontinuierliche Körper 169
14.2 Kinematik des starren Körpers 171
14.3 Statik des starren Körpers 174
14.4 Der Trägheitstensor 177
    14.4.1 Bewegungen um einen festen Punkt 178
        14.4.1.1 Die Hauptträgheitsmomente und -achsen . . . 181
        14.4.1.2 Wechsel des Drehpunktes: Der Steinersche Satz 183
    14.4.2 Rotation um eine feste Achse 184
        14.4.2.1 Allgemeine Betrachtungen 184
        14.4.2.2 Beispiel: Das physikalische Pendel 186
    14.4.3 Allgemeine Bewegungen 187
14.5 Zur Dynamik des starren Körpers 188
    14.5.1 Die Bewegungsgleichungen 188
    14.5.2 Das Grundproblem der Koordinatenwahl 189
    14.5.3 Die Eulerschen Winkel 191
14.6 Elemente der Kreiseltheorie 192
    14.6.1 Die Kreiselgleichungen 194
    14.6.2 Der freie Kreisel 195
        14.6.2.1 Der symmetrische freie Kreisel im körperfesten Koordinatensystem 196
        14.6.2.2 Der symmetrische freie Kreisel im raumfesten Koordinatensystem 198
    14.6.3 Zur Problematik des schweren Kreisels 201

15 Formale Mechanik   202
15.1 Erhaltungssätze und Symmetrien 203
    15.1.1 Über die Klasse der zulässigen Lagrangefunktionen . . . 204
    15.1.2 Die Homogenität der Zeit und die Erhaltung der Energie 205
    15.1.3 Die Homogenität des Raumes und die Erhaltung des Gesamtimpulses 207

15.1.4 Die Isotropie des Raumes und die Erhaltung
des Gesamtdrehimpulses 209
15.2 Die Hamiltonsche Formulierung der Mechanik 211
15.2.1 Die Hamiltonfunktion und die kanonischen
Gleichungen der Mechanik 212
15.2.2 Die Bestimmung der Hamiltonfunktion 213
15.3 Phasenraum, Phasenbahn und Poissonklammern 216
15.3.1 Phase, Phasenraum und Phasentrajektorie 216
15.3.2 Zustand und Prozeß 217
15.3.3 Mechanische Größen und Poissonklammern 220
15.4 Das Hamiltonsche Prinzip und kanonische Transformationen . . 226
15.4.1 Die kanonischen Gleichungen und das
Hamiltonsche Prinzip 226
15.4.2 Kanonische Transformationen 228
15.4.2.1 Allgemeine Betrachtungen 228
15.4.2.2 Wann ist eine Phasentransformation
kanonisch? 230
15.4.2.3 Andere Formen der Erzeugenden 234
15.4.2.4 Praktische Kriterien für kanonische Transformationen 239
15.4.3 Die Wirkungsfunktion als Erzeugende der Bewegung . . 245
15.5 Die Theorie von Hamilton-Jacobi 247
15.5.1 Die partielle Differentialgleichung von Hamilton-Jacobi . 248
15.5.2 Zur physikalischen Bedeutung der erzeugenden Funktion, die die Hamilton-Jacobi-Gleichung löst 252
15.5.3 Energieerhaltung und die ‚verkürzte Wirkung' 253
15.6 Schlußbemerkungen 255

Kommentiertes Literaturverzeichnis **257**

Übungsaufgaben mit Lösungen **263**
zu Kapitel 7 263
zu Kapitel 8 269
zu Kapitel 9 275
zu Kapitel 10 277
zu Kapitel 11 279
zu Kapitel 12 288
zu Kapitel 13 289
zu Kapitel 14 295
zu Kapitel 15 298

Register **305**

7 Lineare Abbildungen und Transformationen

Um den weiteren Ausbau der Mechanik, dem wir uns in der Folge zuwenden wollen, besser zu verstehen, müssen wir nun wieder einige nützliche mathematische Konzepte und Methoden kennenlernen, die sich – obwohl sie ein weites Gebiet überdecken – sämtlich auf den Begriff der Abbildung zurückführen lassen. Primär geht es dabei um Abbildungen, die auf *endlich-dimensionalen linearen Vektorräumen* definiert sind, doch werden wir häufig Konzepten begegnen, die (im Rahmen der Funktionalanalysis) auch auf allgemeineren Räumen sinnvoll sind und dort eine wichtige Rolle spielen.

7.1 Lineare Abbildungen und Funktionale

Die reelle Funktion
$$y = a\,x + b$$
(a, b = reell) der reellen Variable x bezeichnet man bekanntlich als *linear*, und zwar für $b = 0$ als *homogen* und für $b \neq 0$ als *inhomogen* linear. Wichtig für unsere folgenden Überlegungen wird vor allen Dingen der homogene Fall sein, und deswegen werden wir im folgenden unter „linear" stets „homogen linear" verstehen, wenn wir nicht ausdrücklich das Gegenteil sagen.

Speziell betrachten wir eindeutige Abbildungen aus einem linearen komplexen Vektorraum[1] $\mathcal{V}_1$ in einer solchen $\mathcal{V}_2$:
$$\mathcal{V}_1 \supset \mathcal{D}_f \ni \mathbf{a} \xrightarrow{f} \mathbf{b} = f(\mathbf{a}) \in \mathcal{W}_f \subset \mathcal{V}_2\,.$$

Wir nennen diese Abbildung *linear*, wenn sie die gleichen Grundeigenschaften hat wie die (homogen) linearen Funktionen einer Variable, nämlich dann und nur dann, wenn

---

[1] Wir könnten die folgenden Untersuchungen auch für *reelle* Vektorräume durchführen, ziehen es aber vor, gleich mit dem allgemeineren Fall zu beginnen: Da jeder komplexe Vektorraum einen reellen enthält, stellt die Theorie in reellen Vektorräumen einen Spezialfall der hier gegebenen dar. Erst bei der späteren Interpretation und Anwendung der Theorie zur Beschreibung von geometrischen Sachverhalten werden wir die beiden Raumarten deutlicher auseinanderhalten müssen.

1.) mit $\mathbf{a}_1, \mathbf{a}_2 \in \mathcal{D}_f$ für alle komplexen α_1, α_2 auch $\alpha_1 \mathbf{a}_1 + \alpha_2 \mathbf{a}_2 \in \mathcal{D}_f$ ist

und

2.) $f(\alpha_1 \mathbf{a}_1 + \alpha_2 \mathbf{a}_2) = \alpha_1 f(\mathbf{a}_1) + \alpha_2 f(\mathbf{a}_2)$

gilt.

Wir sehen sofort, warum es klug ist, sich auf Abbildungen auf Vektorräumen zu beschränken; müssen doch sowohl im Definitions- als auch im Wertebereich die Addition und die Multiplikation mit komplexen Zahlen möglich sein, und gehören diese Eigenschaften gerade zu den prominentesten Eigenschaften von Vektoren.

Untersuchen wir solche linearen Abbildungen etwas genauer!
Erstens gelten stets:

$$\mathbf{o} \in \mathcal{D}_f, \quad \text{denn mit } \mathbf{a} \in \mathcal{D}_f \text{ ist auch } 0\,\mathbf{a} = \mathbf{o} \in \mathcal{D}_f,$$

und

$$f(\mathbf{o} \in \mathcal{V}_1) = \mathbf{o} \in \mathcal{V}_2, \quad \text{denn } f(0\,\mathbf{a}) = 0 f(\mathbf{a}) = 0\,\mathbf{b} = \mathbf{o}.$$

(Beachten Sie, daß $\mathbf{o} \in \mathcal{V}_1$ und $\mathbf{o} \in \mathcal{V}_2$ verschiedene Objekte sind, falls $\mathcal{V}_1$ und $\mathcal{V}_2$ verschieden voneinander sind!)

Deswegen ist auch $\mathcal{D}_f$ stets ein Vektorraum $\subset \mathcal{V}_1$, ein sogenannter Unterraum[2] von $\mathcal{V}_1$, und das gleiche gilt für $\mathcal{W}_f \subset \mathcal{V}_2$.

$\mathcal{D}_f$ selbst muß keineswegs mit $\mathcal{V}_1$ identisch sein; so kann es z.B. lineare Abbildungen aus dem dreidimensionalen Raum der Ortsvektoren geben, die nur auf der Geraden $\mathcal{D}_f = \{a\,\mathbf{e}_1, \forall a\}$ definiert sind. Diese Tatsache ist in der Funktionalanalysis wichtig, wo es um Abbildungen von unendlichdimensionalen Räumen geht. Tatsächlich ist sie sogar für einen Gutteil der dabei auftretenden Schwierigkeiten verantwortlich. In endlich-dimensionalen Räumen, mit denen wir uns hier beschäftigen, ist sie unwesentlich; deswegen werden wir im folgenden $\mathcal{D}_f$ stets mit $\mathcal{V}_1$ gleichsetzen. Andererseits kann ein *endlicher* Bereich, etwa das Intervall $\{a\,\mathbf{e}_1 : 0 < a < 1\}$ *nie* Definitionsbereich einer linearen Abbildung sein.

Zweitens kann es neben der $\mathbf{o} \in \mathcal{V}_1$ durchaus noch weitere Vektoren $\mathbf{a}, \mathbf{b} \ldots \in \mathcal{D}_f$ geben, die auf $\mathbf{o} \in \mathcal{V}_2$ abgebildet werden: $f(\mathbf{a}) = \mathbf{o} \in \mathcal{V}_2$.

Dann wird aber auch $\alpha\,\mathbf{a}$ auf $\mathbf{o}$ abgebildet und mit $\mathbf{a}$ und $\mathbf{b}$ auch $\alpha\,\mathbf{a} + \beta\,\mathbf{b}$, d.h. ein ganzer Vektorraum $\mathcal{N}$, den man als *Kern* der Abbildung oder auch als *Nullraum* bezeichnet.

---

[2] Mathematiker sprechen hier lieber von einer Linearmannigfaltigkeit.

7.1 Lineare Abbildungen und Funktionale

Wenn dieser Kern nicht nur aus der **o** besteht, ist die Abbildung für *kein* $\mathbf{b} \in \mathcal{D}_f$ eineindeutig, denn mit $\mathbf{b} \in \mathcal{D}_f$ ($\mathbf{b} \notin \mathcal{N}$) und $\mathbf{a} \in \mathcal{N}$, $\mathbf{a} \neq \mathbf{o}$ gilt

$$f(\mathbf{b} + \mathbf{a}) = f(\mathbf{b}).$$

Bei der weiteren Begriffsbildung pflegt man nach der Art von $\mathcal{V}_2$ zu unterscheiden: Ist $\mathcal{V}_2$ ein allgemeiner Vektorraum, nennt man die Abbildungsvorschrift einen *Operator* **A** und schreibt

$$\mathbf{b} = \mathbf{A}\mathbf{a}.$$

Ist hingegen $\mathcal{V}_2$ mit dem Körper der komplexen Zahlen identisch – dieser bildet ja umso stärker einen Vektorraum –, spricht man von einem *Funktional* $\mathcal{F}$ und schreibt

$$z = \mathcal{F}(\mathbf{a}).$$

Diese Begriffe benutzt man übrigens auch bei *nichtlinearen* Abbildungen und spricht im linearen Fall speziell von *linearen* Operatoren bzw. Funktionalen. Offensichtlich ist die Länge eines Vektors $|\mathbf{a}|$ ein Funktional $\mathcal{F}(\mathbf{a})$, aber nicht linear, denn im allgemeinen gilt $|\mathbf{a}|+|\mathbf{b}| \neq |\mathbf{a}+\mathbf{b}|$. Hingegen ist das Skalarprodukt zweier Vektoren $(\mathbf{a} \cdot \mathbf{x})$ bei festgehaltenem $\mathbf{a}$ ein lineares Funktional des Partners $\mathbf{x}$, wie die Axiome (A′1) und (A′4)[3] ausweisen. Bei festgehaltenem zweitem Partner ist es hingegen ein lineares Funktional nur für reelle Vektorräume, während in komplexen gemäß (A′1*)

$$(\alpha\,\mathbf{a} + \beta\,\mathbf{b}) \cdot \mathbf{c} = \overline{\alpha}\,(\mathbf{a} \cdot \mathbf{c}) + \overline{\beta}\,(\mathbf{b} \cdot \mathbf{c})$$

gilt. Ein solches Funktional bezeichnet man bisweilen als *antilinear*.

7.1.1 Lineare Funktionale auf unitären Vektorräumen

Noch immer ist der Begriff des linearen Funktionals sehr allgemein; so können wir z.B. ein lineares Funktional definieren auf der Menge aller im Intervall $[0, 1]$ stetigen Funktionen $g(x)$ einer reellen Variable, denn diese bilden einen linearen Raum. Ein Beispiel wäre etwa $\mathcal{I}(g) = \int g(x)\,\mathrm{d}x$.

Ab jetzt wollen wir uns auf endlich-dimensionale *unitäre* Vektorräume beschränken. Entwickeln wir den Vektor **a** in eine orthonormale Basis $\{\mathbf{e}_i\}$,

$$\mathbf{a} = \sum_{i=1}^{d} a_i\,\mathbf{e}_i,$$

so ist das lineare Funktional $\mathcal{L}(\mathbf{a})$ durch

$$\mathcal{L}(\mathbf{a}) = \sum_{i=1}^{d} a_i\,\mathcal{L}(\mathbf{e}_i)$$

---

[3] Siehe *Mechanik I*, S. 36 f, 207 f. (Hier und im folgenden beziehen sich solche Hinweise stets auf die *3. Auflage*.)

gegeben. Folglich ist das Funktional bereits durch die d Zahlen $\mathcal{L}(\mathbf{e}_i)$ völlig bestimmt.

Wir behaupten jetzt:
Zu jedem linearen Funktional $\mathcal{L}$ gibt es genau einen Vektor $\mathbf{c} \in \mathcal{V}$, so daß sich $\mathcal{L}(\mathbf{a})$ als Skalarprodukt

$$\mathcal{L}(\mathbf{a}) = \mathbf{c} \cdot \mathbf{a}$$

schreiben läßt.

Das ist der berühmte Satz von *Fischer-Riesz*, der in der Funktionalanalysis eine wichtige Rolle spielt, im (trivialen) Spezialfall endlich-dimensionaler Vektorräume.

Der *Beweis* ist leicht geführt: Ausgeschrieben lautet $\mathcal{L}(\mathbf{a}) = \mathbf{c} \cdot \mathbf{a}$

$$\sum_i \mathcal{L}(\mathbf{e}_i)\, a_i = \sum_i \overline{c}_i\, a_i \; .$$

Folglich müssen wir $\mathbf{c}$ nur so wählen, daß $c_i = \overline{\mathcal{L}(\mathbf{e}_i)}$ gilt.

Dieser Zusammenhang ermöglicht eine bequeme geometrische Interpretation: Der Nullraum $\mathcal{N}$ eines jeden linearen Funktionals besteht aus allen Vektoren $\mathbf{a}$, die orthogonal zu dem erzeugenden Vektor $\mathbf{c}$ liegen.

7.1.2 Lineare Operatoren auf endlich-dimensionalen unitären Vektorräumen und Matrizen

Eine lineare Abbildung, die von einem unitären Vektorraum in einen solchen führt, besitzt wie ein Vektor eine komponentenweise Darstellung, die als *Matrix* bezeichnet wird. Der Definition und Untersuchung dieses Konzeptes wenden wir uns nun zu.

7.1.2.1 Definition der Matrix

Seien $\mathcal{V}_1$ ein d_1-dimensionaler, $\mathcal{V}_2$ ein d_2-dimensionaler unitärer Vektorraum und $\mathbf{A}$ ein linearer Operator von $\mathcal{V}_1$ nach $\mathcal{V}_2$:

$$\mathcal{V}_1 \ni \mathbf{a} \longrightarrow \mathbf{b} = \mathbf{A}\mathbf{a} \in \mathcal{V}_2 \; .$$

Für das folgende wählen wir beliebige, aber feste orthonormale Basen $\{\mathbf{e}_j\} \subset \mathcal{V}_1$ und $\{\mathbf{e}'_i\} \subset \mathcal{V}_2$ und betrachten den Zusammenhang der Komponenten von $\mathbf{a}$ und $\mathbf{b}$ in diesen Basen. Dafür gilt

$$b_i = \mathbf{e}'_i \cdot \mathbf{b} = \mathbf{e}'_i \cdot \mathbf{A}\mathbf{a} = \mathbf{e}'_i \cdot \mathbf{A} \sum_j a_j\, \mathbf{e}_j$$

$$= \sum_{j=1}^{d_1} (\mathbf{e}'_i \cdot \mathbf{A}\, \mathbf{e}_j)\, a_j \qquad \forall\, i \; .$$

7.1 Lineare Abbildungen und Funktionale

Das heißt aber, der Operator **A** wird durch die $d_1 \times d_2$ Zahlen $(\mathbf{e}'_i \cdot \mathbf{A}\,\mathbf{e}_j)$ *dargestellt*. Diese Größen pflegt man als zweidimensionales $d_2 \times d_1$-Schema aufzuschreiben:

$$\begin{pmatrix} A_{11} & \cdots & | & \cdots & A_{1d_1} \\ \vdots & & | & & \vdots \\ \hline \vdots & & | & & \vdots \\ A_{d_21} & \cdots & | & \cdots & A_{d_2 d_1} \end{pmatrix} \longrightarrow i.\text{ Zeile}$$

$$\downarrow j.\text{ Spalte}$$

und als $d_2 \times d_1$-*Matrix* zu bezeichnen. Solche Matrizen werden wir durch fettgedruckte Kursivbuchstaben ($\boldsymbol{A}, \boldsymbol{b}, \boldsymbol{\alpha}$) kennzeichnen. Die Zahlen A_{ij} nennt man *Matrixelemente*; wenn wir dies besonders betonen wollen, werden wir anstatt von A_{ij} auch $(\boldsymbol{A})_{ij}$, gelegentlich aber auch $(\mathbf{A})_{ij}$ schreiben.

In Fällen, in denen es besonders darauf ankommt, daß $\boldsymbol{A}$ die Darstellung des Operators **A** (bezüglich einer festen Basis) ist, werden wir das auch in der Form

$$\boldsymbol{A} = \mathcal{M}(\mathbf{A})$$

notieren.

Eine Matrix $\boldsymbol{A}$ wird gemäß

$$b_i = \sum_j A_{ij}\, a_j$$

auf die Komponenten des Vektors **a** angewendet und ergibt die Komponenten von **b**.

7.1.2.2 Hintereinanderausführung von linearen Abbildungen und Matrixprodukt

Gegeben sei eine lineare Abbildung **A** von $\mathcal{V}_1$ in $\mathcal{V}_2$ und eine lineare Abbildung **B** von $\mathcal{V}_2$ in $\mathcal{V}_3$. Dann können wir über die *Hintereinanderausführung* der beiden Abbildungen reden. Das ist nicht schwierig, wenn $\mathcal{D}_\mathbf{B} = \mathcal{V}_2$ ist; dann haben wir nämlich

$$\mathbf{a} \in \mathcal{V}_1 \xrightarrow{\mathbf{A}} \mathbf{b} \in \mathcal{W}_\mathbf{A} \subset \mathcal{V}_2 \xrightarrow{\mathbf{B}} \mathbf{c} \in \mathcal{W}_\mathbf{B} \subset \mathcal{V}_3,$$
$$\underbrace{\hspace{6cm}}_{\mathbf{BA}}$$

also $c = \mathbf{BA}\,\mathbf{a}$, wenn wir die Hintereinanderausführung wieder als formales Produkt schreiben.

Wir behaupten nun: *Auch die Abbildung* $\mathbf{BA}$ *ist linear.*
Der Beweis ist durch Nachrechnen schnell geführt:

$$\mathbf{BA}\,(\alpha_1\,\mathbf{a}_1 + \alpha_2\,\mathbf{a}_2) = \mathbf{B}\,(\alpha_1\,\mathbf{A}\,\mathbf{a}_1 + \alpha_2\,\mathbf{A}\,\mathbf{a}_2) = \alpha_1\,\mathbf{BA}\,\mathbf{a}_1 + \alpha_2\,\mathbf{BA}\,\mathbf{a}_2\,.$$

Folglich muß auch dieser Abbildung für vorgegebene orthonormale Basen in $\mathcal{V}_i$ eine Matrix, nämlich $\mathcal{M}(\mathbf{BA})$, entsprechen.

Für sie gilt mit dem vONS $\{\mathbf{e}_i''\}$ in $\mathcal{V}_3$

$$c_\ell = \sum_j (\mathbf{e}_\ell'' \cdot \mathbf{B}\,\mathbf{e}_j')\,b_j\,, \qquad b_j = \sum_i (\mathbf{e}_j' \cdot \mathbf{A}\,\mathbf{e}_i)\,a_i\,,$$

$$c_\ell = \sum_i \Big(\sum_j (\mathbf{e}_\ell'' \cdot \mathbf{B}\,\mathbf{e}_j')\,(\mathbf{e}_j' \cdot \mathbf{A}\,\mathbf{e}_i)\Big)\,a_i$$

$$= \sum_i \Big(\sum_j B_{\ell j} A_{ji}\Big)\,a_i = \sum_i (\boldsymbol{BA})_{\ell i}\,a_i\,,$$

d.h.

$$(\mathcal{M}(\mathbf{BA}))_{\ell i} = \sum_j B_{\ell j} A_{ji}\,.$$

Diesen Zusammenhang benutzen wir, um das Produkt der Matrizen $\boldsymbol{B}$ und $\boldsymbol{A}$ zu definieren:

Sei $(\boldsymbol{A})_{ji} = A_{ji}$ und $(\boldsymbol{B})_{\ell j} = B_{\ell j}$. Dann gilt

$$(\boldsymbol{BA})_{\ell i} = \sum_j (\boldsymbol{B})_{\ell j}(\boldsymbol{A})_{ji}\,.$$

Nach dieser Definition können wir sagen: Die Matrix $\mathcal{M}(\mathbf{BA})$, die die Abbildung $\mathbf{BA}$ darstellt, wird durch die Produktmatrix von $\boldsymbol{B}$ und $\boldsymbol{A}$ beschrieben:

$$\mathcal{M}(\mathbf{BA}) = \mathcal{M}(\mathbf{B})\mathcal{M}(\mathbf{A}) = \boldsymbol{BA}\,.$$

Man merkt sich die *Multiplikationsregel* als „*Zeile* × *Spalte*":
Man erhält das Element ℓi von $\boldsymbol{BA}$, indem man das j. Element der ℓ. Zeile von $\boldsymbol{B}$ mit dem j. der i. Spalte von $\boldsymbol{A}$ multipliziert und über alle j summiert.

Aus der Definition geht hervor, daß es grundsätzlich nur möglich ist, Matrizen zu multiplizieren, wenn die Spaltenzahl der ersten mit der Zeilenzahl der zweiten Matrix identisch ist: $(m \times n) \cdot (n \times \ell)$. Das Ergebnis ist dann eine $(m \times \ell)$-Matrix.

7.1 Lineare Abbildungen und Funktionale

So betrachtet läßt sich übrigens auch die Beziehung $b_j = \sum_j A_{ji} a_i$ als Multiplikation der $(d_2 \times d_1)$-Matrix $\mathbf{A}$ mit der $(d_1 \times 1)$-„Matrix" $\mathbf{a}$ mit $(\mathbf{a})_{i1} = a_i$ schreiben. Aus

$$\begin{pmatrix} b_1 \\ \vdots \\ \vdots \\ b_{d_2} \end{pmatrix} = \begin{pmatrix} A_{11} & \cdots\cdots & A_{1d_1} \\ \vdots & & \vdots \\ \vdots & & \vdots \\ A_{d_2 1} & \cdots\cdots & A_{d_2 d_1} \end{pmatrix} \begin{pmatrix} a_1 \\ \vdots \\ \vdots \\ a_{d_1} \end{pmatrix},$$

der Matrixdarstellung der Gleichung

$$\mathbf{b} = \mathbf{A}\mathbf{a}, \qquad (*)$$

wird damit einfach

$$b = Aa. \qquad (**)$$

Man bezeichnet die so formal als Matrix geschriebene komponentenweise Darstellung eines Vektors als *Spaltenvektor*.

Gleicherweise läßt sich das Skalarprodukt $\mathbf{a} \cdot \mathbf{b}$ gemäß

$$\mathbf{a} \cdot \mathbf{b} = \begin{pmatrix} \overline{a_1} & \cdots\cdots & \overline{a_d} \end{pmatrix} \begin{pmatrix} b_1 \\ \vdots \\ \vdots \\ b_d \end{pmatrix}$$

formal als Matrixprodukt „*Zeilenvektor*" × „*Spaltenvektor*" schreiben.

Der Vergleich der Beziehungen $(*)$ und $(**)$ veranlaßt uns zu der folgenden Feststellung:

Eine Gleichung in Operatoren und Vektoren bleibt (als Matrizengleichung) in *jeder* Darstellung richtig. Umgekehrt läßt sich von einer Matrizengleichung nur dann auf die Gültigkeit der Beziehung in Operatoren und Vektoren zurückschließen, wenn sie tatsächlich unabhängig von der speziellen Darstellung ist, in der sie geschrieben ist.

Sofern wir bei Ableitungen und Umformungen keine Aussagen verwenden, die sich auf *spezielle Basen* beziehen, sind beide Schreibweisen also vollkommen äquivalent. Das hat dazu geführt, daß in der Literatur zwischen Operatoren und Matrizen bzw. zwischen Vektoren und Spalten- oder Zeilenvektoren häufig gar nicht unterschieden wird.

Wenn wir uns dieser Praxis nicht anschließen, so hat das aber durchaus auch einen praktischen Grund: Später – in den Kapiteln 9 und vor allem 10 – werden wir viel mit Beziehungen zu tun haben, die gerade *nicht* darstellungsunabhängig sind. Vielmehr wird uns an ihnen gerade interessieren, wie sie sich bei einem Wechsel der Darstellung verhalten, und das ist in der Matrixschreibweise leicht formuliert. Freilich werden wir im folgenden in der Notation nicht kleinlich sein: wir werden schon einmal von der „Transformation" A oder dem „Vektor" a sprechen und Gleichungen, die eigentlich auf der Abbildungsebene richtig sind, als Matrizengleichungen schreiben, wenn dies ohne die Gefahr von Verwirrungen möglich ist.

7.1.2.3 Der Vektorraum der $(d' \times d)$-Matrizen

Wir nennen zwei $(d' \times d)$-Matrizen gleich, wenn sie elementweise gleich sind:

$$A = B \iff A_{ij} = B_{ij} \quad \forall\, i, j\,.$$

Gleichformatige Matrizen lassen sich addieren:

$$A + B = C \iff A_{ij} + B_{ij} = C_{ij} \quad \forall\, i, j\,.$$

Die Größe C ist dann ebenfalls eine $(d' \times d)$-Matrix. Diese Addition ist kommutativ und assoziativ; zu A gibt es $-A$ und die Nullmatrix O mit der Eigenschaft

$$(O)_{ij} = 0 \quad \forall\, i, j\,.$$

Außerdem lassen sich Matrizen gemäß der Vorschrift

$$(\lambda A)_{ij} = \lambda\, (A)_{ij} = \lambda\, A_{ij}$$

mit Zahlen multiplizieren.

Man überzeuge sich davon, daß mit diesen Definitionen die Axiome (A1) bis (A5) [4] des linearen Vektorraumes erfüllt sind: *Folglich bilden Matrizen ein und desselben Formates einen linearen Vektorraum.*

Überlegen Sie sich, was die Definition der Addition und Multiplikation mit einer Zahl in der Sprache der durch die Matrizen dargestellten linearen Abbildungen bedeutet und vor allem, daß auch die Abbildungen, die (bezüglich fester Basen) durch die Matrizen $A + B$ und λA dargestellt werden, linear sind.

7.1.2.4 Die Algebra der quadratischen Matrizen

Die mit Abstand wichtigsten linearen Abbildungen sind diejenigen, für die $\mathcal{V}_2 = \mathcal{V}_1$ ist, solche also, in denen *Bild* und *Urbild* Elemente des gleichen Raumes sind.

Die Matrizen, die bezüglich eines vONS diese Abbildungen darstellen, sind offensichtlich *quadratisch*; sie haben nämlich das Format $(d \times d)$.

---

[4] Siehe *Mechanik I*, S. 32 f.

7.1 Lineare Abbildungen und Funktionale

Mit diesen Abbildungen können wir jetzt die Hintereinanderausführung in beliebiger Reihenfolge vornehmen (**BA** und **AB**), was bei Rechteckmatrizen ($d \neq d'$) nicht der Fall ist. Wir erhalten

$$\mathcal{M}(\mathbf{AB}) = \boldsymbol{AB}, \quad \mathcal{M}(\mathbf{BA}) = \boldsymbol{BA}.$$

Nun ist das Ergebnis der Produkttransformation durchaus von der Reihenfolge abhängig, und demzufolge wird im allgemeinen

$$\boldsymbol{AB} \neq \boldsymbol{BA}$$

gelten: Das *Produkt ist nicht kommutativ*.

Wir bestätigen dies am Beispiel:

$$\boldsymbol{AB} = \begin{pmatrix} 0 & 1 \\ 0 & 0 \end{pmatrix} \begin{pmatrix} 0 & 0 \\ 1 & 0 \end{pmatrix} = \begin{pmatrix} 1 & 0 \\ 0 & 0 \end{pmatrix},$$

$$\boldsymbol{BA} = \begin{pmatrix} 0 & 0 \\ 1 & 0 \end{pmatrix} \begin{pmatrix} 0 & 1 \\ 0 & 0 \end{pmatrix} = \begin{pmatrix} 0 & 0 \\ 0 & 1 \end{pmatrix} \neq \boldsymbol{AB}.$$

Die Matrix

$$\boldsymbol{C} = [\boldsymbol{A}, \boldsymbol{B}] = \boldsymbol{AB} - \boldsymbol{BA}$$

heißt *Kommutator* von $\boldsymbol{A}$ und $\boldsymbol{B}$.

Im übrigen kann das Produkt zweier Matrizen die Nullmatrix ergeben, ohne daß einer der beiden Faktoren die Nullmatrix ist:

$$\boldsymbol{AB} = \boldsymbol{O}, \quad \boldsymbol{A} \neq \boldsymbol{O}, \quad \boldsymbol{B} \neq \boldsymbol{O},$$

wie das Beispiel

$$\begin{pmatrix} 0 & 1 \\ 0 & 0 \end{pmatrix} \begin{pmatrix} 0 & 1 \\ 0 & 0 \end{pmatrix} = \begin{pmatrix} 0 & 0 \\ 0 & 0 \end{pmatrix}$$

beweist. Die Matrixmultiplikation ist also *nicht nullteilerfrei*. Diese Eigenschaft hatten wir schon früher bei dem Skalar- und Kreuzprodukt von Vektoren gefunden.

Weiterhin gibt es bei den ($d \times d$)-Matrizen eine *Einheitsmatrix* $\boldsymbol{E}$ mit den Elementen

$$(\boldsymbol{E})_{ij} = \delta_{ij},$$

d.h.

$$\boldsymbol{E} = \begin{pmatrix} 1 & 0 & 0 \\ 0 & 1 & 0 \\ 0 & 0 & 1 \end{pmatrix} \quad \text{für } d = 3.$$

Diese entspricht offensichtlich der identischen Abbildung $\mathbf{a} \xrightarrow{\mathbf{E}} \mathbf{a}$.

Für jede Matrix $\boldsymbol{A}$ gilt, wie man leicht nachrechnet:
$$\boldsymbol{A}\boldsymbol{E} = \boldsymbol{E}\boldsymbol{A} = \boldsymbol{A},$$
eine Eigenschaft, die man von der *Eins* gewöhnt ist.

Nun bilden natürlich auch die $(d \times d)$-Matrizen einen linearen Vektorraum. Darüberhinaus ist leicht zu zeigen, daß Matrixmultiplikation und Addition *distributiv* sind, also
$$(\boldsymbol{A}+\boldsymbol{B})\,\boldsymbol{C} = \boldsymbol{A}\,\boldsymbol{C} + \boldsymbol{B}\,\boldsymbol{C}$$
gilt.

Eine Menge mathematischer Objekte, die nicht nur ein Vektorraum ist, sondern auf der sich auch noch eine Multiplikation mit den beschriebenen Eigenschaften definieren läßt, wird als *Algebra* bezeichnet; *folglich bilden die $(d \times d)$-Matrizen eine Algebra mit Einselement.*

Zur Einordnung dieses Begriffs diene die folgende *Anmerkung*: Eine Menge mathematischer Objekte, in der zwar eine Addition und Multiplikation mit den obigen Eigenschaften definiert ist, jedoch *nicht* die Multiplikation mit einer Zahl, nennt man einen *Ring*. Jede Algebra mit Einselement ist also um so stärker ein Ring, denn sie besitzt eine zusätzliche Eigenschaft. Insbesondere bilden die ganzen Zahlen einen Ring (Beweis?), aber keine Algebra. Auch jeder Körper bildet einen Ring. Tatsächlich besitzt ein Körper als zusätzliche Eigenschaft die Existenz des Inversen für alle seine Elemente mit Ausnahme der Null. Damit das der Fall ist, muß also die Multiplikation nullteilerfrei sein.

7.1.2.5 Funktionen von Matrizen

Da im Bereich der quadratischen Matrizen die Addition und die Multiplikation erlaubt sind, lassen sich nun auch gewisse *Funktionen von Matrizen* definieren.

Zunächst einmal existieren mit $\boldsymbol{A}$ auch sämtliche Potenzen $\boldsymbol{A}^n$ mit natürlichem n und weiter alle Polynome endlichen Grades
$$P_N(\boldsymbol{A}) = \sum_{n=0}^{N} \alpha_n \, \boldsymbol{A}^n,$$
wobei $\boldsymbol{A}^0 = \boldsymbol{E}$ definiert wird.

Nun sei $f(z)$ eine Funktion, die durch die Potenzreihe
$$f(z) = \sum_{n=0}^{\infty} a_n \, z^n$$
um $z_o = 0$ dargestellt wird.

7.1 Lineare Abbildungen und Funktionale

Dann *definieren* wir *rein formal*

$$f(\boldsymbol{A}) = \sum_{n=0}^{\infty} a_n \boldsymbol{A}^n \ .$$

Eine solche Funktion von $\boldsymbol{A}$ ist selbst wieder eine Matrix; ihre Elemente sind

$$(f(\boldsymbol{A}))_{ij} = \sum_n a_n (\boldsymbol{A}^n)_{ij} \ . \qquad (*)$$

Da $(\boldsymbol{A}^n)_{ij}$ im allgemeinen von $(\boldsymbol{A})_{ij}^n$ verschieden ist, sind diese Elemente nicht länger durch Potenzreihen gegeben. Deswegen ist es auch schwierig, an ihnen der Frage nachzugehen, ob die obige Definition mathematisch sinnvoll ist. Das ist doch sicher nur dann der Fall, wenn alle d^2 Elemente von $f(\boldsymbol{A})$ endlich sind, also alle Reihen $(*)$ konvergieren.

Auch wissen wir nicht, was wir mit Funktionen anzufangen haben, die sich nicht in eine Potenzreihe um $z_0 = 0$ entwickeln lassen. So läßt unsere Definition zwar die Bildung von $\sin(\boldsymbol{A})$, nicht aber von $\sqrt{\boldsymbol{A}}$ oder $\log(\boldsymbol{A})$ zu.

Später werden wir für *bestimmte Sorten* von Matrizen eine allgemeine Definition der Matrizenfunktionen geben, die nicht nur vom beweistechnischen Standpunkt aus bequemer, sondern auch allgemeiner ist und die jetzt auszuschließenden Fälle umfaßt.

7.1.2.6 Zur Frage der Inversen einer quadratischen Matrix

Für eine lineare Abbildung von $\mathcal{V}$ in $\mathcal{V}$ gilt zunächst einmal das ganz allgemeine Kriterium: Der lineare Operator A besitzt eine Inverse A^{-1} genau dann, wenn die durch ihn vermittelte Abbildung *bijektiv* ist.

Dazu ist zunächst einmal die *Injektivität* vonnöten: Sie ist wegen der Linearität (s. Seite 2) bereits dann sichergestellt, wenn der Kern der Abbildung nur aus dem Nullvektor o besteht.

Doch genügt in *endlich-dimensionalen* Räumen dieses Kriterium auch bereits, um die *Surjektivität* auf $\mathcal{V}$ zu beweisen. Der Beweis wird später aus allgemeineren Kriterien folgen, so daß wir ihn verschieben.

Insgesamt genügt also für die Existenz einer eindeutig bestimmten Inversen A^{-1} von A bereits, daß der Kern von A nur den Nullvektor umfaßt. Auch A^{-1} ist ein linearer Operator. Führt man nun zunächst die Abbildung und dann die Umkehrabbildung durch, erhält man

$$\mathsf{a} \longrightarrow \mathsf{b} = \mathsf{A}\,\mathsf{a}\,, \qquad \mathsf{b} \longrightarrow \mathsf{A}^{-1}\mathsf{b} = \mathsf{A}^{-1}\mathsf{A}\,\mathsf{a} = \mathsf{a} \qquad \forall\,\mathsf{a} \in \mathcal{V}\,,$$

so daß $\mathsf{A}^{-1}\mathsf{A} = \mathsf{E}$ die identische Transformation (Einheitsoperator) E darstellt.

Wegen der Surjektivität können wir jedoch auch *zunächst* $\mathbf{A}^{-1}$ und dann $\mathbf{A}$ anwenden und erhalten

$$\mathbf{b} \longrightarrow \mathbf{A}^{-1}\mathbf{b} = \mathbf{a}, \qquad \mathbf{a} \longrightarrow \mathbf{A}\mathbf{a} = \mathbf{A}\mathbf{A}^{-1}\mathbf{b} = \mathbf{b} \qquad \forall\, \mathbf{b} \in \mathcal{V},$$

so daß auch $\mathbf{A}\mathbf{A}^{-1} = \mathbf{E}$ gilt. *Rechts- und Linksinverse* sind also *identisch*.

Die Matrixdarstellung von $\mathbf{A}^{-1}$ liefert die *inverse Matrix* $\boldsymbol{A}^{-1}$. Hieran können wir noch einmal – und zwar so, wie man dies üblicherweise tut – zeigen, daß Rechts- und Linksinverse identisch sind.

Gelten nämlich

$$\boldsymbol{A}_L^{-1}\boldsymbol{A} = \boldsymbol{E}, \qquad \boldsymbol{A}\boldsymbol{A}_R^{-1} = \boldsymbol{E},$$

so erhält man wegen der Assoziativität der Multiplikation

$$\boldsymbol{A}_L^{-1} = \boldsymbol{A}_L^{-1}\left(\boldsymbol{A}\boldsymbol{A}_R^{-1}\right) = \left(\boldsymbol{A}_L^{-1}\boldsymbol{A}\right)\boldsymbol{A}_R^{-1} = \boldsymbol{A}_R^{-1}.$$

Weiterhin überlegt man sich sofort:

$$\boldsymbol{E}^{-1} = \boldsymbol{E}, \qquad \left(\boldsymbol{A}^{-1}\right)^{-1} = \boldsymbol{A}.$$

Eine lineare Abbildung oder Matrix, die kein Inverses besitzt, wird häufig als *singulär* bezeichnet; dementsprechend heißt eine umkehrbare Matrix auch *nicht-singulär* oder *regulär*.

Haben sowohl $\boldsymbol{A}$ und $\boldsymbol{B}$ Inverse, so auch $\boldsymbol{AB}$ und $\boldsymbol{BA}$, und zwar gelten

$$(\boldsymbol{AB})^{-1} = \boldsymbol{B}^{-1}\boldsymbol{A}^{-1}, \qquad (\boldsymbol{BA})^{-1} = \boldsymbol{A}^{-1}\boldsymbol{B}^{-1},$$

denn es ist z.B.

$$\boldsymbol{B}^{-1}\boldsymbol{A}^{-1}\boldsymbol{AB} = \boldsymbol{B}^{-1}\boldsymbol{E}\boldsymbol{B} = \boldsymbol{B}^{-1}\boldsymbol{B} = \boldsymbol{E} = (\boldsymbol{AB})^{-1}(\boldsymbol{AB}).$$

Die Frage, wie man an einer konkret vorgegebenen Matrix feststellt, ob sie eine Inverse besitzt und wie man diese gegebenenfalls ausrechnet, verschieben wir solange, bis uns das Konzept der Determinante zur Verfügung steht.

7.1.2.7 Die transponierte und die adjungierte Matrix

Zu einer konkret vorgegebenen (auch Rechteck-) Matrix $\boldsymbol{A}$ definiert man die *Transponierte* $\boldsymbol{A}^\mathsf{T}$ und die *Adjungierte* $\boldsymbol{A}^\dagger$ durch

$$(\boldsymbol{A}^\mathsf{T})_{ij} = (\boldsymbol{A})_{ji}, \qquad (\boldsymbol{A}^\dagger)_{ij} = \overline{\boldsymbol{A}_{ji}}.$$

Bei reellen Matrizen, d.h. solchen, deren sämtliche Elemente reell sind, gilt natürlich $\boldsymbol{A}^\mathsf{T} = \boldsymbol{A}^\dagger$.

7.1 Lineare Abbildungen und Funktionale

Mit Hilfe dieser Bezeichnungen können wir jetzt das Skalarprodukt $\mathbf{a} \cdot \mathbf{b}$ zweier Vektoren $\mathbf{a}$ und $\mathbf{b}$ als Matrixprodukt des Spaltenvektors $\boldsymbol{b}$ mit der Adjungierten des Spaltenvektors $\boldsymbol{a}$ auffassen: $\mathbf{a} \cdot \mathbf{b} = \boldsymbol{a}^\dagger \boldsymbol{b}$. Denn es ist $\boldsymbol{a}^\dagger$ gerade der komplex-konjugierte Zeilenvektor.

$\boldsymbol{A}^\mathsf{T}$ und $\boldsymbol{A}^\dagger$ sind die Matrixdarstellungen des transponierten bzw. adjungierten Operators $\mathbf{A}^\mathsf{T}$ und $\mathbf{A}^\dagger$.

Und zwar erfüllt in unitären Vektorräumen $\mathbf{A}^\dagger$ die Gleichung

$$(\mathbf{a} \cdot \mathbf{A}\,\mathbf{b}) = (\mathbf{A}^\dagger \mathbf{a} \cdot \mathbf{b}) \qquad (*)$$

und in euklidischen $\mathbf{A}^\mathsf{T}$ die Beziehung

$$(\mathbf{a} \cdot \mathbf{A}\,\mathbf{b}) = (\mathbf{A}^\mathsf{T} \mathbf{a} \cdot \mathbf{b}) \,. \qquad (*)$$

Das ist leicht einzusehen; gilt doch z.B.

$$(\mathbf{a} \cdot \mathbf{A}\,\mathbf{b}) = \sum_i \overline{a}_i \sum_j A_{ij} b_j = \sum_j \left(\sum_i A_{ij} \overline{a}_i \right) b_j$$
$$= \sum_j \left(\overline{\sum_i A^\dagger_{ji} a_i} \right) b_j = (\mathbf{A}^\dagger \mathbf{a} \cdot \mathbf{b}) \,.$$

In der Funktionalanalysis benutzt man die Beziehungen $(*)$ zur Definition von $\boldsymbol{A}^\dagger$ und $\boldsymbol{A}^\mathsf{T}$.

Die Operationen T und † haben die folgenden *Eigenschaften*, die man leicht bestätigt:

1) $\boldsymbol{A}^{\dagger\dagger} = \boldsymbol{A}\,, \qquad \boldsymbol{A}^{\mathsf{T}\mathsf{T}} = \boldsymbol{A}$
2) $(\boldsymbol{A}+\boldsymbol{B})^\dagger = \boldsymbol{A}^\dagger + \boldsymbol{B}^\dagger\,, \qquad (\boldsymbol{A}+\boldsymbol{B})^\mathsf{T} = \boldsymbol{A}^\mathsf{T} + \boldsymbol{B}^\mathsf{T}$
3) $(\lambda\,\boldsymbol{A})^\dagger = \overline{\lambda}\,\boldsymbol{A}^\dagger\,, \qquad (\lambda\,\boldsymbol{A})^\mathsf{T} = \lambda\,\boldsymbol{A}^\mathsf{T}$
4) $(\boldsymbol{A}\boldsymbol{B})^\dagger = \boldsymbol{B}^\dagger \boldsymbol{A}^\dagger\,, \qquad (\boldsymbol{A}\boldsymbol{B})^\mathsf{T} = \boldsymbol{B}^\mathsf{T} \boldsymbol{A}^\mathsf{T}\,,$

soweit die Multiplikation aufgrund des Formates von $\boldsymbol{A}$ und $\boldsymbol{B}$ möglich ist, also speziell bei quadratischen Matrizen.

Eine quadratische Matrix mit der Eigenschaft $\boldsymbol{A} = \boldsymbol{A}^\mathsf{T}$ heißt *symmetrisch*, eine, für die $\boldsymbol{A} = \boldsymbol{A}^\dagger$ gilt, *selbstadjungiert* oder *hermitesch*; gilt $\boldsymbol{A}^\mathsf{T} = -\boldsymbol{A}$, heißt die Matrix *antisymmetrisch*. Haben wir $\boldsymbol{A}^\mathsf{T} = \boldsymbol{A}^{-1}$, nennen wir die Matrix *orthogonal*, für $\boldsymbol{A}^\dagger = \boldsymbol{A}^{-1}$ *unitär*.

Bei Problemen in euklidischen Vektorräumen sind es gerade die symmetrischen und orthogonalen, in unitären die hermiteschen und unitären Matrizen, denen die allergrößte Bedeutung zukommt. Dies werden wir bald einsehen.

7.2 Drehungen, orthogonale und unitäre Koordinatentransformationen

Nachdem wir die wichtigsten allgemeinen Eigenschaften von linearen Operatoren und den sie darstellenden Matrizen zusammengestellt haben, beginnen wir in diesem Abschnitt, einen besonders wichtigen Typ linearer Abbildungen genauer zu untersuchen.

7.2.1 Definition und allgemeine Eigenschaften

Wir beschränken uns im folgenden zunächst auf *euklidische* Vektorräume. Da lineare Abbildungen in diesen eine Zuordnung zwischen reellen Vektoren herstellen, ist klar, daß auch die Matrizen in diesem Falle ausschließlich reelle Elemente besitzen werden.

Lassen Sie uns zunächst an normale Ortsvektoren denken. In ihrem Raum $\mathcal{V}$ wollen wir lineare Abbildungen studieren, die alle Vektoren $\mathbf{r} \in \mathcal{V}$ auf die gleiche Weise *drehen*.

Eine solche Drehung ist offensichtlich dadurch ausgezeichnet, daß jeder beliebige Vektor dabei seine *Länge behält* und außerdem auch die *Zwischenwinkel* zwischen beliebigen Vektoren *erhalten* bleiben.

Sei **A** die Abbildung, die gemäß

$$\mathbf{a}' = \mathbf{A}\mathbf{a}$$

eine solche Drehung vermittelt. Da nach obigem $\lambda \mathbf{a}$ in $\lambda \mathbf{a}'$ und $\mathbf{a}+\mathbf{b}$ in $\mathbf{a}'+\mathbf{b}'$ transformiert werden, ist klar, daß es sich dabei um eine *lineare* Transformation handeln muß.

Die Erhaltung von Länge und Zwischenwinkel läßt sich in einer einzigen Bedingung zusammenfassen: *Das Skalarprodukt zweier beliebiger Vektoren bleibt erhalten*.

Also haben wir

$$(\mathbf{a}' \cdot \mathbf{b}') = (\mathbf{A}\mathbf{a} \cdot \mathbf{A}\mathbf{b}) = (\mathbf{a} \cdot \mathbf{b}) \qquad \forall\, \mathbf{a}, \mathbf{b} \in \mathcal{V}.$$

Dies können wir vermöge der Eigenschaft des transponierten Operators in euklidischen Vektorräumen aber sofort in

$$(\mathbf{a}' \cdot \mathbf{b}') = (\mathbf{A}\mathbf{a} \cdot \mathbf{A}\mathbf{b}) = (\mathbf{A}^\mathsf{T}\mathbf{A}\mathbf{a} \cdot \mathbf{b}) = (\mathbf{a} \cdot \mathbf{b})$$

umformen. Da das aber für alle $\mathbf{a}$ und $\mathbf{b}$ gelten soll, muß sogar

$$\mathbf{A}^\mathsf{T}\mathbf{A} = \mathbf{E}$$

oder

$$\mathbf{A}^\mathsf{T} = \mathbf{A}^{-1}$$

sein.

Damit haben wir erstens gezeigt, daß *Drehungen stets umkehrbar* sind – was natürlich auch rein anschaulich klar ist – und zweitens, daß sie durch *orthogonale Transformationen* (und Matrizen) vermittelt werden.

Doch definiert *nicht jede* orthogonale Matrix im dreidimensionalen Raum eine Drehung. Um das einzusehen, betrachten wir einmal die Matrix $-\boldsymbol{E}$. Offensichtlich ist sie orthogonal, denn es ist $-\boldsymbol{E} = -\boldsymbol{E}^\mathsf{T}$ und $(-\boldsymbol{E})(-\boldsymbol{E}) = \boldsymbol{E}$. Weiterhin besteht die durch sie dargestellte Abbildung $-\mathsf{E}$ gerade darin, jeden beliebigen Vektor **a** in $-$**a** zu transformieren; sie vermittelt also eine Spiegelung des Raumes, der durch Abtrag der Vektoren von einem gemeinsamen Punkt O aufgespannt ist, an diesem Punkt, oder, anders ausgedrückt, eine *Rauminversion*. Tatsächlich ist eine solche Spiegelung längen- und winkeltreu, doch ist sie keine Drehung im eigentlichen Sinne, denn sie ändert, auf ein vONS angewandt, dessen *Orientierung*; aus einem *Rechtssystem* wird ein *Linkssystem* und umgekehrt.

Ganz allgemein läßt sich zeigen, daß eine orthogonale Transformation **A** entweder eine reine Drehung (ohne Änderung der Orientierung) oder aber eine sogenannte *Drehspiegelung* beschreibt, in der gleichzeitig mit der Drehung auch die Orientierung geändert wird. Ist aber **A** eine Drehspiegelung, so ist $-\mathsf{A} = (-\mathsf{E})\,\mathsf{A} = \mathsf{A}\,(-\mathsf{E})$ eine reine Drehung und umgekehrt; jede Drehspiegelung läßt sich also als Hintereinanderausführung einer reinen Drehung und der Rauminversion auffassen, und diese beiden Operationen sind vertauschbar.

Die Frage, wie man einer vorgegebenen Matrix ansieht, daß sie orthogonal ist und ob sie eine reine Drehung beschreibt oder nicht, werden wir alsbald mittels des Konzeptes der Determinante beantworten können. Bis dahin stellen wir sie zurück.

Weniger anschaulich, aber mathematisch ebenso einfach zu klassifizieren sind lineare Abbildungen in unitären Räumen, die das Skalarprodukt erhalten. Sie werden als *unitäre* Transformationen bezeichnet und sind durch die Bedingung

$$\mathsf{A}^\dagger = \mathsf{A}^{-1}$$

gekennzeichnet. Unitäre Transformationen sind in der Quantenmechanik von grundlegender Bedeutung.

Die orthogonalen bzw. unitären Matrizen bilden für sich weder Vektorräume noch Algebren, denn es gilt z.B. für die orthogonalen

$$(\alpha\,\boldsymbol{A})^\mathsf{T} = \alpha\,\boldsymbol{A}^\mathsf{T} = \alpha\,\boldsymbol{A}^{-1}\,,$$
$$(\alpha\,\boldsymbol{A})^{-1} = \alpha^{-1}\,\boldsymbol{A}^{-1}\,,$$

und das sind für $\alpha \neq 1$ verschiedene Dinge.

Doch haben sie eine andere interessante Eigenschaft: Sie bilden (bezüglich des Produktes) *nicht-abelsche Gruppen*. Neben ihrer Regularität sind dafür die Tatsachen entscheidend, daß zum Beispiel

1.) die Einheit **E** orthogonal ist, und
2.) mit orthogonalem **A** und **B** wegen

$$(\mathbf{AB})^\mathsf{T} = \mathbf{B}^\mathsf{T}\mathbf{A}^\mathsf{T} = \mathbf{B}^{-1}\mathbf{A}^{-1} = (\mathbf{AB})^{-1}$$

auch ihr Produkt diese Eigenschaft besitzt.

Man spricht in diesem Zusammenhang von der *orthogonalen* bzw. der *unitären* Gruppe. Wie wir später sehen werden, bilden die Drehungen (nicht aber die Drehspiegelungen) im dreidimensionalen Raum eine *Untergruppe* der orthogonalen Gruppe, nämlich die *Dreh*- bzw. *Rotationsgruppe*.

7.2.2 Die aktive und die passive Deutung; orthogonale Koordinatentransformationen

Die durch eine orthogonale Matrix $\boldsymbol{A}$ in einem euklidischen Vektorraum beschriebene Abbildung $\mathbf{a} \xrightarrow{\mathbf{A}} \mathbf{a}'$ läßt sich, wie wir gesehen haben, so interpretieren, daß wir $\mathbf{a}'$ als gedrehten Vektor auffassen, speziell für Ortsvektoren also $\mathbf{r} \,\triangle\, \overrightarrow{OP} \longrightarrow \mathbf{r}' \,\triangle\, \overrightarrow{OP'}$ meinen. Dieses Bild nennt man *aktive Deutung* der Transformation.

Wir können sie aber auch ganz anders interpretieren:

Mit $\mathbf{r}$ soll auch $\mathbf{r}'$ von O nach P führen, $\mathbf{r}$ und $\mathbf{r}'$ sollen also die gleichen Vektoren sein. Da jedoch die Matrix $\boldsymbol{A}$ die Komponenten r_i von $\mathbf{r}$ in andere Zahlen r_i' transformiert, setzt diese Deutung voraus, daß wir gleichzeitig einen *Basiswechsel* vollziehen. Dann haben wir

$$\mathbf{r}' = \sum_i r_i' \mathbf{e}_i' = \sum_j r_j \mathbf{e}_j = \mathbf{r}\,.$$

Die r_i' sollen also die Komponenten von $\mathbf{r}$ in der Basis $\{\mathbf{e}_i'\}$ sein, wenn die r_j seine Komponenten in $\{\mathbf{e}_j\}$ waren.

Setzen wir die Beziehung $r_i' = \sum_j A_{ij} r_j$ in die obige Gleichung ein, so erhalten wir

$$\sum_{i,j} A_{ij} r_j \mathbf{e}_i' = \sum_j r_j \mathbf{e}_j\,,$$

und da die Komponentendarstellung eindeutig und die r_j beliebig sind,

$$\mathbf{e}_j = \sum_i A_{ij} \mathbf{e}_i'\,, \tag{$*$}$$

7.2 Drehungen, orthogonale und unitäre Koordinatentransformationen

was die Transformation der neuen in die alte Basis beschreibt.

Bilden wir mit (∗) weiter

$$\sum_j A_{\ell j}\, \mathbf{e}_j = \sum_{i,j} A_{\ell j} A_{ij}\, \mathbf{e}'_i = \sum_i \sum_j (\mathbf{A})_{\ell j} (\mathbf{A}^\mathsf{T})_{ji}\, \mathbf{e}'_i$$
$$= \sum_i (\mathbf{A}\mathbf{A}^\mathsf{T})_{\ell i}\, \mathbf{e}'_i = \sum_i \delta_{\ell i}\, \mathbf{e}'_i = \mathbf{e}'_\ell\,,$$

so erhalten wir daraus die Transformation der alten in die neue Basis.

Auch die neue Basis ist *orthonormal*, wenn die alte es war, denn es gilt

$$\mathbf{e}'_m \cdot \mathbf{e}'_n = \sum_{j,\ell} (A_{mj}\, \mathbf{e}_j \cdot A_{n\ell}\, \mathbf{e}_\ell)$$
$$= \sum_{j,\ell} A_{mj} A_{n\ell}\, (\mathbf{e}_j \cdot \mathbf{e}_\ell) = \sum_{j,\ell} A_{mj} A_{n\ell}\, \delta_{j\ell}$$
$$= \sum_j A_{mj} A_{nj} = \sum_j (\mathbf{A})_{mj} (\mathbf{A}^\mathsf{T})_{jn} = (\mathbf{A}\mathbf{A}^\mathsf{T})_{mn} = \delta_{mn}\,.$$

D.h. die neuen Basisvektoren sind gegenüber den alten einfach gedreht. Multiplizieren wir schließlich die Gleichung (∗) noch skalar mit $\mathbf{e}'_\ell$, so erhalten wir

$$(\mathbf{e}'_\ell \cdot \mathbf{e}_j) = \sum_i A_{ij}\, (\mathbf{e}'_\ell \cdot \mathbf{e}'_i) = \sum_i A_{ij}\, \delta_{\ell i} = A_{\ell j}\,.$$

Die Matrixelemente von $\mathbf{A}$ sind nichts anderes als die *Cosinus der Zwischenwinkel* zwischen den alten und den neuen Basisvektoren.

Die soeben eingeführte Interpretation der orthogonalen Transformation als *Transformation der Basis* des Vektorraums bezeichnet man als *passive Deutung*.

Wenn wir den Inhalt dieser beiden unterschiedlichen Deutungen noch einmal gegeneinander absetzen, müssen wir sagen: In der *aktiven* Deutung einer orthogonalen Transformation nimmt man an, daß ein Punkt P – dargestellt durch seinen Ortsvektor $\mathbf{r}$ – relativ zu einem *festen* Koordinatenkreuz gedreht wird, in der *passiven*, daß sich das Koordinatenkreuz – in gegenläufigem Sinne – unter dem „raumfesten" Punkt P wegdreht. Welche der beiden Interpretationen zu bevorzugen ist, ist eine reine Zweckmäßigkeitsfrage.

Was wir über orthogonale Transformationen in euklidischen Vektorräumen gesagt haben, gilt – weniger anschaulich, jedoch ohne Einschränkung – auch für unitäre Transformationen in unitären Räumen.

Insbesondere transformiert jede unitäre Transformation $\mathbf{A}$ gemäß

$$\mathbf{e}'_\ell = \sum_i \overline{A}_{\ell i}\, \mathbf{e}_i$$

ein vONS $\{\mathbf{e}_i\}$ in ein neues vONS $\{\mathbf{e}'_\ell\}$, und zwei ganz beliebige orthonormale Basen des Raumes stehen stets miteinander über die unitäre Matrix $\mathbf{A}$ mit den (komplexen) Elementen

$$A_{\ell i} = (\mathbf{e}'_\ell \cdot \mathbf{e}_i)$$

in Verbindung[5].

Später werden wir noch einmal auf orthogonale und unitäre Abbildungen und Matrizen zurückkommen. Um die dabei zu treffenden Feststellungen zu verstehen, müssen wir jedoch zunächst einen anderen wichtigen Fragenkomplex anschneiden.

7.3   ...vektoren und hermitesche M...

Im ... enden wir uns dem sogenannten *Eigenwertproblem* zu, das zu den ... ...en Konzepten in der Theorie der linearen Abbildungen gehört.

7.3.1   Definitionen und grundlegende Eigenschaften

Zu einer vorgegebenen linearen Transformation $\mathbf{A}$ von $\mathcal{V}$ in $\mathcal{V}$ kann es spezielle Vektoren $\mathbf{a}^i \neq \mathbf{o}$ und Zahlen λ_i geben, so daß $\mathbf{A}$ angewandt auf $\mathbf{a}^i$ diese Vektoren bis auf den Faktor λ_i reproduziert:

$$\mathbf{A}\mathbf{a}^i = \lambda_i \mathbf{a}^i .$$

Solche Vektoren $\mathbf{a}^i$ nennt man *Eigenvektoren* von $\mathbf{A}$, die Zahlen λ_i *Eigenwerte*. Offensichtlich ist ein Eigenvektor nie eindeutig bestimmt, denn mit $\mathbf{a}^i$ ist auch $\alpha \mathbf{a}^i$ für beliebiges komplexes α Eigenvektor zum Eigenwert λ_i.

Sind darüber hinaus $\mathbf{a}$ und $\mathbf{b}$ linear unabhängige Eigenvektoren zum gleichen Eigenwert λ, so ist auch jedes $\alpha \mathbf{a} + \beta \mathbf{b}$ Eigenvektor zu diesem Eigenwert: Die Eigenvektoren zu einem vorgegebenen Eigenwert λ spannen also eine Linearmannigfaltigkeit, den sogenannten *Eigenraum* (zu λ) auf. Ist dessen Dimension > 1 (d.h. gibt es tatsächlich linear unabhängige Eigenvektoren $\mathbf{a}$ und $\mathbf{b}$), nennt man λ *entartet*, anderenfalls *nichtentartet* oder *einfach*.

Die Menge der Eigenwerte wird auch *Spektrum* von $\mathbf{A}$ genannt.

Bezüglich der *Existenz* von Eigenwerten und Eigenvektoren unterscheiden sich Abbildungen in unitären und in euklidischen Vektorräumen grundlegend voneinander: Während nämlich *jede Matrix in einem d-dimensionalen unitären Raum genau d* – nicht notwendigerweise verschiedene – *Eigenwerte*

---

[5] Im Rahmen der Quantenmechanik wird die Unterscheidung zwischen aktiver und passiver Deutung *unitärer* Transformationen sehr wichtig werden; dort führt sie zur Unterscheidung von *Heisenberg*- und *Schrödingerbild*.

Durch einen Druckfehler ist die Seite 18 nicht vollständig.
Bei Bedarf bitte zulegen oder einkleben.

7 Lineare Abbildungen und Transformationen

ein vONS $\{e_i\}$ in ein neues vONS $\{e'_\ell\}$, und zwei ganz beliebige orthonormale Basen des Raumes stehen stets miteinander über die unitäre Matrix $\boldsymbol{A}$ mit den (komplexen) Elementen

$$A_{\ell i} = (e'_\ell \cdot e_i)$$

in Verbindung[5].

Später werden wir noch einmal auf orthogonale und unitäre Abbildungen und Matrizen zurückkommen. Um die dabei zu treffenden Feststellungen zu verstehen, müssen wir jedoch zunächst einen anderen wichtigen Fragenkomplex anschneiden.

7.3 Eigenwerte, Eigenvektoren und hermitesche Matrizen

Im folgenden wenden wir uns dem sogenannten *Eigenwertproblem* zu, das zu den wichtigsten Konzepten in der Theorie der linearen Abbildungen gehört.

7.3.1 Definitionen und grundlegende Eigenschaften

Zu einer vorgegebenen linearen Transformation **A** von $\mathcal{V}$ in $\mathcal{V}$ kann es spezielle Vektoren $a^i \neq o$ und Zahlen λ_i geben, so daß **A** angewandt auf a^i diese Vektoren bis auf den Faktor λ_i reproduziert:

$$\mathbf{A}\,a^i = \lambda_i\,a^i .$$

Solche Vektoren a^i nennt man *Eigenvektoren* von **A**, die Zahlen λ_i *Eigenwerte*. Offensichtlich ist ein Eigenvektor nie eindeutig bestimmt, denn mit a^i ist auch $\alpha\,a^i$ für beliebiges komplexes α Eigenvektor zum Eigenwert λ_i.

Sind darüber hinaus **a** und **b** linear unabhängige Eigenvektoren zum gleichen Eigenwert λ, so ist auch jedes $\alpha\,\mathbf{a}+\beta\,\mathbf{b}$ Eigenvektor zu diesem Eigenwert: Die Eigenvektoren zu einem vorgegebenen Eigenwert λ spannen also eine Linearmannigfaltigkeit, den sogenannten *Eigenraum* (zu λ) auf. Ist dessen Dimension > 1 (d.h. gibt es tatsächlich linear unabhängige Eigenvektoren **a** und **b**), nennt man λ *entartet*, anderenfalls *nichtentartet* oder *einfach*.

Die Menge der Eigenwerte wird auch *Spektrum* von **A** genannt.

Bezüglich der *Existenz* von Eigenwerten und Eigenvektoren unterscheiden sich Abbildungen in unitären und in euklidischen Vektorräumen grundlegend voneinander: Während nämlich *jede Matrix in einem d-dimensionalen unitären Raum genau d* – nicht notwendigerweise verschiedene – *Eigenwerte*

---

[5] Im Rahmen der Quantenmechanik wird die Unterscheidung zwischen aktiver und passiver Deutung *unitärer* Transformationen sehr wichtig werden; dort führt sie zur Unterscheidung von *Heisenberg-* und *Schrödingerbild*.

7.3 Eigenwerte, Eigenvektoren und hermitesche Matrizen

und -vektoren besitzt, muß das in einem euklidischen Vektorraum keineswegs der Fall sein.

Ein Beispiel für diesen Unterschied liefert die rein reelle Matrix

$$A = \begin{pmatrix} 0 & 1 \\ -1 & 0 \end{pmatrix}.$$

Damit $Aa = \lambda a$ ist, muß

$$\begin{pmatrix} 0 & 1 \\ -1 & 0 \end{pmatrix} \begin{pmatrix} a_1 \\ a_2 \end{pmatrix} = \begin{pmatrix} a_2 \\ -a_1 \end{pmatrix} = \lambda \begin{pmatrix} a_1 \\ a_2 \end{pmatrix}$$

gelten; das definiert die zwei linearen Gleichungen

$$a_2 = \lambda a_1 \tag{1}$$
$$a_1 = -\lambda a_2 \tag{2}$$

für die beiden Unbekannten a_1 und a_2.

Einsetzen der zweiten in die erste führt auf

$$a_2(1+\lambda^2) = 0.$$

Nun könnte $a_2 = 0$ sein. Dann wäre nach (2) aber auch $a_1 = 0$. Da aber ein Eigenvektor stets $\neq \mathbf{o}$ ist, ist also auch $a_2 \neq 0$. Folglich gilt $1+\lambda^2 = 0$, und daraus folgen die (imaginären!) Eigenwerte $\lambda_{1,2} = \pm i$.

Setzen wir diese in die Gleichungen (1) und (2) ein, erhalten wir sofort die Eigenvektoren

$$\mathbf{a}^1 = \alpha^1 \begin{pmatrix} 1 \\ i \end{pmatrix}, \qquad \mathbf{a}^2 = \alpha^2 \begin{pmatrix} 1 \\ -i \end{pmatrix}.$$

Nun können wir die α^i wählen, wie wir wollen, mindestens eine Komponente dieser Eigenvektoren wird immer nicht-reell sein. Folglich können die $\mathbf{a}^i$ keine Vektoren in einem euklidischen Vektorraum sein, und folglich besitzt die Matrix A in einem solchen weder Eigenvektoren noch Eigenwerte. Hingegen sind die $\mathbf{a}^i$ in einem unitären Raum zulässige Vektoren und die λ_i die Eigenwerte von A.

7.3.2 Das Eigenwertproblem bei speziellen Typen von Abbildungen

Obwohl das Eigenwertproblem – z.B. im Zusammenhang mit der *Normalmodenanalyse* in dynamischen Systemen – auch für ganz allgemeine Matrizen interessant ist, wollen wir uns hier doch darauf beschränken, es für einige sehr wichtige spezielle Typen von Abbildungen genauer zu untersuchen.

7.3.2.1 Hermitesche Matrizen in unitären Vektorräumen

Vollständige Aussagen über das Spektrum lassen sich am einfachsten für *hermitesche* Matrizen $\mathbf{A} = \mathbf{A}^\dagger$ in unitären Vektorräumen machen. Dies ist auch in praxi der wichtigste Fall.

Wir wissen bereits, daß $\mathbf{A}$ genau d Eigenwerte und Eigenvektoren besitzen wird. Für diese wollen wir *zeigen*:

1.) *Alle Eigenwerte sind reell*;

2.) *Eigenvektoren zu unterschiedlichen Eigenwerten stehen aufeinander senkrecht.*

Wir gehen aus von der allgemeinen Eigenschaft

$$(\mathbf{a} \cdot \mathbf{A}\, \mathbf{b}) = (\mathbf{A}^\dagger \mathbf{a} \cdot \mathbf{b})\,.$$

Folglich gilt für hermitesche Operatoren

$$(\mathbf{a} \cdot \mathbf{A}\, \mathbf{b}) = (\mathbf{A}\, \mathbf{a} \cdot \mathbf{b})\,.$$

Sei nun $\mathbf{a}^i$ Eigenvektor zum Eigenwert λ_i. Dann sind

$$(\mathbf{a}^i \cdot \mathbf{A}\, \mathbf{a}^i) = (\mathbf{a}^i \cdot \lambda_i \mathbf{a}^i) = \lambda_i (\mathbf{a}^i \cdot \mathbf{a}^i)\,,$$
$$(\mathbf{A}\, \mathbf{a}^i \cdot \mathbf{a}^i) = (\lambda_i \mathbf{a}^i \cdot \mathbf{a}^i) = \overline{\lambda}_i (\mathbf{a}^i \cdot \mathbf{a}^i)\,.$$

Folglich ist

$$(\lambda_i - \overline{\lambda}_i)(\mathbf{a}^i \cdot \mathbf{a}^i) = 0\,,$$

und das ist – wegen $\mathbf{a}^i \neq \mathbf{o}$ – nur möglich, falls $\lambda_i = \overline{\lambda}_i$ ist.

Das beweist Teil (1) des Satzes.

Weiterhin ist für $\lambda_i \neq \lambda_j$

$$\lambda_i (\mathbf{a}^j \cdot \mathbf{a}^i) = (\mathbf{a}^j \cdot \mathbf{A}\, \mathbf{a}^i) = (\mathbf{A}\, \mathbf{a}^j \cdot \mathbf{a}^i) = (\lambda_j \mathbf{a}^j \cdot \mathbf{a}^i) = \overline{\lambda}_j (\mathbf{a}^j \cdot \mathbf{a}^i)$$
$$\implies (\lambda_i - \overline{\lambda}_j)(\mathbf{a}^j \cdot \mathbf{a}^i) = 0 \implies (\mathbf{a}^j \cdot \mathbf{a}^i) = 0 \text{ für } \lambda_i \neq \lambda_j\,,$$

und das beweist die Aussage (2).

Ist nun ein Eigenwert λ d'-fach entartet, so kann man innerhalb des d'-dimensionalen Eigenraumes zu λ eine orthonormale Basis von Vektoren $\mathbf{b}^\kappa$ ($\kappa = 1\ldots d'$) bilden. Außerdem kann man alle Eigenvektoren – da sie ja $\neq \mathbf{o}$ sind – normieren.

Folglich existiert zu jeder hermiteschen Abbildung $\mathbf{A}$ (mindestens) eine *orthonormale Basis, die nur aus Eigenvektoren besteht.* Nennen wir diese einmal $\{\mathbf{E}_i\}$.

7.3 Eigenwerte, Eigenvektoren und hermitesche Matrizen

Natürlich ist diese spezielle Basis zu allen anderen gleichberechtigt, und wir können nach früherer Erkenntnis die Transformation **A** durch

$$(\mathbf{A})_{ik} = (\mathbf{E}_i \cdot \mathbf{A}\,\mathbf{E}_k) = \lambda_k\,(\mathbf{E}_i \cdot \mathbf{E}_k) = \lambda_k\,\delta_{ik} \qquad (*)$$

in dieser Basis darstellen. Das Ergebnis ist, daß die so entstehende Matrix *diagonal* ist; in ihrer Diagonale stehen die Eigenwerte, außerhalb der Diagonale lauter Nullen:

$$\mathbf{A} = \begin{pmatrix} \lambda_1 & \cdots & 0 \\ \vdots & \ddots & \vdots \\ 0 & \cdots & \lambda_d \end{pmatrix} = \mathbf{D}\,.$$

Man pflegt das System $\{\mathbf{E}_i\}$ als *Hauptachsensystem* der Matrix **A** zu bezeichnen.

7.3.2.2 Hauptachsentransformationen

Wie wir in 7.2.1 gesehen haben, stehen zwei orthonormale Basen $\{\mathbf{E}_i\}$ und $\{\mathbf{e}_j\}$ immer durch eine unitäre Transformation **U** mit

$$(\mathbf{U})_{ij} = (\mathbf{E}_i \cdot \mathbf{e}_j)\,,$$
$$\mathbf{E}_i = \sum_j \overline{U}_{ij}\,\mathbf{e}_j$$

miteinander in Verbindung.

Deswegen ergibt sich aus $(*)$

$$(\mathbf{D})_{ik} = (\mathbf{E}_i \cdot \mathbf{A}\,\mathbf{E}_k) = \sum_{m,n} \left(\overline{U}_{im}\,\mathbf{e}_m \cdot \mathbf{A}\,\overline{U}_{kn}\,\mathbf{e}_n\right)$$
$$= \sum_{m,n} U_{im}(\mathbf{A})_{mn}\overline{U}_{kn} = \sum_{m,n} (\mathbf{U})_{im}(\mathbf{A})_{mn}(\mathbf{U}^\dagger)_{nk} = (\mathbf{U}\mathbf{A}\mathbf{U}^\dagger)_{ik}\,,$$

also

$$\mathbf{U}\mathbf{A}\mathbf{U}^\dagger = \mathbf{D}\,,$$

oder (nach Multiplikation mit $\mathbf{U}^\dagger$ von links)

$$\mathbf{A}\mathbf{U}^\dagger = \mathbf{U}^\dagger\mathbf{D}\,.$$

Schreiben wir diese Gleichung wieder in Komponenten, so erhalten wir

$$\sum_\ell A_{i\ell} U^\dagger_{\ell j} = \sum_\ell U^\dagger_{i\ell} D_{\ell j} = \sum_\ell U^\dagger_{i\ell} \lambda_j\,\delta_{\ell j} = \lambda_j\,U^\dagger_{ij}\,.$$

Also ist die Spalte j von $\mathbf{U}^\dagger$ gerade Eigenvektor von **A** zum Eigenwert λ_j.

Wir sehen also, *daß sich die hermitesche Matrix A immer durch eine unitäre Transformation auf Hauptachsen bringen läßt.*

Nun wissen wir aber, daß die Eigenvektoren einer Matrix nur bis auf Vielfache α bestimmt sind. Folglich können wir nicht damit rechnen, daß wir die diagonalisierende Transformation $U^\dagger$ einfach dadurch erhalten, daß wir in ihre j. Spalte gerade die Komponenten eines beliebig gewählten Eigenvektors zum Eigenwert λ_j schreiben.

Doch gilt das, wenn wir tatsächlich vom vONS $\{E_i\}$ ausgehen, also die Eigenvektoren *orthonormalisieren*.

Ein weiterer bedeutsamer Sachverhalt schließt sich an:
Eine beliebige unitäre Transformation U einer hermiteschen Matrix A gemäß
$$A' = UAU^\dagger \qquad (*)$$
läßt deren Spektrum invariant.

D.h. die Matrix A' besitzt die gleichen Eigenwerte in gleicher Vielfachheit wie A.

Nach obigem gibt es nämlich eine unitäre Transformation V, die A' gemäß
$$VA'V^\dagger = D$$
auf Hauptachsen bringt.

Eingesetzt in $(*)$ ergibt diese Gleichung
$$VA'V^\dagger = (VU)\,A\,(U^\dagger V^\dagger) = (VU)\,A\,(VU)^\dagger = D\,.$$

Also wird A durch die – wegen ihrer Gruppeneigenschaft – ebenfalls unitäre Transformation VU auf die nämliche Diagonalmatrix transformiert.

Folglich besteht die Wirkung einer unitären Transformation tatsächlich *ausschließlich* in einer Drehung des vONS.

Wie findet man nun in der Praxis die Eigenwerte und Eigenvektoren von A und somit die Hauptachsentransformation U ?

Offensichtlich folgt aus $A\,a^i = \lambda_i\,a^i$
$$(A - \lambda_i E)\,a^i = o\,.$$

Wir müssen folglich nach den Werten von λ_i suchen, für die der Kern der Transformation $\mathsf{A} - \lambda_i \mathsf{E}$ nicht nur aus der o besteht. Das ist aber gleichbedeutend damit, daß die Transformation $\mathsf{B}(\lambda_i) = \mathsf{A} - \lambda_i \mathsf{E}$ singulär, d.h. nicht invertierbar wird. Konkreter müssen die λ_i so gewählt werden, daß das homogene lineare Gleichungssystem

$$\sum_n B_{mn}(\lambda_i)\,a^i_n = 0 \qquad \forall\,m$$

7.3 Eigenwerte, Eigenvektoren und hermitesche Matrizen

für die Komponenten a_n^i von $\mathbf{a}^i$ eine nichttriviale Lösung besitzt. Wie dies im einzelnen zu machen ist, werden wir alsbald besprechen.

7.3.2.3 Symmetrische Matrizen in euklidischen Vektorräumen

Inwieweit sich die Sätze der vorigen Ziffer auf *symmetrische Matrizen* in *euklidischen Vektorräumen* übertragen lassen, ist zunächst einmal nicht klar.

Es fehlt uns die Sicherheit, daß die Eigenvektoren, die eine symmetrische Matrix $\mathbf{A}$ in einem *unitären* Vektorraum stets besitzt, tatsächlich rein reelle Komponenten haben, und daß die Eigenwerte stets reell sind. Nur dann können wir sie – siehe unser früheres Gegenbeispiel – als Eigenvektoren und Eigenwerte in einem euklidischen Vektorraum akzeptieren.

Das ist aber tatsächlich der Fall, und es gilt in sinngemäßer Übertragung alles, was wir für hermitesche Matrizen bewiesen haben:

Jede symmetrische Matrix in einem d-dimensionalen euklidischen Vektorraum besitzt genau d (reelle) Eigenwerte und (reelle) Eigenvektoren. Eigenvektoren zu unterschiedlichen Eigenwerten stehen senkrecht aufeinander. Innerhalb der Eigenräume eines entarteten Eigenwertes lassen sich die Eigenvektoren orthogonalisieren; insgesamt gibt es (mindestens) ein vONS $\{\mathbf{E}_i\}$ von Eigenvektoren, das Hauptachsensystem.

Da verschiedene orthonormale Basen durch eine orthogonale Transformation in Verbindung stehen, *läßt sich jede symmetrische Matrix $\mathbf{A}$ durch eine orthogonale Transformation $\mathbf{V}$ gemäß*

$$\mathbf{V}\mathbf{A}\mathbf{V}^\mathsf{T} = \mathbf{D}$$

auf Hauptachsen bringen.

7.3.2.4 Unitäre und orthogonale Matrizen

Sei $\mathbf{U}$ eine unitäre Transformation und $\mathbf{a}$ einer ihrer Eigenvektoren zum Eigenwert λ.

Dann gilt

$$(\mathbf{a} \cdot \mathbf{a}) = (\mathbf{U}\mathbf{a} \cdot \mathbf{U}\mathbf{a}) = (\lambda\mathbf{a} \cdot \lambda\mathbf{a}) = |\lambda|^2\,(\mathbf{a} \cdot \mathbf{a})\,.$$

Folglich hat jeder Eigenwert λ von $\mathbf{U}$ den Betrag 1, ist also von der allgemeinen Form

$$\lambda = \mathrm{e}^{\mathrm{i}\phi}\,.$$

Hingegen besitzen orthogonale Matrizen in euklidischen Räumen im allgemeinen kein vollständiges System von Eigenvektoren. Das werden wir später an einem Spezialfall einsehen.

7.3.2.5 Antisymmetrische Matrizen im dreidimensionalen euklidischen Vektorraum

Antisymmetrische Matrizen im dreidimensionalen euklidischen Vektorraum stellen einen für das folgende wichtigen Spezialfall dar.

Gemäß ihrer allgemeinen Gestalt

$$\boldsymbol{A} = \begin{pmatrix} 0 & A_{12} & A_{13} \\ -A_{12} & 0 & A_{23} \\ -A_{13} & -A_{23} & 0 \end{pmatrix}$$

besitzen sie drei unabhängige reelle Elemente, während z.B. symmetrische Matrizen sechs unabhängige Elemente haben.

Lassen wir $\boldsymbol{A}$ auf einen beliebigen Spaltenvektor $\boldsymbol{b}$ wirken, so erhalten wir

$$\boldsymbol{A}\boldsymbol{b} = \begin{pmatrix} A_{12}b_2 + A_{13}b_3 \\ -A_{12}b_1 + A_{23}b_3 \\ -A_{13}b_1 - A_{23}b_2 \end{pmatrix} = \boldsymbol{c} \, .$$

Nun *benennen* wir die Matrixelemente folgendermaßen um:

$$A_{13} = a_2 \, , \quad A_{12} = -a_3 \, , \quad A_{23} = -a_1 \, .$$

Dann ergibt sich

$$\begin{pmatrix} c_1 \\ c_2 \\ c_3 \end{pmatrix} = \begin{pmatrix} a_2 b_3 - a_3 b_2 \\ a_3 b_1 - a_1 b_3 \\ a_1 b_2 - a_2 b_1 \end{pmatrix} \, .$$

Doch dieser Ausdruck ist uns bekannt; er ist gerade die Darstellung von

$$\mathbf{c} = \mathbf{a} \times \mathbf{b} \, .$$

Wir sehen also, daß wir *jeder dreidimensionalen antisymmetrischen Matrix $\boldsymbol{A}$ auf eineindeutige Weise, nämlich gemäß*

$$a_i = -\frac{1}{2} \sum_{j,k} \epsilon_{ijk} A_{jk} \, ,$$

einen Vektor $\mathbf{a}$ *zuordnen können dergestalt, daß ihre Anwendung auf einen beliebigen Vektor* $\mathbf{b}$ *sich gerade durch das Kreuzprodukt* $\mathbf{a} \times \mathbf{b}$ *darstellt.*

Es ist dann $\boldsymbol{A}$ durch

$$\boldsymbol{A} = \begin{pmatrix} 0 & -a_3 & a_2 \\ a_3 & 0 & -a_1 \\ -a_2 & a_1 & 0 \end{pmatrix}$$

gegeben.

Tatsächlich haben wir – dies sei nur angemerkt – hier die Methode gefunden, mittels der man das Kreuzprodukt auf Räume anderer Dimension als drei übertragen kann; es handelt sich dabei stets um Anwendung einer antisymmetrischen Matrix auf einen Vektor.

Das Eigenwertproblem einer dreidimensionalen antisymmetrischen Matrix kann man nach unseren obigen Überlegungen also auch in der Form

$$\mathbf{a} \times \mathbf{b} = \lambda \mathbf{b}$$

schreiben.

Nun sei $\mathbf{b} = \alpha \mathbf{a}$ mit beliebigem reellen α. Dann sind $\mathbf{b}$ und $\mathbf{a}$ kollinear und das Kreuzprodukt verschwindet.

Folglich ist $\mathbf{a}$ *Eigenvektor von* $\mathbf{A}$ *zum Eigenwert* $\lambda = 0$.

$\lambda = 0$ ist aber auch der einzige Eigenwert von $\mathbf{A}$ im euklidischen Vektorraum. Wie wir mittels in Kürze zu erarbeitender Methoden in den Übungen zeigen werden, besitzen nämlich die weiteren Eigenwerte *im unitären Raum* die Form $\lambda_{2,3} = \pm i |\mathbf{a}|$, und die Eigenvektoren sind komplex.

7.4 Weiteres zu unitären und orthogonalen Transformationen

7.4.1 Allgemeine Definition von Matrixfunktionen

In Ziffer 7.1.2.5 haben wir durch rein formale Übertragung von Potenzreihen um Null Funktionen von Matrizen definiert:

$$f(z) = \sum_{n=0}^{\infty} a_n z^n \implies f(\mathbf{A}) = \sum_{n=0}^{\infty} a_n \mathbf{A}^n .$$

Wir wollen jetzt speziell annehmen, $\mathbf{A}$ sei eine hermitesche Matrix, und danach fragen, welches Spektrum und welche Eigenvektoren $f(\mathbf{A})$ besitzt.

Das Ergebnis wird höchst einfach sein:

Besitzt $\mathbf{A}$ *die Eigenwerte* λ_i *und die Eigenvektoren* $\mathbf{a}^i$, *so* $f(\mathbf{A})$ *die Eigenwerte* $f(\lambda_i)$ *und nur diese und ebenfalls die Eigenvektoren* $\mathbf{a}^i$.

Sei z.B. $\mathbf{b}$ Eigenvektor von $\mathbf{A}$ zum Eigenwert λ.

Dann gilt

$$\mathbf{A}^n \mathbf{b} = \mathbf{A}^{n-1} \lambda \mathbf{b} = \lambda \mathbf{A}^{n-2} \lambda \mathbf{b} = \ldots = \lambda^n \mathbf{b}$$

und somit

$$f(\mathbf{A}) \mathbf{b} = \sum_{n=0}^{\infty} a_n \lambda^n \mathbf{b} = f(\lambda) \mathbf{b} .$$

$f(\lambda)$ ist also Eigenwert von $f(A)$ zum Eigenvektor b. Da sich aber aus allen Eigenvektoren ein vONS $\{E_i\}$ bilden läßt, besitzt $f(A)$ keine weiteren Eigenwerte und Eigenvektoren, q.e.d.

Jetzt stellen wir diese Eigenschaft in den Vordergrund der Überlegungen und *definieren:*

Gelte
$$A\,b^i = \lambda_i\,b^i\,.$$
Dann nennen wir für vorgegebenes $f(z)$ diejenige Matrix $C = f(A)$, für die
$$C\,b^i = f(\lambda_i)\,b^i \qquad \forall\,i$$
gilt.

Für Potenzreihen sind die frühere und die jetzige Definition gerade identisch, doch ist die neue Definition allgemeiner; sie gestattet z.B. auch die Definition von $\log(A)$, $\sqrt{A}$ usf.

7.4.2 Hypermaximale Darstellung unitärer Transformationen

Wir behaupten nun, daß sich *jede unitäre Transformation U in der Form*
$$U = \mathrm{e}^{\mathrm{i}S}$$
mit hermiteschem S darstellen läßt.

Zunächst hat U die Eigenwerte $\Lambda_i = \mathrm{e}^{\mathrm{i}\lambda_i}$, wenn S die Eigenwerte λ_i besitzt, und die gleichen Eigenvektoren wie S.

Tatsächlich gilt also
$$|\Lambda_i| = |\mathrm{e}^{\mathrm{i}\lambda_i}| = 1 \qquad \forall\,i\,.$$

Des weiteren ist das so dargestellte U tatsächlich *unitär*:

Denn zunächst gilt
$$U^{-1}\,b^i = \Lambda_i^{-1}\,b^i = \mathrm{e}^{-\mathrm{i}\lambda_i}\,b^i\,. \qquad (*)$$

Nun haben wir ganz allgemein
$$(c' \cdot U\,c) = (U^\dagger c' \cdot c)\,,$$
und setzen wir die Potenzreihe für U ein:
$$\left(c' \cdot \sum \frac{1}{n!}\mathrm{i}^n S^n\,c\right) = \sum \frac{1}{n!}\mathrm{i}^n\,(c' \cdot S^n\,c)$$
$$= \sum \frac{1}{n!}\mathrm{i}^n\,\left((S^n)^\dagger c' \cdot c\right) = \sum \frac{1}{n!}\mathrm{i}^n\,(S^n c' \cdot c)$$
$$= \left(\sum \frac{1}{n!}(-\mathrm{i})^n\,S^n c' \cdot c\right)\,.$$

7.4 Weiteres zu unitären und orthogonalen Transformationen

Also ist
$$U^\dagger = \mathrm{e}^{-\mathrm{i}S},$$
und somit gilt ebenfalls
$$U^\dagger b^i = \Lambda_i^{-1} b^i = \mathrm{e}^{-\mathrm{i}\lambda_i} b^i. \qquad (**)$$
Aus (*) und (**) folgt aber
$$U^\dagger = U^{-1}.$$
Den Beweis für den dritten Teil der Behauptung, nämlich daß sich *jedes* unitäre U in der hypermaximalen Form
$$U = \mathrm{e}^{\mathrm{i}S}$$
mit hermiteschem S darstellen läßt, wollen wir hier nicht führen.

7.4.3 Die Exponentialdarstellung eigentlicher Drehungen im dreidimensionalen euklidischen Vektorraum

Eine der hypermaximalen Darstellung äußerlich ähnliche sehr nützliche Exponentialdarstellung eigentlicher Drehungen gibt es im dreidimensionalen euklidischen Vektorraum.

Zunächst ist hier die hypermaximale Form nicht zu gebrauchen, denn es ist damit naturgemäß nicht zu erreichen, daß sowohl S als auch U *reelle* Matrizen sind.

Doch nun sei A eine antisymmetrische (3×3)-Matrix.
Dann, so behaupten wir, *ist*
$$C = \mathrm{e}^A$$
eine orthogonale Matrix.

Da A nun keine hermitesche Matrix ist, müssen wir die Reihendefinition von C heranziehen, um diese Behauptung zu beweisen.

Wir haben
$$C^\mathrm{T} = \left(\sum \frac{1}{n!} A^n\right)^\mathrm{T} = \sum \frac{1}{n!}(A^n)^\mathrm{T} = \sum \frac{1}{n!}(A^\mathrm{T})^n$$
$$= \sum \frac{1}{n!}(-A)^n = \sum \frac{(-1)^n}{n!} A^n = \mathrm{e}^{-A} = C^{-1},$$
q.e.d.

Indem wir die Ersetzung der Anwendung von A durch das Kreuzprodukt vornehmen, die wir in 7.3.2.4 eingeführt haben, können wir nun auch *formal*
$$C = \mathrm{e}^{a \times}$$

schreiben.

Nun wenden wir C auf den Vektor $\alpha\,a$ an. Da $A(\alpha\,a) = o$ gilt, ist also

$$C(\alpha\,a) = e^0(\alpha\,a) = (\alpha\,a)\,;$$

a *ist Eigenvektor von* C *zum Eigenwert* 1 . Weitere Eigenwerte (im euklidischen Raum) hat C nicht, denn schon A besitzt nach früheren Ausführungen keine solchen.

Diese Tatsache ist geometrisch leicht zu deuten.

Wendet man C auf alle möglichen Vektoren an, so verändern sie sich alle bis auf die eindimensionale Mannigfaltigkeit der $\alpha\,a$. Jeder Vektor dieser Mannigfaltigkeit wird in sich selbst abgebildet.

Tatsächlich bleibt bei jeder Drehung im Raum genau eine Gerade unverändert, nämlich diejenige, die die *Drehachse* darstellt. Diese Achse, dargestellt durch den Einheitsvektor â, *muß* also Eigenvektor der Drehabbildung mit dem Eigenwert 1 sein, und weitere *darf* es nicht geben.

Das ist aber genau der Sachverhalt, den wir beim Studium von

$$C = e^A$$

gefunden haben.

7.5 Determinanten

Bei den allgemeinen Untersuchungen dieses Kapitels haben wir für viele konkrete Fragen wie z.B. die praktische Berechnung der Umkehrmatrix und der Eigenwerte sowie die Unterscheidungsmöglichkeit zwischen eigentlichen Drehungen und Drehspiegelungen immer wieder auf ein Konzept verwiesen, das später eingeführt werden sollte.

Dieses Konzept ist das der *Determinante* einer quadratischen Matrix; seiner Besprechung wenden wir uns im folgenden zu. Aus der Kenntnis der Determinante lassen sich, wie wir in der Folge sehen werden, alle Fragen, die wir uns bisher aufgespart haben, lösen.

7.5.1 Definition und grundlegende Eigenschaften

Die Determinante stellt – rein formal – *ein nicht-lineares Funktional auf der Algebra der quadratischen Matrizen dar*; jeder $(d \times d)$-Matrix A wird eindeutig eine Zahl zugeordnet, die man mit det A oder $\|A\|$ bezeichnet.

Für gegebenes d läuft die Definition der Zuordnungsvorschrift über die Summe gewisser durch Permutation auseinander hervorgehender Produkte von Matrixelementen. Einfacher, anschaulicher und für unsere Zwecke ausreichend ist aber die folgende *rekursive Definition*:

7.5 Determinanten

1. *Gegeben sei die $(d \times d)$-Matrix $\boldsymbol{A}$. Dann wollen wir unter $\widetilde{\boldsymbol{A}_{ij}}$ diejenige $((d-1) \times (d-1))$-Matrix verstehen, die wir erhalten, wenn wir in $\boldsymbol{A}$ die i. Zeile und j. Spalte streichen.*

2. **Determinantendefinition**:

    a) *Für $d = 1$ gilt* $\|\boldsymbol{A}\| = \boldsymbol{A} = A_{11}$
    (tatsächlich besteht ja $\boldsymbol{A}$ aus ihrem einzigen Element, der Zahl A_{11});

    b) *Für $d > 1$ gilt:*

    $$\|\boldsymbol{A}\| = \sum_{j=1}^{d} (-1)^{i+j} A_{ij} \|\widetilde{\boldsymbol{A}_{ij}}\| \;.$$

    Damit ist tatsächlich für beliebiges d die Determinante definiert, und zwar eindeutig[6].

Als *Beispiele* besprechen wir die Fälle

1) $\quad d = 2$:

$$\boldsymbol{A} = \begin{pmatrix} A_{11} & A_{12} \\ A_{21} & A_{22} \end{pmatrix} \implies \|\boldsymbol{A}\| = A_{11}A_{22} - A_{12}A_{21} \;;$$

2) $\quad d = 3$:

$$\|\boldsymbol{A}\| = A_{11} \left\| \begin{matrix} A_{22} & A_{23} \\ A_{32} & A_{33} \end{matrix} \right\| - A_{12} \left\| \begin{matrix} A_{21} & A_{23} \\ A_{31} & A_{33} \end{matrix} \right\| + A_{13} \left\| \begin{matrix} A_{21} & A_{22} \\ A_{31} & A_{32} \end{matrix} \right\|$$

$$= A_{11}A_{22}A_{33} - A_{11}A_{23}A_{32}$$
$$- A_{12}A_{21}A_{33} + A_{12}A_{23}A_{31}$$
$$+ A_{13}A_{21}A_{32} - A_{13}A_{22}A_{31} \;.$$

Dieses Ergebnis merkt man sich bequem in Form der *Sarrusschen Regel*:

$$\left\| \begin{matrix} A_{11} & A_{12} & A_{13} \\ A_{21} & A_{22} & A_{23} \\ A_{31} & A_{32} & A_{33} \end{matrix} \right\| \begin{matrix} A_{11} & A_{12} \\ A_{21} & A_{22} \\ A_{31} & A_{32} \end{matrix}$$

Man schreibe die ersten beiden Spalten noch einmal neben die Matrix. Dann bilde man die Summe der drei Dreierprodukte von Elementen, die sich längs der Diagonale

---

[6] Um das zu beweisen, muß man zeigen, daß die Definition (2b) von $\|\boldsymbol{A}\|$ unabhängig vom Index i ist. Wir verweisen hierfür auf die einschlägige mathematische Literatur.

von links nach rechts (durchgezogene Linien) bilden lassen, und *subtrahiere* von ihr die Summe derjenigen drei Dreierprodukte, die man längs der von rechts oben nach links unten verlaufenden Diagonalen (gepunktete Linien) erhält.

Man überzeugt sich leicht davon, daß der explizite Ausdruck für $\|\boldsymbol{A}\|$ mit wachsendem d schnell sehr kompliziert wird (er besteht aus einer Summe von $d!$ Produkten aus d Faktoren), doch lassen sich die folgenden wichtigen *Rechenregeln* beweisen:

1) $\|\alpha\boldsymbol{A}\| = \alpha^d\|\boldsymbol{A}\|$;

2) $\|\boldsymbol{AB}\| = \|\boldsymbol{A}\|\|\boldsymbol{B}\|$
   (jedoch $\|\boldsymbol{A}+\boldsymbol{B}\| \neq \|\boldsymbol{A}\| + \|\boldsymbol{B}\|$ im allgemeinen!);

3) Vertauscht man in $\boldsymbol{A}$ Zeilen oder Spalten miteinander, so bleibt der Absolutbetrag der Determinante $|\|\boldsymbol{A}\||$ erhalten;

4) Faßt man die Zeilen oder Spalten einer Matrix als Vektoren auf (so daß A_{ij} entweder die j. Komponente des Zeilenvektors i oder die i. Komponente des Spaltenvektors j ist), so verschwindet die Determinante $\|\boldsymbol{A}\|$ dann und nur dann, wenn diese Vektoren linear abhängig sind.

Daraus folgt:

5) Addiert man zu den Zeilen (oder Spalten) einer Matrix beliebige Vielfache aller anderen, ändert sich die Determinante durch diese Operation nicht.

6) Es gilt
$$\|\boldsymbol{A}\| = \|\boldsymbol{A}^\mathsf{T}\|.$$

Auch auf die Beweise dieser Rechenregeln wollen wir hier verzichten.

Die Rechenregel (2) stellt sicher, daß die Determinante ein Konzept ist, das bereits für die Abbildung **A** und nicht nur für deren darstellende Matrix $\boldsymbol{A}$ definiert ist.

Ein Wechsel dieser Darstellung besteht nämlich in einem Wechsel des vONS und ist, wie wir wissen, mit einer unitären Transformation $\boldsymbol{U}$ verknüpft:
$$\boldsymbol{A}' = \boldsymbol{U}\boldsymbol{A}\boldsymbol{U}^\dagger.$$

Nach (2) ist nun
$$\|\boldsymbol{A}'\| = \|\boldsymbol{U}\|\|\boldsymbol{A}\|\|\boldsymbol{U}^\dagger\|.$$

Außerdem aber ist
$$\|\boldsymbol{U}\boldsymbol{U}^\dagger\| = \|\boldsymbol{U}\|\|\boldsymbol{U}^\dagger\| = 1,$$

7.5 Determinanten

also
$$\|U^\dagger\| = \|U^{-1}\|\,.$$

Folglich gilt
$$\|A'\| = \|A\|$$

und es macht Sinn, von der *Determinante der Abbildung* det **A** zu sprechen.

Geometrische Anschauung läßt sich mit der Determinante im dreidimensionalen euklidischen Raum verbinden.

Man überlegt sich nämlich leicht, daß das Spatprodukt der Vektoren **a**, **b** und **c** sich gerade als

$$\mathbf{a}\cdot(\mathbf{b}\times\mathbf{c}) = \begin{Vmatrix} a_1 & b_1 & c_1 \\ a_2 & b_2 & c_2 \\ a_3 & b_3 & c_3 \end{Vmatrix}$$

schreiben läßt. Also ist der *Betrag der Determinante* gerade das *Volumen des von ihren Spalten- (oder Zeilen-) Vektoren aufgespannten Parallelepipeds.*

7.5.2 Anwendungen auf die Matrizenrechnung

Die $(d \times d)$-Einheitsmatrix E hat offensichtlich die Determinante $\|E\| = 1$.

Demzufolge muß – nach Rechenregel (2) – die Inverse einer Matrix A, falls sie existiert, die Determinante

$$\|A^{-1}\| = \frac{1}{\|A\|}$$

besitzen. Diese Zahl ist aber nur dann bestimmt, falls $\|A\| \neq 0$ ist. In der Tat zeigt es sich, daß diese Aussage für die Existenz der Inversen auch schon hinreicht:

Eine quadratische Matrix A besitzt dann und nur dann eine Inverse, wenn $\|A\| \neq 0$ gilt.

Diese *Inverse* kann man sogar *ausrechnen*, wenn auch der Ausdruck für größeres d sehr kompliziert ist. Man erhält mit unserer früheren Definition von $\widetilde{A_{ij}}$:

$$(A^{-1})_{ij} = \frac{(-1)^{i+j}}{\|A\|}\|\widetilde{A_{ij}}\|\,.$$

Mit Hilfe der Determinante läßt sich auch entscheiden, ob eine *Drehung* im euklidischen Raum *eigentlich* oder mit einer Änderung der Orientierung verbunden ist.

Für *orthogonale Matrizen* gilt wegen

$$A^\top A = E\,,\qquad \|A^\top\| = \|A\|$$

$$\|A\|^2 = 1 \ ;$$

somit ist $\|A\| = \pm 1$.

In drei Dimensionen hat die Inversionsmatrix $-E$ die Determinante -1. Da mit orthogonalem A entweder A selbst oder aber $-A$ eine eigentliche Drehung beschreibt, wird es Sie nicht wundern, zu erfahren, daß A *genau dann eine eigentliche Drehung beschreibt*, wenn

$$\|A\| = +1$$

gilt.

Schließlich wollen wir uns noch einmal dem Problem des *Spektrums einer hermiteschen Matrix* zuwenden. Dazu müssen wir zunächst einiges über *lineare Gleichungssysteme* sagen.

Sei **a** ein vorgegebener Vektor im d-dimensionalen Raum und A eine $(d \times d)$-Matrix. Dann läßt sich das allgemeinste System d linearer Gleichungen für die d Unbekannten $x_1 \ldots x_d$, die wir zum Vektor **x** zusammenfassen, als

$$A\,x = a$$

schreiben. Ist **a** = **o**, heißt das System *homogen*, für **a** $\neq$ **o** *inhomogen*. Sicher ist **x** = **o** selbst eine Lösung des homogenen Systems; man nennt diese Lösung *trivial*.

Besitzt A eine Inverse, so können wir die Vektorgleichung von links mit A^{-1} multiplizieren und erhalten den Lösungsvektor zu

$$x = A^{-1} a \ .$$

In diesem Fall ist **x** *eindeutig* aus **a** bestimmt und wird mit **a** = **o** zu **x** = **o**: Das homogene System hat *nur* die triviale Lösung. Soll das homogene System nicht-triviale Lösungen besitzen, muß demzufolge die Matrix A singulär sein, d.h. es muß $\|A\| = 0$ gelten.

Die *Lösung eines Eigenwertproblems* läuft, wie wir in 7.3.2.2 erkannt haben, nun aber gerade darauf hinaus, nicht-triviale Lösungen des homogenen Systems

$$B(\lambda_i)\,a^i = (A - \lambda_i E)\,a^i = o$$

zu finden. Also müssen die λ_i so gewählt werden, daß $B(\lambda_i)$ singulär wird. Das ist aber gleichbedeutend mit der Aussage

$$\|B(\lambda_i)\| = \|A - \lambda_i E\| = 0 \ .$$

Nun ist, wie man sich leicht überzeugt, $\|B(\lambda)\|$ ein Polynom der Ordnung d in λ, das sogenannte *Säkularpolynom* $\mathcal{P}(\lambda)$. Folglich werden die Eigenwerte von A gerade durch die Nullstellen des Säkularpolynoms bestimmt.

7.5 Determinanten

Beispiel: Gegeben sei die symmetrische Matrix
$$A = \begin{pmatrix} 1.5 & 2 \\ 2 & -1.5 \end{pmatrix}.$$
Was sind ihre Eigenwerte und Eigenvektoren?
Wir bestimmen zunächst das Säkularpolynom und seine Nullstellen:
$$\mathcal{P}(\lambda) = \begin{Vmatrix} 1.5 - \lambda & 2 \\ 2 & -1.5 - \lambda \end{Vmatrix} = -(1.5 - \lambda)(1.5 + \lambda) - 4 = \lambda^2 - 6.25$$
$$\implies \lambda_{1,2} = \pm 2.5.$$
Für $\lambda = \lambda_1 = +2.5$ haben wir für den Eigenvektor $\mathbf{a}^1$
$$\begin{pmatrix} -1 & 2 \\ 2 & -4 \end{pmatrix} \begin{pmatrix} a_1^1 \\ a_2^1 \end{pmatrix} = \begin{pmatrix} 0 \\ 0 \end{pmatrix}.$$
Also ist $\mathbf{a}^1 = \alpha(2,1)$ mit beliebigem α der Eigenvektor, und wir erkennen sofort, daß dieser nur bis auf einen Faktor festgelegt ist.
Gleicherweise ist der Eigenvektor $\mathbf{a}^2$ für λ_2 durch
$$\mathbf{a}^2 = \alpha(1,-2)$$
gegeben. Tatsächlich gilt $\mathbf{a}^1 \cdot \mathbf{a}^2 = 0$.

Nun wollen wir noch die orthogonale Transformation $\mathbf{V}$ bestimmen, die gemäß
$$\mathbf{V} \mathbf{A} \mathbf{V}^\mathsf{T} = \mathbf{D}$$
$\mathbf{A}$ diagonalisiert. Nach unserer Regel haben wir zu diesem Zweck die *normierten* Eigenvektoren $\hat{\mathbf{a}}^1$ und $\hat{\mathbf{a}}^2$ als Spaltenvektoren von $\mathbf{V}^\mathsf{T}$ zu wählen. Daraus erhalten wir für $\mathbf{V}$
$$\mathbf{V} = \frac{1}{\sqrt{5}} \begin{pmatrix} 2 & 1 \\ 1 & -2 \end{pmatrix}.$$
Wir rechnen nach:
$$\frac{1}{\sqrt{5}} \begin{pmatrix} 2 & 1 \\ 1 & -2 \end{pmatrix} \begin{pmatrix} 1.5 & 2 \\ 2 & -1.5 \end{pmatrix} \frac{1}{\sqrt{5}} \begin{pmatrix} 2 & 1 \\ 1 & -2 \end{pmatrix}$$
$$= \frac{1}{5} \begin{pmatrix} 2 & 1 \\ 1 & -2 \end{pmatrix} \begin{pmatrix} 5 & -2.5 \\ 2.5 & 5 \end{pmatrix}$$
$$= \begin{pmatrix} 2.5 & 0 \\ 0 & -2.5 \end{pmatrix}, \quad \text{q.e.d.}$$
Außerdem ist $\mathbf{V}$ tatsächlich orthogonal, denn es gilt $\mathbf{V}^\mathsf{T}\mathbf{V} = \mathbf{V}\mathbf{V}^\mathsf{T} = \mathbf{E}$. Weiter ist $\|\mathbf{V}\| = -1$.

Mit diesem Beispiel beschließen wir die Untersuchungen linearer Abbildungen auf Vektorräumen, mit deren Kenntnis wir eines der wichtigsten Hilfsmittel für viele weitere physikalische und mathematische Entwicklungen gewonnen haben.

8 Gleichgewichte und Schwingungen von Punktsystemen

In Kapitel 6[1] haben wir uns in aller Ausführlichkeit mit der Physik des *harmonischen Oszillators* auseinandergesetzt. Wiederholt haben wir dort die Wichtigkeit dieses auf den ersten Blick recht speziell anmutenden physikalischen Systems für die gesamte Mechanik betont, doch besitzen wir erst jetzt im mächtigen und flexiblen Matrizenkalkül das geeignete Handwerkszeug, um zu zeigen, wie es dazu kommt.

Was wir in diesem Buch wirklich tun können, ist allerdings nicht mehr, als die allergröbsten Züge dieses äußerst umfangreichen und nahezu selbständigen Gebietes der Mechanik anzureißen und die *gemeinsame Struktur* zahlreicher Probleme aufzuzeigen, auch wenn diese im Detail manchmal ganz unterschiedliches Verhalten zeigen.

8.1 Harmonisch gebundene Punktsysteme

8.1.1 Das Modell

Wir beginnen mit der Beschreibung und Behandlung einer Situation, die immer noch recht speziell erscheint.

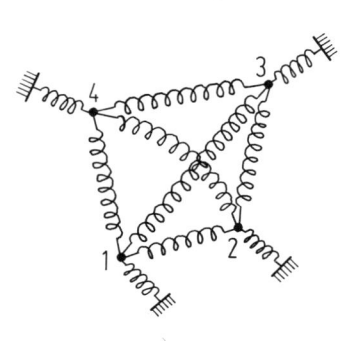

Gegeben seien N Massenpunkte der Massen m_i, $i = 1 \ldots N$.

Jeder dieser Massenpunkte sei sowohl mit allen übrigen als auch einem ortsfesten Aufhängepunkt durch Federn verbunden.

Außerdem sei eine etwaige Bewegung eines beliebigen Massenpunktes nach *Stokes* gedämpft, wobei wir zulassen wollen, daß sich die Dämpfungskonstanten R_i unter Umständen von Teilchen zu Teilchen unterscheiden.

---

[1] *Mechanik I*, S. 179 ff.

8.1 Harmonisch gebundene Punktsysteme

Seien $\mathbf{r}_i$ die Ortsvektoren der Teilchen und $\mathbf{R}_i$ die der ortsfesten Aufhängungen. Die Bewegungsgleichungen des Systems sind in allgemeiner Form durch

$$m_i \ddot{\mathbf{r}}_i + R_i \dot{\mathbf{r}}_i = \mathbf{K}_i \,, \qquad i = 1 \ldots N$$

gegeben, wobei $\mathbf{K}_i$ die Kraft ist, die das Teilchen i aufgrund der Federbindungen erfährt. Für sie machen wir den Ansatz

$$\mathbf{K}_i = -D_i \left(\mathbf{r}_i - \mathbf{R}_i \right) - \sum_j{}' d_{ij} \left(\mathbf{r}_i - \mathbf{r}_j \right) .$$

Dabei beschreibt der Summand

$$\mathbf{K}_i^o = -D_i \left(\mathbf{r}_i - \mathbf{R}_i \right) , \qquad D_i \geq 0$$

die Kraft der Feder zur Verankerung $\mathbf{R}_i$ und der Term

$$\mathbf{K}_{ij} = -d_{ij} \left(\mathbf{r}_i - \mathbf{r}_j \right) , \qquad d_{ij} \geq 0$$

die Kraft, die der Massenpunkt i aufgrund seiner Federbindung an den Punkt j erfährt.

Wir wollen jetzt schon betonen, daß wegen des actio = reactio-Prinzips $\mathbf{K}_{ij} + \mathbf{K}_{ji}$ verschwinden, also

$$d_{ij} = d_{ji}$$

gelten muß.

Die Gesamtkraft ergibt sich durch Summation aller an i angreifenden Teilkräfte, d.h. insbesondere durch Summation über alle $\mathbf{K}_{ij}$ mit $j \neq i$. Diese Summationsbeschränkung haben wir oben auf die übliche Art und Weise durch Anbringung eines Apostrophs am Summenzeichen gekennzeichnet; würden wir sie außer acht lassen, ergäbe sich allerdings – in diesem besonderen Fall – auch nichts anderes, weil für $i = j$ $\mathbf{r}_i - \mathbf{r}_j = \mathbf{o}$ und somit $\mathbf{K}_{ii} = \mathbf{o}$ ist, wie groß d_{ii} auch immer sein mag.

Von allen Federkonstanten D_i und d_{ij} können wir natürlich einige Null setzen; damit ist der Fall eingeschlossen, daß einige Federn im System in Wirklichkeit nicht vorhanden sind.

Der Kraftansatz, den wir gemacht haben, sieht übrigens nur auf den ersten Blick plausibel aus. Was wir dabei vernachlässigt haben, ist offensichtlich die Eigenlänge ℓ_o, die jede reale Feder besitzen wird, und „von der ab" das Hookesche Gesetz eigentlich anzuwenden ist. Ihren Effekt haben wir auf S. 180 des I. Bandes ausführlicher diskutiert. Daß er hier für die Bewegung der Massenpunkte keine Rolle spielt, werden wir alsbald einsehen.

8.1.2 Die Formulierung des Problems mittels Matrizen

Setzen wir die Kräfte $\mathbf{K}_i$ in die Bewegungsgleichungen der Teilchen ein, so erhalten wir

$$m_i \ddot{\mathbf{r}}_i + R_i \dot{\mathbf{r}}_i + D_i \mathbf{r}_i + \sum_j{}' d_{ij} (\mathbf{r}_i - \mathbf{r}_j) = D_i \mathbf{R}_i \;,$$

ein *System von gekoppelten, linearen Differentialgleichungen 2. Ordnung*, die aufgrund der Bindung an die Aufhängungspunkte $\mathbf{R}_i$ *inhomogen* sind. Genau gezählt haben wir $3N$ Differentialgleichungen für die jeweils 3 Komponenten jedes der N Ortsvektoren $\mathbf{r}_i$ vor uns.

Es empfiehlt sich nun, alle diese Komponenten gemäß der Vorschrift

$$\boldsymbol{x}^\mathsf{T} = (x_1, \ldots, x_\alpha, \ldots, x_{3N}) = (x_1, y_1, z_1, x_2, y_2, z_2, \ldots, x_N, y_N, z_N)$$

zu einem $3N$-dimensionalen Spaltenvektor[2] $\boldsymbol{x}$ zusammenzufassen und mit den $\mathbf{R}_i$ gleichermaßen zu verfahren: $\mathbf{R}_i \to X_\alpha$.

Ebenso wollen wir die Massen m_i, die Reibungskonstanten R_i und die Federkonstanten D_i gemäß

$$(m_1, \ldots, m_\alpha, \ldots, m_{3N}) = (m_1, m_1, m_1, m_2, m_2, m_2, \ldots, m_N, m_N, m_N)$$

usf. von 1 bis $3N$ durchnumerieren und es mit den Federkonstanten d_{ij} gemäß $d_{ij} \to d_{\alpha\beta}$ ebenso halten.

Bei dieser Prozedur werden freilich je drei aufeinanderfolgende m_α, R_α und D_α gleich, während von den $d_{\alpha\beta}$ einige gleich werden und andere verschwinden – so ist z.B. $d_{14} = d_{25} = d_{36}$ und $d_{15} = d_{16} = 0$ –, doch spielen diese Details für die *Struktur der Gleichung* keine Rolle[3].

Nach dieser Umbenennung können wir die Bewegungsgleichungen nun als

$$m_\alpha \ddot{x}_\alpha + R_\alpha \dot{x}_\alpha + D_\alpha x_\alpha + \sum_\beta{}' d_{\alpha\beta} (x_\alpha - x_\beta) = D_\alpha X_\alpha \;, \qquad \alpha = 1, \ldots, 3N$$

schreiben.

Lassen Sie uns nun zusätzlich die folgenden $(3N \times 3N)$-Matrizen einführen:

$$\begin{aligned}
\boldsymbol{M} &: \quad (\boldsymbol{M})_{\alpha\beta} = m_\alpha \, \delta_{\alpha\beta} \;, \\
\boldsymbol{R} &: \quad (\boldsymbol{R})_{\alpha\beta} = R_\alpha \, \delta_{\alpha\beta} \;, \\
\boldsymbol{D}' &: \quad (\boldsymbol{D}')_{\alpha\beta} = D_\alpha \, \delta_{\alpha\beta} \;, \\
\boldsymbol{D} &: \quad \begin{cases} D_{\alpha\alpha} = D_\alpha + \sum_\beta{}' d_{\alpha\beta} \\ D_{\alpha\beta} = -d_{\alpha\beta} \qquad \alpha \neq \beta \end{cases}
\end{aligned}$$

---

[2] Daß wir statt $\boldsymbol{x}$ den Zeilenvektor $\boldsymbol{x}^\mathsf{T}$ angeben, hat naheliegende typographische Gründe.

[3] Wohl aber sind sie für die genaue Gestalt *ihrer Lösungen* von erheblicher Bedeutung!

8.1 Harmonisch gebundene Punktsysteme

und gleichzeitig bemerken, daß alle diese Matrizen *symmetrisch* sind. Das gilt für die Diagonalmatrizen M, R und D' trivialerweise, für D letztlich aufgrund des actio = reactio-Prinzips.

Diese Matrizen gestatten es, – wie man nach einiger Kontemplation sieht – das System von Bewegungsgleichungen in der handlichen *Matrixform*

$$M\ddot{x} + R\dot{x} + Dx = D'X$$

aufzuschreiben.

8.1.3 Das mechanische Gleichgewicht des Punktsystems

Die Ortsvektoren r_i, und somit die x_α, sind – genaugenommen innerhalb der Gültigkeitsgrenzen des Hookeschen Gesetzes – frei wählbar. Aber lassen Sie uns fragen, ob es nicht einen Satz von Lagen r_i^o der Ortsvektoren gibt, für die das System ein für allemal in Ruhe bleibt, ebenso wie das für den eindimensionalen Oszillator für $x = 0$ der Fall ist?

Für diese Lagen müssen alle $\dot{r}_i$ und $\ddot{r}_i$ verschwinden, und das ist gleichbedeutend damit, daß sämtliche

$$K_i(\ldots r_j^o \ldots) = o$$

sind, daß also jedes Teilchen für sich in dieser Konfiguration frei von äußeren Kräften ist. Genauer bedeutet es, daß sich dabei die verschiedenen Teilkräfte, die an jedem Teilchen angreifen, ausbalancieren. Es bedeutet sicher nicht, daß dabei jede Feder ihre freie Ruhelänge besitzen wird, und das rechtfertigt nachträglich auch die Tatsache, daß wir diesen freien Längen im Kräfteansatz von vornherein keine Aufmerksamkeit geschenkt haben.

Nimmt jedes Teilchen seine Ruhelage r_i^o ein, befindet sich das System im *mechanischen Gleichgewicht*.

Die Matrixgleichung für die Gleichgewichtskonfiguration lautet offensichtlich

$$Dx^o = D'X$$

und wird durch

$$x^o = D^{-1}D'X$$

gelöst.

Dabei haben wir angenommen, daß D eine Inverse besitzt; wäre das nicht der Fall, gäbe es mehrere gleichberechtigte Gleichgewichtslagen, was wir physikalisch ausschließen wollen. Weiterhin haben wir angenommen, daß wenigstens eines der $D_i \neq 0$ und somit $D' \neq O$ ist. Wäre das nicht der Fall, so hieße das, daß es überhaupt keine Bindungen zwischen dem Punktsystem und der Außenwelt gäbe. Dann wäre das System in unserer früheren Terminologie *mechanisch abgeschlossen.* Das hieße aber, daß für seine Bewegung *Gesamtimpuls* und *Gesamtdrehimpuls* erhalten blieben; das System könnte sich selbst im inneren Gleichgewicht um seinen Schwerpunkt drehen, der sich selbst mit beliebiger Geschwindigkeit geradlinig-gleichförmig durch den Raum fortbewegt. Von einer eindeutig bestimmten Gleichgewichtskonfiguration könnte also keine Rede mehr sein.

Mathematisch würde mit $\boldsymbol{D'} = \boldsymbol{O}$ aus der Gleichgewichtsgleichung die homogene Beziehung

$$\boldsymbol{D}\, x^\circ = o\, ,$$

und die Bedingung ist nun gerade, daß $\boldsymbol{D}$ *keine* Inverse besitzt. Das ist aber kein Widerspruch, weil die Matrix $\boldsymbol{D}$ ja selbst von den D_i abhängt.

Abschließend ist dazu zu bemerken, daß die praktische Berechnung der Gleichgewichtslagen, weil mit der Inversion einer Matrix verknüpft, vor allem für größeres N eine erhebliche Aufgabe darstellen kann.

8.1.4 Bewegungen um die Gleichgewichtslage

Nehmen wir nun an, es sei uns gelungen, die Gleichgewichtskonfiguration des mechanischen Systems zu errechnen. Dann empfiehlt es sich, sie gewissermaßen zum Bezugspunkt für alles weitere zu machen, indem wir mittels

$$\mathbf{r}'_i = \mathbf{r}^\circ_i + \mathbf{u}_i$$

oder, was dasselbe ist,

$$x = x^\circ + u$$

zur Beschreibung der *Auslenkungen vom Gleichgewicht* $\mathbf{u}_i$ übergehen. Setzen wir diese Zerlegung in die Bewegungsgleichung ein, erhalten wir

$$\boldsymbol{M}\ddot{u} + \boldsymbol{R}\dot{u} + \boldsymbol{D}u = \boldsymbol{D'}X - \boldsymbol{D}x^\circ\, .$$

Auf der rechten Seite dieser Gleichung erscheint aber gerade die Gleichgewichtsbedingung $= o$, so daß die Auslenkungen das *homogene* Gleichungssystem

$$\boldsymbol{M}\ddot{u} + \boldsymbol{R}\dot{u} + \boldsymbol{D}u = o \qquad (*)$$

erfüllen.

Um dieses System zu lösen, können wir nichts besseres tun, als die Lösungsmethode, die wir für die äquivalente Differentialgleichung im Fall des eindimensionalen Oszillators entwickelt haben[4], wörtlich zu übernehmen, indem wir den *Lösungsansatz*

$$u(t) = \boldsymbol{U}\,\mathrm{e}^{\gamma t}$$

---

[4] *Mechanik I*, 6.3.1, S. 210 ff.

8.1 Harmonisch gebundene Punktsysteme

– diesmal mit zeitunabhängigem Spaltenvektor $\boldsymbol{U}$ – machen.
Setzen wir diesen Ansatz in (∗) ein, erhalten wir sofort

$$\{\gamma^2 \boldsymbol{M} + \gamma \boldsymbol{R} + \boldsymbol{D}\} \boldsymbol{U} = \boldsymbol{o}$$

als Matrixäquivalent zur normalen *Stammgleichung* in einer Dimension.
In mathematischer Hinsicht stellt diese Gleichung ein homogenes Gleichungssystem für die $3N$ Unbekannten U_α mit der symmetrischen, von γ abhängigen Koeffizientenmatrix

$$\boldsymbol{C}(\gamma) = (\gamma^2 \boldsymbol{M} + \gamma \boldsymbol{R} + \boldsymbol{D})$$

dar.
Damit dieses Gleichungssystem nicht-triviale, d.h. nicht-verschwindende, Lösungen $\boldsymbol{U}$ besitzt – und nur an solchen sind wir interessiert –, muß die Determinante von $\boldsymbol{C}(\gamma)$ verschwinden:

$$\|\boldsymbol{C}(\gamma)\| = 0 \,.$$

Das wird sicher nicht für beliebiges γ der Fall sein; vielmehr ergibt die Determinante ein Polynom $6N$. Grades in γ, und $\|\boldsymbol{C}(\gamma)\|$ wird genau für die $6N$ Nullstellen γ_ρ, $\rho = 1, \ldots, 6N$ dieses Polynoms verschwinden.
Für jedes dieser γ_ρ besitzt das homogene Gleichungssystem eine – bis auf einen Zahlenfaktor festgelegte – Lösung[5] $\boldsymbol{U}_\rho \neq \boldsymbol{o}$.
Also ist

$$\boldsymbol{u}(t) = \boldsymbol{U}\,\mathrm{e}^{\gamma t}$$

Lösung der Differentialgleichung genau dann, wenn γ eine der Nullstellen des Polynoms γ_ρ *und* $\boldsymbol{U}$ der zu ihr gehörende Lösungsvektor $\boldsymbol{U}_\rho$ ist.
Nun ist die Differentialgleichung linear, und wir können verschiedene Lösungen *superponieren*: Auch

$$\boldsymbol{u}(t) = \sum_{\rho=1}^{6N} \alpha_\rho \boldsymbol{U}_\rho\,\mathrm{e}^{\gamma_\rho t}$$

ist Lösung der Gleichung und sogar die *allgemeine*.
Denn diese Lösung hängt von $6N$ freien Konstanten α_ρ, $\rho = 1 \ldots 6N$ ab. Andererseits ist die Matrix-Differentialgleichung, die wir integriert haben, ein System von $3N$ Differentialgleichungen 2. Ordnung. Ein solches System läßt sich, wie wir früher erwähnt haben, immer in eine Differentialgleichung der

---

[5] Fallen mehrere, sagen wir n, Wurzeln des Polynoms aufeinander, bilden die $\boldsymbol{U}$ einen n-dimensionalen Lösungsraum.

Ordnung $2 \times 3N = 6N$ umformen, und deren allgemeine Lösung hängt genau von $6N$ frei wählbaren Konstanten ab[6].

Auch über die Nullstellen γ_ρ läßt sich noch weiteres sagen. Da das Polynom reelle Koeffizienten hat – sämtliche involvierten Matrizen besitzen ja ausschließlich reelle Elemente –, werden sie entweder *reell* sein oder aber *paarweise konjugiert komplex* auftreten. Offensichtlich entspricht der erste Fall dem Kriechfall und der zweite dem Schwingfall des eindimensionalen Oszillators. Im zweiten Fall werden auch die Vektoren $\boldsymbol{U}_\rho$ komplex sein. Doch kann man sich überlegen, daß sich dann diese komplexen Lösungen genau wie beim eindimensionalen Oszillator so überlagern lassen, daß die *physikalische Lösung* $\boldsymbol{u}(t)$ *reell* ist.

Es ist uns also gelungen, die Bewegungsgleichung unseres Systems allgemein zu lösen. Wie im eindimensionalen Fall setzt sich die allgemeine Lösung aus einer Überlagerung von harmonischen Schwingungen mit den *komplexen Eigenfrequenzen*

$$\Omega_\rho = -\mathrm{i}\,\gamma_\rho$$

zusammen, doch sind dies, der Dimension des Problems entsprechend, diesmal nicht nur 2, sondern $6N$ Stück. Jede dieser Schwingungen ist mit einer festen Richtung im $3N$-dimensionalen Raum der u_α verbunden, die durch $\hat{\boldsymbol{U}}_\rho$ definiert ist. Physikalisch entspricht diese Richtung vorgegebenen Richtungen und Verhältnissen der Auslenkungsvektoren $\boldsymbol{u}_i$.

Man nennt jedes $\hat{\boldsymbol{U}}_\rho \mathrm{e}^{\mathrm{i}\Omega_\rho t}$ *Eigenschwingung* oder *Eigenmode des Systems*. Also entsteht die allgemeine Lösung durch lineare Superposition aller möglichen Eigenmoden des Systems.

8.1.5 Anwendungen und Beispiele

Die Tatsache, daß wir im letzten Abschnitt die allgemeine Lösung des von uns aufgeworfenen Problems angeben konnten, darf nicht darüber hinwegtäuschen, daß wir dabei alle *praktischen Probleme* auf der Seite liegengelassen haben; tatsächlich gelingt die *Berechnung der Eigenfrequenzen und Eigenmoden* auf *analytische* Weise außer für ganz kleine Systeme nur dann, wenn das System besonders hohe innere Symmetrien aufweist, während eine *numerische* Bewältigung heute für Systeme möglich ist, für die N die Größenordnung von einigen Zehn nicht überschreitet.

---

[6] Wir haben dabei allerdings ähnlich wie zunächst im Falle des eindimensionalen Oszillators vorausgesetzt, daß alle Nullstellen der Stammgleichung verschieden sind. Fallen mehrere Nullstellen aufeinander, sind ähnliche Überlegungen anzustellen wie dort. Im Gegensatz zu dort tritt dieser scheinbare Sonderfall hierbei aber recht regelmäßig auf, wenn die Elemente der Matrizen in Blöcken identische Elemente haben, wie dies in unserem Modell der Fall ist.

8.1 Harmonisch gebundene Punktsysteme

Was wir für unsere Überlegungen ausgenützt haben, ist einzig und allein die Tatsache des Bestehens harmonischer Kräfte zwischen den Massenpunkten, die das System zu einem *System gekoppelter Oszillatoren* macht und dazu führt, daß das System der Bewegungsgleichungen *linear* wird.

Es ist völlig unmöglich, an dieser Stelle die zahlreichen konkreten Fälle zu diskutieren, in denen unser Formalismus physikalische Anwendung finden kann. Stattdessen wollen wir uns damit begnügen, sein Funktionieren an zwei sehr einfachen Beispielen zu erläutern und im Anschluß auf einige typische Anwendungen hinzuweisen.

8.1.5.1 Zwei gekoppelte lineare Oszillatoren

Wir betrachten zwei Massenpunkte der Massen m_1 und m_2, die, wie in nebenstehender Abbildung verdeutlicht, durch Federn aneinander gebunden sein mögen. Ihre Bewegungsmöglichkeit sei auf die x-Achse eingeschränkt. Neben den Federkräften unterliegen die Massen noch der Schwerkraft, während die Federn als masselos angenommen werden. Auch sei keine Dämpfung im Spiel.

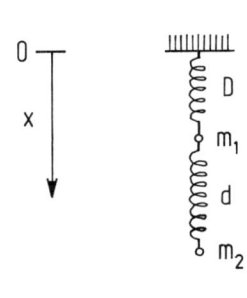

Seien überdies ℓ_1^o und ℓ_2^o die freien Längen der oberen und unteren Feder. Dann ist unter Annahme des Hookeschen Gesetzes die Kraft auf den Massenpunkt 2 durch

$$K_2 = g\, m_2 - d\,(x_2 - x_1 - \ell_2^o)$$

und die auf den Massenpunkt 1 durch

$$K_1 = g\, m_1 - D\,(x_1 - \ell_1^o) + d\,(x_2 - x_1 - \ell_2^o)$$

gegeben.

Im *Gleichgewicht* müssen beide Kräfte verschwinden. Wertet man das entsprechende Gleichungssystem für x_1^o, x_2^o aus, erhält man für die Gleichgewichtslagen

$$x_1^o = \ell_1^o + \frac{g}{D}(m_1 + m_2),$$
$$x_2^o = \ell_1^o + \ell_2^o + \frac{g}{D}(m_1 + m_2) + \frac{g}{d}m_2\,;$$

die Federn werden also durch das Eigengewicht der Massen ausgedehnt.

Nun setzen wir wie in unseren allgemeinen Untersuchungen $x_i = x_i^o + u_i$ in die Bewegungsgleichung ein und erhalten

$$m_1\,\ddot{u}_1 = -(D+d)\,u_1 + d\,u_2\,,$$
$$m_2\,\ddot{u}_2 = d\,u_1 - d\,u_2$$

oder – in Matrixschreibweise –

$$\begin{pmatrix} m_1 & 0 \\ 0 & m_2 \end{pmatrix} \begin{pmatrix} \ddot{u}_1 \\ \ddot{u}_2 \end{pmatrix} + \begin{pmatrix} D+d & -d \\ -d & d \end{pmatrix} \begin{pmatrix} u_1 \\ u_2 \end{pmatrix} = \begin{pmatrix} 0 \\ 0 \end{pmatrix}.$$

Beachten Sie dabei, daß die Matrizen symmetrisch sind.

Der Ansatz
$$\boldsymbol{u} = \boldsymbol{U}\,\mathrm{e}^{\gamma t}$$
führt uns sofort auf die Stammgleichung
$$\begin{pmatrix} \gamma^2\,m_1 + (D+d) & -d \\ -d & \gamma^2\,m_2 + d \end{pmatrix} \boldsymbol{U} = \boldsymbol{o}\,.$$

Diese homogene Gleichung hat nicht-triviale Lösungen nur, wenn die Determinante der Matrix verschwindet, wenn also γ Nullstelle des Polynoms
$$\left\{\gamma^2\,m_1 + (D+d)\right\}\left\{\gamma^2\,m_2 + d\right\} - d^2 = 0$$
ist. Setzen wir $\gamma^2 = \kappa$ und lösen wir die daraus entstehende quadratische Gleichung für κ, erhalten wir
$$\kappa_{1,2} = \frac{-\bigl(d\,m_1 + (D+d)\,m_2\bigr) \pm \sqrt{(d\,m_1 + (D+d)\,m_2)^2 - 4\,m_1\,m_2\,D\,d}}{2\,m_1\,m_2}$$
und weiter
$$\gamma_{1,2} = \pm\sqrt{\kappa_1}\,,\qquad \gamma_{3,4} = \pm\sqrt{\kappa_2}\,.$$
Beachten Sie, daß $\kappa_{1,2}$ reell und negativ und sämtliche γ_i somit rein imaginär sind; die *Eigenfrequenzen* sind also *reell*, wie dies bei ungedämpften Oszillatoren zu sein hat.

Setzen wir in dieser Formel speziell $m_1 = m_2 = m$ und $D = d$, so erhalten wir die einfachen Ergebnisse
$$\gamma_i = \pm\mathrm{i}\sqrt{\frac{3\pm\sqrt{5}}{2}}\sqrt{\frac{D}{m}}\,.$$

Nur für diesen Spezialfall wollen wir die *Normalmoden* wirklich ausrechnen.

Zunächst wird das homogene Gleichungssystem, aus dem die $\boldsymbol{U}$ folgen, zu
$$\begin{pmatrix} \dfrac{1\pm\sqrt{5}}{2} & -1 \\ 1 & \dfrac{-1\pm\sqrt{5}}{2} \end{pmatrix} \boldsymbol{U} = \boldsymbol{o}\,.$$

Dabei gilt das Pluszeichen für $\gamma_{1,2}$, das Minuszeichen für $\gamma_{3,4}$. Folglich werden auch die Lösungen den Beziehungen
$$\boldsymbol{U}^1 = \boldsymbol{U}^2 = \boldsymbol{V}^1\,,\qquad \boldsymbol{U}^3 = \boldsymbol{U}^4 = \boldsymbol{V}^2$$
genügen.

Genauer finden wir
$$\boldsymbol{V}^1 = \alpha\begin{pmatrix} 1 \\ \dfrac{1+\sqrt{5}}{2} \end{pmatrix}\,,\quad \boldsymbol{V}^2 = \beta\begin{pmatrix} 1 \\ \dfrac{1-\sqrt{5}}{2} \end{pmatrix}\,.$$

8.1 Harmonisch gebundene Punktsysteme

Die reellen Eigenschwingungen des Systems sind damit durch

$$u_1(t) = V^1 \left(a\,e^{\gamma_1 t} + \bar{a}\,e^{-\gamma_1 t} \right),$$
$$u_2(t) = V^2 \left(b\,e^{\gamma_2 t} + \bar{b}\,e^{-\gamma_2 t} \right)$$

bestimmt, und die allgemeine Lösung $u(t)$ des Problems entsteht durch lineare Superposition von ihnen.

Nun sehen wir aber auch, daß sich durch die Vektoren V die Schwingungsform charakterisieren läßt: Zunächst besitzen die beiden Komponenten von V^1 das gleiche, die von V^2 entgegengesetztes Vorzeichen.

Folglich sind die beiden Massenpunkte bei der Eigenschwingung $u_1(t)$ stets in der gleichen Richtung aus der Ruhelage ausgelenkt, bei $u_2(t)$ hingegen in Gegenrichtung. Das führt zu zwei ganz unterschiedlichen Schwingungstypen mit unterschiedlichen Frequenzen, die sich auch phänomenologisch stark voneinander unterscheiden.

8.1.5.2 Lineare Schwingungen eines dreiatomigen symmetrischen Moleküls

Als zweites Beispiel betrachten wir ein lineares Molekül der symmetrischen Bauart BAB.

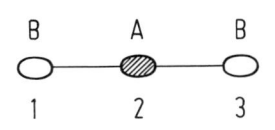

Im Gleichgewicht werden seine benachbarten Bausteine einen Abstand ℓ_0 besitzen; werden sie nur wenig aus diesem Gleichgewicht ausgelenkt, wird man annehmen dürfen, daß die rücktreibenden Kräfte dabei harmonisch sind. Für Näheres siehe 8.2.

Für das Weitere wollen wir annehmen, daß es einen Mechanismus gibt, der die *Richtung der Molekülachse* festhält. Anderenfalls müßten wir die Möglichkeit von *Molekülrotationen* und ihre Wechselwirkung mit den *Molekülschwingungen* mituntersuchen, was zwar ein interessantes und in der *Molekülspektroskopie* auch sehr wichtiges Problem ist, uns aber von unserem eigentlichen Ziel zu weit wegführen würde.

Seien also die Schwingungsrichtung die x-Achse und D die „effektive Federkonstante" der Bindung.

Dann sind die Kräfte K_i auf die Atome

$$K_1 = -D(x_1 - x_2 + \ell_0),$$
$$K_2 = D(x_1 - x_2 + \ell_0) + D(x_3 - x_2 - \ell_0),$$
$$K_3 = -D(x_3 - x_2 - \ell_0),$$

wobei von der (relativ vernachlässigbar geringen) Wirkung der Schwerkraft abgesehen wird.

Wieder haben wir uns zunächst mit dem *Gleichgewichtsproblem* auseinanderzusetzen. Doch liegen jetzt die Verhältnisse anders als im letzten Beispiel: Im Gegensatz zu diesem existieren jetzt nämlich keine Bindungen an einen raumfesten Punkt. Das Molekül stellt ein abgeschlossenes System dar und kann sich als Ganzes mit jeder beliebigen konstanten Geschwindigkeit längs der x-Achse bewegen.

Setzt man alle $K_i = 0$, so sieht man in der Tat, daß das entstehende homogene Gleichungssystem es nicht gestattet, feste Gleichgewichtslagen x_i^o zu bestimmen. Festgelegt sind vielmehr nur die *Gleichgewichtsabstände*, die sich zu

$$(x_3 - x_2)^o = (x_2 - x_1)^o = \ell_o$$

ergeben.

Dieses Beispiel mag unsere diesbezüglichen allgemeinen Bemerkungen in 8.1.3 erhellen.

Weil jetzt die Atomabstände und nicht die Atomlagen wichtig sind, werden wir im folgenden gemäß

$$(x_2 - x_1) - (x_2 - x_1)^o = u_1 ,$$
$$(x_3 - x_2) - (x_3 - x_2)^o = u_2$$

auch die Auslenkungen der Abstände aus dem Gleichgewicht als neue Variabeln einführen.

Um hierfür die Bewegungsgleichungen zu erhalten, gehen wir von

$$\ddot{x}_i = \frac{1}{m_i} K_i$$

aus und bekommen durch Subtraktion

$$\ddot{u}_1 = \ddot{x}_2 - \ddot{x}_1 = \frac{1}{m_A} K_2 - \frac{1}{m_B} K_1 = -\frac{D}{m_A}(u_1 - u_2) - \frac{D}{m_B} u_1 ,$$
$$\ddot{u}_2 = \ddot{x}_3 - \ddot{x}_2 = \frac{1}{m_B} K_3 - \frac{1}{m_A} K_2 = -\frac{D}{m_B} u_2 + \frac{D}{m_A}(u_1 - u_2)$$

oder in Matrixform

$$\begin{pmatrix} \ddot{u}_1 \\ \ddot{u}_2 \end{pmatrix} = \begin{pmatrix} -\frac{D}{m_A} - \frac{D}{m_B} & \frac{D}{m_A} \\ \frac{D}{m_A} & -\frac{D}{m_A} - \frac{D}{m_B} \end{pmatrix} \begin{pmatrix} u_1 \\ u_2 \end{pmatrix} .$$

Der Ansatz

$$\boldsymbol{u} = \boldsymbol{U}\, e^{\gamma t}$$

führt wieder sofort auf das Gleichungssystem

$$\begin{pmatrix} \gamma^2 + \frac{D}{m_A} + \frac{D}{m_B} & -\frac{D}{m_A} \\ -\frac{D}{m_A} & \gamma^2 + \frac{D}{m_A} + \frac{D}{m_B} \end{pmatrix} \boldsymbol{U} = \boldsymbol{o} .$$

Dieses besitzt nicht-triviale Lösungen nur für die Werte

$$\gamma_{1,2} = \pm i \sqrt{\frac{D}{m_B}} , \qquad \gamma_{3,4} = \pm i \sqrt{D \left(\frac{2}{m_A} + \frac{1}{m_B} \right)} .$$

8.1 Harmonisch gebundene Punktsysteme

Diesmal ist es besonders interessant, die Eigenmoden zu betrachten.

Man erhält für $\gamma_{1,2}$
$$\boldsymbol{U}^1 = \boldsymbol{U}^2 = \boldsymbol{V}^1 = \alpha \begin{pmatrix} 1 \\ 1 \end{pmatrix}$$

und für $\gamma_{3,4}$
$$\boldsymbol{U}^3 = \boldsymbol{U}^4 = \boldsymbol{V}^2 = \beta \begin{pmatrix} 1 \\ -1 \end{pmatrix}.$$

Abermals gibt es zwei Eigenschwingungen. Bei der einen von ihnen mit der Frequenz $\omega_1 = \sqrt{D/m_B}$ schwingen die Atome B gegenphasig auf A zu oder von A fort, wobei die Länge des Moleküls $x_1 - x_3$ periodisch schwankt, bei der zweiten, mit der Frequenz $\omega_2 = \sqrt{D(2/m_A + 1/m_B)}$ erfolgenden bewegen sich die beiden Atome B gleichphasig und das Atom A gegenphasig zu ihnen.

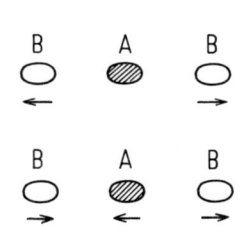

Wieder ist die allgemeine Lösung der Schwingungsgleichung durch lineare Superposition dieser *Normalmoden* zu erhalten, und die allgemeinste Bewegung besteht – bei der von uns durchgeführten Unterdrückung der Rotationsbewegung – in einer Überlagerung dieser Schwingungen mit der Translationsbewegung des Systemschwerpunktes.

8.1.5.3 Physikalische Anwendungen

Wie bereits erwähnt besitzt die Theorie der harmonischen Schwingungen von Punktsystemen zahlreiche mechanische und nicht-mechanische Anwendungen von äußerster Wichtigkeit.

Daß man mit ihr die Bewegung miteinander verkoppelter Oszillatoren beschreiben kann, erhellt bereits aus 8.1.5.1. Dabei müssen wir gar nicht notwendigerweise an mechanische Oszillatoren denken: Auch *elektrische Schwingkreise*, die z.B. über eine Gegeninduktivität miteinander gekoppelt sind, und deren Verhalten naturgemäß in der Nachrichtentechnik von höchster Wichtigkeit ist, fallen in diese Kategorie.

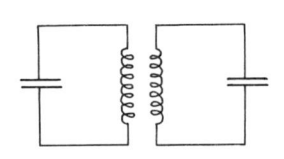

Aber auch die Eigenschwingungen von *Saiten* und *Platten* lassen sich – nach einem geeignet durchzuführenden Übergang ins Kontinuum – auf diese Weise verstehen und berechnen. Hierzu kommen auch die Eigenschwingungen von Bauwerken, Türmen und Brücken, die in der *Baustatik* interessieren.

Im Bereich der *mikroskopischen Physik* findet die Theorie zur Berechnung der Normalmoden von Molekülen, die mittels der Methoden der *Mikrowellen-*

und *Infrarotspektroskopie* detektiert werden, weite Anwendung. Solche Moleküle, auch wenn sie nicht so einfach sind wie das in 8.1.5.2 von uns untersuchte Beispiel, besitzen stets eine hohe Symmetrie, die sich in den Formen der Eigenschwingungen äußert und die praktische Berechnung der Normalmoden erheblich erleichtert.

Selbst im Falle – nahezu – unendlich vieler Teilchen läßt sich dieses Problem analytisch bewältigen, falls die Symmetrie hinreichend hoch ist. Das ist der Fall bei den Schwingungen der Atome eines regulären Kristallgitters, die in der Festkörperphysik als *Gitterschwingungen* – bzw. in quantisierter Version als *Phononen* – bekannt sind und – bei nicht allzu tiefen Temperaturen – für die *spezifische Wärme von Festkörpern* verantwortlich zu machen sind.

Neben diesen direkten Anwendungen gibt es noch eine ganze Reihe weiterer, etwa im Rahmen von *Stabilitätsuntersuchungen in der Kinetik*, die genauer zu erläutern hier zu weit führen würde.

8.2 Schwingungen um Gleichgewichte

Die Grundannahme des gesamten Absatzes 8.1 war, um es noch einmal zu sagen, die Existenz harmonischer Kräfte zwischen den Massenpunkten des Systems. Trotz aller Erläuterungen, die wir dazu gegeben haben, mag diese Voraussetzung immer noch als ziemlich singulär erscheinen, und es gilt darzulegen, daß das in Wirklichkeit nicht der Fall ist. Vielmehr, so werden wir sehen, führt nahezu jedes Punktsystem harmonische Schwingungen aus, wenn sein mechanisches Gleichgewicht nur wenig gestört ist.

Wir gehen zunächst noch einmal auf den harmonischen Anteil der Kräfte zurück, die wir in 8.1 betrachtet hatten. Dort hatten wir die Kraft auf den Massenpunkt in

$$\mathbf{K}_i = \mathbf{K}_i^o + {\sum_j}' \mathbf{K}_{ij}$$

zerlegt. Jetzt bemerken wir, daß sich diese Kräfte gemäß

$$\mathbf{K}_i^o = -\frac{\mathrm{d}}{\mathrm{d}\mathbf{r}_i} U^o(\mathbf{r}_i),$$

$$\mathbf{K}_{ij} = -\frac{\mathrm{d}}{\mathrm{d}\mathbf{r}_i} U(|\mathbf{r}_i - \mathbf{r}_j|)$$

aus Potentialen ableiten lassen. Wir brauchen dazu nur

$$U_i^o(\mathbf{r}_i) = \frac{D}{2}|\mathbf{r}_i - \mathbf{R}_i|^2,$$

$$U_{ij}(|\mathbf{r}_i - \mathbf{r}_j|) = \frac{d_{ij}}{2}|\mathbf{r}_i - \mathbf{r}_j|^2$$

8.2 Schwingungen um Gleichgewichte

zu setzen.

Addieren wir alle diese Potentiale zu

$$U(\mathbf{r}_1,\ldots,\mathbf{r}_N) = \sum_i U_i^o(\mathbf{r}_i) + \frac{1}{2} {\sum_{ij}}' U_{ij}(|\mathbf{r}_i - \mathbf{r}_j|)\,, \qquad (*)$$

so erhalten wir die Kräfte $\mathbf{K}_i$ gerade als

$$\mathbf{K}_i = -\frac{\mathrm{d}}{\mathrm{d}\mathbf{r}_i} U\,,$$

denn alle diejenigen Summanden, die nicht von $\mathbf{r}_i$ abhängen, tragen auch zum Gradienten nicht bei. Beachten Sie weiter, daß der Faktor 1/2 vor der Doppelsumme nötig ist, weil in dieser das gleiche Potential als U_{ij} und U_{ji} zweimal vorkommt.

Nun ist in Wirklichkeit diese Art der Zusammenfassung in keiner Weise von der Harmonizität der Kräfte abhängig. Immer wenn wir eine Situation vor uns haben, in der die Teilchen eines Systems über *konservative Zweikörperzentralkräfte* miteinander und mit der Außenwelt in Verbindung stehen, läßt sich der Ansatz $(*)$ machen. Nur sind die *Ein- und Zweiteilchenpotentiale* U_i^o bzw. U_{ij} dann von komplizierterer Bauart als der für harmonische Kräfte typischen quadratischen.

Diese Voraussetzungen sind aber ganz *in der Regel* erfüllt, wenn Teilchen miteinander in Wechselwirkung stehen. Deswegen wird auch der Ansatz $(*)$ von sehr allgemeiner Bedeutung sein, und wir werden die Bewegungsgleichungen unter Einbeziehung Stokesscher Reibung fast immer in der Form

$$m_i \ddot{\mathbf{r}}_i + R_i \dot{\mathbf{r}}_i = -\frac{\mathrm{d}}{\mathrm{d}\mathbf{r}_i} U(\mathbf{r}_1,\ldots,\mathbf{r}_N)$$

schreiben können.

Nun erhebt sich natürlich auch in diesem allgemeinen Fall die Frage, ob ein solches System eine *Gleichgewichtskonfiguration* $\mathbf{r}_i^o$ besitzen wird und wie man diese gegebenenfalls bestimmt.

Selbstverständlich ist die allgemeine Bedingung dafür abermals, daß sich in dieser Konfiguration die Kräfte auf sämtliche Massenpunkte ausbalancieren müssen:

$$\mathbf{K}_i = \mathbf{o} \qquad \forall\, i\,.$$

Das heißt aber nun

$$\frac{\mathrm{d}}{\mathrm{d}\mathbf{r}_i} U(\mathbf{r}_1,\ldots,\mathbf{r}_N) = \mathbf{o} \qquad \forall\, i\,,$$

oder, wenn wir abermals die Umbenennung

$$(\mathbf{r}_1 \ldots \mathbf{r}_N) = (x_1, x_2, x_3, \ldots, x_{3N})$$

durchführen:

$$\frac{\partial}{\partial x_\alpha} U(x_1, \ldots, x_{3N}) = 0, \qquad \alpha = 1 \ldots 3N.$$

Das bedeutet aber, daß die Funktion U der $3N$ Variabeln x_α im Gleichgewicht x_α^o ein *Extremum*[7] besitzen muß.

Nehmen wir für das folgende an, diese Bedingung sei erfüllt.

Dann gehen wir wieder dazu über, die Teilchenorte als ihre Auslenkungen aus dem Gleichgewicht zu beschreiben, indem wir

$$\mathbf{r}_i = \mathbf{r}_i^o + \mathbf{u}_i$$

schreiben. Setzen wir diese Formeln in das Potential ein, wird diese eine Funktion $U'(\mathbf{u}_1, \ldots, \mathbf{u}_N)$, die nunmehr für

$$\mathbf{u}_1 = \mathbf{u}_2 = \ldots = \mathbf{u}_N = \mathbf{o}$$

das Extremum

$$U'(\mathbf{o}, \ldots, \mathbf{o}) = U(\mathbf{r}_1^o, \ldots, \mathbf{r}_N^o) = U^o$$

annimmt. Das heißt aber, es gilt

$$\left. \frac{\mathrm{d}}{\mathrm{d}\mathbf{u}_i} U'(\mathbf{u}_1, \ldots, \mathbf{u}_N) \right|_{\mathbf{u}_j = \mathbf{o}} = \mathbf{o} \qquad \forall\, i.$$

Schreiben wir dieses Potential wieder in der Form $U'(u_1, \ldots, u_{3N})$ und entwickeln wir es in eine Potenzreihe um $(0, \ldots, 0)$, so erhalten wir

$$U'(u_1, \ldots, u_{3N}) = U^o + \frac{1}{2} \sum_{\alpha, \beta} \left. \frac{\partial^2}{\partial u_\alpha \partial u_\beta} U' \right|_{u_\gamma = 0} u_\alpha u_\beta$$

+ Terme dritter und höherer Ordnung.

Solange die Auswirkungen u_α sämtlich klein sind, werden wir dabei alle Terme höherer als zweiter Ordnung vernachlässigen können; das entspricht genau der Parabelapproximation, die wir z.B. für das Potential der Schiffschaukel durchgeführt haben.

---

[7] Wir werden sehen, daß dieses Extremum ein *Minimum* sein muß, wenn das Gleichgewicht *stabil* sein soll.

8.2 Schwingungen um Gleichgewichte

Bis auf den konstanten und deswegen bedeutungslosen Term U° ersetzen wir also das Potential U' durch die quadratische Form

$$U'' = \frac{1}{2} \sum_{\alpha,\beta} \Gamma_{\alpha\beta}\, u_\alpha\, u_\beta$$

mit dem *symmetrischen Kern*

$$\Gamma_{\alpha\beta} = \left.\frac{\partial^2}{\partial u_\alpha \partial u_\beta} U'\right|_{u_\gamma=0}.$$

Lassen Sie uns aus diesem genäherten Potential die Kräfte K_γ ausrechnen! Gemäß

$$K_\gamma = -\frac{\partial}{\partial u_\gamma} U''$$

erhalten wir

$$\begin{aligned}
K_\gamma &= -\frac{1}{2} \frac{\partial}{\partial u_\gamma} \sum_{\alpha,\beta} \Gamma_{\alpha\beta}\, u_\alpha\, u_\beta \\
&= -\frac{1}{2} \sum_{\alpha,\beta} \Gamma_{\alpha\beta} \frac{\partial}{\partial u_\gamma}(u_\alpha\, u_\beta) \\
&= -\frac{1}{2} \sum_{\alpha,\beta} \Gamma_{\alpha\beta} \left(\delta_{\alpha\gamma}\, u_\beta + \delta_{\beta\gamma}\, u_\alpha\right) \\
&= -\frac{1}{2} \left\{ \sum_\beta \Gamma_{\gamma\beta}\, u_\beta + \sum_\alpha \Gamma_{\alpha\gamma}\, u_\alpha \right\} \\
&= -\sum_\alpha \Gamma_{\gamma\alpha}\, u_\alpha\,,
\end{aligned}$$

letzteres wegen der Symmetrie von $\boldsymbol{\Gamma}$.

Sämtliche Kräfte sind also *linear in den Auslenkungen* oder, mit anderen Worten, *harmonisch*!

Wir müssen uns nur noch überlegen, daß sie auch *rücktreibend* sind, d.h. daß es keine Auslenkung des Systems $(u_1 \ldots u_{3N})$ gibt, welche Kräfte generiert, die das eine oder andere Teilchen immer weiter aus der Gleichgewichtslage wegtreiben würden.

Die mathematischen Bedingungen dafür sind im wesentlichen die, daß sämtliche Eigenwerte der Matrix $\boldsymbol{\Gamma}$ positiv sind. Wir wollen auf diesen Punkt nicht näher eingehen, sondern uns darauf beschränken, zu bemerken, daß die Bedingungen genau die gleichen sind, welche sicherstellen, daß das Extremum bei $(u_1 \ldots u_{3N}) = (0 \ldots 0)$ ein Minimum ist.

Wir haben also gefunden, daß die Kräfte, die ein ziemlich beliebiges System von Massenpunkten bei kleinen Auslenkungen aus dem Gleichgewicht erfährt, (abgesehen von dem in praxi nicht vorkommenden Fall, daß auch alle zweiten Ableitungen im Extremum verschwinden) harmonisch sind und demzufolge harmonische Schwingungen kleiner Amplituden um das Gleichgewicht eine ganz allgemeine Bewegungsform in solchen Systemen darstellen. Das erklärt auch, warum wir in der vorangegangenen Ziffer Molekül- oder Gitterschwingungen mit harmonischen Kräften beschreiben konnten, und läßt gleichzeitig die Grenzen dieser Beschreibung erkennen.

Hingewiesen werden soll noch auf die Tatsache, daß wir uns abermals auf eine reine *Strukturuntersuchung* beschränkt haben. In konkreten Problemen führt die Tatsache, daß die Funktion $U'(u_1, \ldots, u_{3N})$ in Wirklichkeit von der Form

$$U' = \sum_i U_i(\mathrm{r}_i^o + \mathrm{u}_i) + \frac{1}{2} {\sum_{i,j}}' U_{ij}(|\mathrm{r}_i^o - \mathrm{r}_j^o + \mathrm{u}_i - \mathrm{u}_j|)$$

ist, und die Tatsache, daß die Ein- und Zweiteilchenpotentiale U_i und U_{ij} häufig von den Teilchennummern i und j unabhängig sind, zu einer überraschend reichen inneren *Blockstruktur* der Matrix Γ, die die möglichen Schwingungsformen drastisch einschränkt, und die man berücksichtigen muß, wenn man konkrete Aufgaben bewältigen will.

9 Bewegte Bezugssysteme

Die Methoden, die wir im Kapitel 7 entwickelt haben, gestatten es uns, eine Frage anzugehen, die sich uns bereits früher das eine oder andere Mal gestellt hat: Wie verändern sich die Gleichungen der Mechanik, wenn wir von einem zu einem anderen (kartesischen) Koordinatensystem im Raum übergehen? Was geschieht insbesondere dann, wenn diese beiden Koordinatensysteme selbst gegeneinander *beschleunigt* sind? Oder kurz: Wie sieht die Newtonsche Mechanik in *nicht-inertialen Bezugssystemen* aus?

Diese Frage ist keineswegs so akademisch, wie es zunächst scheinen mag. Jedermann, der in einem irdischen Labor experimentiert, beurteilt nämlich die Physik von einem Koordinatensystem aus, das sich z.B. gegenüber dem Fixsternhimmel in einer äußerst komplizierten beschleunigten Bewegung befindet[1].

9.1 Transformation zwischen kartesischen Koordinatensystemen

Lassen Sie uns damit beginnen, noch einmal die verschiedenen Stufen der Beschreibung des Ortes eines Massenpunktes zusammenzustellen.

Zunächst einmal ist dieser Ort in einem *Punkt P* des euklidischen Raumes. Legen wir in diesem Raum durch Vorgabe des Punktes O einen Koordinatenursprung fest, läßt sich der Ort durch den *Ortsvektor* $\mathbf{r} = \overrightarrow{OP}$ bestimmen. Geben wir zusätzlich noch eine (rechtshändige) orthonormale Basis vor, so ist er durch die Angabe dreier reeller Zahlen x_i, nämlich der Komponenten von $\mathbf{r}$ in dieser Basis, oder, wie wir jetzt sagen können, durch den *Spaltenvektor* r eindeutig festgelegt.

---

[1] Dieser Befund schließt zwar streng logisch nicht aus, daß unser Laborsystem dennoch ein Inertialsystem (und demnach der Fixsternhimmel ein beschleunigtes Bezugssystem) bildet, doch hat diese extrem geozentrische Betrachtungsweise nicht viel Wahrscheinlichkeit für sich. Die Überlegungen, die wir in Kapitel 3 (*Mechanik I*, S. 96 ff) angestellt haben, zeigen überdies, daß und wie es möglich ist, diese Frage rein physikalisch zu entscheiden.

Ein kartesisches Koordinatensystem Σ besteht also in der Angabe des Ursprunges O *und* einer orthonormalen Basis $\{e_i\}$.

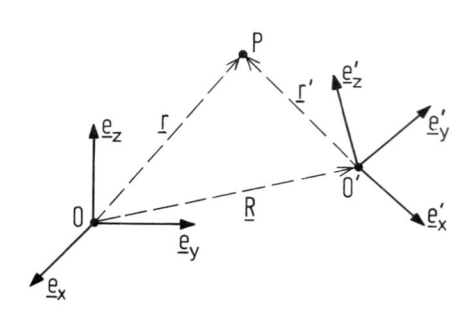

Nehmen wir nun an, es seien zwei verschiedene kartesische Koordinatensystem Σ und Σ' gegeben. Wie lassen sich dann die Koordinaten des Punktes P, r und r', ineinander umrechnen?

Auf der Ebene der Vektoren ist das einfach. Sei $\mathbf{R} = \overrightarrow{OO'}$ der *Verschiebungsvektor* der Koordinatenursprünge O und O' gegeneinander. Dann ist

$$\mathbf{r}' = \mathbf{r} - \mathbf{R}.$$

$\mathbf{r}$ ist uns im vONS $\{e_i\}$ als r vorgegeben, während wir in Σ' r' natürlich als r' in $\{e'_j\}$ kennen möchten.

Nun haben wir erkannt, daß zwei rechtshändige orthonormale Basen im euklidischen Vektorraum grundsätzlich gemäß

$$\mathbf{e}'_i = \sum_j V_{ij}\, \mathbf{e}_j$$

durch eine eigentliche Drehung $\mathbf{V}$ mit

$$\boldsymbol{V}^\mathsf{T} = \boldsymbol{V}^{-1}, \qquad \|V^{-1}\| = +1$$

miteinander verknüpft sind, und daß sich die Komponenten eines Vektors $\mathbf{a}$ bei dieser Drehung gemäß

$$\boldsymbol{a}' = \boldsymbol{V}\boldsymbol{a}$$

transformieren.

Folglich haben wir
$$\boldsymbol{r}' = \boldsymbol{V}\,(\boldsymbol{r} - \boldsymbol{R}) \qquad (*)$$

oder
$$\boldsymbol{r}' = \boldsymbol{V}\boldsymbol{r} - \boldsymbol{R}',$$

je nachdem, ob wir uns den Verschiebungsvektor $\mathbf{R}$ in Σ oder in Σ' dargestellt denken. Dabei gilt

$$\boldsymbol{R}' = \boldsymbol{V}\boldsymbol{R}.$$

Die Rücktransformation von Σ' nach Σ wird dann durch

$$\boldsymbol{r} = \boldsymbol{V}^\mathsf{T}\boldsymbol{r}' + \boldsymbol{R} = \boldsymbol{V}^\mathsf{T}(\boldsymbol{r}' + \boldsymbol{R}') \qquad (**)$$

9.1 Transformation zwischen kartesischen Koordinatensystemen

beschrieben.

Die den Zusammenhang (∗) charakterisierende *inhomogen lineare Abbildung* wird formal häufig in der Form

$$\boldsymbol{r}' = \{\boldsymbol{V}; \boldsymbol{R}\}\, \boldsymbol{r}$$

geschrieben. Ihre Umkehrabbildung ist gemäß (∗∗) durch

$$\boldsymbol{r} = \{\boldsymbol{V}; \boldsymbol{R}'\}^{-1}\, \boldsymbol{r}' = \{\boldsymbol{V}^{\mathsf{T}}; -\boldsymbol{R}'\}\, \boldsymbol{r}'$$

gegeben. Da dies für jedes $\boldsymbol{r}$ gilt, haben wir

$$\{\boldsymbol{V}; \boldsymbol{R}\}^{-1} = \{\boldsymbol{V}^{-1}; -\boldsymbol{R}'\} = \{\boldsymbol{V}^{\mathsf{T}}; -\boldsymbol{R}'\}\,.$$

Die durch diese Klammersymbole beschriebene Transformation wird in der Mathematik als *Bewegung* bezeichnet. Diesen *Namen* darf man jedoch nicht mit dem physikalischen Bewegungsbegriff durcheinanderbringen: Von einer *zeitlichen Veränderung* ist hierbei offensichtlich nicht die Rede!

Geht man jetzt zunächst mittels $\boldsymbol{V}_1$ und $\overrightarrow{OO'} = \boldsymbol{R}$ von Σ nach Σ' und dann mittels $\boldsymbol{V}_2$ und $\overrightarrow{O'O''} = \tilde{\boldsymbol{R}}$ von Σ' nach Σ'', so erhält man

$$\boldsymbol{r}' = \boldsymbol{V}_1\,(\boldsymbol{r} - \boldsymbol{R})\,, \qquad \boldsymbol{r}'' = \boldsymbol{V}_2\,(\boldsymbol{r}' - \tilde{\boldsymbol{R}}')$$
$$\Longrightarrow \boldsymbol{r}'' = \boldsymbol{V}_2\,(\boldsymbol{V}_1\,(\boldsymbol{r}-\boldsymbol{R}) - \tilde{\boldsymbol{R}}') = \boldsymbol{V}_2\boldsymbol{V}_1\,(\boldsymbol{r} - (\boldsymbol{R} + \boldsymbol{V}_1^{\mathsf{T}}\tilde{\boldsymbol{R}}'))\,.$$

Das ist abermals eine Bewegung; für die Bewegungstransformation folgt daraus das *Produktgesetz*

$$\{\boldsymbol{V}_2; \tilde{\boldsymbol{R}}'\}\{\boldsymbol{V}_1; \boldsymbol{R}\} = \{\boldsymbol{V}_2\boldsymbol{V}_1; \boldsymbol{R} + \boldsymbol{V}_1^{\mathsf{T}}\tilde{\boldsymbol{R}}'\}\,.$$

Außerdem gibt es eine *Einheitstransformation* der Form $\{\boldsymbol{E}; \boldsymbol{o}\}$, die die Koordinaten jedes Punktes ungeändert läßt.

Nimmt man noch hinzu, daß die Multiplikation von Bewegungstransformationen auch dem *Assoziativgesetz* genügt – der Beweis dafür bleibt Ihnen überlassen –, so sieht man, daß die Bewegungen eine *Gruppe* bilden.

Diese *Bewegungsgruppe* enthält die reine *Drehgruppe*, die aus den Elementen $\{\boldsymbol{V}; \boldsymbol{o}\}$ besteht, als *Untergruppe* und ebenso die reinen *Verschiebungen (Translationen)* $\{\boldsymbol{E}; \boldsymbol{R}_\mathrm{o}\}$, die sogar eine *abelsche Untergruppe* bilden.

Die theoretische Struktur der Bewegungsgruppe ist bereits sehr kompliziert. So kann man z.B. beweisen, daß sie genau 230 *diskrete Untergruppen* besitzt, welche die *Raumgruppen der Kristallographie* darstellen.

9.2 Zeitabhängige Koordinatentransformationen

Nun wollen wir uns vorstellen, die beiden Koordinatensysteme Σ und Σ' seien relativ zueinander – in physikalischem Sinne – bewegt; mathematisch bedeutet das natürlich, daß die Drehung $\mathbf{V}$ und der Verschiebungsvektor $\mathbf{R}$ in $\{V; R\}$ explizit von dem Parameter Zeit abhängen.

Um zu sehen, was dabei geschieht, wollen wir zunächst einmal annehmen, der Aufpunkt P ruhe in Σ; dann haben wir r = constans und ein Beobachter in Σ wird feststellen, die Geschwindigkeit dieses Punktes sei gleich Null: $\mathbf{v}_\Sigma = \mathbf{o}$.

Relativ zu Σ' hingegen befindet sich dann der nämliche Punkt P natürlich nicht länger im Zustand der Ruhe, und demzufolge wird ein Beobachter im System Σ' sagen, für ihn habe der Punkt durchaus eine von Null verschiedene Geschwindigkeit $\mathbf{v}_{\Sigma'} \neq \mathbf{o}$.

Bewegt sich nun P selber relativ zu Σ, so wird zwar auch $\mathbf{v}_\Sigma$ von Null verschieden sein, aber natürlich wird $\mathbf{v}_\Sigma \neq \mathbf{v}_{\Sigma'}$ gelten: Die Geschwindigkeit eines Massenpunktes hängt also von dem Koordinatensystem ab, aus dem man ihn beobachtet.

Das erscheint einerseits als trivial, andererseits muß man sich jedoch die Unterschiede deutlich klarmachen, die in dieser Hinsicht zwischen dem Ort und der Geschwindigkeit bestehen:

r und r' sind die Kenngrößen des *gleichen* Punktes P, dargestellt in unterschiedlichen Koordinatensystemen.

$\mathbf{v}_\Sigma$ und $\mathbf{v}_{\Sigma'}$ hingegen sind *unterschiedliche* Vektoren, also unterschiedliche physikalische Größen. Natürlich liegt es nahe, daß jeder Beobachter die von ihm gesehene Geschwindigkeit zunächst einmal gemäß v_Σ und $v'_{\Sigma'}$ in „seinem" Koordinatensystem *darstellt*, doch ist das nicht zwingend. So kann der Beobachter in Σ die von ihm beobachtete Geschwindigkeit $\mathbf{v}_\Sigma$ durchaus in das System Σ' umrechnen; er erhält dann den Spaltenvektor v'_Σ, und umgekehrt läßt sich $\mathbf{v}_{\Sigma'}$ gemäß $v_{\Sigma'}$ im System Σ darstellen, und alle vier möglichen Formen v_Σ, $v_{\Sigma'}$, v'_Σ, $v'_{\Sigma'}$ werden im allgemeinen verschieden voneinander sein!

9.2.1 Reine Drehungen

Um die Zusammenhänge, die wir soeben gefunden haben, zu quantifizieren, beschränken wir uns zunächst auf Koordinatensysteme mit *gemeinsamem Ursprung*; es ist dann $\mathbf{R} = \mathbf{o}$ und der *Ortsvektor* $\mathbf{r}$ eines Punktes P ist in beiden Systemen der gleiche. Die einzige Möglichkeit zur Bewegung besteht unter diesen Umständen darin, daß die beiden Basen $\{\mathbf{e}_i\}$ und $\{\mathbf{e}'_j\}$ sich gegeneinander drehen.

Die Komponenten von $\mathbf{r}$ in Σ und Σ' sind gemäß

$$r' = Vr$$

9.2 Zeitabhängige Koordinatentransformationen

miteinander verknüpft.

Um daraus die Geschwindigkeiten zu gewinnen, müssen wir diese Gleichung nach der Zeit ableiten,
$$\dot{r}' = V\dot{r} + \dot{V}r\,,$$
und dann interpretieren:

Es sind $\dot{r}'$ die Geschwindigkeit in Σ', dargestellt im Koordinatensystem Σ', also $v'_{\Sigma'}$, und analog $\dot{r} = v_\Sigma$. Also ist $V\dot{r} = v'_\Sigma$. Dabei ist, wie man leicht sieht, wenn man die Gleichung komponentenweise ausschreibt, $\dot{V}$ die Matrix, die man aus V durch Ableiten sämtlicher Elemente erhält:
$$(\dot{V})_{ij} = \frac{\mathrm{d}}{\mathrm{d}t} V_{ij}\,.$$

Folglich ist
$$v'_{\Sigma'} = v'_\Sigma + \dot{V}V^\mathsf{T} r' \qquad (*)$$
die Transformationsformel für die Geschwindigkeit, dargestellt im Koordinatensystem Σ'. Stellen wir die gleiche Formel in Σ dar, erhalten wir natürlich
$$v_{\Sigma'} = v_\Sigma + V^\mathsf{T}\dot{V} r\,.$$

Unsere Aufgabe ist es nun, die Matrix $\dot{V}V^\mathsf{T}$ (bzw. $V^\mathsf{T}\dot{V}$) zu untersuchen.

Wegen
$$VV^\mathsf{T} = E$$
erhalten wir zunächst
$$\frac{\mathrm{d}}{\mathrm{d}t}(VV^\mathsf{T}) = \dot{V}V^\mathsf{T} + V\dot{V}^\mathsf{T} = \dot{V}V^\mathsf{T} + (\dot{V}V^\mathsf{T})^\mathsf{T} = \dot{E} = O\,.$$

Folglich ist
$$\dot{V}V^\mathsf{T} = A$$
eine *antisymmetrische Matrix*.

Nun haben wir in 7.3.2.5 gelernt, daß die Anwendung einer solchen Matrix auf einen Spaltenvektor durch das Vektorprodukt dargestellt werden kann. Schreiben wir
$$A = \begin{pmatrix} 0 & +\omega'_3 & -\omega'_2 \\ -\omega'_3 & 0 & +\omega'_1 \\ +\omega'_2 & -\omega'_1 & 0 \end{pmatrix}\,,$$
erhalten wir
$$A\,r' = -\omega' \times r'\,,$$
und damit wird aus unserer Transformationsformel $(*)$
$$v'_{\Sigma'} = v'_\Sigma - \omega' \times r'\,.$$

Diese Formel gilt zunächst in der Darstellung des Koordinatensystems Σ'. Da aber die Komponenten in einer vorgegebenen Basis einen Vektor eindeutig charakterisieren, können wir von ihr unmittelbar zu absoluten Vektoren übergehen und erhalten

$$\mathbf{v}_{\Sigma'} = \mathbf{v}_\Sigma - \boldsymbol{w} \times \mathbf{r} \,.$$

Dabei ist $\boldsymbol{w}$ ein Vektor, der nur von der Drehung $\mathbf{V}$, nicht aber von dem Aufpunkt P bzw. seinem Ortsvektor $\mathbf{r}$ abhängt und im allgemeinen ebenfalls *zeitabhängig* sein wird.

Seine *geometrische Bedeutung* machen wir uns anhand eines Punktes klar, der relativ zu Σ' ruht, für den also $\mathbf{v}_{\Sigma'} = \mathbf{o}$ und somit

$$\mathbf{v}_\Sigma = \boldsymbol{w} \times \mathbf{r}$$

gilt. Seine Bewegung beschreibt ein Beobachter in Σ durch

$$\mathbf{r}(t + \mathrm{d}t) = \mathbf{r}(t) + \mathrm{d}\mathbf{r} = \mathbf{r}(t) + \boldsymbol{\omega}\,\mathrm{d}t \times \mathbf{r}(t) \,.$$

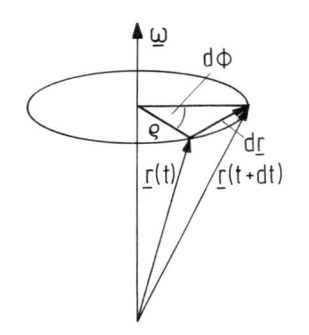

Dabei steht $\mathrm{d}\mathbf{r}$ senkrecht auf $\boldsymbol{w}$ und auf $\mathbf{r}$ und besitzt die infinitesimale Länge

$$|\mathrm{d}\mathbf{r}| = |\boldsymbol{w}|\,\mathrm{d}t\,|\mathbf{r}|\,\sin(\phi(\boldsymbol{w}, \mathbf{r})) \,.$$

Das ist aber gleich

$$|\mathrm{d}\mathbf{r}| = |\boldsymbol{w}|\,\mathrm{d}t\,\rho \,,$$

wobei ρ die Länge der Projektion von $\mathbf{r}$ auf die zu $\boldsymbol{w}$ senkrechte Ebene bedeutet. Man ersieht aus der Abbildung, daß $\mathbf{r}(t + \mathrm{d}t)$ der Vektor ist, der aus $\mathbf{r}(t)$ durch eine Drehung um den infinitesimalen Winkel $\mathrm{d}\phi = |\boldsymbol{w}|\,\mathrm{d}t$ um die durch die Richtung von $\boldsymbol{w}$ definierte Achse hervorgeht. Also bedeutet $\hat{\boldsymbol{w}}$ die *Drehachse*, um die sich Σ' (im vorgegebenen Zeitpunkt t) relativ zu Σ dreht, und $|\boldsymbol{w}| = \dot{\phi}$ die *Winkelgeschwindigkeit*, mit der diese Drehung abläuft.

Da im allgemeinen sowohl $\hat{\boldsymbol{w}}$ als auch $|\boldsymbol{w}|$ von der Zeit abhängen werden, spricht man genauer von der *momentanen Drehachse* und der *momentanen Winkelgeschwindigkeit*.

Im übrigen ist es ganz unwesentlich, daß wir die Überlegungen dieser Ziffer bisher an der *Zeitableitung des Ortsvektors*, der Geschwindigkeit, durchgeführt haben; natürlich gelten die Ergebnisse für die *Zeitableitung eines jeden beliebigen Vektors* $\mathbf{a}$, die sich demzufolge gemäß

$$\dot{\mathbf{a}}_{\Sigma'} = \dot{\mathbf{a}}_\Sigma - \boldsymbol{w} \times \mathbf{a}$$

9.2 Zeitabhängige Koordinatentransformationen

transformiert. Folglich ist diese Transformation vom Vektor **a** unabhängig und kann vielmehr als Transformation der Zeitableitung selbst aufgefaßt werden. Indem man die Differentiationsvorschrift mit dem Symbol **D** abkürzt, kann man die allgemeine Formel in der *symbolischen Form*

$$\boxed{\mathbf{D}_{\Sigma'} = \mathbf{D}_{\Sigma} - w \times}$$

notieren, die man sich leicht merken kann. Mathematischen Sinn bekommt diese Formel natürlich erst durch Anwendung auf einen beliebigen Vektor **a**. So können wir sie z.B. auf den Vektor w der Winkelgeschwindigkeit selbst anwenden und erhalten gemäß

$$\dot{w}_{\Sigma'} = \dot{w}_{\Sigma} - w \times w = \dot{w}_{\Sigma}$$

das merkwürdige Resultat, daß die *Winkelbeschleunigung* in beiden Bezugssystemen die gleiche ist.

Wollen wir hingegen $\dot{\mathbf{v}}$ berechnen, um die *Beschleunigung* zu gewinnen, so müssen wir sorgfältig unterscheiden, welche Geschwindigkeit wir meinen. Einerseits nämlich erhalten wir für $\mathbf{v}_\Sigma$

$$\dot{\mathbf{v}}_{\Sigma'\Sigma} = \mathbf{D}_{\Sigma'}\mathbf{v}_{\Sigma} = (\mathbf{D}_{\Sigma} - w \times)\mathbf{v}_{\Sigma} = \dot{\mathbf{v}}_{\Sigma\Sigma} - w \times \mathbf{v}_{\Sigma}$$

andererseits für $\mathbf{v}_{\Sigma'}$

$$\dot{\mathbf{v}}_{\Sigma'\Sigma'} = \dot{\mathbf{v}}_{\Sigma\Sigma'} - w \times \mathbf{v}_{\Sigma'} .$$

Dabei ist $\dot{\mathbf{v}}_{\Sigma\Sigma}$ die zeitliche Änderung der in Σ gemessenen Geschwindigkeit relativ zu Σ, also die Beschleunigung $\mathbf{b}_\Sigma$, die man in Σ beobachtet, und $\dot{\mathbf{v}}_{\Sigma'\Sigma'} = \mathbf{b}_{\Sigma'}$ die in Σ' beobachtete Beschleunigung.

Wollen wir wissen, wie $\mathbf{b}_\Sigma$ von Σ' aus gesehen wird, so ist es am besten, die Transformationsformel zweimal anzuwenden:

$$\begin{aligned}\mathbf{b}_{\Sigma} &= \mathbf{D}_{\Sigma}\mathbf{D}_{\Sigma}\,\mathbf{r} = (\mathbf{D}_{\Sigma'} + w\times)(\mathbf{D}_{\Sigma'} + w\times)\,\mathbf{r} \\ &= \mathbf{D}_{\Sigma'}\mathbf{D}_{\Sigma'}\,\mathbf{r} + w \times \mathbf{D}_{\Sigma'}\,\mathbf{r} + \mathbf{D}_{\Sigma'}(w \times \mathbf{r}) + w \times (w \times \mathbf{r}) .\end{aligned}$$

Lösen wir nun den dritten Summanden nach der Produktregel auf und beachten die Invarianz der Winkelbeschleunigung, so erhalten wir

$$\mathbf{b}_{\Sigma} = \mathbf{b}_{\Sigma'} + (\dot{w} \times \mathbf{r}) + 2\,(w \times \mathbf{v}_{\Sigma'}) + (w \times (w \times \mathbf{r})) .$$

Zur Beschleunigung $\mathbf{b}_{\Sigma'}$ treten also drei qualitativ ganz unterschiedliche Zusatzterme.

Der Term $\dot{w} \times \mathbf{r}$ heißt *Linearbeschleunigung* und ist nur dann von Null verschieden, wenn $\dot{w} \neq \mathbf{o}$ ist, sich also entweder die momentane Drehachse oder die momentane Winkelgeschwindigkeit mit der Zeit ändert.

Der Term $2\,(w \times \mathbf{v}_{\Sigma'})$ trägt den Namen *Coriolisbeschleunigung*; sein Auftreten setzt voraus, daß sich der Punkt **r** relativ zu Σ' bewegt.

Der dritte Term

$$(w \times (w \times \mathbf{r})) = (w \cdot \mathbf{r})\,w - \omega^2\,\mathbf{r}$$

schließlich tritt auch auf, wenn w konstant ist und **r** relativ zu Σ' ruht; er heißt *Zentripetalbeschleunigung*.

9.2.2 Allgemeine Bewegungen

Bisher haben wir angenommen, daß die beiden gegeneinander bewegten Koordinatensysteme Σ und Σ' einen gemeinsamen Ursprung besitzen. Nun wollen wir den allgemeinen Fall eines beliebig von der Zeit abhängigen Verschiebungsvektors $\mathbf{R}(t)$ zwischen O und O' betrachten[2].

Der Ausgangspunkt unserer Untersuchungen muß jetzt natürlich die allgemeine Transformationsformel

$$\mathbf{r}' = \mathbf{V}\,(\mathbf{r} - \mathbf{R})$$

sein, doch lassen sich die Argumente, die wir in 9.2.1 geliefert haben, dabei wortwörtlich wiederholen. Nur sind die Endergebnisse ein wenig komplizierter, weil natürlich auch die Relativgeschwindigkeit **U** und Relativbeschleunigung **B** der Ursprünge Beiträge liefern.

Wie man leicht nachrechnet, transformieren sich die Geschwindigkeiten gemäß

$$\begin{aligned}\mathbf{v}_{\Sigma'} &= \mathbf{v}_\Sigma - w \times \mathbf{r} - \mathbf{U}_{\Sigma'} \\ &= \mathbf{v}_\Sigma - w \times \mathbf{r} - (\mathbf{U}_\Sigma - w \times \mathbf{R})\,,\end{aligned}$$

wobei $\mathbf{U}_{\Sigma'}$ bzw. $\mathbf{U}_\Sigma$ die von Σ' bzw. Σ aus gesehenen Relativgeschwindigkeiten sind.

Auch die Umrechnung der Beschleunigung verläuft völlig analog zu unserem Vorgehen im letzten Abschnitt. Drückt man – was sich im folgenden als zweckmäßig erweisen wird – $\mathbf{b}_\Sigma$ ausschließlich in Größen aus, die in bezug auf Σ' definiert sind, erhält man

$$\begin{aligned}\mathbf{b}_\Sigma &= \mathbf{b}_{\Sigma'} + \dot{w} \times \mathbf{r}' + 2\,(w \times \mathbf{v}_{\Sigma'}) + (w \times (w \times \mathbf{r}')) \\ &\quad + (\mathbf{B}_{\Sigma'} + \dot{w} \times \mathbf{R} + 2\,(w \times \mathbf{U}_{\Sigma'}) + (w \times (w \times \mathbf{R})))\end{aligned}$$

und erkennt neben den aus 9.2.1 bekannten Termen noch genau gleich strukturierte zusätzliche, die von der Transformation der Relativkoordinaten der

---

[2] Beachten Sie, daß die *Galileitransformationen*, die wir in 3.3.2 (*Mechanik I*) untersucht haben, gerade den durch $\{E; \mathbf{R}_o + Ut\}$ beschriebenen Spezialfall dieser allgemeinen Bewegungen bilden.

Ursprünge herrühren. Diese – in der zweiten Zeile der obigen Formel dargestellten – Zusatzterme lassen sich natürlich sofort als $\mathbf{B}_\Sigma$, die Relativbeschleunigung von Σ aus gesehen, identifizieren.

9.3 Physikalische Anwendungen

Bisher waren die beiden Koordinatensysteme Σ und Σ' völlig beliebig. Physikalisch am wichtigsten ist jedoch der Fall, in dem eines von ihnen, sagen wir Σ, ein *Inertialsystem* ist. Dann können wir nämlich in Σ die Bewegungsgleichungen in der Newtonschen Form aufstellen und sie anschließend nach dem – nicht-inertialen – System Σ' transformieren.

9.3.1 Transformation der Bewegungsgleichungen

Diese Aufgabe ist schnell erledigt. In Σ gilt

$$m \, \mathbf{b}_\Sigma = \mathbf{K} \, .$$

Setzen wir für $\mathbf{b}_\Sigma$ die Transformationsformel der Beschleunigungen ein, erhalten wir in Σ'

$$\boxed{m \, \mathbf{b}_{\Sigma'} = \mathbf{K} - m \, \mathbf{B}_\Sigma - m \, (\dot{\boldsymbol{w}} \times \mathbf{r}') - 2\, m \, (\boldsymbol{w} \times \mathbf{v}_{\Sigma'}) - m \, (\boldsymbol{w} \times (\boldsymbol{w} \times \mathbf{r}'))} \, .$$

Zur physikalischen Kraft $\mathbf{K}$ treten jetzt Zusatzkräfte, die von der Relativbewegung herrühren; diese Kräfte sind *Scheinkräfte*, wie wir sie bereits in 5.1.2[3] eingeführt haben.

Dabei ist der erste Term $-m\,\mathbf{B}_\Sigma$ eine *Trägheitskraft*, die von der Relativbeschleunigung der beiden Koordinatenursprünge herrührt, die übrigen – von der Drehbewegung stammenden – Beiträge tragen – in Anlehnung an die 9.2.1 eingeführten Namen – die Bezeichnung *lineare Kraft*, *Corioliskraft* und *Zentrifugalkraft*.

Ganz allgemein fallen die erheblichen Komplikationen ins Auge, welche beim Übergang von einem inertialen zu einem nicht-inertialen Bezugssystem auftreten. Selbst wenn die Kraft $\mathbf{K}$ verschwindet, sorgen die Scheinkräfte für eine höchst involvierte Bewegungsgleichung. Das muß natürlich so sein, denn auch die in Σ geradlinig-gleichförmige Bewegung, die aus dieser Situation resultiert, wird von Σ' aus betrachtet eine höchst nicht-triviale Form besitzen. Nur wenn alle Zusatzkräfte verschwinden, und das heißt, wenn sowohl $\boldsymbol{w}$ als auch $\mathbf{B}_\Sigma$ verschwindet, behält die Bewegungsgleichung ihre ursprüngliche Gestalt. Dann muß aber $\mathbf{V}$ eine *zeitunabhängige* Drehung der Achsen sein und $\mathbf{R}$ darf höchstens die Form

$$\mathbf{R} = \mathbf{R}_\mathrm{o} + \mathbf{U}\,t$$

---

[3] *Mechanik I*, S. 161 ff.

haben: Die Bewegung $\{V; R\}$ ist dann eine Galileitransformation und Σ' ebenfalls inertial.

9.3.2 Irdische Laborsysteme als beschleunigte Bezugssysteme

Wir haben bereits eingangs dieses Kapitels angedeutet, daß wir aufgrund der komplizierten Bewegung, die ein fester Punkt auf der Erdoberfläche um die Sonne ausführt, nicht annehmen dürfen, in Inertialsystemen zu experimentieren.

Spätestens nach den Ausführungen des letzten Abschnitts wissen wir aber auch, wie wir diese Vermutung testen können: Bewegt sich in unserem Labor ein kräftefreier Massenpunkt[4] geradlinig-gleichförmig oder nicht?

Überlegen wir uns diese Frage genauer, so scheint unsere Erfahrung die Geradlinigkeit und Gleichförmigkeit der Bewegung zunächst einmal zu bestätigen. Doch ist Vorsicht am Platze: Abermals müssen wir betonen, daß unser *Erfahrungshorizont* sehr eingeschränkt ist und daß wir geneigt sind, Erfahrungen, die wir gemacht haben, in unzulässiger Weise über ihren Gültigkeitsbereich hinaus zu extrapolieren. Im Groben und über kurze Distanzen erscheint uns die Bewegung geradlinig-gleichförmig, würden wir jedoch sehr genau und über lange Distanzen beobachten, würden wir sehen, daß dies genau doch nicht der Fall ist. Zwar sind die Abweichungen klein, doch sind sie vorhanden.

Wir lernen hier einen äußerst wichtigen Zug jeder *Anwendung* von Physik kennen: Selbst, wenn wir im Prinzip eine Theorie genau kennen, werden sich auf den ersten Blick höchst einfache Anwendungen davon – z.B. der freie Fall auf der Erde – als höchst kompliziert und involviert herausstellen. Häufig genug aber wird es *für praktische Belange* gerechtfertigt sein, die Komplikationen außer acht zu lassen, weil es sich zeigt, daß die durch sie eingeführten Effekte im Vergleich zu denen des als „einfach" behandelten Systems *vernachlässigbar klein* sind.

Dabei hängt es natürlich sehr von dem speziellen Effekt und der erstrebten Präzision der Vorhersage ab, welche Fehler wir als vernachlässigbar ansehen werden. Nehmen wir als Beispiel den freien Fall auf die (als Inertialsystem angenommene) Erde. Wie wir wissen, hängt die Schwerebeschleunigung von der Höhe über der Erdoberfläche ab. Nehmen wir g als konstant, machen wir also einen Fehler. Doch wird dieser Fehler jenseits aller Meßgenauigkeit sein, wenn die Höhe h_0, aus der der Körper fällt, – sagen wir – 10 m beträgt. Ist h_0 jedoch 100 km, wird das aber ganz anders aussehen!

Dieses Prinzip der *kalkulierbaren Vernachlässigung kleiner Ungenauigkeiten* werden wir in der gesamten Physik realisiert finden. Es hängt eng mit dem *Prozeß der Modellfindung* zusammen. Von fast jedem realen Vorgang machen

---

[4] Auf die Art, wie wir in 3.3.2 (*Mechanik I*, S. 104) die Kräftefreiheit eingeführt haben, sei noch einmal ausdrücklich hingewiesen.

9.3 Physikalische Anwendungen

wir uns ein einfaches Modell, das nur eine beschränkte Richtigkeit hat, und behandeln dieses anstatt der realen Situation. Ein solches Modell kann gut, d.h. der zu beschreibenden Situation angemessen sein, oder nicht. So ist der freie Fall im konstanten Schwerefeld ein gutes Modell für geringe Fallhöhen, für große jedoch unzureichend. Es gehört zu den ganz wesentlichen Fähigkeiten, die ein jeder Physiker – vor allem durch Erfahrung und ständige Übung – lernen muß, für reale Vorgänge angemessene Modelle zu finden.

Was hat das alles mit der Laborphysik zu tun, die wir auf der Erdoberfläche durchführen?

Zunächst einmal dieses: Es zeigt sich, daß es für viele kurzzeitige und kleinräumige Vorgänge tatsächlich ausreicht, unsere Labors als Inertialsysteme zu betrachten. Für Vorgänge, die großräumig und über längere Zeiten ablaufen, ist es hingegen erforderlich, unser natürliches Bezugssystem als beschleunigt anzusehen. Doch wie sollen wir die Transformation in praxi durchführen? Selbst wenn wir annehmen, daß es ein Inertialsystem gibt, dessen Ursprung mit dem Schwerpunkt der Sonne übereinstimmt, müssen wir berücksichtigen, daß die Erde erstens um ihre eigene Achse rotiert und daß ihr Schwerpunkt darüberhinaus die Jahresellipse um die Sonne beschreibt. Glücklicherweise stellt es sich heraus, daß die Effekte, die von der letztgenannten Bewegung herrühren, abermals erheblich kleiner sind als die durch die Eigenrotation der Erde verursachten.

Im Sinne eines für die zu beschreibenden irdischen Vorgänge „guten" Modells werden wir also im folgenden annehmen, daß es ein Inertialsystem Σ gebe, das im Erdmittelpunkt ruht.

Abgesehen von minimalen Abweichungen über langjährige Perioden, oder, wie man sagt, von geringen *säkularen Schwankungen*, die zu vernachlässigen sind, bleiben Drehachse $\hat{w}$ und Drehgeschwindigkeit ω der Erde konstant, und deswegen ist es möglich, die z-Achse des Inertialsystems Σ mit der Drehachse zusammenzulegen.

Das ergibt

$$w = \omega\, e_z, \qquad \dot{w} = 0.$$

Ein Punkt auf der Erdoberfläche wird wie üblich durch seine *geographische Breite* ϕ und *Länge* θ charakterisiert, wobei wir der Einfachheit halber für die Erde Kugelgestalt annehmen werden ($r = r_o = $ const.). In diesem Punkt errichten wir das mitbewegte Koordinatensystem Σ' so, daß seine z'-Achse lotrecht auf der Kugeloberfläche steht, seine x'-Achse längs des Breitengrades und die y'-Achse längs des Meridians zeigen. Zwar sind die Systeme Σ und

Σ' gegeneinander verschoben, doch ist der Verschiebungsvektor **R** relativ zu Σ' zeitlich konstant; gilt doch

$$\mathbf{R} = r_\mathrm{o}\, \mathbf{e}'_z$$

und folglich

$$\mathbf{U}_{\Sigma'} = \mathbf{o}\,.$$

Die Bewegungsgleichung in Σ' wird unter diesen Umständen zu

$$m\,\mathbf{b}_{\Sigma'} = \mathbf{K} - 2m\left(\boldsymbol{w} \times \mathbf{v}_{\Sigma'}\right) - m\left(\boldsymbol{w} \times \left(\boldsymbol{w} \times (\mathbf{r}' + \mathbf{R})\right)\right)\,;$$

die *lineare Kraft* verschwindet wegen $\dot{\boldsymbol{w}} = \mathbf{o}$.

Eine *Corioliskraft* tritt nur auf, wenn sich der Massenpunkt relativ zu Σ' bewegt; sie steht senkrecht auf der Ebene $(\mathbf{e}_z, \mathbf{v}_{\Sigma'})$ und liegt daher auf alle Fälle in der Ebene, die durch den Breitengrad ϕ = const. aufgespannt wird. Ihr Betrag $2m\omega|\mathbf{v}_{\Sigma'}|\sin(\phi(\boldsymbol{w}, \mathbf{v}_{\Sigma'}))$ ist bei vorgegebenem $|\mathbf{v}_{\Sigma'}|$ am größten, wenn $\mathbf{v}_{\Sigma'}$ senkrecht auf $\boldsymbol{w}$ steht.

Eine horizontale Nord-(Süd-)Strömung (von Luft oder Wasser) erfährt durch sie eine horizontale Ost-(West-)Ablenkung, die am Äquator verschwindet und an den Polen am stärksten zutage tritt. Diese Tatsache ist in der *Meteorologie* von Interesse: Strömungen vom Äquator zu den Polen erfahren auf der Nordhalbkugel aufgrund der Corioliskraft eine Ost-, auf der Südhalbkugel eine Westablenkung. Aber auch beim *freien Fall* aus großen Höhen führt die Corioliskraft – hier besonders in Äquatornähe – zu Ablenkungen.

Neben der Corioliskraft tritt – und zwar auch für einen relativ zu Σ' ruhenden Körper, die *Zentrifugalkraft*

$$-m\left(\boldsymbol{w} \times \left(\boldsymbol{w} \times (\mathbf{r}' + \mathbf{R})\right)\right) = -m\left(\boldsymbol{w} \times (\boldsymbol{w} \times \mathbf{r})\right)$$

auf, wobei **r** der Ortsvektor des Massenpunktes im Inertialsystem Σ ist. Für kleinräumige Bewegungen läßt sich $\mathbf{r}'$ in guter Näherung gegen **R** vernachlässigen, **r** also durch **R** ersetzen.

Wir können die Zentrifugalkraft in

$$m\left(\omega^2\,\mathbf{r} - (\boldsymbol{w} \cdot \mathbf{r})\,\boldsymbol{w}\right)$$

umschreiben, sie liegt also in der von **r** und $\boldsymbol{w}$ aufgespannten Ebene. In dieser steht sie senkrecht auf $\boldsymbol{w}$, denn es gilt

$$\boldsymbol{w} \cdot \left(\omega^2\,\mathbf{r} - (\boldsymbol{w} \cdot \mathbf{r})\,\boldsymbol{w}\right) = \omega^2\,(\boldsymbol{w} \cdot \mathbf{r}) - (\boldsymbol{w} \cdot \mathbf{r})\,\omega^2 = 0\,.$$

Ihren Betrag findet man leicht zu $m\,\omega^2\,r\,\cos(\phi)$, wenn ϕ die geographische Breite bedeutet; demzufolge ist sie am Äquator am größten und verschwindet an den Polen. Physikalisch tritt die Zentrifugalkraft als breitenabhängige

9.3 Physikalische Anwendungen

scheinbare Verminderung der Schwerebeschleunigung und Äquatorialverschiebung ihrer Richtung in Erscheinung. Dieser Effekt muß bei Präzisionsbestimmungen der Schwerebeschleunigung g durchaus in Rechnung gestellt werden.

Ein sehr bekanntes Experiment, mit dem man direkt feststellen kann, daß ein Laborsystem auf der Erde kein Inertialsystem ist, und außerdem die geographische Breite direkt vermessen kann, stellt der *Foucaultsche Pendelversuch* dar, den man z.B. im Deutschen Museum in München betrachten kann: Ein langes geostationär aufgehängtes Pendel wird in eine lineare Schwingung versetzt. Infolge der Erddrehung dreht sich im Laufe der Zeit seine Schwingungsebene relativ zum Labor, und zwar in einem Tag um den Winkel $2\pi \sin(\phi)$; die Pendelmasse beschreibt dabei eine Rosettenbahn. Der Effekt ist qualitativ leicht erklärbar, wenn man bedenkt, daß die Schwingungsebene *relativ zum Inertialsystem* invariant bleiben muß. Ist das Pendel z.B. über dem Pol ($\phi = \pi/2$) angebracht, dreht sich aber das Laborsystem in genau 24 Stunden einmal unter der Schwingungsebene weg. Auch kann man die Corioliskraft für die Ablenkung des Pendels aus seiner Richtung (in bezug auf das Labor) verantwortlich machen. Die quantitative Behandlung des Problems für beliebige geographische Breiten ist nicht in zwei Zeilen zu erledigen. Sie ist *Kammerlingh Onnes* erst 28 Jahre nach Foucaults ersten Experimenten (1851) in seiner Dissertation gelungen. Für ihre Behandlung wollen wir auf die weiterführende Literatur zur klassischen Mechanik, z.B. auf die Monographie von *Hamel*[5], verweisen.

---

[5] G. HAMEL, ‚*Theoretische Mechanik*' (Springer-Verlag, 1949), S. 380, 713 ff.

10 Krummlinige Koordinaten

Wenn wir bisher von den Koordinaten eines Raumpunktes gesprochen haben, meinten wir immer seine *kartesischen*. Dabei identifizierten wir die *Koordinaten* des Punktes P mit den *Komponenten* seines von einem vorgegebenen Ursprung abgetragenen Ortsvektors $\mathbf{r} = \overrightarrow{OP}$ in einer ebenfalls vorgegebenen orthonormalen Basis.

Nun ist dieses Vorgehen nicht zwangsläufig, denn es ist auch möglich, die Lage eines Punktes im Raum ganz anders eindeutig zu charakterisieren. Als einfaches Beispiel dafür – das uns während dieses gesamten Kapitels immer wieder zur Illustration dienen wird – nehmen wir einen Punkt in der Ebene. Anstatt seine kartesischen Koordinaten anzugeben, können wir seine Lage auch durch seinen Abstand r vom Ursprung O und durch den Winkel ϕ beschreiben, den die Verbindungsstrecke OP mit der x-Achse bildet. Man nennt (r, ϕ) die *Polarkoordinaten* des Punktes P, und wir erinnern uns, daß sich diese *Polardarstellung* bei komplexen Zahlen – die sich ja als Punkte in der komplexen Zahlenebene auffassen lassen – als ebenso wichtig herausgestellt hat wie die kartesische.

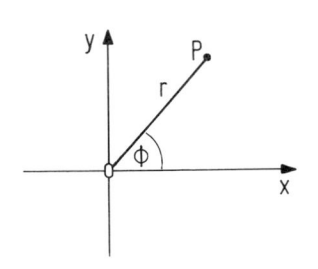

Nun haben wir also kartesische und Polarkoordinaten, und unsere erste Frage ist natürlich: Gibt es neben diesen beiden noch weitere Möglichkeiten, und wie kommt man zu solchen?

Eine zweite schließt sich an: Ein kartesisches Koordinatensystem steht immer in eindeutigem Zusammenhang mit einer Basis im Vektorraum. Wählen wir ein solches System, so können wir folglich nicht nur die Koordinaten jedes Punktes P, sondern auch die Komponenten jedes Vektors $\mathbf{a}$ eindeutig angeben. Und die Frage ist, ob ähnliches auch in nicht-kartesischen oder – wie man auch sagt – *generalisierten* Koordinaten gelingt.

Die Antwort auf beide Fragen ist positiv, doch wird es uns einige Arbeit bereiten, das einzusehen.

10.1 Differenzierbare punktweise Abbildungen des Raumes

Lassen Sie uns zum Beispiel der Polarkoordinaten zurückgehen und uns fragen, wie diese mit den kartesischen zusammenhängen. Die Umrechnungsformeln sind uns bekannt; sie lauten

$$\begin{aligned} x &= r\,\cos(\phi)\,, \\ y &= r\,\sin(\phi)\,. \end{aligned} \qquad (*)$$

Jedem Zahlenpaar (r,ϕ) wird durch sie ein Zahlenpaar (x,y) eindeutig zugeordnet. Also handelt es sich bei ihnen um eine Abbildung mit dem Grundbereich $\mathcal{M} = \{\text{Paare reeller Zahlen}\}$ auf den ebenso definierten Wertevorrat $\mathcal{N} = \mathcal{M}$.

Der Definitionsbereich $\mathcal{D}$ dieser Abbildung ist durch

$$\mathcal{D} = \bigl\{(r,\phi): 0 \le r < \infty,\ 0 \le \phi < 2\pi\bigr\}\,,$$

der Wertebereich $\mathcal{W}$ durch

$$\mathcal{W} = \mathcal{N} = \bigl\{(x,y): -\infty < x, y < \infty\bigr\}$$

gegeben; die Abbildung ist folglich *auf* $\mathcal{N}$, sie ist *surjektiv*[1].

Ist diese Abbildung auch *injektiv*? Die Antwort ist nein, denn alle Paare $(0,\phi)$ werden gleichermaßen auf $(0,0)$ abgebildet.

Sie ist aber immerhin umkehrbar, wenn man sie auf

$$\mathcal{D}' = \bigl\{(r,\phi): 0 < r < \infty,\ 0 \le \phi < 2\pi\bigr\}$$

einschränkt, und diese Umkehrung wird durch die Gleichungen

$$\begin{aligned} r &= (x^2 + y^2)^{1/2}\,, \\ \phi &= \arctan(y/x) \end{aligned}$$

geleistet, wobei wir denjenigen Ast des Arcustangens wählen, der die Werte $0 \le \phi < 2\pi$ ergibt.

Geometrisch gesprochen bilden die Beziehungen $(*)$ einen Bereich der (r,ϕ)-Ebene *Punkt für Punkt* auf die (x,y)-Ebene ab; deswegen heißt eine solche Abbildung auch *punktweise* oder *Punkttransformation*.

Gleichermaßen definieren die d Gleichungen

$$x_i = F_i(u_1,\ldots,u_d)\,, \qquad i = 1,\ldots,d$$

---

[1] Genaugenommen ist $\mathcal{D}$ der *kleinste Bereich*, auf dem die Abbildung surjektiv ist.

eine Abbildung einer Menge $\mathcal{D}$ von Zahlen-d-tupeln auf eine solche und somit eine punktweise Abbildung eines Bereiches des $(u_1,\ldots,u_d)$-Raumes auf den $(x_1,\ldots,x_d)$-Raum.

Nun suchen wir nach einer abkürzenden Schreibweise für die d Funktionen f_i von d Variablen, die eine solche Punkttransformation charakterisieren. Das wäre auf die unterschiedlichste Weise möglich. Üblich und bequem ist eine Bezeichnungsweise, die andererseits sehr gefährlich ist: Man erinnert sich daran, daß man mehrkomponentige Gebilde als (Zeilen- oder Spalten-)Vektoren bezeichnet hat, und verwendet die gleiche Notation wie für diese, indem man z.B.

$$(u_1,\ldots,u_d) = \boldsymbol{P'}, \qquad (x_1,\ldots,x_d) = \boldsymbol{P}, \qquad (f_1,\ldots,f_d) = \boldsymbol{F}$$

abkürzt. Die Abbildung schreibt sich dann als

$$\boldsymbol{P} = \boldsymbol{F}(\boldsymbol{P'}).$$

Es sei jedoch schon jetzt *warnend* hervorgehoben, daß diese rein formale Schreibweise *nicht* bedeuten soll, daß z.B. $\boldsymbol{P'}$ die Komponenten irgendeines Vektors in irgendeiner Basis sind. Genaueres dazu wird später noch zu sagen sein.

Die Polarkoordinaten $\boldsymbol{P'}$ sind also mit den kartesischen Koordinaten $\boldsymbol{P}$ des gleichen Punktes der Ebene durch eine zweidimensionale Punkttransformation verbunden. Und es erhebt sich jetzt die Frage, *welche Bedingungen man an die Abbildung $\boldsymbol{F}$ stellen muß, damit man die $\boldsymbol{P'}$ als generalisierte Koordinaten von P auffassen kann, wenn $\boldsymbol{P}$ die kartesischen Koordinaten bedeutet.* Oder anders ausgedrückt: Unter welchen Bedingungen *erzeugt $\boldsymbol{F}$ eine Koordinatentransformation?*

Zunächst einmal ist zu fordern, daß sich *jedes* P in diesen generalisierten Koordinaten darstellen lassen muß. D.h. aber, es muß zu jedem

$$\boldsymbol{P} \in \{(x_1,\ldots,x_d): -\infty < x_i < +\infty \;\forall\, i\}$$

ein $\boldsymbol{P'} \in \mathcal{D}_F$ geben dergestalt, daß

$$\boldsymbol{P} = \boldsymbol{F}(\boldsymbol{P'})$$

ist. Das bedeutet aber, daß $\boldsymbol{F}$ *surjektiv* sein muß, wie wir es am Beispiel der Polarkoordinaten gefunden haben.

Zum zweiten wäre zu fordern, daß die generalisierten Koordinaten $\boldsymbol{P'}$ durch den Punkt P auch eindeutig festgelegt sind. Das hieße aber, es darf zu jedem $\boldsymbol{P}$ *nur ein* $\boldsymbol{P'}$ geben, oder aber, die Funktion $\boldsymbol{F}$ muß *bijektiv* und somit *umkehrbar* sein:

$$\boldsymbol{P'} = \boldsymbol{F}^{-1}(\boldsymbol{P}).$$

10.1 Differenzierbare punktweise Abbildungen des Raumes

Nun haben wir gesehen, daß diese Forderung selbst bei den Polarkoordinaten nicht erfüllt ist, und wenn wir nicht das ganze Konzept dadurch entwerten wollen, daß wir selbst die Transformation auf Polarkoordinaten als unzulässig erklären, müssen wir sie in geeigneter Form aufweichen.

Diese geeignete Form wird sein: Die Abbildung F soll *fast überall lokal umkehrbar* sein.

Die beiden Begriffe *lokal umkehrbar* und *fast überall* bedürfen dabei ausführlicher Erklärungen:

Zunächst einmal heißt eine *Abbildung F lokal umkehrbar im Punkte $P'_o \in \mathcal{D}_F$, wenn sie in einer Umgebung $U_{P'_o} \subset \mathcal{D}_F$ von P'_o eindeutig ist*.

Des weiteren soll *fast überall lokal umkehrbar* bedeuten, *daß die Bedingung der lokalen Umkehrbarkeit höchstens auf einer Mannigfaltigkeit verletzt ist, deren Dimension $d' < d$ ist*.

Im Gegensatz dazu soll eine injektive Funktion als *global umkehrbar* bezeichnet werden.

Ein *Beispiel* soll diesen Zusammenhang verdeutlichen:

Die Funktion $y = f(x) = x^2$ mit $\mathcal{D}_f = (0, \infty)$ ist sowohl global als auch lokal umkehrbar.

Die Funktion $y = g(x) = x^2$ mit $\mathcal{D}_g = (-\infty, -a) \cup (a, \infty)$ und $a > 0$ ist überall lokal, aber nicht global umkehrbar.

Die Funktion $y = h(x) = x^2$ mit $\mathcal{D}_h = (-\infty, +\infty)$ ist überall mit Ausnahme des Punktes $0 \in \mathcal{D}_h$ lokal umkehrbar, aber nicht global. Sie ist also fast überall lokal umkehrbar.

Man mache sich genau klar, woran es liegt, daß die Eigenschaften so empfindlich von der Wahl des Definitionsbereiches abhängen! Insbesondere mache man sich klar, daß die globale Umkehrbarkeit die lokale Umkehrbarkeit überall impliziert, daß die Umkehrung dieses Satzes jedoch nicht richtig ist.

Im übrigen ist auch die Transformation zwischen Polar- und kartesischen Koordinaten fast überall lokal umkehrbar, denn sie hat sich ja auf $\mathcal{D}'$ sogar als global umkehrbar erwiesen, und $\mathcal{D}'$ unterscheidet sich von $\mathcal{D}$ nur um die eindimensionale Mannigfaltigkeit $\{r = 0,\ 0 \leq \phi < 2\pi\}$.

Nun erscheint der Begriff der lokalen Umkehrbarkeit zunächst einmal als sehr viel komplizierter als der der globalen. Das ist aber nicht der Fall, sofern man sich auf *differenzierbare Abbildungen* beschränkt.

Dann gibt es ein sehr bequemes *Kriterium*, um festzustellen, ob F in einem Punkt P'_o lokal umkehrbar ist oder nicht.

Dieses Kriterium bedient sich des Konzepts der *Funktional-* oder *Jacobideterminante* und läßt sich folgendermaßen entwickeln:

Nach früheren ausführlichen Darlegungen[2] bedeutet Differenzierbarkeit in einem Punkt die Existenz des Tangentengebildes in diesem Punkt. Und zwar ergibt sich dieses in Form der Beziehungen

$$\mathrm{d}x_i = \sum_j \left.\frac{\partial F_i}{\partial u_j}\right|_{P'_\mathrm{o}} \mathrm{d}u_j \quad \forall\, i\,.$$

Fassen wir darin gemäß

$$(\mathrm{d}x_1 \ldots \mathrm{d}x_d) = \mathrm{d}\boldsymbol{P}\,, \qquad (\mathrm{d}u_1 \ldots \mathrm{d}u_d) = \mathrm{d}\boldsymbol{P}'$$

zusammen und schreiben wir die partiellen Ableitungen in der Form

$$\frac{\partial F_i}{\partial u_j} = D_{ij} = (\boldsymbol{D})_{ij}$$

als Elemente einer - vom Aufpunkt $\boldsymbol{P}'_\mathrm{o}$ abhängigen - Matrix $\boldsymbol{D}$, so erhalten wir[3]

$$\mathrm{d}\boldsymbol{P} = \boldsymbol{D}\,\mathrm{d}\boldsymbol{P}'\,.$$

Die Matrix $\boldsymbol{D}$, die auch weiterhin eine zentrale Rolle spielen wird, wird als *Funktionalmatrix* bezeichnet.

Nun spiegeln sich lokale Eigenschaften einer Abbildung treu in ihrem Tangentengebilde. Insbesondere bedeutet lokale Umkehrbarkeit in $\boldsymbol{P}'_\mathrm{o}$ Umkehrbarkeit im Tangentengebilde an $\boldsymbol{P}'_\mathrm{o}$. Folglich muß

$$\mathrm{d}\boldsymbol{P}' = \boldsymbol{D}^{-1}\,\mathrm{d}\boldsymbol{P}$$

sein, und somit muß $\boldsymbol{D}^{-1}(\boldsymbol{P}'_\mathrm{o})$ existieren. Das ist aber genau dann der Fall, wenn die Determinante von $\boldsymbol{D}$, die *Funktionaldeterminante*,

$$\|\boldsymbol{D}(\boldsymbol{P}'_\mathrm{o})\| \neq 0$$

ist.

Folglich haben wir den *Satz:*
Eine differenzierbare Abbildung $\boldsymbol{P} = \boldsymbol{F}(\boldsymbol{P}')$ *ist im Punkt* $\boldsymbol{P}'$ *genau dann lokal umkehrbar, wenn ihre Funktionaldeterminante in diesem Punkt von Null verschieden ist.*

Für Polarkoordinaten finden wir

$$\|\boldsymbol{D}\| = \begin{Vmatrix} \cos(\phi) & -r\sin(\phi) \\ \sin(\phi) & r\cos(\phi) \end{Vmatrix} = r\,,$$

und dieser Ausdruck verschwindet in der Tat für $r = 0$ und nur dort.

---

[2] *Mechanik I*, 2.3.1, S. 72 ff.

[3] Diese und folgende Relationen zeigen, daß es *bequem* ist, die Koordinaten-d-tupel formal zu Spaltenvektoren, also ($d \times 1$)-Matrizen zusammenzufassen.

10.2 Krummlinige Koordinaten und Koordinatensysteme

In Würdigung der Ergebnisse des letzten Abschnitts werden wir sagen: *Jede surjektive, differenzierbare, fast überall lokal umkehrbare Abbildung $\boldsymbol{P} = \boldsymbol{F}(\boldsymbol{P'})$ ist die Erzeugende von generalisierten Koordinaten $\boldsymbol{P'}$*, wobei $\boldsymbol{P}$ die kartesischen Koordinaten bedeuten.

Das beantwortet die erste der beiden Fragen, die wir eingangs unserer Untersuchungen gestellt haben.

Die zweite war die folgende: Ist mit diesem System von generalisierten Koordinaten $\boldsymbol{P'}$ auf natürliche Weise eine Basis des Vektorraumes verknüpft, so daß Vektoren eine „natürliche" Darstellung im System dieser Koordinaten finden?

10.2.1 Die lokale Basis

Wir werden jetzt zeigen, daß es tatsächlich möglich ist, eine solche Basis zu konstruieren. Sie ist allerdings konzeptionell wesentlich komplizierter als die mit einem kartesischen Koordinatensystem verbundene: Sie ist nicht mehr länger universell, sondern jedem Punkt im Raum wird eine andere, die sogenannte *lokale Basis* zugeordnet.

Nun erscheint der Gedanke an einen Raum, der mit lauter lokalen Basen gepflastert ist, zunächst etwas abenteuerlich. Deswegen wollen wir uns daran erinnern, daß uns eine solche Situation gar nicht ganz fremd ist.

Früher[4] haben wir nämlich das eine Kurve begleitende Dreibein konstruiert, ein vONS, welches ebenfalls davon abhängig ist, in welchem Punkt (der Kurve) wir es errichten.

Um die Konstruktion der lokalen Basis vorzubereiten, gehen wir zunächst einmal zu dem Beispiel der Polarkoordinaten zurück.

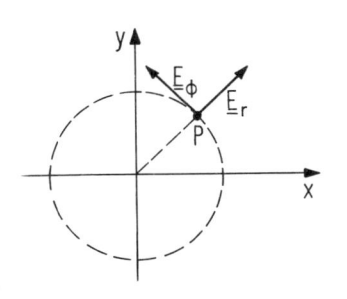

Hierfür werden wir sie mit ein bißchen Phantasie direkt raten können. Nehmen wir nämlich zum einen den Einheitsvektor $\mathbf{E}_r$, der in radialer Richtung vom Ursprung wegzeigt, und zum anderen den auf ihm senkrecht stehenden Einheitsvektor $\mathbf{E}_\phi$, der – zunächst rein gefühlsmäßig – etwas mit dem Winkelzuwachs zu tun haben wird, so bilden diese offensichtlich für jeden Punkt ein vONS, und zwar in jedem Punkt ein anderes.

Schon schwerer ist es, zu sagen, wie wir auf diese Wahl gekommen sind. Die korrekte – und verallgemeinerungsfähige – Antwort ist die folgende:

---

[4] *Mechanik I*, 2.2.4, S. 62 ff.

Setzen wir in der Abbildung

$$x = r\cos(\phi), \qquad y = r\sin(\phi)$$

einmal $\phi = \phi_o$ = const., so beschreibt die verbleibende Abhängigkeit von r gerade den Strahl, der unter dem Winkel ϕ_o gegen die Abszisse geneigt ist, und $\mathbf{E}_r$ ist der Einheitsvektor in Strahlrichtung.

Setzen wir zum anderen $r = r_o$ = const., so beschreiben x und y mit Variation von ϕ gerade den Kreis mit Radius r_o um den Ursprung, und $\mathbf{E}_\phi$ ist dann der Tangenteneinheitsvektor in $\boldsymbol{P}'_o = (r_o, \phi_o)$ an diesen Kreis.

Bei der angekündigten Verallgemeinerung beschränken wir uns im wesentlichen auf den Fall $d = 3$, ohne damit freilich die Allgemeinheit wesentlich einzuschränken.

In der erzeugenden Abbildung

$$x_i = F_i(u_1, u_2, u_3), \qquad i = 1, \ldots, 3$$

setzen wir zwei der drei Koordinaten $u_j = u_j^o$ = const.

Dafür gibt es offensichtlich die drei Möglichkeiten

$$x_i = F_i(u_1, u_2^o, u_3^o) = f_i^1(u_1), \qquad i = 1, \ldots, 3,$$
$$x_i = F_i(u_1^o, u_2, u_3^o) = f_i^2(u_2), \qquad i = 1, \ldots, 3,$$
$$x_i = F_i(u_1^o, u_2^o, u_3) = f_i^3(u_3), \qquad i = 1, \ldots, 3,$$

die wir wieder abkürzend gemäß

$$\boldsymbol{P} = \boldsymbol{f}^j(u_j)$$

darstellen.

Für jede Wahl der konstanten Koordinaten $u_i = u_i^o$ für $i \neq j$ stellt $\boldsymbol{f}^j$ eine durch u_j parametrisierte Raumkurve dar. Offensichtlich schneiden sich im Punkt $\boldsymbol{P}'_o$ genau drei von ihnen.

Wir nennen diese Kurven *Koordinatenlinien*. In unserem (zweidimensionalen) Beispiel der Polarkoordinaten werden diese Linien gerade durch r = const. und ϕ = const. definiert.

Offensichtlich ist das Konzept der Koordinatenlinien dimensionsunabhängig. Die Definitionsvorschrift ist die, in $\boldsymbol{P}'$ *alle bis auf eine* Koordinate konstant zu setzen und $\boldsymbol{P}$ in Abhängigkeit von der variablen zu betrachten. Demzufolge gehen durch jeden Punkt $\boldsymbol{P}'_o$ genau d Koordinatenlinien.

Obwohl wir diese im folgenden nicht benötigen werden, wollen wir der Anschauung halber auch noch die *Koordinatenflächen* definieren. Hierzu setzt

10.2 Krummlinige Koordinaten und Koordinatensysteme

man (für $d = 3$) nur eine der Koordinaten von $\boldsymbol{P}'$ konstant und hat damit abermals drei Möglichkeiten

$$\boldsymbol{P} = \boldsymbol{F}(u_1, u_2, u_3^o) = \boldsymbol{g}^{1,2}(u_1, u_2) \, ,$$
$$\boldsymbol{P} = \boldsymbol{F}(u_1, u_2^o, u_3) = \boldsymbol{g}^{1,3}(u_1, u_3) \, ,$$
$$\boldsymbol{P} = \boldsymbol{F}(u_1^o, u_2, u_3) = \boldsymbol{g}^{2,3}(u_2, u_3) \, .$$

Jede von ihnen definiert bei fester Wahl der Konstanten eine Fläche, und abermals gehen durch den Punkt $\boldsymbol{P}'_o$ genau drei Koordinatenflächen. Außerdem – man überlege sich das – liegen die Koordinatenlinien $\boldsymbol{f}^i$ und $\boldsymbol{f}^j$ in der Fläche $\boldsymbol{g}^{ij}$.

Im höherdimensionalen Fall $d > 3$ liegen die Verhältnisse komplizierter: Hier erhält man durch Konstantsetzen von d' Koordinaten u_i $(d - d')$-dimensionale *Koordinatenhyperflächen*, und in jedem Punkt $\boldsymbol{P}'_o$ schneiden sich genau $\binom{d}{d'}$ solcher Gebilde.

Natürlich haben die Begriffe Koordinatenlinie und -fläche auch in kartesischen Koordinatensystemen ihren – sogar besonders einfachen – Sinn: Hier sind die Koordinatenlinien ganz einfach die achsenparallelen Geraden und die Koordinatenflächen die zu der xy-, xz- und yz-Ebene parallelen Ebenen. In allgemeinen Koordinatensystemen sind diese Linien und Flächen nicht länger Geraden bzw. Ebenen, und das hat solchen generalisierten Koordinaten die allgemeine Bezeichnung *krummlinig* eingetragen.

Lassen Sie uns nun unsere allgemeinen Untersuchungen fortführen und die Tangentenvektoren $\mathbf{T}^i$ im Punkt $\boldsymbol{P}'_o$ an die Koordinatenlinien $\boldsymbol{f}^i$ konstruieren.

Dabei kommt uns entscheidend zugute, daß in *kartesischen Koordinaten* die Koordinaten des Punktes P mit den Komponenten seines Ortsvektors übereinstimmen[5], und daß demzufolge mit $\boldsymbol{P} = (x_1, \ldots, x_d)$

$$\mathbf{r} = \sum_j x_j \, \mathbf{e}_j$$

gilt.

Folglich ist auch für die Koordinatenlinie i

$$\mathbf{r} = \sum_j f_j^i(u_i) \, \mathbf{e}_j$$

---

[5] Wir werden in Bälde erkennen, daß das in krummlinigen Koordinaten *nicht* der Fall ist.

richtig. Daraus erhalten wir wie früher[6]

$$\mathbf{T}^i = \sum_j T^i_j \, \mathbf{e}_j = \sum_j \frac{\mathrm{d}f^i_j}{\mathrm{d}u_i} \, \mathbf{e}_j \, .$$

Genauer ist

$$\begin{aligned} T^i_j(\boldsymbol{P}'_\mathrm{o}) = T^i_j(u^\mathrm{o}_1, \ldots, u^\mathrm{o}_d) &= \frac{\mathrm{d}}{\mathrm{d}u_i} F_j(u^\mathrm{o}_1, \ldots, u_i, \ldots, u^\mathrm{o}_d)\big|_{u_i = u^\mathrm{o}_i} \\ &= \frac{\partial F_j}{\partial u_i}\Big|_{\mathsf{P}'_\mathrm{o}} = \big(\boldsymbol{D}(\boldsymbol{P}'_\mathrm{o})\big)_{ji} \, . \end{aligned}$$

Diese Komponenten sind also gerade die entsprechenden Elemente der Funktionalmatrix, und wir haben

$$\mathbf{T}^i = \sum_j (\boldsymbol{D})_{ji} \, \mathbf{e}_j = \sum_j (\boldsymbol{D}^\mathsf{T})_{ij} \, \mathbf{e}_j \, . \qquad (*)$$

Folglich wird $\mathbf{T}^i$ in kartesischen Koordinaten gerade durch die i. Spalte der Funktionalmatrix dargestellt.

Lassen wir i von $1 \ldots d$ laufen, haben wir in jedem Punkt $\boldsymbol{P}'$ einen Satz von genau d Tangentenvektoren aufgestellt. Sind diese linear unabhängig, stellen sie automatisch eine Basis des d-dimensionalen Raumes dar. Der Test der Linearunabhängigkeit ist aber höchst einfach: Seien sie nämlich in einem Punkt linear abhängig. Dann verschwindet die Funktionaldeterminante, und die erzeugende Abbildung ist in dem betreffenden Punkt nicht lokal umkehrbar.

Auf die triviale Konsequenz, daß damit (in regulären Punkten) auch keiner der Tangentenvektoren $\mathbf{T}^i = \mathbf{o}$ sein kann, sei extra hingewiesen.

Somit haben wir das *allgemeine Resultat:*

In allen Punkten des Definitionsbereiches, in denen die erzeugende Abbildung lokal umkehrbar ist, existiert eine lokale Basis des Raumes, die von den Tangentenvektoren aufgespannt wird.

Das ist ein bemerkenswertes Ergebnis!

Von den Tangentenvektoren ist übrigens keineswegs klar, daß sie orthogonal aufeinander stehen und normiert sind; doch sind sie auf alle Fälle normierbar.

Deswegen werden die lokalen Basen im allgemeinen auch keine Orthonormalsysteme sein, was sehr lästig ist.

Stehen für eine spezielle Koordinatenwahl die Tangentenvektoren (in allen Punkten) senkrecht aufeinander, oder schneiden sich – was gleichbedeutend ist – die Koordinatenlinien unter rechten Winkeln, spricht man von *orthogonalen krummlinigen Koordinaten.*

---

[6] *Mechanik I*, 2.2.4, S. 62 ff.

10.2 Krummlinige Koordinaten und Koordinatensysteme

Glücklicherweise zeigt es sich, daß die wichtigsten und gängigsten Koordinaten, die wir später ausführlich diskutieren wollen, diese bequeme Eigenschaft besitzen.

In diesem Fall lohnt es sich auch, die Tangentenvektoren zu *normieren*.

Wie man sich überlegt, geschieht das dadurch, daß man von D zu einer neuen Matrix α übergeht, indem man die Spalte j von D durch $|\mathbf{T}^j|$ dividiert. Man erhält dadurch

$$(\alpha)_{ij} = \frac{D_{ij}}{(\sum_{\ell} D_{\ell j}^2)^{1/2}} \ . \qquad (**)$$

Durch Definition der Diagonalmatrix Δ mit

$$(\Delta)_{ij} = (\sum_{\ell} D_{\ell j}^2)^{-1/2} \delta_{ij}$$

läßt sich dieser Zusammenhang in der systematischeren Form

$$\alpha = D\Delta$$

darstellen.

Da durch Normierung der Vektoren ihre lineare Unabhängigkeit nicht beeinträchtigt wird, ist mit D auch α *regulär*. Aber noch mehr: α ist sogar *orthogonal*, denn es vermittelt eine Transformation eines vONS in ein solches.

Nun möchten wir im folgenden den nicht-orthogonalen Fall, in dem die Normierung keine Vorteile bringt, auch nicht ganz aus dem Auge verlieren.

Deswegen *vereinbaren* wir die Bezeichnungen

$$\alpha = \begin{cases} D & \text{für nicht-orthogonale Koordinaten} \\ D\Delta & \text{für orthogonale Koordinaten} \end{cases},$$

$$\mathbf{E}_i = \begin{cases} \mathbf{T}^i & \text{für nicht-orthogonale Koordinaten} \\ \hat{\mathbf{T}}^i & \text{für orthogonale Koordinaten} \end{cases}$$

und nehmen damit in Kauf, daß die $\mathbf{E}_i$ nicht für alle Fälle Einheitsvektoren sind.

Immerhin können wir ab jetzt einheitlich

$$\mathbf{E}_i = \sum_j (\alpha^\mathsf{T})_{ij}\, \mathbf{e}_j$$

schreiben und erhalten daraus sofort

$$\mathbf{e}_i = \sum_j \left((\alpha^{-1})^\mathsf{T}\right)_{ij} \mathbf{E}_j \ ,$$

was für orthogonale Koordinaten in

$$\mathbf{e}_i = \sum_j (\boldsymbol{\alpha})_{ij} \mathbf{E}_j$$

übergeht.

Für *Polarkoordinaten* haben wir die Funktionalmatrix bereits ausgerechnet. Diesem Ausdruck entnehmen wir

$$\boldsymbol{T}^1 = \begin{pmatrix} \cos(\phi) \\ \sin(\phi) \end{pmatrix}, \qquad \boldsymbol{T}^2 = \begin{pmatrix} -r\sin(\phi) \\ r\cos(\phi) \end{pmatrix}.$$

Das System ist orthogonal: $(\mathbf{T}^1 \cdot \mathbf{T}^2) = 0$, doch ist $\mathbf{T}^2$ nicht normiert.

Durch Normierung erhalten wir

$$\hat{\boldsymbol{T}}^2 = \begin{pmatrix} -\sin(\phi) \\ \cos(\phi) \end{pmatrix}$$

und somit

$$\boldsymbol{\alpha} = \begin{pmatrix} \cos(\phi) & -\sin(\phi) \\ \sin(\phi) & \cos(\phi) \end{pmatrix},$$

eine Matrix, die ersichtlich orthogonal ist.

10.2.2 Darstellungen in der lokalen Basis

Nachdem wir jetzt die lokalen Basen gewonnen haben, sind wir in der Lage, auch beliebige Vektoren *in krummlinigen Koordinaten darzustellen*. Dabei erhebt sich natürlich die Frage, welche der kontinuierlich vielen Basen $\{\mathbf{E}_i\}$ wir dazu verwenden sollen. Diese Frage lassen wir vorerst außer acht, um uns später mit ihr zu beschäftigen.

10.2.2.1 Darstellung von Vektoren

Einen Vektor **a** können wir jetzt vermittels

$$\mathbf{a} = \sum_j a_j \mathbf{e}_j = \sum_i a'_i \mathbf{E}_i$$

darstellen. Dabei bilden die *Komponenten* a_j den Spaltenvektor $\boldsymbol{a}$ und die Komponenten a'_i den Spaltenvektor $\boldsymbol{a}'$. $\boldsymbol{a}$ und $\boldsymbol{a}'$ sind – im Gegensatz zu $\boldsymbol{P}'$ – wieder Spalten*vektoren* in ihrem ursprünglichen Sinne.

Um die Verknüpfung von $\boldsymbol{a}'$ mit $\boldsymbol{a}$ herauszuschälen, setzen wir für $\mathbf{E}_i$ ein:

$$\mathbf{a} = \sum_j a_j \mathbf{e}_j = \sum_i a'_i \mathbf{E}_i = \sum_i a'_i \sum_j (\boldsymbol{\alpha}^\mathsf{T})_{ij} \mathbf{e}_j$$
$$= \sum_j \left(\sum_i (\boldsymbol{\alpha}^\mathsf{T})_{ij} a'_i \right) \mathbf{e}_j = \sum_j \left(\sum_i \alpha_{ji} a'_i \right) \mathbf{e}_j$$

10.2 Krummlinige Koordinaten und Koordinatensysteme

oder
$$a = \alpha\, a'\,.$$

Daraus erhalten wir natürlich sofort die Umkehrung
$$a' = \alpha^{-1}\, a\,.$$

Soweit ist das kein Kunststück.

Wir wollen uns jetzt jedoch eine kleine Abschweifung gestatten, die uns hart bis an die Grenze der *nicht-euklidischen Geometrien* bringen wird.

Wie wir wissen, ist für die *Maßbestimmung* in einem Vektorraum, d.h. für die Länge von Vektoren und für die Winkel zwischen ihnen, das Skalarprodukt zuständig.

Dafür haben wir *in kartesischen Koordinaten*
$$\mathbf{a}\cdot\mathbf{b} = \sum_j a_j b_j = a^\mathsf{T} b\,.$$

Setzen wir hierin
$$a = \alpha\, a'\,,\qquad b = \alpha\, b'$$

ein, ergibt sich
$$\begin{aligned}\mathbf{a}\cdot\mathbf{b} &= \sum_j \left(\sum_i \alpha_{ji}\, a'_i \sum_\ell \alpha_{j\ell}\, b'_\ell\right)\\ &= \sum_{i,\ell}\left(\sum_j \alpha_{ji}\,\alpha_{j\ell}\right) a'_i\, b'_\ell\\ &= \sum_{i,\ell}(\alpha^\mathsf{T}\alpha)_{i\ell}\, a'_i\, b'_\ell\\ &= \sum_{i,\ell}(g)_{i\ell}\, a'_i\, b'_\ell\,.\end{aligned}$$

Solange die Koordinatentransformation orthogonal ist, ist $g = E$, und wir erhalten mit
$$\mathbf{a}\cdot\mathbf{b} = \sum_i a'_i\, b'_i = a'^\mathsf{T}\, b'$$

wieder die ursprüngliche Darstellung des Skalarproduktes.

Für nicht-orthogonale Transformationen ist das aber nicht mehr wahr; hier hat das Skalarprodukt eine kompliziertere Gestalt.

Umgekehrt kann man damit beginnen, in einem Raum durch Angabe von g eine *Metrik* zu *definieren*. Unter Bedingungen, die wir hier natürlich nicht ausbreiten können, gelangt man damit zu Geometrien, die nicht mehr euklidisch sind. Die dafür wesentliche Größe g heißt *metrischer Fundamentaltensor*.

10.2.2.2 Darstellung von skalaren und Vektorfeldern

In den letzten Abschnitten haben wir gelernt, sowohl die Koordinaten von Punkten als auch die Komponenten von Vektoren auf krummlinige Koordinaten zu transformieren. Jetzt wollen wir diese beiden Transformationen miteinander kombinieren.

Denken wir uns zunächst ein *skalares Feld*, etwa das Potential V einer Kraft, als Funktion der kartesischen Koordinaten des Punktes P als $V(\boldsymbol{P}) = V(x_1, \ldots, x_3)$ gegeben. Es auf krummlinige Koordinaten zu transformieren heißt doch offenbar, es als Funktion von $\boldsymbol{P}'$ darzustellen. Das ist schnell erreicht; wir erhalten durch Einsetzen

$$\tilde{V}(u_1, \ldots, u_3) = \tilde{V}(\boldsymbol{P}') = V(\boldsymbol{F}(\boldsymbol{P}'))$$
$$= V(x_1(u_1, \ldots, u_3), \ldots, x_3(u_1, \ldots, u_3)) \, .$$

Aufwendiger ist die Transformation eines *Vektorfeldes* $\mathbf{A}(\boldsymbol{P})$.

In kartesischen Koordinaten wird dieses durch

$$\mathbf{A} = \sum_i A_i(x_1, \ldots, x_3) \, \mathbf{e}_i$$

dargestellt.

Nun könnten wir natürlich die Komponenten A_i durch Einsetzen der Transformation umrechnen und erhielten

$$\mathbf{A} = \sum_i \tilde{A}_i(u_1, \ldots, u_3) \, \mathbf{e}_i \, .$$

Das wäre aber völlig unorganisch, denn es würde bedeuten, daß wir mit $\{\mathbf{e}_i\}$ nicht die Basis verwenden, die den krummlinigen Koordinaten $\boldsymbol{P}'$ entspricht.

Wir müssen also auch den Vektor $\mathbf{A}$ in krummlinigen Koordinaten darstellen, und wieder erhebt sich die Frage, welche der Basen wir dafür heranziehen wollen.

Doch bietet sich jetzt dafür eine einzig *natürliche Wahl* an: Wir werden den Vektor $\mathbf{A}(P)$, der am Punkt P definiert ist, nach derjenigen Basis entwickeln, die im gleichen Punkt P errichtet ist. Das bedeutet allerdings, daß wir den Vektor $\mathbf{A}$ an jedem Punkt nach einer anderen Basis zu entwickeln haben!

Die Quintessenz dieser Überlegungen ist, daß wir

$$\mathbf{A}(P) = \sum_i A_i(\boldsymbol{P}) \, \mathbf{e}_i = \sum_j \tilde{A}'_j(\boldsymbol{P}') \, \mathbf{E}_j(\boldsymbol{P}')$$

zu schreiben haben und damit

$$\tilde{\mathbf{A}}'(\boldsymbol{P}') = \boldsymbol{\alpha}^{-1}(\boldsymbol{P}') \, \mathbf{A}(\boldsymbol{F}(\boldsymbol{P}'))$$

10.2 Krummlinige Koordinaten und Koordinatensysteme

erhalten.

Ein besonders triviales Vektorfeld wird durch den Zusammenhang des Ortsvektors **r** mit dem Punkt P, also durch $\mathbf{r}(P)$, definiert. In *kartesischen Koordinaten* ist es durch

$$r(P) = P$$

gegeben, denn dort stimmen die Komponenten von **r** mit den Koordinaten von **P** überein. In krummlinigen Koordinaten erhalten wir dafür

$$\tilde{r}'(P') = \alpha^{-1}(P')\, F(P'),$$

und es ist nicht zu sehen, daß etwa immer noch

$$\tilde{r}'(P') = P'$$

gelten sollte, daß also die Koordinaten eines Punktes mit den Komponenten seines Ortsvektors übereinstimmen.

Das ist auch tatsächlich *nicht der Fall*.

Lassen Sie uns das am Beispiel der Polarkoordinaten genauer verfolgen.

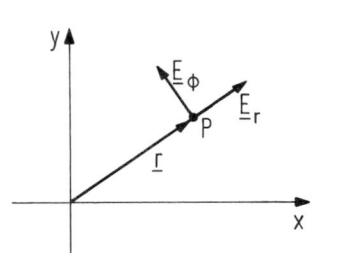

Die Polar*koordinaten* des Punktes P mit den kartesischen Koordinaten (x, y) sind, wie wir wissen, (r, ϕ).

Weiterhin haben wir $\alpha^{-1}(P')$ zu

$$\begin{pmatrix} \cos(\phi) & \sin(\phi) \\ -\sin(\phi) & \cos(\phi) \end{pmatrix}$$

gefunden. Folglich hat der Ortsvektor mit den kartesischen Komponenten (x, y) die polaren *Komponenten*

$$\tilde{r}'(r, \phi) = \begin{pmatrix} \cos(\phi) & \sin(\phi) \\ -\sin(\phi) & \cos(\phi) \end{pmatrix} \begin{pmatrix} r\cos(\phi) \\ r\sin(\phi) \end{pmatrix} = \begin{pmatrix} r \\ 0 \end{pmatrix},$$

also keineswegs (r, ϕ). Wir haben also

$$\mathbf{r} = r\, \mathrm{E}_r.$$

Das ist aber auch schon aus der Abbildung erkenntlich.

Diese Diskrepanz zwischen Koordinaten und Komponenten bringt uns auf die Frage der Notation zurück, die wir anfangs dieses Kapitels angerissen haben. Jetzt verstehen wir, warum wir uns geziert haben, die krummlinigen Koordinaten von P, nämlich $(u_1, \ldots, u_d)$, als Spaltenvektor P' abzukürzen. Diese Zahlen lassen sich eben gerade *nicht* als Darstellung eines Vektors in einer Basis auffassen!

Das ist auch noch ganz anders zu sehen. Die Polarkoordinaten des Punktes P bilden nicht einmal einen Vektorraum!

Denn habe der Punkt P mit dem Ortsvektor $\mathbf{r}$ die Polarkoordinaten (r, ϕ), so hat der Punkt Q mit dem Ortsvektor $\alpha\,\mathbf{r}$ keineswegs die Polarkoordinaten $\alpha\,(r,\phi) = (\alpha\,r, \alpha\,\phi)$, sondern die Koordinaten $(\alpha\,r, \phi)$.

Daß wir am Ende trotzdem $\boldsymbol{P}'$ (nicht $\boldsymbol{r}'$!) geschrieben haben, hat den reinen Zweckmäßigkeitsgrund, daß sich die Regeln der Matrizenrechnung damit für viele Schritte ohne weitere Erläuterungen anwenden ließen. Diesen Gesichtspunkt wollen wir an einem noch drastischeren Beispiel erläutern, das *nicht-mechanischer Natur* ist.

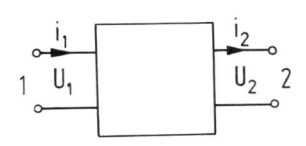

In der *Theorie elektrischer Systeme* betrachtet man häufig Situationen, in denen eine – im Prinzip beliebig komplizierte – Schaltung, die in einem Kasten (*black box*) sitzt, mit der Außenwelt durch vier Anschlüsse verbunden ist. Eine solche Anordnung nennt man *Vierpol*.

Nun möchte man z.B. wissen, wie die Spannung U_2 zwischen den Klemmen 2 und der Strom i_2 im Außenkreis 2 von den entsprechenden Größen U_1 und i_1 abhängen.

Ein Vierpol heißt *linear*, wenn das auch für diesen Zusammenhang der Fall ist. Wir haben dann

$$U_2 = A_{11}\,U_1 + A_{12}\,i_1 \;,$$
$$i_2 = A_{21}\,U_1 + A_{22}\,i_1$$

oder

$$\begin{pmatrix} U_2 \\ i_2 \end{pmatrix} = \begin{pmatrix} A_{11} & A_{12} \\ A_{21} & A_{22} \end{pmatrix} \begin{pmatrix} U_1 \\ i_1 \end{pmatrix} \;.$$

Es liegt also nahe, hierfür ein Matrizenkalkül anzuwenden, indem man U_j und i_j formal zu einem „Spaltenvektor" $\boldsymbol{R}_j$ und das Schema der Größen A_{ij} zur Matrix $\boldsymbol{A}$ zusammenfaßt. So erhält man z.B. bei Serienschaltung zweier Vierpole unmittelbar

$$\boldsymbol{R}_3 = \boldsymbol{A}_2\,\boldsymbol{A}_1\,\boldsymbol{R}_1 \;,$$

was ausgeschrieben sehr viel umständlicher aussieht.

Dennoch kann natürlich keine Rede davon sein, daß U_j und i_j in irgendeinem Sinne die Komponenten eines Vektors sind, der in irgendeiner Basis dargestellt wurde!

10.2.2.3 Zeitableitungen und Vektoroperationen

Die *Geschwindigkeit* $\mathbf{v}$ eines Massenpunktes ist in kartesischen Koordinaten leicht berechnet.

Gemäß

$$\mathbf{r} = \sum_i x_i\,\mathbf{e}_i \quad \Longrightarrow \quad \mathbf{v} = \dot{\mathbf{r}} = \sum_i \dot{x}_i\,\mathbf{e}_i$$

finden wir die Komponenten von $\mathbf{v}$ durch Zeitableitung derer von $\mathbf{r}$.

10.2 Krummlinige Koordinaten und Koordinatensysteme

Auch das ist in krummlinigen Koordinaten anders. Entwickeln wir nämlich $\mathbf{r}$ nach $\{\mathbf{E}_j\}$, so müssen wir berücksichtigen, daß sich mit der Bewegung der Ort und somit auch die Basis verändert, nach der entwickelt werden muß.

Genauer haben wir

$$\mathbf{r} = \sum_j x'_j \mathbf{E}_j \quad \Longrightarrow \quad \mathbf{v} = \sum_j \left(\dot{x}'_j \mathbf{E}_j + x'_j \dot{\mathbf{E}}_j \right).$$

Nun ist

$$\dot{\mathbf{E}}_j = \frac{\mathrm{d}}{\mathrm{d}t} \Big(\sum_\ell (\boldsymbol{\alpha}^\mathsf{T})_{j\ell}\, \mathbf{e}_\ell \Big) = \sum_\ell (\dot{\boldsymbol{\alpha}}^\mathsf{T})_{j\ell} \sum_n \left((\boldsymbol{\alpha}^{-1})^\mathsf{T} \right)_{\ell n} \mathbf{E}_n$$
$$= \sum_n \left(\dot{\boldsymbol{\alpha}}^\mathsf{T} (\boldsymbol{\alpha}^{-1})^\mathsf{T} \right)_{jn} \mathbf{E}_n\, ,$$

und somit ergibt sich nach Umbenennung von stummen Indices

$$\mathbf{v} = \sum_j v'_j \mathbf{E}_j = \sum_j \Big\{ \dot{x}'_j + \sum_\ell \left(\dot{\boldsymbol{\alpha}}^\mathsf{T} (\boldsymbol{\alpha}^{-1})^\mathsf{T} \right)_{\ell j} x'_\ell \Big\} \mathbf{E}_j\, .$$

Folglich ist v' durch

$$v' = \dot{r}' + \boldsymbol{\alpha}^{-1} \dot{\boldsymbol{\alpha}}\, r'$$

gegeben, und die Komponenten der Geschwindigkeit entstehen nicht länger durch bloße Zeitableitung der Komponenten des Ortsvektors.

Wieder ist dieses *Ergebnis* nicht auf die Ableitung des Ortsvektors beschränkt, sondern *für beliebige Vektorfelder gültig*.

Sei $B = \dot{A}$, so ist

$$B' = \dot{A}' + \boldsymbol{\alpha}^{-1} \dot{\boldsymbol{\alpha}}\, A'\, .$$

Insbesondere ist die *Beschleunigung* durch

$$b' = \dot{v}' + \boldsymbol{\alpha}^{-1} \dot{\boldsymbol{\alpha}}\, v'$$

gegeben.

Speziell in *Polarkoordinaten* haben wir

$$\dot{\boldsymbol{\alpha}} = -\dot{\phi} \begin{pmatrix} \sin(\phi) & \cos(\phi) \\ -\cos(\phi) & \sin(\phi) \end{pmatrix}$$

und somit

$$\boldsymbol{\alpha}^{-1} \dot{\boldsymbol{\alpha}} = \dot{\phi} \begin{pmatrix} 0 & -1 \\ 1 & 0 \end{pmatrix}.$$

Somit gelten

$$\boldsymbol{r}' = \begin{pmatrix} r \\ 0 \end{pmatrix} \quad \Longrightarrow \quad \boldsymbol{v}' = \begin{pmatrix} \dot{r} \\ r\dot{\phi} \end{pmatrix} \quad \Longrightarrow$$

$$\boldsymbol{b}' = \frac{\mathrm{d}}{\mathrm{d}t}\begin{pmatrix} \dot{r} \\ r\dot{\phi} \end{pmatrix} + \dot{\phi}\begin{pmatrix} 0 & -1 \\ 1 & 0 \end{pmatrix}\begin{pmatrix} \dot{r} \\ r\dot{\phi} \end{pmatrix} = \begin{pmatrix} \ddot{r} - r\dot{\phi}^2 \\ r\ddot{\phi} + 2\dot{r}\dot{\phi} \end{pmatrix}.$$

Ebenfalls nicht-trivial transformiert werden die durch Richtungsdifferentiation entstehenden Größen *Gradient, Divergenz* und *Rotation*. Wir wollen uns hier auf die Untersuchung der *Darstellung des Gradienten in krummlinigen Koordinaten* beschränken, einmal, weil diese Größe die im Rahmen der Mechanik wichtigste ist, zum anderen aber auch, weil die *Tensoranalysis*, der diese Fragen eigentlich zuzurechnen sind, in Form der *kovarianten Ableitung* ein viel potenteres Werkzeug bereithält, ohne dessen Kenntnis die Ableitungen abschreckend kompliziert werden.

Gegeben sei uns also ein skalares Potential V in den Gestalten

$$V = \Phi(\boldsymbol{P}) = \tilde{\Phi}(\boldsymbol{P}').$$

Sein Gradient ist definiert als

$$\mathrm{grad}\, V = \sum_i \frac{\partial \Phi}{\partial x_i}\mathbf{e}_i = \sum_j (\boldsymbol{\nabla} V)'_j \mathbf{E}_j,$$

und wir suchen den Spaltenvektor $(\boldsymbol{\nabla} V)'$ in Abhängigkeit von den $\partial \tilde{\Phi}/\partial u_j$.

Zu diesem Zweck gehen wir von dem *totalen Differential* $\mathrm{d}V$ aus. Dieses ist einerseits ($\boldsymbol{P}' = (u_1, \ldots, u_d)$)

$$\mathrm{d}V = \sum_i \frac{\partial \tilde{\Phi}}{\partial u_i}\mathrm{d}u_i \tag{*}$$

und andererseits

$$\mathrm{d}V = \mathrm{grad}\, V \cdot \mathrm{d}\mathbf{r} = \sum_j (\boldsymbol{\nabla} V)'_j \mathbf{E}_j \cdot \sum_\ell \mathrm{d}r'_\ell \mathbf{E}_\ell. \tag{**}$$

Folglich müssen wir uns die Darstellung von $\mathrm{d}\mathbf{r}$ in krummlinigen Koordinaten besorgen. Hierfür gilt

$$\mathrm{d}\mathbf{r} = \sum_i \mathrm{d}x_i\,\mathbf{e}_i = \sum_{i,j} \frac{\partial F_i}{\partial u_j}\mathrm{d}u_j\,\mathbf{e}_i = \sum_{i,j} D_{ij}\,\mathrm{d}u_j\,\mathbf{e}_i$$

$$= \sum_{i,j,\ell} D_{ij}\,\mathrm{d}u_j\,((\boldsymbol{\alpha}^{-1})^\mathsf{T})_{i\ell}\mathbf{E}_\ell = \sum_\ell (\boldsymbol{\alpha}^{-1}\boldsymbol{D}\,\mathrm{d}\boldsymbol{P}')_\ell\,\mathbf{E}_\ell.$$

10.3 Beispiele

Setzen wir diesen Ausdruck in (∗∗) ein, ergibt sich

$$\mathrm{d}V = \sum_{j,\ell} (\boldsymbol{\nabla} V)'_j \, (\boldsymbol{\alpha}^{-1} \boldsymbol{D}\, \mathrm{d}\boldsymbol{P}')_\ell \, (\mathbf{E}_j \cdot \mathbf{E}_\ell)\,.$$

Nun gibt es zwei Möglichkeiten: Entweder die Koordinaten sind *schiefwinklig*; dann ist $\boldsymbol{\alpha} = \boldsymbol{D}$, aber $(\mathbf{E}_j \cdot \mathbf{E}_\ell)$ durch den nicht-diagonalen Fundamentaltensor $\boldsymbol{g}$ gegeben.

Oder aber die Koordinaten sind *orthogonal*; dann sind $\mathbf{E}_j \cdot \mathbf{E}_\ell = \delta_{j\ell}$ und $\boldsymbol{\alpha} = \boldsymbol{D}\boldsymbol{\Delta}$. Demzufolge gilt

$$\boldsymbol{\alpha}^{-1}\boldsymbol{D} = (\boldsymbol{D}\boldsymbol{\Delta})^{-1}\boldsymbol{D} = \boldsymbol{\Delta}^{-1}\,.$$

Diesen Fall wollen wir weiter untersuchen. Für ihn ergibt sich durch Gleichsetzen mit (∗)

$$\mathrm{d}V = \sum_i (\boldsymbol{\nabla} V)'_i \, (\boldsymbol{\Delta}^{-1})_{ii}\, \mathrm{d}u_i = \sum_i \frac{\partial \tilde{\Phi}}{\partial u_i}\, \mathrm{d}u_i$$

oder

$$\frac{\partial \tilde{\Phi}}{\partial u_i} = (\boldsymbol{\Delta}^{-1})_{ii}\, (\boldsymbol{\nabla} V)'_i\,.$$

Erinnert man sich jetzt an die Definition von $\boldsymbol{\Delta}$, so findet man daraus sofort den Endausdruck

$$(\boldsymbol{\nabla} V)'_i = \frac{\partial \tilde{\Phi}/\partial u_i}{\left(\sum_\ell D_{\ell i}^2\right)^{1/2}} = \frac{\partial \tilde{\Phi}/\partial u_i}{\left(\sum_\ell (\partial F_\ell / \partial u_i)^2\right)^{1/2}}\,.$$

Auch diese Formel wollen wir anhand der *Polarkoordinaten* exemplifizieren. Es ergibt sich

$$(\boldsymbol{\nabla} V)'_r = \frac{\partial \tilde{\Phi}}{\partial r}\,, \qquad (\boldsymbol{\nabla} V)'_\phi = \frac{1}{r}\frac{\partial \tilde{\Phi}}{\partial \phi}\,.$$

Mit diesen Überlegungen beschließen wir die allgemeine Untersuchung krummliniger Koordinaten und wenden uns der Besprechung zweier wichtiger und häufig angewandter Koordinatentransformationen zu.

10.3 Beispiele

In den nächsten Kapiteln dieses Buches werden wir immer wieder sehen, daß die Wahl eines geeigneten – häufig genug krummlinigen – Koordinatensystems die entscheidende Voraussetzung für die Möglichkeit ist, die Bewegungsgleichung eines speziellen mechanischen Problems zu integrieren. Diesen allgemeinen Entwicklungen wollen wir hier nicht vorgreifen. Häufig genug sind es aber ganz einfache *Symmetrien* von Problemen, denen man durch Wahl spezieller Koordinaten Rechnung tragen möchte.

Denken wir z.B. an Probleme, die *kugelsymmetrisch* sind, d.h. ihre Form bei beliebigen Drehungen nicht verändern. Bei ihnen wird die einzig relevante Information vom Abstand r vom Drehpunkt abhängen, und folglich wird es nützlich sein, Koordinaten einzuführen, unter denen dieser Abstand r vorkommt. Daß solche Koordinaten krummlinig sein werden, ist leicht zu sehen; definiert doch die Koordinatenfläche $r = $ const. eine gekrümmte Fläche, nämlich eine Kugeloberfläche im Raum.

Wir gehen jetzt daran, unsere allgemeinen Formeln in den zwei wichtigsten Koordinatensystemen, die durch derartige Symmetrien nahegelegt werden, praktisch zu erproben.

10.3.1 Zylinderkoordinaten

Zylinderkoordinaten sind zur Beschreibung von Problemen angemessen, die eine Drehsymmetrie um eine feste Achse besitzen.

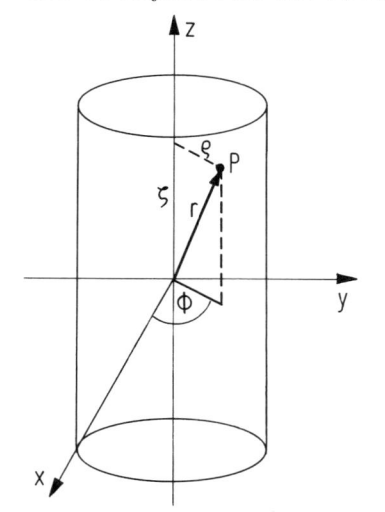

Man denkt sich diese Drehachse als z-Achse eines kartesischen Koordinatensystems und wählt als *Koordinaten eines Punktes*

(i) $\rho = $ seinen Abstand von der Drehachse;

(ii) $\phi = $ den Winkel zwischen der Projektion eines Ortsvektors auf die xy-Ebene und der x-Achse;

(iii) $\zeta = $ die Länge der Projektion seines Ortsvektors auf die z-Achse[7].

Die *Erzeugende* dieser Koordinaten ist durch

$$\boxed{x = \rho \cos(\phi)\,, \qquad y = \rho \sin(\phi)\,, \qquad z = \zeta} \qquad (*)$$

---

[7] Diese Koordinate wird meistens als z bezeichnet, weil sie mit der kartesischen Koordinate z übereinstimmt.

10.3 Beispiele

gegeben und entsteht offensichtlich dadurch, daß die uns bekannten Polarkoordinaten durch eine dritte, dazu senkrechte Achse „kartesisch" ergänzt werden. Deswegen werden wir im folgenden alle diesbezüglichen früheren Ergebnisse übernehmen können.

Die Erzeugende (∗) ist surjektiv und überall mit Ausnahme der ζ-Achse ($\rho = 0$) lokal umkehrbar; die Umkehrung wird dort durch

$$\rho = \sqrt{x^2 + y^2}\,, \qquad \phi = \arctan(y/x) \quad (0 \leq \phi < 2\pi)\,, \qquad \zeta = z$$

geleistet.

Die *Koordinatenflächen* sind

(i) $\rho = \rho_0$: Kreiszylinder des Radius ρ_0 mit z-Achse als Achse;

(ii) $\phi = \phi_0$: durch die z-Achse berandete Halbebene, die mit der Ebene $y = 0$ den Winkel ϕ_0 beschließt;

(iii) $\zeta = \zeta_0$: Ebene parallel zur xy-Ebene im Abstand ζ_0.

Die *Koordinatenlinien* sind

(i) $\left.\begin{array}{l}\rho = \rho_0 \\ \phi = \phi_0\end{array}\right\}$: zur z-Achse parallele Gerade, die als Schnittkurve der Flächen (i) und (ii) entsteht;

(ii) $\left.\begin{array}{l}\rho = \rho_0 \\ \zeta = \zeta_0\end{array}\right\}$: zur xy-Ebene parallele Kreiskurve mit Zentrum auf der z-Achse, Schnittkurve der Flächen (i) und (iii);

(iii) $\left.\begin{array}{l}\phi = \phi_0 \\ \zeta = \zeta_0\end{array}\right\}$: von der z-Achse ausgehender, zur xy-Ebene paralleler Radialstrahl; Schnittkurve der Flächen (ii) und (iii).

Bereits die Anschauung zeigt, daß die drei Koordinatenlinien, die durch jeden Punkt gehen, senkrecht aufeinander stehen; deswegen sind Zylinderkoordinaten *orthogonal*.

Die lokale orthonormale Basis notieren wir in leicht verständlicher symbolischer Schreibweise als

$$\begin{pmatrix} \mathbf{E}_\rho \\ \mathbf{E}_\phi \\ \mathbf{E}_\zeta \end{pmatrix} = \begin{pmatrix} \cos(\phi) & \sin(\phi) & 0 \\ -\sin(\phi) & \cos(\phi) & 0 \\ 0 & 0 & 1 \end{pmatrix} \begin{pmatrix} \mathbf{e}_x \\ \mathbf{e}_y \\ \mathbf{e}_z \end{pmatrix}.$$

Die Transformationsmatrix $\boldsymbol{\alpha}^\mathsf{T}$ ist orthogonal, und demzufolge lautet die Umkehrung

$$\begin{pmatrix} \mathbf{e}_x \\ \mathbf{e}_y \\ \mathbf{e}_z \end{pmatrix} = \begin{pmatrix} \cos(\phi) & -\sin(\phi) & 0 \\ \sin(\phi) & \cos(\phi) & 0 \\ 0 & 0 & 1 \end{pmatrix} \begin{pmatrix} \mathbf{E}_\rho \\ \mathbf{E}_\phi \\ \mathbf{E}_\zeta \end{pmatrix}.$$

Der Ortsvektor wird durch
$$\mathbf{r} = x\,\mathbf{e}_x + y\,\mathbf{e}_y + z\,\mathbf{e}_z = \rho\,\mathbf{E}_\rho + 0\,\mathbf{E}_\phi + \zeta\,\mathbf{E}_\zeta$$
und der Gradient durch
$$\boldsymbol{\nabla} V = \frac{\partial \tilde{V}}{\partial \rho}\mathbf{E}_\rho + \frac{1}{\rho}\frac{\partial \tilde{V}}{\partial \phi}\mathbf{E}_\phi + \frac{\partial \tilde{V}}{\partial \zeta}\mathbf{E}_\zeta$$
dargestellt.

Für die Geschwindigkeit finden wir durch triviale Erweiterung des Resultats für Polarkoordinaten sofort
$$\mathbf{v} = \dot{\rho}\,\mathbf{E}_\rho + \rho\,\dot{\phi}\,\mathbf{E}_\phi + \dot{\zeta}\,\mathbf{E}_\zeta \,.$$

Die Summanden dieses Ausdrucks werden als *Radial-*, *Azimutal-* und *Axial-*Geschwindigkeit bezeichnet.

Auch die Beschleunigung besitzt eine *radiale*, eine *azimutale* und eine *axiale* Komponente; sie ergibt sich zu
$$\mathbf{b} = (\ddot{\rho} - \rho\,\dot{\phi}^2)\,\mathbf{E}_\rho + (\rho\,\ddot{\phi} + 2\,\dot{\rho}\,\dot{\phi})\,\mathbf{E}_\phi + \ddot{\zeta}\,\mathbf{E}_\zeta \,.$$

10.3.2 Kugelkoordinaten

Kugelkoordinaten, bisweilen auch als *räumliche Polarkoordinaten* bezeichnet, sind angebracht zur Beschreibung von Situationen, die nicht nur gegen Drehungen um eine Achse, sondern sogar gegen jede Drehung um einen festen Punkt symmetrisch sind.

Man benutzt als Koordinaten eines Punktes

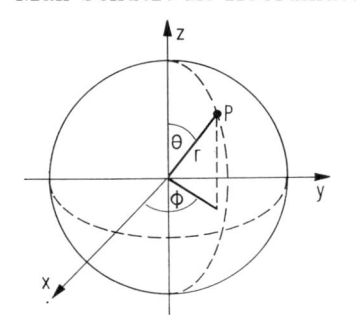

(i) r = seinen Abstand $|\mathbf{r}|$ von dem als Koordinatenursprung gewählten Drehpunkt ($0 \leq r < \infty$);

(ii) ϕ = den Winkel zwischen der Projektion von $\mathbf{r}$ auf die xy-Ebene und der x-Achse ($0 \leq \phi < 2\pi$);

(iii) θ = den Winkel zwischen $\mathbf{r}$ und der z-Achse ($0 \leq \theta \leq \pi$).

Kugelkoordinaten werden durch die Punkttransformation
$$\boxed{x = r\,\cos(\phi)\,\sin(\theta)\,, \qquad y = r\,\sin(\phi)\,\sin(\theta)\,, \qquad z = r\,\cos(\theta)} \qquad (*)$$
erzeugt.

10.3 Beispiele

Ihre *Funktionalmatrix* ist durch

$$\boldsymbol{D} = \begin{pmatrix} \cos(\phi)\sin(\theta) & -r\sin(\phi)\sin(\theta) & r\cos(\phi)\cos(\theta) \\ \sin(\phi)\sin(\theta) & r\cos(\phi)\sin(\theta) & r\sin(\phi)\cos(\theta) \\ \cos(\theta) & 0 & -r\sin(\theta) \end{pmatrix}$$

gegeben und besitzt die *Jacobi-Determinante*

$$\|\boldsymbol{D}\| = -r^2 \sin(\theta) .$$

Folglich ist die Erzeugende überall mit Ausnahme von $r = 0$ und $\theta = 0$ und π lokal umkehrbar; tatsächlich ist für Punkte auf der z-Achse der Winkel ϕ nicht eindeutig bestimmbar. Die überall mit Ausnahme dieser Achse gültige *Umkehrtransformation* ist durch

$$r = \sqrt{x^2 + y^2 + z^2} , \qquad \phi = \arctan(y/x) , \qquad \theta = \arctan(\sqrt{x^2 + y^2}/z)$$

gegeben.

Die *Koordinatenflächen* sind

(i) $r = r_o$: Kugel mit Radius r_o um O;

(ii) $\phi = \phi_o$: von der z-Achse berandete Halbebene, deren Schnittstrahl mit der xy-Ebene mit der x-Achse den Winkel ϕ_o einschließt;

(iii) $\theta = \theta_o$: Kreiskegel mit der Spitze in O und dem Öffnungswinkel $2\theta_o$.

Die *Koordinatenlinien* ergeben sich als Schnittkurven von Paaren dieser Flächen zu

(i) $\left.\begin{array}{l} r = r_o \\ \phi = \phi_o \end{array}\right\}$: von der z-Achse berandeter Halbkreis mit Zentrum in O;

(ii) $\left.\begin{array}{l} r = r_o \\ \theta = \theta_o \end{array}\right\}$: zur xy-Ebene paralleler Kreis mit Mittelpunkt auf der z-Achse;

(iii) $\left.\begin{array}{l} \phi = \phi_o \\ \theta = \theta_o \end{array}\right\}$: von O ausgehender Strahl.

Wieder kann man mit ein wenig Anschauungsvermögen feststellen, daß sich alle drei durch einen Punkt gehenden Koordinatenlinien unter rechten Winkeln schneiden und Kugelkoordinaten deswegen orthogonale Koordinaten sind.

Man kann das aber natürlich auch durch Rechnung bestätigen, indem man nachsieht, daß die aus den Spalten von $\boldsymbol{D}$ bestehenden Tangentenvektoren $\mathbf{T}_i$ orthogonal aufeinander stehen. Ihre Längen ergeben sich zu

$$|\mathbf{T}_r| = 1\,, \qquad |\mathbf{T}_\phi| = r\sin(\theta)\,, \qquad |\mathbf{T}_\theta| = r\,,$$

und folglich hat die Transformationsmatrix $\boldsymbol{\alpha}$ die Gestalt

$$\boldsymbol{\alpha} = \begin{pmatrix} \cos(\phi)\sin(\theta) & -\sin(\phi) & \cos(\phi)\cos(\theta) \\ \sin(\phi)\sin(\theta) & \cos(\phi) & \sin(\phi)\cos(\theta) \\ \cos(\theta) & 0 & -\sin(\theta) \end{pmatrix}.$$

Diese Matrix muß wieder orthogonal sein, was man natürlich durch Nachrechnen bestätigen kann.

Aus $\boldsymbol{\alpha}$ gewinnt man mittels

$$\mathbf{E}_i = \sum_j (\boldsymbol{\alpha})^\mathsf{T}_{ij}\,\mathbf{e}_j\,,$$

$$\mathbf{e}_j = \sum_i (\boldsymbol{\alpha})_{ji}\,\mathbf{E}_i$$

die lokale Basis.

Der Ortsvektor $\mathbf{r}$ hat in dieser Basis – auch das ist anschaulich einsichtig – die äußerst einfache Darstellung

$$\mathbf{r} = r\,\mathbf{E}_r\,.$$

Schon etwas komplizierter ist die Darstellung des Gradienten, die man zu

$$\boldsymbol{\nabla} V = \frac{\partial \tilde V}{\partial r}\mathbf{E}_r + \frac{1}{r\sin(\theta)}\frac{\partial \tilde V}{\partial \phi}\mathbf{E}_\phi + \frac{1}{r}\frac{\partial \tilde V}{\partial \theta}\mathbf{E}_\theta$$

findet.

Nun zum Problem der *Zeitableitungen*.

Hierfür müssen wir die Matrix $\boldsymbol{\alpha}^\mathsf{T}\dot{\boldsymbol{\alpha}}$ berechnen. Die Rechnung, die Ihnen zur Übung empfohlen sei, liefert

$$\boldsymbol{\alpha}^\mathsf{T}\dot{\boldsymbol{\alpha}} = \begin{pmatrix} 0 & -\dot\phi\sin(\theta) & -\dot\theta \\ \dot\phi\sin(\theta) & 0 & \dot\phi\cos(\theta) \\ \dot\theta & -\dot\phi\cos(\theta) & 0 \end{pmatrix}.$$

Damit ist die *Geschwindigkeit*

$$\mathbf{v} = \dot r\,\mathbf{E}_r + r\,\dot\phi\,\sin(\theta)\,\mathbf{E}_\phi + r\,\dot\theta\,\mathbf{E}_\theta\,,$$

10.3 Beispiele

und die *Beschleunigung* ist durch

$$\begin{aligned}
\mathbf{b} = &\left(\ddot{r} - r\,\dot{\phi}^2\,\sin^2(\theta) - r\,\dot{\theta}^2\right)\mathbf{E}_r \\
&+ \left(2\,\dot{r}\,\dot{\phi}\,\sin(\theta) + 2\,r\,\dot{\phi}\,\dot{\theta}\,\cos(\theta) + r\,\ddot{\phi}\,\sin(\theta)\right)\mathbf{E}_\phi \\
&+ \left(2\,\dot{r}\,\dot{\theta} + r\,\ddot{\theta} - r\,\dot{\phi}^2\,\sin(\theta)\,\cos(\theta)\right)\mathbf{E}_\theta
\end{aligned}$$

gegeben.

Der Ausdruck für die Beschleunigung ist also bereits sehr kompliziert.

Damit beschließen wir unsere Untersuchungen von krummlinigen Koordinaten. Abschließend sei bemerkt, daß wir dabei keineswegs Vollständigkeit angestrebt haben; abgesehen von den Transformationsformeln für die Divergenz und Rotation gibt es vor allem im Zusammenhang mit der *Integrationstheorie* und den sogenannten *Integralsätzen* zahlreiche Größen, deren Verhalten wir nicht untersucht haben. Auf einige von ihnen werden wir in der *Elektrodynamik (Teil III)* zu sprechen kommen.

11 Die Formulierung der Mechanik nach Lagrange

Wir beginnen in diesem Kapitel damit, eine völlig neuartige Formulierung der Bewegungsgleichungen der Mechanik einzuführen. Diese Formulierung ist zwar der Newtonschen in logischer Hinsicht völlig äquivalent, jedoch in der Handhabung erheblich flexibler als diese. Allein dieser – rein praktische – Vorzug rechtfertigt schon ihre Betrachtung.

Doch ist er nicht der einzige Grund unserer Untersuchungen. Hinzu kommt, daß sich in dieser Formulierung die Newtonschen Gleichungen als Konsequenzen eines Prinzips erweisen, das ihnen insofern übergeordnet ist, als es weit über die Mechanik hinaus Gültigkeit besitzt.

11.1 Vorläufiges zur Motivation

Es gibt Situationen, in denen man Grund hat, die Bewegungsgleichungen der Mechanik in einem nicht-inertialen Bezugssystem oder in krummlinigen Koordinaten zu formulieren.

Einen ersten Anlaß dazu boten Zwangsbedingungen, etwa in Gestalt einer Bindung der Bewegung an eine Kurve im Raum, wie wir sie in 5.1.2[1] betrachtet haben. Dort bot sich das begleitende Dreibein als natürliches Bezugssystem an.

Zum zweiten hatten wir in Kapitel 9 Anlaß, die Bewegungsgleichung in einem nicht-inertialen Bezugssystem zu studieren. Hier lag der Grund darin, daß das natürliche Referenzsystem, von dem aus wir die Bewegung beobachten, nicht-inertialen Charakter hat.

Ein dritter Grund liegt in der Hoffnung, zu finden, daß sich – vor allem bei Vorliegen gewisser Symmetrien – die Bewegungsgleichungen in krummlinigen Koordinaten leichter lösen lassen als in kartesischen.

---

[1] *Mechanik I*, S. 161 ff, insbes. S. 189.

11.1 Vorläufiges zur Motivation

Diesen Fall wollen wir uns etwas genauer ansehen:
Die *Gravitationskräfte*, die zwei massenbehaftete Körper aufeinander ausüben, werden durch das *Zentralpotential*

$$V = -\frac{\alpha}{r}$$

beschrieben, in dem r den Abstand der Körper bedeutet. Diese Kräfte sind z.B. sowohl für die Bewegung der Planeten um die Sonne als auch die des Mondes um die Erde verantwortlich.

Lassen Sie uns zunächst einmal annehmen, bei einer solchen Bewegung ruhe das Kraftzentrum im Ursprung eines Inertialsystems[2], und ein Körper der Masse m bewege sich in diesem Kraftfeld.

Formulieren wir dessen Bewegungsgleichungen in kartesischen Koordinaten, so erhalten wir damit in

$$m\ddot{x}_i = -\frac{\alpha\, x_i}{\left(\sum_j x_j^2\right)^{3/2}}\,, \qquad i = 1\ldots 3$$

ein gekoppeltes System dreier nichtlinearer Differentialgleichungen, das in dieser Form lösen zu wollen ein hoffnungsloses Unterfangen darstellt.

Nun haben wir bei dieser Formulierung völlig außer acht gelassen, daß das Potential eine hohe Symmetrie besitzt; es hängt nur vom Abstand r ab und ist somit *kugelsymmetrisch*. Folglich könnte es sich lohnen, diese Symmetrie auszunützen und die Bewegungsgleichung in Kugelkoordinaten zu formulieren.

Aber auch damit verschenken wir Wissen, das wir bereits besitzen: Da die Gravitationskraft eine *Zentralkraft* ist, ist die Bewegung notwendigerweise *eben*. Folglich können wir – ohne an Allgemeinheit zu verlieren – die Bewegungsebene als xy-Ebene betrachten und in dieser zu *Polarkoordinaten* übergehen.

Dazu liefern uns die Untersuchungen des letzten Kapitels die Möglichkeit. Zunächst einmal haben wir

$$z \equiv 0\,,$$

$$m\, b_r = K_r = -\frac{\partial V}{\partial r}\,,$$

$$m\, b_\phi = K_\phi = -\frac{1}{r}\frac{\partial V}{\partial \phi} = 0\,,$$

und tatsächlich verschwindet aufgrund der Symmetrie die Azimutalbeschleunigung b_ϕ.

---

[2] Näheres darüber wird in Kapitel 12 zu sagen sein.

Um aus diesen Gleichungen Differentialgleichungen für die Zeitentwicklung der Ortskoordinaten zu bekommen, müssen wir für b_r und b_ϕ einsetzen und erhalten damit

$$m\left(\ddot{r} - r\,\dot{\phi}^2\right) = -\frac{\alpha}{r^2}\,,$$

$$2\,\dot{r}\,\dot{\phi} + r\,\ddot{\phi} = 0\,.$$

So einfach wie erhofft sind diese Differentialgleichungen also auch nicht! Ihre Kompliziertheit liegt aber nicht in der Form der physikalischen Kräfte, sondern in der Transformation der Zeitableitungen begründet; in den Komponenten der Beschleunigungen treten nicht nur die zweiten Zeitableitungen der entsprechenden Koordinate auf, sondern auch die Koordinaten selbst und ihre ersten Ableitungen. Damit haben die Gleichungen eine andere *Form* als in kartesischen Koordinaten.

Dieses Manko können wir formal in Ordnung bringen, indem wir die „störenden Terme" gemäß

$$m\,\ddot{r} = -\frac{\alpha}{r^2} + m\,r\,\dot{\phi}^2 = \hat{K}_r = K_r + K_r^s\,,$$

$$m\,\ddot{\phi} = -2\,m\,\frac{\dot{r}\,\dot{\phi}}{r} \qquad = \hat{K}_\phi = K_\phi^s$$

auf die andere Seite bringen, doch handeln wir uns dabei eine andere Komplikation ein: Auf der rechten Seite stehen dann nicht nur die physikalischen Kräfte, sondern zu diesen treten abermals *Scheinkräfte*, die von Ort und Geschwindigkeit abhängen.

Die Situation ist also dieselbe wie beim Vorliegen von Zwangsbedingungen oder beim Übergang zu einem beschleunigten Bezugssystem.

Man pflegt diesen generellen Befund folgendermaßen auszudrücken: *Die Newtonschen Bewegungsgleichungen sind nicht* **forminvariant** *unter der Transformation auf krummlinige Koordinaten oder auf nicht-inertiale Bezugssysteme.*

Forminvariant würde man sie dann nennen, wenn aus

$$m\,\ddot{x}_i = K_i(x_j)$$

in einem Koordinatensystem Σ in einem anderen Σ'

$$m\,\ddot{x}'_i = K'_i(x'_j)$$

folgen würde, wobei K'_i *nichts anderes* beinhaltet als die nach Σ' umgerechneten Kräfte K_i.

Das ist für die Newtonschen Bewegungsgleichungen aber *nur unter Galileitransformationen* der Fall.

11.2 Zwangsbedingungen II

Nun könnte man natürlich die fehlende Forminvarianz als reinen Schönheitsfehler betrachten und die Bewegungsgleichungen so umrechnen, wie wir dies bisher immer getan haben. Doch müssen wir uns daran erinnern, daß eine solche direkte Umrechnung – z.B. auf krummlinige Koordinaten – stets mit ganz erheblichem Aufwand verbunden ist. Deswegen wäre es in hohem Grade wünschenswert, eine Formulierung der Mechanik zu besitzen, welche die Forderung nach Forminvarianz gegenüber allen nur möglichen Transformationen erfüllt.

Diese Formulierung gibt es: Sie wird von den *Lagrangeschen Gleichungen* geliefert und gilt unabhängig von der Wahl von Koordinaten- und Bezugssystem und davon, ob die Bewegung des Systems durch Zwangsbedingungen auf irgendwelche Mannigfaltigkeiten eingeschränkt ist oder nicht.

11.2 Zwangsbedingungen II, Freiheitsgrade, generalisierte Koordinaten und der Konfigurationsraum

Um die neue Theorie von Anfang an in allgemeiner Form darstellen zu können, müssen wir zunächst einige Voruntersuchungen durchführen und ein paar neue Begriffe bilden.

11.2.1 Zwangsbedingungen

Zunächst einmal unterziehen wir den Begriff der *Zwangsbedingungen* einer genaueren Inspektion.

11.2.1.1 Vorbereitung am Beispiel eines Massenpunktes

Einen speziellen Fall von Zwangsbedingungen, nämlich die Bindung eines Massenpunktes an eine Raumkurve, haben wir bereits früher behandelt.

Etwas weniger restriktiv wäre die Bindung dieses Massenpunktes an eine Fläche. Auch läßt sich die Bindung an eine Kurve ebensogut als gleichzeitige Bindung an zwei Flächen darstellen, die sich in der gewünschten Kurve schneiden.

So bindet die Bedingung

$$x^2 + y^2 + z^2 = r^2$$

den Massenpunkt auf die Oberfläche einer Kugel vom Radius r, die Bedingung $z = z_o$ auf eine Parallelebene zur xy-Ebene und beide zusammen (für $z_o < r$) auf einen Kreis, der parallel zur xy-Ebene im Abstand z_o von dieser liegt und den Radius $\sqrt{r^2 - z_o^2}$ besitzt.

Allgemein bindet $f(x, y, z) = 0$ auf diejenige Fläche, die durch diese Gleichung implizit definiert wird.

An mehr als zwei Flächen kann man einen Punkt offensichtlich gleichzeitig nicht binden, wenn man ihm nicht jede Bewegungsmöglichkeit rauben will, denn drei Flächen haben – wenn sie voneinander unabhängig sind – im allgemeinen höchstens isolierte Punkte gemeinsam[3].

Die Bewegungsmöglichkeiten, die dem Massenpunkt verbleiben, werden durch die Dimension derjenigen Mannigfaltigkeit charakterisiert, auf der er sich bewegen kann. Diese Zahl f bezeichnet man als *Zahl seiner Freiheitsgrade*. Offenbar wird f maximal, nämlich $f = 3$, wenn keine Zwangsbedingungen vorliegen, und jede Bindung an eine Fläche reduziert f um eins, falls die Flächen nur unabhängig voneinander sind.

Bindungen an Flächen, wie wir sie bisher besprochen haben, nennt man *holonom*.

Nun gibt es aber auch noch ganz andere, nämlich *nichtholonome* Zwänge, denen ein Massenpunkt unterliegen kann.

Nehmen wir zum Beispiel an, daß das Teilchen in einen zusammenhängenden Raumbereich, etwa in eine Kugel vom Radius r eingesperrt ist, sich innerhalb dieses Bereiches aber frei bewegen kann.

Dann ist die Bindung durch eine *Ungleichung*, in unserem Beispiel durch

$$x^2 + y^2 + z^2 < r^2 \; ,$$

gegeben und die Anzahl der Freiheitsgrade bleibt mit $f = 3$ unverändert.

Ein anderes Beispiel ist die *Bewegung eines Rades*. Stellen wir uns vor, ein Rad rollt auf der xy-Ebene ab.

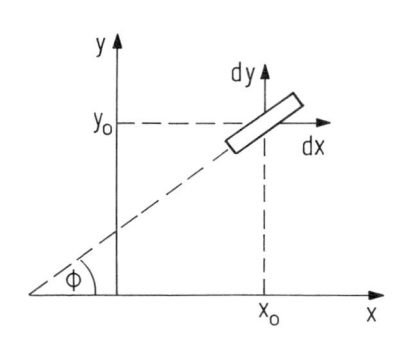

Wie die Zeichnung zeigt, gibt es dabei einen Zusammenhang zwischen der Änderung der x- und y-Koordinate, der durch den Winkel ϕ bestimmt ist, welchen die Spur der Radebene mit der x-Achse bildet. Im Punkt (x_0, y_0) gilt

$$dy - \tan\bigl(\phi(x_0, y_0)\bigr)\, dx = 0 \; ,$$

oder, wenn wir anstelle der Differentiale den Differentialquotienten betrachten,

$$v_y(x_0, y_0) - \tan\bigl(\phi(x_0, y_0)\bigr)\, v_x(x_0, y_0) = 0 \; .$$

Obwohl diese Bedingung die Freiheitsgrade des Rades „im kleinen" (von 2 auf 1) vermindert, bleibt ihre Anzahl „im großen" doch erhalten, denn erfahrungsgemäß kann man mit dem Rad an jeden Punkt der Ebene gelangen!

---

[3] Siehe hierzu unsere Bemerkungen über Mannigfaltigkeiten im Raum (*Mechanik I*, 2.3.1.3, S. 79 ff).

11.2 Zwangsbedingungen II

Das besprochene Beispiel charakterisiert einen Typ von nicht holonomen Zwangsbedingungen, die in Form nichtintegrabler Differentialformen

$$\delta\omega = \sum_i a_i(\mathbf{r})\,\mathrm{d}x_i = 0$$

(d.h. $\delta\omega$ ist kein totales Differential) oder – cum grano salis – alternativ in der Form

$$\Phi(\mathbf{r},\mathbf{v}) = 0$$

gegeben sind, also von der Geschwindigkeit abhängen.

Alle Formen von Zwangsbedingungen können daneben noch explizit zeitabhängig sein; bei holonomen Bindungen $f(\mathbf{r},t) = 0$ heißt das, daß sich die Bindungsfläche mit der Zeit ändert. Liegt eine solche Zeitabhängigkeit vor, nennt man die Bedingungen *rheonom*, anderenfalls *skleronom*.

11.2.1.2 Punktsysteme

Betrachten wir nun ein System, das aus N Massenpunkten besteht. Seine Lage im Raum wird durch die N Ortsvektoren $\mathbf{r}_1,\ldots,\mathbf{r}_N$ beschrieben und läßt sich in kartesischen Koordinaten durch das geordnete $3N$-tupel der Koordinaten

$$\left(x_{11},\ldots,x_{31},x_{12},\ldots,x_{32},\ldots,x_{1N},\ldots,x_{3N}\right)$$

beschreiben[4]. Wenn wir wollen, können wir dieses $3N$-tupel aber ebensogut als Darstellung eines Vektors in einem $3N$-dimensionalen Raum auffassen[5]. Diese Vorstellung wird im folgenden immer mehr in den Mittelpunkt rücken.

---

[4] Eine solche Art der Beschreibung haben wir bereits in Kapitel 8 benutzt.

[5] In formal mathematischer Hinsicht erhält man diesen Raum, indem man sich N *Realisationen des dreidimensionalen euklidischen Vektorraumes* $\mathcal{V}_1, \mathcal{V}_2, \ldots, \mathcal{V}_N$ vorstellt und in jeder von ihnen eine (nicht notwendigerweise für alle j gleiche) orthonormale Basis $\{\mathbf{e}_i\}^j$, $i = 1,\ldots,3$, $j = 1,\ldots,N$ einführt. Dann fügt man diese N Realisationen zu einem $3N$-dimensionalen Raum

$$\mathcal{V} = \mathcal{V}_1 \oplus \mathcal{V}_2 \oplus \ldots \oplus \mathcal{V}_N$$

mit der orthonormalen Basis $\{\mathbf{e}_i^j\}$ zusammen, indem man die Beziehungen

$$\mathbf{e}_i^j \cdot \mathbf{e}_{i'}^j = \delta_{ii'}$$

durch

$$\mathbf{e}_i^j \cdot \mathbf{e}_{i'}^{j'} = 0 \quad \text{für } j \neq j'$$

ergänzt. Man bezeichnet $\mathcal{V}$ als *direkte Summe* der N Räume $\mathcal{V}_j$. Genaueres über diese Summenbildung werden wir in *Band V (Quantenmechanik II)* erfahren.

Für dieses Konzept ist es im übrigen unwesentlich, ob die Räume $\mathcal{V}_j$ identisch und ihre Basen global sind oder nicht. So erhält man z.B. den mit *Zylinderkoordinaten* versehenen dreidimensionalen Raum durch Bildung der direkten Summe der mit Polarkoordinaten versehenen Ebene mit dem eindimensionalen, durch $\mathbf{e}_z$ aufgespannten Raum. (Hingegen entstehen *Kugelkoordinaten nicht* durch Bildung einer direkten Summe.)

Da jeder Punkt unabhängig von den anderen drei Freiheitsgrade besitzt, hat das System $3N$ Freiheitsgrade, sofern seine Bewegung nicht durch holonome Zwänge eingeschränkt wird.

Wenn wir jetzt Zwangsbedingungen einführen, so können diese natürlich darin bestehen, daß die Bahn jedes einzelnen Massenpunktes auf irgendwelche Flächen oder Kurven beschränkt ist, doch werden wir häufig auch Bedingungen begegnen, die die Koordinaten verschiedener Massenpunkte miteinander verknüpfen. Zum Beispiel kann die Einschränkung in der Forderung liegen, daß der Abstand des i. vom j. Teilchen konstant ist:

$$|\mathbf{r}_i - \mathbf{r}_j| = c \, .$$

Der allgemeinste Ausdruck einer derartigen Bindung wäre durch

$$\Phi(x_{11}, \ldots, x_{3N}) = 0$$

gegeben. Eine solche Bedingung läßt sich nun nicht mehr als Fläche im dreidimensionalen Realitätsraum verstehen, doch kann man sie als *Hyperfläche* im $3N$-dimensionalen Raum interpretieren, den wir vorhin eingeführt haben.

Eine solche Bindung des Systems an eine Hyperfläche bezeichnen wir wieder als *holonom* mit dem Zusatz *rheo-* bzw. *skleronom*, je nachdem, ob die Hyperfläche zeitabhängig oder zeitunabhängig ist. Sie reduziert die Anzahl der Freiheitsgrade des Systems um eins: $f = 3N - 1$.

z unabhängige Hyperflächen im $3N$-dimensionalen Raum haben „in der Regel" eine $(3N - z)$-dimensionale Mannigfaltigkeit in diesem Raum gemein, und demzufolge besitzt ein System, dessen Bewegung gleichzeitig an die z *unabhängigen* Hyperflächen $\Phi_j(x_{11}, \ldots, x_{3N}) = 0$ $(j = 1, \ldots, z)$ gebunden ist, gerade

$$f = 3N - z$$

Freiheitsgrade.

Wie wichtig dabei der Zusatz *unabhängig* ist, zeigt sich am Beispiel der Bedingungen $|\mathbf{r}_i - \mathbf{r}_j| = c_{ij} \; \forall \, i,j$, für welches $z = N(N-1)/2$ ist. Für $N > 7$ wäre f negativ. Das zeigt, daß nicht alle z Zwangsbedingungen unabhängig voneinander sein können, und wir werden später sehen, daß das beschriebene System tatsächlich (maximal) sechs Freiheitsgrade besitzt.

Neben den betrachteten holonomen Zwangsbedingungen gibt es natürlich auch für Systeme nichtholonome, die sich als Ungleichungen, Differentialformen oder geschwindigkeitsabhängige Beziehungen der Form $\Phi(x_{11}, \ldots, x_{3N}, \dot{x}_{11}, \ldots, \dot{x}_{3N}, t) = 0$ darstellen.

11.2.2 Generalisierte Koordinaten und der Konfigurationsraum

Um die weitere Entwicklung vorzubereiten, orientieren wir uns zunächst wieder an der Bindung *eines* Massenpunktes an eine Fläche im $\mathcal{R}_3$, $f(x,y,z) = 0$. In einfachen Fällen, nämlich wenn diese Fläche über einer der drei Ebenen (x,y), (x,z) oder (y,z) *schlicht* liegt, läßt sich diese Funktion nach, sagen wir, z auflösen: $z = \Phi(x,y)$, und die Koordinate z mit Hilfe dieser Darstellung aus allen Funktionen, etwa dem Potential, eliminieren:

$$V(x,y,z) = V(x,y,\Phi(x,y)) = \tilde{V}(x,y).$$

Für kompliziertere Flächen wird das nicht möglich sein, und wir werden stattdessen eine Parameterdarstellung der Fläche wählen müssen:

$$x_i = x_i(u,v), \quad i = 1\ldots 3,$$

mit deren Hilfe die Anzahl der unabhängigen Variablen in den Größen der Mechanik abermals von drei auf zwei verringert wird, wie das Beispiel

$$V(x,y,z) = V(x(u,v),\ldots,z(u,v)) = \tilde{V}(u,v)$$

zeigt.

Diesem Vorgehen können wir die folgende geometrische Anschauung verleihen:

Stellen wir uns vor, wir hätten eine Transformation auf krummlinige Koordinaten u,v,w dergestalt vorgenommen, daß die *Koordinatenfläche* $w = w_o = $ constans *mit der Bindungsfläche übereinstimmt*. Dann spielt sich unsere gesamte Mechanik auf dieser Koordinatenfläche ab, d.h. von (u,v,w) bleibt w in allen Beziehungen konstant.

So besteht also die natürliche Methode[6] zur Berücksichtigung von holonomen Zwangsbedingungen in der Transformation der Bewegungsgleichungen auf ein krummliniges Koordinatensystem, in dem die Bindungsflächen Koordinatenflächen werden, das also der Geometrie der Zwangsbedingungen besonders angepaßt ist. Und in der Tat haben wir just dieses getan, als wir in 5.1.2 [7] die Bindung an eine Raumkurve betrachteten.

Wir weisen schon an dieser Stelle darauf hin, daß im Falle rheonomer Zwangsbedingungen dieses neue Koordinatensystem eine zusätzliche und keineswegs notwendigerweise lineare Zeitabhängigkeit enthalten wird, so daß dieses Bezugssystem gegenüber dem Inertialsystem durchaus beschleunigt sein kann!

---

[6] Zwingend ist diese Methode allerdings nicht, wie das Beispiel (1.6) in dem sehr empfehlenswerten Buch von F. KUYPERS, *„Klassische Mechanik'* (Physik-Verlag, 1983) zeigt.

[7] *Mechanik I*, S. 161 ff.

Der formale Übergang zu Systemen von Massenpunkten ist einfach:
Um die lästigen Doppelindizes loszuwerden, numerieren wir zunächst einmal die kartesischen Komponenten der Massenpunkte x_{in}, $i = 1, \ldots, 3$, $n = 1, \ldots, N$ durch $\alpha = 1, \ldots, 3N$ durch:

$$(x_{11}, \ldots, x_{3N}) = (x_1, \ldots, x_\alpha, \ldots, x_{3N}) \ .$$

Die z holonomen Zwangsbedingungen sind dann durch

$$\Phi_\gamma(x_1, \ldots, x_{3N}) = 0 \ , \qquad \gamma = 1 \ldots z$$

gegeben. Jetzt gehen wir im $3N$-dimensionalen Raum so zu krummlinigen Koordinaten $(q_1, \ldots, q_f, q_{f+1}, \ldots, q_{3N})$ über, daß die *Bindungshyperflächen* durch die *Koordinatenhyperflächen* gegeben sind, welche durch die Beziehungen

$$q_\gamma = q_\gamma^o \ , \qquad \gamma = f+1, \ldots, 3N$$

definiert werden.

Transformieren wir dann die Bewegungsgleichungen auf dieses Koordinatensystem, so hängen sie nur noch von den f Koordinaten $q_1, \ldots, q_f$ ab, und diese sind völlig unabhängig voneinander.

Durch dieses Vorgehen ist es uns also gelungen, die (holonomen) Zwangsbedingungen gänzlich aus dem Problem herauszuwerfen, freilich um den Preis, daß die q_α, $\alpha = 1 \ldots f$ im allgemeinen nichts mehr mit der Beschreibung des Einzelteilchens zu tun haben werden, sondern in ihrer Gesamtheit das System charakterisieren. Man nennt die f Zahlen q_i *generalisierte Koordinaten* und bezeichnet den f-dimensionalen Raum, den sie aufspannen, als *Konfigurationsraum*. Die Punkte im Konfigurationsraum sind die *Konfigurationen* des Systems, und der „Ortsvektor" in diesem Raum, der eine vorgegebene Konfiguration mit einer Referenzkonfiguration verbindet, ist der *Konfigurationsvektor*

$$\boldsymbol{q} = (q_1, \ldots, q_f) \ .$$

Im allgemeinen – nämlich für $f \geq 1$ – ist durch das Gesagte übrigens nicht eindeutig bestimmt, wie wir unser krummliniges Koordinatensystem bilden sollen, denn es bleibt möglich, von $q_1, \ldots, q_f$ durch eine Punkttransformation zu neuen Koordinaten $Q_1, \ldots, Q_f$ überzugehen. Für praktische Probleme hingegen gibt es fast immer eine einleuchtende zweckmäßige Wahl.

Betrachten wir einmal das auf der nächsten Seite skizzierte ebene Doppelpendel:

Zwei Massenpunkte, die sich auf einer gemeinsamen Ebene bewegen, haben ohne Zwangsbedingungen die vier Freiheitsgrade x_1, y_1, x_2, y_2.

Nun seien die beiden Zwangsbedingungen

$$\sqrt{x_1^2 + y_1^2} = r_1, \quad \sqrt{(x_2-x_1)^2 + (y_2-y_1)^2} = r_2$$

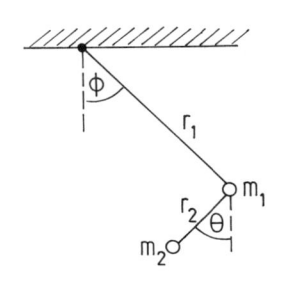

gegeben. Dadurch wird f auf 2 eingeschränkt. Wie das Bild zeigt, wird es zweckmäßig sein, die Winkel ϕ und θ als unabhängige Bestimmungsstücke des Systems anzusehen, so daß $\boldsymbol{q} = (q_1, q_2)$ zu $\boldsymbol{q} = (\phi, \theta)$ wird.

Im übrigen gelten unsere Untersuchungen auch für den Fall, in dem es gar keine Zwangsbedingungen gibt, also für $f = 3N$. Dann bedeutet der Übergang von $(\ldots, x_\alpha, \ldots)$ nach $(\ldots, q_\alpha, \ldots)$ eine eventuell sogar zeitabhängige Punkttransformation auf (krummlinige) Koordinaten.

11.3 Das Hamiltonsche Prinzip und die Lagrangeschen Gleichungen

11.3.1 Vorbemerkungen

Aus den Erörterungen des letzten Abschnittes folgt, daß die Beschreibung der Konfiguration eines Punktsystems in krummlinigen Koordinaten eher die Regel als die Ausnahme sein wird.

Unsere Aufgabe wird es also sein, ein allgemeines Verfahren zur Ableitung der Bewegungsgleichungen in solchen Koordinatensystemen anzugeben, das ohne explizite Umrechnung von Kräften und Beschleunigungen auskommt. Denn diese hat sich in Kapitel 10 als so kompliziert erwiesen, daß sie in praxi undurchführbar wird, sobald mehr als ganz wenige Teilchen in die Bewegung involviert sind.

Wir haben bereits in 11.1 ausgeführt, daß dieses Verfahren und die Newtonsche Formulierung *logisch äquivalent* zu sein haben. Diese Aussage muß nun ein wenig *eingeschränkt* werden; tatsächlich werden wir uns zunächst nur für den Fall *holonomer Zwangsbedingungen* und *konservativer Kräfte* interessieren. Später wird die letztgenannte Bedingung allerdings aufgeweicht werden, doch bleibt der Sachverhalt, daß nicht alle möglichen Formen der Kraft eine Beschreibung durch die von uns herzuleitenden *Lagrangeschen Gleichungen* gestatten. Insofern ist also die Newtonsche Formulierung allgemeiner, und Äquivalenz ist nur für spezielle Krafttypen zu fordern. Doch sind auch diese allgemein genug, um fast alle in praxi auftretenden Probleme zu umfassen.

Äquivalenz bedeutet natürlich, daß es möglich sein muß, die neue Formulierung aus der alten zu *deduzieren*. Dies ist in der Tat sowohl der historische als auch der gebräuchliche Zugang zu diesem Komplex, der in den meisten Lehrbüchern verfolgt wird.

Wir werden hier einen anderen, logisch gleichwertigen, methodisch jedoch interessanteren und eleganteren Weg wählen, um die gleichen Ergebnisse zu erhalten: Wir *postulieren* ein *neues Prinzip der Mechanik* und zeigen, daß dieses mit den Newtonschen Prinzipien (insbesondere dem dynamischen Grundpostulat) äquivalent ist, soweit gewisse Voraussetzungen für die Kräfte und Zwangsbedingungen erfüllt sind.

11.3.2 Das Wirkungsfunktional und das Hamiltonsche Prinzip

Wenn Massenpunkte eines Systems sich unter der Wirkung von Kräften auf einer Bahn bewegen, die mit den Zwangsbedingungen verträglich ist, so können wir dies durch eine *Trajektorie* $\boldsymbol{q}(t)$ *im Konfigurationsraum* beschreiben. Die durch Zeitableitung der generalisierten Koordinaten $q_\alpha(t)$ entstehenden Größen $\dot{q}_\alpha(t)$ nennen wir *generalisierte Geschwindigkeiten*.

Nun betrachten wir eine – vorläufig noch nicht genauer spezifizierte – Funktion $L(\boldsymbol{q}, \dot{\boldsymbol{q}}, t)$ der generalisierten Koordinaten, generalisierten Geschwindigkeiten und der Zeit.

Setzen wir in diese eine Konfigurationsbahn $\boldsymbol{q}(t)$ ein, erhalten wir eine reine Zeitfunktion

$$L(\boldsymbol{q}(t), \dot{\boldsymbol{q}}(t), t) = \tilde{L}(t),$$

die natürlich von der speziellen Bahn abhängt.

Das Integral

$$S = \int_{t_1}^{t_2} \tilde{L}(t)\,\mathrm{d}t$$

über diese Funktion ist eine Zahl. Wovon hängt sie ab?

Zunächst einmal natürlich von t_1 und t_2. Darüber hinaus aber – und das auch, wenn wir t_1 und t_2 festhalten – hängt sie von der speziellen Bahn $\boldsymbol{q}(t)$ ab, die wir in L eingesetzt haben, um $\tilde{L}$ zu berechnen. *Jeder Bahn $\boldsymbol{q}(t)$ wird also eindeutig ein $S[\boldsymbol{q}(t)]$ zugeordnet.*

Unserer früheren Begriffsbildung nach handelt es sich bei $S[\boldsymbol{q}]$ also um ein *Funktional auf der Menge der Konfigurationsbahnen*; es trägt den Nahmen *Wirkungsfunktional*.

Nun schränken wir den Definitionsbereich dieses Funktionals auf alle Bahnen $\boldsymbol{q}(t)$ ein, die sowohl für t_1 als auch t_2 durch die gleichen Konfigurationen laufen,

$$\mathcal{D} = \{\boldsymbol{q}(t):\ \boldsymbol{q}(t_1) = \boldsymbol{q}_1,\ \boldsymbol{q}(t_2) = \boldsymbol{q}_2\}\,.$$

11.3 Das Hamiltonsche Prinzip und die Lagrangeschen Gleichungen

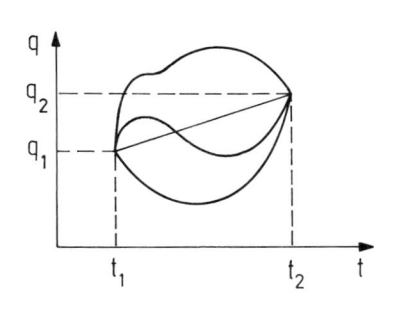

Das ist in der Abbildung am eindimensionalen Beispiel veranschaulicht.

Wir behaupten jetzt (vorläufig noch etwas unscharf):

Es gibt eine universelle, d.h. nur vom System, nicht aber den Anfangsbedingungen abhängige *Funktion L mit der Eigenschaft, daß S[q] für die Bahn aus $\mathcal{D}$, die das System tatsächlich durchläuft, stationär wird.*

Das ist eine Form des sogenannten *Hamiltonschen Prinzips*; die Funktion L wird als *Lagrange-Funktion* oder *kinetisches Potential* bezeichnet.

Weiterhelfen wird uns dieses Prinzip freilich erst, wenn wir wissen, wie diese „universelle Funktion" wirklich zu bilden ist. Wir werden sie in Bälde bestimmen.

Zunächst aber machen wir plausibel, daß uns die Forderung, die wir aufgestellt haben, nicht mit den *Anfangsbedingungen*, durch die eine Bahn gekennzeichnet ist, in Konflikt bringt. Wie wir uns früher[8] überlegt haben, liefert $q(t_1)$ eine Hälfte dieser Anfangsbedingungen. Wäre daneben noch $\dot{q}(t_1)$ gegeben, wäre die Bahn eindeutig bestimmt; insbesondere wären damit für alle $t > t_1$ sowohl $q(t)$ als auch $\dot{q}(t)$ festgelegt.

Statt $\dot{q}(t_1)$ können wir aber auch $q(t_2)$ als zweite Hälfte der „Anfangsbedingungen" betrachten.

Nehmen Sie als Beispiel die Lösung des ungedämpften harmonische Oszillators

$$x(t) = x_o \cos(\omega t) + \frac{v_o}{\omega} \sin(\omega t)$$

mit $x(0) = x_o$, $\dot{x}(0) = v_o$. Statt dieser Bedingungen läßt sich auch $x(0)$ und $x(T)$ vorgeben, denn es gilt

$$x(T) = x_o \cos(\omega T) + \frac{v_o}{\omega} \sin(\omega T) ,$$

und daraus läßt sich v_o eliminieren, falls nicht gerade T zu $T = \pi n/\omega$ gewählt wurde. Damit erhalten wir aber

$$x(t) = x_o \cos(\omega t) + \frac{\bigl(x(T) - x_o \cos(\omega T)\bigr)}{\sin(\omega T)} \sin(\omega t)$$

und haben $x(t)$ – und somit $v(t)$ – eindeutig in Abhängigkeit von $x(0)$ und $x(T)$ ausgedrückt.

Es ist das Hamiltonsche Prinzip, das uns im folgenden als Ausgangspunkt für die „neue" Formulierung der Mechanik dienen wird.

---

[8] *Mechanik I*, 6.2.2.1, S. 186 ff.

Bevor wir uns dieser konkreten Aufgabe zuwenden, wollen wir uns einige Gedanken über die *Form* machen, die dieses Prinzip besitzt, und die offensichtlich ganz anders ist als die des dynamischen Postulates der Newtonschen Mechanik.

Während dieses nämlich *differentiell* und *lokal* ist – die Kraft an einem Ort wird mit der Zeitableitung des Impulses am nämlichen Ort verknüpft – besitzt jenes eine *integrale* und *nichtlokale* Gestalt: Für die Berechnung der Wirkung und somit auch für die Suche nach der stationären Bahn spielt die *Bahn als Ganzes* eine Rolle.

Deswegen ist das Hamiltonsche Prinzip ein *Integralprinzip*.

Aber noch mehr: Von allen möglichen – d.h. mit den Anfangsbedingungen verträglichen – Trajektorien „wählt das System diejenige aus", für die S stationär wird. Um das tun zu können, „muß es nicht nur wissen", was ihm bei Wahl anderer Trajektorien „widerfahren" würde, es muß zu jedem Zeitpunkt $t_1 < t < t_2$ auch „vorhersehen", welche Beiträge zur Wirkung seine Bewegung zu einem späteren Zeitpunkt hervorbringen wird. Das scheint der *Kausalität* zu widersprechen. Denn über die Stationarität der Wirkung entscheidet die gesamte Bahn und nicht ein Teilstück von ihr, also das Endergebnis und nicht ein momentaner oder lokaler Gesichtspunkt! Also verläuft die Bewegung *teleologisch, auf das Endergebnis hingerichtet*. Folglich erscheint das Hamiltonsche Prinzip als *teleologisches Prinzip*!

Es versteht sich von selbst, daß dieser merkwürdige Umstand umfangreiche physikalische und philosophische Diskussionen ausgelöst hat, die wir hier natürlich nicht nachvollziehen können[9]. Wir werden uns damit zufrieden geben, die Äquivalenz zur Newtonschen Form nachweisen zu können und somit z.B. zu sehen, daß der Verstoß gegen die Kausalität *scheinbar* ist. Doch sind wir uns bewußt, mit diesem Vorgehen eher Beruhigung als wirkliche Einsicht zu gewinnen.

Hervorheben wollen wir jedoch, daß das Hamiltonsche Prinzip *ein der Mechanik übergeordnetes Prinzip* darstellt. Aus ihm lassen sich nicht nur die Bewegungsgleichungen der Mechanik ableiten, aus ihm folgen – natürlich mit einer anderen konkreten Form der Lagrange-Funktion – z.B. auch die *Maxwellschen Gleichungen* als *Bewegungsgleichungen des elektromagnetischen Feldes* in der *Elektrodynamik*.

Ganz allgemein wird eine Theorie, in der das Hamiltonsche Prinzip Gültigkeit besitzt, als *Lagrangesche Theorie* bezeichnet. Weiß man, daß eine Theorie diese Eigenschaft besitzt, muß man „nur noch" die sie definierende Lagrange-Funktion finden, aus der dann die gesamte Theorie folgt. Für die Mechanik

---

[9] Der physikalische Aspekt dieser Diskussion wird z.B. von A. SOMMERFELD in den Kapiteln VI und VII seiner *‚Vorlesungen über theoretische Physik, Band I: Mechanik'* (unveränderter Nachdruck der 8. Auflage: Verlag Harri Deutsch, 1980) angerissen.

11.3 Das Hamiltonsche Prinzip und die Lagrangeschen Gleichungen 101

werden wir diesen Umstand bald einsehen. Er liefert aber auch ein ungeheuer wichtiges *Konstruktionsprinzip* für die modernen *dynamischen Elementarteilchentheorien*: Man versucht, aus grundlegenden Symmetrieannahmen ein geeignet erscheinendes L zu erraten und sieht nach, ob die daraus folgende Theorie in der Lage ist, die verschiedenen experimentellen Ergebnisse zu erklären.

11.3.3 Grundzüge der Variationsrechnung

Darüber, wie das kinetische Potential L für ein vorgegebenes mechanisches System aussieht, haben wir bisher noch nichts gesagt.

Bevor wir uns der Frage nach seiner Gestalt zuwenden, wollen wir uns jedoch fragen, was wir eigentlich davon haben, wenn wir es kennen.

Wir werden sehen, daß diese Kenntnis ganz entscheidend ist, denn *die Forderung des Hamiltonschen Prinzips zusammen mit den Randbedingungen* $\mathbf{q}(t_1)$ *und* $\mathbf{q}(t_2)$ *reicht bei bekanntem L aus, die durchlaufene Bahn* $\mathbf{q}_o(t)$ *explizit zu berechnen.*

Die Aufgabe, die sich uns dabei in mathematischer Hinsicht stellt, ist die, aus dem Funktional $S[\mathbf{q}(t)]$ auf die stationäre Bahn zurückzuschließen.

Diese mathematische Fragestellung ist nicht nur im Zusammenhang mit dem Hamiltonschen Prinzip von Wichtigkeit, sondern erscheint an vielen Stellen der Physik und Ingenieurwissenschaften; sie ist unter dem Namen *Variationsproblem* bekannt.

Variationsprobleme können in ungeheuer vielfältiger Form auftreten. Zu ihnen zählen ebenso die Frage: „Auf welchem Wege kommt man am schnellsten von A nach B, wenn einem der Betrag der Geschwindigkeit als Funktion des Ortes vorgeschrieben ist (*Brachystochronenproblem*)?" wie die klassischen *isoperimetrischen Probleme*, die beispielsweise die Form haben: „Welche Form muß eine ebene Jordankurve vorgegebener Länge besitzen, damit die von ihr eingeschlossene Fläche einen maximalen Flächeninhalt hat?"

Solche Probleme werden in einem eigenen Zweig der klassischen Mathematik, der *Variationsrechnung*[10], untersucht.

Wir wollen die Grundzüge des Variationsproblems in der Form, in der wir es benötigen, an einem einfachen, nämlich eindimensionalen, Fall durchleuchten.

Gegeben sei eine differenzierbare Funktion $\Phi(u, v, w)$ und die Klasse $\mathcal{D}$ aller hinreichend oft differenzierbaren Funktionen $y(x)$ mit den „Randwerten"

---

[10] Dieser nützliche Zweig findet sich in modernen mathematischen Darstellungen auf einführendem Niveau merkwürdig vernachlässigt. Deswegen sei auf ein älteres Werk verwiesen, das kürzlich in einem Nachdruck erschienen ist: B. BAULE, ‚*Variationsrechnung*', in Band II seines Werkes ‚*Die Mathematik des Naturforschers und Ingenieurs*' (Verlag Harri Deutsch, 1979).

$y(a) = A$, $y(b) = B$ (die Zeichnung auf S. 99 zeigt einige Repräsentanten dieser Klasse).

Auf $\mathcal{D}$ definieren wir das Funktional

$$J[y(x)] = \int_a^b \Phi\bigl(y(x), y'(x), x\bigr)\,\mathrm{d}x = \int_a^b \tilde{\Phi}(x)\,\mathrm{d}x$$

und fragen: Für welches $y(x)$ – wir wollen es $y_o(x)$ nennen – wird $J[y(x)]$ stationär?

Diese Aufgabe hat offensichtlich viel gemein mit dem normalen Extremwertproblem für eine differenzierbare Funktion $g(x)$, bei der wir nach denjenigen Werten von x fragen, an denen $g(x)$ stationär wird.

Erinnern wir uns an die Lösung dieses Problems: Man wählt sich ein x_o und vergleicht $g(x_o)$ mit den Funktionswerten $g(x_o + \Delta x)$ aus einer Umgebung $\mathcal{U}$ von x_o. Gibt es eine Umgebung, so daß für alle $\Delta x \in \mathcal{U}$ $g(x_o + \Delta x) - g(x_o)$ definit ist, so ist $g(x_o)$ ein (relatives) Extremum der Funktion, und zwar gilt

$$g(x_o + \Delta x) - g(x_o) \begin{cases} > 0 & : x_o = \text{Minimum}\,; \\ < 0 & : x_o = \text{Maximum}\,. \end{cases}$$

Nun sei $g(x)$ in eine Taylorreihe entwickelbar.

Dann haben wir

$$g(x_o + \Delta x) - g(x_o) =$$
$$g'(x_o)\,\Delta x + \frac{1}{2}g''(x_o)(\Delta x)^2 + \frac{1}{3!}g^{3\prime}(x_o)(\Delta x)^3 + \frac{1}{4!}g^{4\prime}(x_o)(\Delta x)^4 + \ldots\,.$$

Alle ungeraden Potenzen von Δx liefern indefinite Ausdrücke, alle geraden definite. Für $\Delta x \to 0$ dominiert zunächst der Term $\propto \Delta x$, und deswegen kann die linke Seite nur definit sein, wenn $g'(x_o)$ verschwindet. Verschwindet nicht auch gleichzeitig $g''(x_o)$, so ist sie für hinreichend kleines Δx tatsächlich definit und hat das Vorzeichen von $g''(x_o)$. (Verschwindet auch $g''(x_o)$, so liegt ein Extremum vor, wenn die niedrigste in x_o nichtverschwindende Ableitung von gerader Ordnung ist). Um herauszubekommen, ob eine Funktion in x_o ein Extremum besitzt, müssen wir also die niedrigste Ableitung von g untersuchen, die in x_o nicht verschwindet.

Wollen wir dies nicht tun, sondern uns mit der Feststellung zufrieden geben, daß $g'(x_o) = 0$ gilt, sagen wir, $g(x)$ wird in x_o *stationär*. Dann kann diese Funktion in x_o nämlich entweder ein Extremum oder einen Wendepunkt besitzen. Diese Betrachtungen sind Ihnen natürlich nicht neu. Wir haben sie hier wiederholt, um sie jetzt unmittelbar auf unser Variationsproblem zu übertragen.

11.3 Das Hamiltonsche Prinzip und die Lagrangeschen Gleichungen

Wir betrachten zu diesem Zweck die Klasse $\mathcal{D}_o$ von hinreichend oft differenzierbaren Funktionen $z(x)$ mit den Randwerten $z(a) = z(b) = 0$. Diese Klasse ist im Gegensatz zu $\mathcal{D}$ ein linearer Raum. (Beweis?)

Addieren wir nun $\varepsilon\, z(x) \in \mathcal{D}_o$ (mit beliebiger Zahl ε) zu $y_o(x) \in \mathcal{D}$, so gilt

$$y_o(x) + \varepsilon\, z(x) \in \mathcal{D},$$

und jedes $y(x) \in \mathcal{D}$ läßt sich so darstellen. (Wir brauchen ja nur

$$\varepsilon\, z(x) = y(x) - y_o(x)$$

zu wählen).

Nun seien $y_o(x)$ und $z_o(x)$ *vorgegebene* Funktionen. Dann wird

$$J(\varepsilon) = \int_a^b \Phi(y_o + \varepsilon\, z_o,\, y'_o + \varepsilon\, z'_o,\, x)\, \mathrm{d}x$$

eine normale Funktion von ε. Wenn es uns gelingt, y_o so zu bestimmen, daß diese Funktion *für alle* $z_o \in \mathcal{D}_o$ an der Stelle $\varepsilon = 0$ stationär wird, haben wir unser Problem gelöst.

Zunächst haben wir

$$\frac{\mathrm{d}J}{\mathrm{d}\varepsilon} = \int_a^b \frac{\mathrm{d}\Phi}{\mathrm{d}\varepsilon}(y_o + \varepsilon\, z_o,\, y'_o + \varepsilon\, z'_o,\, x)\, \mathrm{d}x$$

$$= \int_a^b \left(\frac{\partial \Phi}{\partial u} z_o(x) + \frac{\partial \Phi}{\partial v} z'_o(x) \right) \mathrm{d}x\,.$$

Den zweiten Summanden integrieren wir partiell und berücksichtigen, daß $z_o \in \mathcal{D}_o$ ist. Wir erhalten

$$\frac{\mathrm{d}J}{\mathrm{d}\varepsilon} = \underbrace{\frac{\partial \Phi}{\partial v} z_o(x) \bigg|_{x=a}^{x=b}}_{=0} + \int_a^b \left\{ \frac{\partial \Phi}{\partial u} - \frac{\mathrm{d}}{\mathrm{d}x} \frac{\partial \Phi}{\partial v} \right\} z_o(x)\, \mathrm{d}x$$

$$= \int_a^b \left\{ \frac{\partial \Phi}{\partial u}(y_o + \varepsilon\, z_o,\, y'_o + \varepsilon\, z'_o,\, x) - \frac{\mathrm{d}}{\mathrm{d}x} \frac{\partial \Phi}{\partial v}(y_o + \varepsilon\, z_o,\, y'_o + \varepsilon\, z'_o,\, x) \right\} z_o(x)\, \mathrm{d}x\,.$$

Damit $J(\varepsilon)$ bei $\varepsilon = 0$ stationär wird, muß also

$$0 = \int_a^b \left\{ \frac{\partial \Phi}{\partial u}(y_o, y'_o, x) - \frac{\mathrm{d}}{\mathrm{d}x} \frac{\partial \Phi}{\partial v}(y_o, y'_o, x) \right\} z_o(x)\, \mathrm{d}x$$

gelten, und wenn dies zusätzlich noch unabhängig von $z_o(x)$ wahr sein soll, muß sogar

$$\frac{\partial \Phi}{\partial u}(y_o, y_o', x) - \frac{\mathrm{d}}{\mathrm{d}x} \frac{\partial \Phi}{\partial v}(y_o, y_o', x) = 0$$

sein. Das aber ist eine *Differentialgleichung 2. Ordnung* zur Bestimmung von $y_o(x)$, – sie lautet ausgeschrieben

$$\frac{\partial \Phi}{\partial u}(y_o, y_o', x) - \frac{\partial^2 \Phi}{\partial u\, \partial v}(y_o, y_o', x)\, y_o' - \frac{\partial^2 \Phi}{\partial v^2}(y_o, y_o', x)\, y_o'' - \frac{\partial^2 \Phi}{\partial w\, \partial v}(y_o, y_o', x) = 0$$

– und diejenige Lösung dieser Differentialgleichung, die in $\mathcal{D}$ liegt, also die richtigen Randwerte besitzt, löst unser Variationsproblem.

Diese Differentialgleichung trägt den Namen *Eulersche Gleichung* des Variationsproblems.

Wir haben diese Ableitung hier außerordentlich ausführlich gebracht. Üblicherweise argumentiert man – viel kürzer – folgendermaßen:

Es sei $\delta y = y - y_o$ eine Funktion $(\in \mathcal{D}_o)$ und $\delta J = J[y_o + \delta y] - J[y_o]$.

Offensichtlich gilt $\delta y' = \dfrac{\mathrm{d}}{\mathrm{d}x}\delta y$. Konvergiert δy (in irgendeinem geeigneten Sinne) gegen die Funktion $o \in \mathcal{D}_o$ mit $o(x) \equiv 0$, so wird

$$\begin{aligned}
\delta J &= \int_a^b \left(\frac{\partial \Phi}{\partial u}\delta y + \frac{\partial \Phi}{\partial v}\delta y' \right) \mathrm{d}x \\
&= \underbrace{\frac{\partial \Phi}{\partial v}\delta y \bigg|_a^b}_{=\, 0} + \int_a^b \left(\frac{\partial \Phi}{\partial u} - \frac{\mathrm{d}}{\mathrm{d}x}\frac{\partial \Phi}{\partial v} \right)\delta y\, \mathrm{d}x\, .
\end{aligned}$$

Es wird unabhängig von δy gerade dann zu Null, wenn

$$\boxed{\left(\frac{\partial \Phi}{\partial u} - \frac{\mathrm{d}}{\mathrm{d}x}\frac{\partial \Phi}{\partial v} \right) = 0}$$

gilt, und das ist wieder die Eulersche Differentialgleichung.

Zur Erläuterung dieser Theorie behandeln wir ein einfaches *Beispiel*:

Welche Kurve $y(x)$ zwischen den Punkten (a, A) und (b, B) der Ebene hat die kürzeste Länge?

Natürlich wissen wir, daß diese Kurve der Geradenabschnitt zwischen diesen Punkten sein wird. Mittels der Variationsrechnung können wir das nun beweisen.

Zunächst ist

$$L(C) = \oint \mathrm{d}s \quad \text{mit } \mathrm{d}s = \sqrt{\mathrm{d}x^2 + \mathrm{d}y^2}\, .$$

11.3 Das Hamiltonsche Prinzip und die Lagrangeschen Gleichungen

Folglich haben wir $\mathrm{d}s/\mathrm{d}x = \left(1 + y'^2\right)^{1/2}$, und wir suchen das Minimum von

$$L = \int_a^b \sqrt{1 + y'^2}\, \mathrm{d}x$$

unter all den Kurven $y(x)$, die die Bedingungen $y(a) = A$, $y(b) = B$ erfüllen. Die Funktion Φ ist somit durch $\Phi = \left(1 + v^2\right)^{1/2}$ gegeben, und wir haben

$$\frac{\partial \Phi}{\partial u} = 0, \qquad \frac{\partial \Phi}{\partial v} = \frac{v}{\left(1 + v^2\right)^{1/2}}.$$

Damit lautet die Eulersche Gleichung

$$\frac{\mathrm{d}}{\mathrm{d}x}\frac{\partial \Phi}{\partial v} = \frac{\mathrm{d}}{\mathrm{d}x}\frac{y'}{\left(1 + y'^2\right)^{1/2}} = 0.$$

Somit ist

$$\frac{y'}{\left(1 + y'^2\right)^{1/2}} = c = \text{constans},$$

und das führt auf $y' = \tilde{c} = \text{constans}$.

Die allgemeine Lösung dieser Differentialgleichung ist die Gerade

$$y(x) = \tilde{c}\, x + d,$$

und es ist sofort möglich, die Konstanten $\tilde{c}$ und d so zu wählen, daß die Randbedingungen $y(a) = A$ und $y(b) = B$ erfüllt sind.

Drei *Anmerkungen* zu dem Verfahren sollten wir noch machen:

Erstens erlaubt das Verschwinden der ersten Variation $\delta J = 0$ ebenso wie das Verschwinden des ersten Differentialquotienten einer Funktion $g'(x_\mathrm{o}) = 0$ noch keine Aussage darüber, ob ein Minimum, Maximum oder eine sonstige stationäre Lösung vorliegt. Um das zu untersuchen, muß man zusätzlich die *zweite Variation* $\delta^2 J$ zu Rate ziehen. Wir wollen hier darauf verzichten, weil im Rahmen des Hamiltonschen Prinzips die Entscheidung darüber nicht eindeutig ist; zwar wird meistens die Wirkung minimal, doch gibt es auch Fälle, in denen sie maximal ist.

Zweitens kann man natürlich die Frage stellen, ob es unter den nicht hinreichend oft, also etwa nur einmal differenzierbaren Kurven $y(x)$ welche gibt, für die $J[y]$ die Extremwerte für zweimal differenzierbare überschreitet. Um diese Frage (negativ) zu entscheiden, muß man ziemlich tief in die Funktionalanalysis eintauchen, und dies können wir an dieser Stelle sicherlich nicht tun.

Und *drittens* ist das Verfahren natürlich nicht auf Probleme beschränkt, in denen Φ die Abhängigkeit $\Phi(y, y', x)$ besitzt, sondern kann mit der gleichen

Argumentation auf den allgemeinen Fall $\Phi(y, y', \ldots, y^{n'}, x)$ übertragen werden, vorausgesetzt es sind genügend viele „Randbedingungen" vorgegeben, um $y(x)$ eindeutig zu machen. Die Ableitung erfolgt durch mehrfache partielle Integration, die Eulersche Gleichung wird entsprechend komplizierter. Es wird ihnen empfohlen, diese Ableitung – zumindest für den Fall $n = 2$ – im Detail durchzuführen.

11.3.4 Die Lagrangeschen Gleichungen der Mechanik

Nach den Ausführungen der vorigen Ziffer ist es nun leicht, das Variationsproblem für das Hamiltonsche Prinzip zu formulieren und die dazu gehörenden Eulerschen Gleichungen abzuleiten. Das einzige, was zu tun bleibt, ist nämlich die Übertragung auf den Fall mehrerer Dimensionen.

Seien $\boldsymbol{q}_o(t)$ und $\boldsymbol{q}(t)$ zwei Konfigurationsbahnen mit den richtigen „Randwerten" $\boldsymbol{q}(t_1) = \boldsymbol{q}_o(t_1) = \boldsymbol{q}_1$, $\boldsymbol{q}(t_2) = \boldsymbol{q}_o(t_2) = \boldsymbol{q}_2$ und $\delta\boldsymbol{q}(t) = \boldsymbol{q}(t) - \boldsymbol{q}_o(t)$ ihre Differenz ($\delta\boldsymbol{q}(t_1) = \delta\boldsymbol{q}(t_2) = \boldsymbol{o}$).

Wir erhalten die erste Variation des Wirkungsfunktionals zu

$$\delta S = \sum_{\alpha=1}^{f} \int_{t_1}^{t_2} dt \left(\frac{\partial L}{\partial q_\alpha} \delta q_\alpha + \frac{\partial L}{\partial \dot{q}_\alpha} \delta \dot{q}_\alpha \right)$$

$$= \sum_{\alpha=1}^{f} \underbrace{\frac{\partial L}{\partial \dot{q}_\alpha} \delta q_\alpha \bigg|_{t_1}^{t_2}}_{=\,0} + \int_{t_1}^{t_2} dt \left(\frac{\partial L}{\partial q_\alpha} - \frac{d}{dt} \frac{\partial L}{\partial \dot{q}_\alpha} \right) \delta q_\alpha \,.$$

Damit $S[\boldsymbol{q}]$ für $\boldsymbol{q} = \boldsymbol{q}_o$ stationär wird, muß $\delta S = 0$ für jede Wahl von $\delta\boldsymbol{q}$, also für beliebige δq_α, gelten, und deswegen wird die stationäre Lösung durch die f Differentialgleichungen

$$\boxed{\frac{\partial L}{\partial q_\alpha} - \frac{d}{dt}\left\{\frac{\partial L}{\partial \dot{q}_\alpha}\right\} = 0\,, \qquad \alpha = 1, \ldots, f}$$

bestimmt.

Diese Eulerschen Differentialgleichungen heißen in dem betrachteten Fall des Variationsproblems des Hamiltonschen Prinzips *(Euler-)Lagrange-Gleichungen (II. Art)*.

11.3.5 Die Lagrange-Funktion

Bisher sind unsere Betrachtungen rein mathematischer Art gewesen und haben keinerlei physikalische Aussagekraft, denn natürlich wird es zu *jeder* konkret vorgegebenen Konfigurationsbahn $\boldsymbol{q}(t)$ eine Funktion L geben, die das damit gebildete Wirkungsfunktional stationär macht.

11.3 Das Hamiltonsche Prinzip und die Lagrangeschen Gleichungen

Physikalisch nützlich wird dieses Prinzip erst, wenn wir feststellen, daß das kinetische Potential L *universell* ist, d.h. daß wir es aufschreiben können, *ohne vorher* die Bewegungsgleichungen zu lösen. Dann können wir nämlich die Konfigurationsbahn durch Integration der Lagrange-Gleichungen *bestimmen*.

Wir behaupten jetzt:
Für Systeme mit konservativen Kräften ist die Lagrange-Funktion durch

$$L = T - V$$
$$L = kinetische\ Energie - potentielle\ Energie$$

gegeben.

Innerhalb dieser Voraussetzung und beim Vorliegen holonomer Zwangsbedingungen ist die Formulierung der Mechanik über das durch Angabe von L nunmehr spezifizierte Hamiltonsche Prinzip aber völlig äquivalent zur Newtonschen Form der Mechanik. Diesen Sachverhalt müssen wir im folgenden beweisen.

11.3.6 Der Äquivalenzbeweis

Den Beweis werden wir in mehreren Stufen führen. Zunächst werden wir uns auf Systeme ohne Zwangsbedingungen beschränken und zeigen, daß für sie die Lagrange-Gleichungen bei Wahl zeitunabhängiger kartesischer Koordinaten mit den Newtonschen Bewegungsgleichungen identisch sind. Sodann werden wir die Forminvarianz der Lagrange-Gleichungen unter beliebigen Punkttransformationen beweisen. Und schließlich werden wir zeigen, daß diese Gleichungen auch dann gelten, wenn die Bewegungsmöglichkeiten des Systems durch holonome Zwangsbedingungen eingeschränkt sind.

11.3.6.1 Systeme ohne Zwangsbedingungen

Wir beginnen mit Systemen ohne Zwangsbedingungen. Bei diesen ist $f = 3N$, und wir wissen, daß die kartesischen Koordinaten

$$(x_{11}, \ldots, x_{3N}) = (x_1, \ldots, x_\alpha, \ldots, x_{3N})$$

die Konfiguration in geeigneter Weise darstellen.

Bezeichnen wir für das folgende – ähnlich wie in Kapitel 8 – die Masse m_n den n-ten Teilchens als μ_α, wenn $(i,n) \triangleq \alpha$ gilt; d.h. einfach

$$\mu_1 = \mu_2 = \mu_3 = m_1, \qquad \mu_4 = \mu_5 = \mu_6 = m_2, \qquad \text{etc.}$$

Damit ergibt sich die kinetische Energie zu

$$T = \sum_\alpha \frac{\mu_\alpha}{2} \dot{x}_\alpha^2$$

und das Potential zu $V(\mathbf{r}_1,\ldots,\mathbf{r}_N) = V(x_1,\ldots,x_\alpha,\ldots,x_{3N})$.
Die Lagrangegleichungen lauten

$$\frac{\mathrm{d}}{\mathrm{d}t}\frac{\partial L}{\partial \dot{x}_\alpha} - \frac{\partial L}{\partial x_\alpha} = \frac{\mathrm{d}}{\mathrm{d}t}\frac{\partial T}{\partial \dot{x}_\alpha} + \frac{\partial V}{\partial x_\alpha} = \frac{\mathrm{d}}{\mathrm{d}t}(\mu_\alpha \dot{x}_\alpha) - K_\alpha = 0\,.$$

Ersetzen wir hierin α wieder durch (i,n), so erhalten wir

$$\dot{p}_{in} = K_{in} = -\frac{\partial V}{\partial x_{in}}\,.$$

Das aber sind genau die Newtonschen Bewegungsgleichungen, und damit haben wir die Äquivalenz für Systeme ohne Zwangsbedingungen in kartesischen Koordinaten bewiesen.

11.3.6.2 Die Invarianz unter Punkttransformationen

Um das Ergebnis der vorigen Ziffer zu erhalten, hätten wir freilich nicht den Aufwand treiben müssen. Wichtig werden unsere Betrachtungen erst dann, wenn wir zeigen können, daß die Lagrangegleichungen auch dann gültig bleiben, wenn wir mittels einer möglicherweise sogar zeitabhängigen Punkttransformation

$$x_\alpha = x_\alpha(q_\beta, t)$$

von *kartesischen* zu *krummlinigen* Koordinaten übergehen.

Diesen Punkt wollen wir gleich allgemeiner erledigen:

Wenn wir nämlich zeigen können, daß die Invarianz sogar bestehen bleibt, wenn wir mittels

$$q_\alpha = q_\alpha(Q_\beta, t)$$

von einem *beliebigen* Koordinatensystem zu einem *beliebigen anderen* übergehen, so gilt unser Beweis sicherlich auch für den Wechsel von kartesischen zu krummlinigen Koordinaten, denn die kartesischen bilden ja sicher eine zulässige Koordinatenwahl.

Nehmen wir also an, in der Konfiguration $\boldsymbol{q} = (q_1,\ldots,q_f)$ mögen mit dem kinetischen Potential $L(q_\alpha, \dot{q}_\alpha, t)$ die Lagrange-Gleichungen gelten:

$$\frac{\mathrm{d}}{\mathrm{d}t}\frac{\partial L}{\partial \dot{q}_\alpha} - \frac{\partial L}{\partial q_\alpha} = 0\,.$$

Nun führen wir die Punkttransformation $q_\alpha = q_\alpha(Q_\beta, t)$ durch und finden zunächst

$$\dot{q}_\alpha = \sum_\beta \frac{\partial q_\alpha}{\partial Q_\beta}(Q_\gamma, t)\,\dot{Q}_\beta + \frac{\partial q_\alpha}{\partial t} = \dot{q}_\alpha(Q_\gamma, \dot{Q}_\gamma, t)\,,$$

11.3 Das Hamiltonsche Prinzip und die Lagrangeschen Gleichungen

so daß
$$\frac{\partial \dot{q}_\alpha}{\partial \dot{Q}_\beta} = \frac{\partial q_\alpha}{\partial Q_\beta}$$
gilt.

Sodann setzen wir die Transformation in die Funktion L ein und berechnen so die Funktion $L'(Q_\beta, \dot{Q}_\beta, t)$:
$$L'(Q_\beta, \dot{Q}_\beta, t) = L(q_\alpha(Q_\beta, t), \dot{q}_\alpha(Q_\beta, \dot{Q}_\beta, t), t) \ .$$

Wir behaupten jetzt, daß dann die *neuen Lagrange-Gleichungen*
$$\frac{\mathrm{d}}{\mathrm{d}t}\frac{\partial L'}{\partial \dot{Q}_\beta} - \frac{\partial L'}{\partial Q_\beta} = 0$$
gelten.

Beweis: Zunächst erhalten wir
$$\frac{\partial L'}{\partial Q_\beta} = \sum_\alpha \left(\frac{\partial L}{\partial q_\alpha}\frac{\partial q_\alpha}{\partial Q_\beta} + \frac{\partial L}{\partial \dot{q}_\alpha}\frac{\partial \dot{q}_\alpha}{\partial Q_\beta}\right),$$
$$\frac{\partial L'}{\partial \dot{Q}_\beta} = \sum_\alpha \frac{\partial L}{\partial \dot{q}_\alpha}\frac{\partial \dot{q}_\alpha}{\partial \dot{Q}_\beta} = \sum_\alpha \frac{\partial L}{\partial \dot{q}_\alpha}\frac{\partial q_\alpha}{\partial Q_\beta},$$
also
$$\frac{\mathrm{d}}{\mathrm{d}t}\frac{\partial L'}{\partial \dot{Q}_\beta} = \sum_\alpha \frac{\mathrm{d}}{\mathrm{d}t}\left(\frac{\partial L}{\partial \dot{q}_\alpha}\right)\frac{\partial q_\alpha}{\partial Q_\beta} + \sum_\alpha \frac{\partial L}{\partial \dot{q}_\alpha}\frac{\mathrm{d}}{\mathrm{d}t}\left(\frac{\partial q_\alpha}{\partial Q_\beta}\right) \ .$$

Daraus folgt
$$\frac{\mathrm{d}}{\mathrm{d}t}\left(\frac{\partial L'}{\partial \dot{Q}_\beta}\right) - \frac{\partial L'}{\partial Q_\beta} = \sum_\alpha \underbrace{\left\{\frac{\mathrm{d}}{\mathrm{d}t}\left(\frac{\partial L}{\partial \dot{q}_\alpha}\right) - \frac{\partial L}{\partial q_\alpha}\right\}}_{=0}\frac{\partial q_\alpha}{\partial Q_\beta}$$
$$+ \sum_\alpha \left\{\frac{\mathrm{d}}{\mathrm{d}t}\left(\frac{\partial q_\alpha}{\partial Q_\beta}\right) - \frac{\partial \dot{q}_\alpha}{\partial Q_\beta}\right\}\frac{\partial L}{\partial \dot{q}_\alpha} \ .$$

Die erste Summe verschwindet, weil für L die Lagrange-Gleichungen gelten, und für die Klammerausdrücke in der zweiten Summe errechnen wir
$$\frac{\partial \dot{q}_\alpha}{\partial Q_\beta} = \sum_\gamma \frac{\partial^2 q_\alpha}{\partial Q_\beta \partial Q_\gamma}\dot{Q}_\gamma + \frac{\partial^2 q_\alpha}{\partial Q_\beta \partial t}$$
und
$$\frac{\mathrm{d}}{\mathrm{d}t}\left(\frac{\partial q_\alpha}{\partial Q_\beta}\right) = \sum_\gamma \frac{\partial^2 q_\alpha}{\partial Q_\gamma \partial Q_\beta}\dot{Q}_\gamma + \frac{\partial^2 q_\alpha}{\partial t \partial Q_\beta} \ ,$$

also den gleichen Ausdruck.

Daraus folgt, daß die Klammern einzeln verschwinden, so daß die linke Seite der Gleichung verschwindet und somit die behaupteten Lagrange-Gleichungen für L' gelten, q.e.d.

Also sind tatsächlich die *Lagrange-Gleichungen forminvariant unter Punkttransformationen*, wobei L' und L wie beschrieben zusammenhängen.

Daß dieser Zusammenhang so einfach ist und L' aus L *durch Einsetzen* hervorgeht, ist übrigens für den Begriff der Forminvarianz nicht entscheidend. Wir würden die Lagrangeschen Gleichungen schon dann forminvariant nennen, wenn es überhaupt zu $L(\boldsymbol{q}, \dot{\boldsymbol{q}}, t)$ ein eindeutiges $L'(\boldsymbol{Q}, \dot{\boldsymbol{Q}}, t)$ gäbe, so daß die Gleichungen erhalten blieben, ohne Rücksicht darauf, wie L' aus L zu berechnen ist. Wenn wir später die *Hamiltonschen Bewegungsgleichungen* der Mechanik studieren werden, werden wir deren Invarianz gegenüber *kanonischen Transformationen* beweisen. Die dabei nötige Transformation der Hamiltonfunktion von H in H' ist tatsächlich komplizierter als das reine Umschreiben von H auf neue Koordinaten.

11.3.6.3 Der Einbau holonomer Zwangsbedingungen

Aufgrund der Untersuchungen der vorangegangenen Ziffer wissen wir nun, daß die Lagrangegleichungen für Systeme ohne Zwangsbedingungen in beliebigen krummlinigen Koordinaten und in beschleunigten Bezugssystemen gelten.

Jetzt geht es darum, zu zeigen, daß diese Gültigkeit durch die Einführung holonomer Zwangsbedingungen nicht beeinträchtigt wird.

Zu diesem Zweck gehen wir mittels der Punkttransformation

$$x_\alpha = x_\alpha(q_1, \ldots, q_\beta, \ldots, q_f; q_{f+1}, \ldots, q_\gamma, \ldots, q_{3N}; t), \qquad \alpha = 1, \ldots, 3N$$

zu einem Koordinatensystem über, in dem, wie bereits früher besprochen, die $3N - f$ Bindungshyperflächen zu den Koordinatenflächen

$$q_\gamma = q_\gamma^o, \qquad \gamma = f + 1, \ldots, 3N \qquad (*)$$

werden. In diesem System lautet die Stationaritätsbedingung für S

$$\begin{aligned}\delta S = &\sum_{\beta=1}^{f} \int dt \left\{ \frac{d}{dt} \frac{\partial L}{\partial \dot{q}_\beta} - \frac{\partial L}{\partial q_\beta} \right\} \delta q_\beta \\ &+ \sum_{\gamma=f+1}^{3N} \int dt \left\{ \frac{d}{dt} \frac{\partial L}{\partial \dot{q}_\gamma} - \frac{\partial L}{\partial q_\gamma} \right\} \delta q_\gamma = 0 \,.\end{aligned}$$

Nun sind aber wegen der Forderung $(*)$ sämtliche $\delta q_\gamma \equiv 0$, so daß die zweite Summe identisch verschwindet.

Die Variationen δq_β hingegen sind frei wählbar, und δS verschwindet somit genau dann, wenn

$$\frac{\mathrm{d}}{\mathrm{d}t}\frac{\partial L}{\partial \dot{q}_\beta} - \frac{\partial L}{\partial q_\beta} = 0\,, \qquad \beta = 1,\ldots,f$$

gelten.

11.4 Vertieftes Verständnis der Lagrange-Theorie

11.4.1 Die Form der Lagrange-Funktion in beliebigen Koordinaten

Die Lagrange-Funktion hat die allgemeine Form

$$L = T - V$$

und ergibt sich somit in kartesischen Koordinaten zu

$$L = \sum_\alpha \frac{\mu_\alpha}{2}\dot{x}_\alpha^2 - V(x_\alpha)\,.$$

Führen wir jetzt eine beliebige zeitabhängige Punkttransformation $x_\alpha = x_\alpha(q_\beta, t)$ durch, worin eventuell vorhandene holonome Zwangsbedingungen bereits berücksichtigt seien.

Dann erhalten wir die transformierte Lagrange-Funktion $L'(q_\beta, \dot{q}_\beta, t)$ durch Einsetzen der Erzeugenden in die ursprüngliche Funktion $L(x_\alpha, \dot{x}_\alpha)$.

Wie wird das *genaue Aussehen* von L' sein?

Beginnen wir mit dem *Potential*:

Aus $V(x_\alpha)$ wird

$$V(x_\alpha(q_\beta, t)) = V'(q_\beta, t)\,.$$

Ist also die Punkttransformation zeitabhängig – und das ist z.B. bei *rheonomen* Zwangsbedingungen unausweichlich –, wird das *Potential* als Konfigurationsfunktion *explizit zeitabhängig*! Nach wie vor hängt es aber *nicht von den* (generalisierten) *Geschwindigkeiten* ab.

Um die *kinetische Energie* zu transformieren, müssen wir zunächst $\dot{x}_\alpha$ in den generalisierten Koordinaten und Geschwindigkeiten ausdrücken.

Wir erhalten

$$\dot{x}_\alpha = \sum_\beta \frac{\partial x_\alpha}{\partial q_\beta}\dot{q}_\beta + \frac{\partial x_\alpha}{\partial t}$$

und durch Einsetzen dieses Ausdruckes in T

$$T' = \sum_\alpha \frac{\mu_\alpha}{2} \Big[\sum_\beta \frac{\partial x_\alpha}{\partial q_\beta} \dot q_\beta + \frac{\partial x_\alpha}{\partial t} \Big] \Big[\sum_{\beta'} \frac{\partial x_\alpha}{\partial q_{\beta'}} \dot q_{\beta'} + \frac{\partial x_\alpha}{\partial t} \Big]$$

$$= \sum_{\beta,\beta'} \sum_\alpha \frac{\mu_\alpha}{2} \frac{\partial x_\alpha}{\partial q_\beta} \frac{\partial x_\alpha}{\partial q_{\beta'}} \dot q_\beta \dot q_{\beta'}$$

$$+ \sum_\beta \Big[\sum_\alpha \mu_\alpha \frac{\partial x_\alpha}{\partial q_\beta} \frac{\partial x_\alpha}{\partial t} \Big] \dot q_\beta + \sum_\alpha \frac{\mu_\alpha}{2} \Big(\frac{\partial x_\alpha}{\partial t} \Big)^2 \,,$$

wobei noch zu berücksichtigen ist, daß *sämtliche partiellen Ableitungen selbst Funktionen von q_γ und t sein werden*.

Dieser komplizierte Ausdruck hat eine einfache Struktur.

Definieren wir nämlich

$$\mu_{\beta\beta'}(q_\gamma,t) = \sum_\alpha \mu_\alpha \frac{\partial x_\alpha}{\partial q_\beta} \frac{\partial x_\alpha}{\partial q_{\beta'}} \,,$$

$$\ell_\beta(q_\gamma,t) = \sum_\alpha \mu_\alpha \frac{\partial x_\alpha}{\partial q_\beta} \frac{\partial x_\alpha}{\partial t} \,,$$

$$c(q_\gamma,t) = \sum_\alpha \frac{\mu_\alpha}{2} \Big(\frac{\partial x_\alpha}{\partial t} \Big)^2 \,,$$

erhalten wir

$$T' = \sum_{\beta,\beta'} \frac{\mu_{\beta\beta'}}{2} \dot q_\beta \dot q_{\beta'} + \sum_\beta \ell_\beta \dot q_\beta + c \,.$$

Die kinetische Energie ist also auch nach der Transformation auf generalisierte Koordinaten eine *Funktion zweiter Ordnung in den (generalisierten) Geschwindigkeiten*.

Im Sonderfall einer zeitunabhängigen Koordinatentransformation wird sie sogar zur quadratischen Form

$$T' = \frac{1}{2} \sum_{\beta,\beta'} \mu_{\beta\beta'} \dot q_\beta \dot q_{\beta'} \,,$$

denn dann verschwinden sowohl alle ℓ_β als auch c.

Dieser Ausdruck für T erinnert sehr stark an seine ursprüngliche kartesische Gestalt.

Das wird besonders deutlich, wenn man die Elemente $\mu_{\beta\beta'}$ als *verallgemeinerte Massen* auffaßt, die eine *symmetrische Massenmatrix* $\boldsymbol{\mu}(q_\gamma,t)$ bilden.

11.4 Vertieftes Verständnis der Lagrange-Theorie

Dann hat diese Matrix in kartesischen Koordinaten die konfigurations- und zeitunabhängige Diagonalgestalt

$$\mu_{\beta\beta'} = \mu_\beta \, \delta_{\beta\beta'} \,,$$

während sie in generalisierten Koordinaten nicht-diagonal wird und zudem von q und t abhängig ist.

Weil das Potential V' grundsätzlich nicht von $\dot{q}$ abhängt, können wir die Lagrange-Gleichungen auch in der Form

$$\frac{\mathrm{d}}{\mathrm{d}t} \frac{\partial T}{\partial \dot{q}_\alpha} = \frac{\partial L}{\partial q_\alpha} = \frac{\partial T}{\partial q_\alpha} - \frac{\partial V}{\partial q_\alpha}$$

schreiben.

Für $\partial T / \partial \dot{q}_\alpha$ erhalten wir

$$\frac{\partial T}{\partial \dot{q}_\alpha} = p_\alpha = \sum_\beta \mu_{\alpha\beta} \, \dot{q}_\beta + \ell_\alpha \,,$$

eine lineare Funktion in den generalisierten Geschwindigkeiten.

In kartesischen Koordinaten geht diese Relation in den Zusammenhang zwischen Impuls und Geschwindigkeit

$$p_\beta = \mu_\beta \, \dot{x}_\beta$$

über.

Deswegen wird die Größe p_α als *generalisierter Impuls* bezeichnet. Gibt man weiterhin der Ableitung $\partial L / \partial q_\alpha$ den Namen *generalisierte Kraft* K_α, so nehmen die Lagrange-Gleichungen die *formale Gestalt* der Newtonschen Bewegungsgleichungen

$$\dot{p}_\alpha = K_\alpha$$

an.

Wir heben jedoch ganz besonders hervor, daß die Komponenten des generalisierten Impulses, obschon in den Geschwindigkeiten linear, *nicht mehr proportional* zu den entsprechenden Geschwindigkeitskomponenten sind und überdies selbst von q und t abhängen. Und gleicherweise enthält die generalisierte Kraft K_α Beiträge nicht nur vom Potential V, sondern ebenso von der kinetischen Energie T.

Der Begriff des generalisierten Impulses wird im weiteren Ausbau der Theorie eine außerordentlich wichtige Rolle spielen.

11.4.2 Beispiel: Das Keplerproblem

Das *Keplerproblem* der Bewegung eines Massenpunktes in einem Zentralpotential der Gestalt $V = -\alpha\, r^{-1}$ diente uns bereits in Abschnitt 11.1 zur Motivation der Einführung der Lagrangeschen Betrachtungsweise.

Jetzt wollen wir es mit den Mitteln dieser Theorie untersuchen. Natürlich wählen wir abermals Polarkoordinaten

$$x = r\cos(\phi)\,, \qquad y = r\sin(\phi)\,, \qquad z \equiv 0$$

und erhalten aus ihnen

$$\dot{x} = \dot{r}\cos(\phi) - r\,\dot{\phi}\sin(\phi)\,; \qquad \dot{y} = \dot{r}\sin(\phi) + r\,\dot{\phi}\cos(\phi)\,; \qquad \dot{z} \equiv 0\,.$$

Setzen wir diese Ausdrücke in

$$L = \frac{m}{2}\left(\dot{x}^2 + \dot{y}^2 + \dot{z}^2\right) + \frac{\alpha}{r}$$

ein, ergibt sich nach kurzer Zwischenrechnung

$$L' = T' - V' = \frac{m}{2}\left(\dot{r}^2 + r^2\,\dot{\phi}^2\right) + \frac{\alpha}{r}\,.$$

Die *Massenmatrix* hat also die Form

$$\boldsymbol{\mu} = \begin{pmatrix} m & 0 \\ 0 & m\,r^2 \end{pmatrix}\,.$$

Die *generalisierten Impulse* erhalten wir zu

$$p_r = \frac{\partial L'}{\partial \dot{r}} = m\,\dot{r}\,, \qquad p_\phi = \frac{\partial L'}{\partial \dot{\phi}} = m\,r^2\,\dot{\phi}$$

und die *generalisierten Kräfte* als

$$K_r = \frac{\partial L'}{\partial r} = -\frac{\alpha}{r^2} + m\,r\,\dot{\phi}^2\,, \qquad K_\phi = \frac{\partial L'}{\partial \phi} = 0\,.$$

Folglich sind die *Lagrangeschen Gleichungen* durch

$$\dot{p}_r = K_r : \qquad m\,\ddot{r} = -\frac{\alpha}{r^2} + m\,r\,\dot{\phi}^2\,,$$

$$\dot{p}_\phi = K_\phi : \qquad \frac{\mathrm{d}}{\mathrm{d}t}\left(m\,r^2\,\dot{\phi}\right) = m\,r^2\,\ddot{\phi} + 2\,m\,r\,\dot{r}\,\dot{\phi} = 0$$

gegeben, und natürlich sind dies genau die *Bewegungsgleichungen* in der Form, die wir in 11.1 diskutiert haben.

11.4 Vertieftes Verständnis der Lagrange-Theorie

Im Gegensatz zu dort haben wir diese Gleichungen jetzt jedoch abgeleitet, ohne auf die komplizierte Umrechnung von Gradienten und Zeitableitungen in krummlinige Koordinaten eingehen zu müssen. Das zeigt den großen Vorzug der Lagrangeschen Methode.

An unserem Beispiel fällt auf, daß die generalisierte Kraft K_ϕ verschwindet und somit wegen $\dot{p}_\phi = 0$ der generalisierte Impuls p_ϕ selbst konstant, d.h. erhalten bleibt. Natürlich liegt das daran, daß L' von ϕ gar nicht abhängt. Später werden wir sehen, daß dieser Befund gerade die *Erhaltung des Drehimpulsbetrages* widerspiegelt.

Es lohnt sich, diesen Befund zu verallgemeinern: Ganz generell kommt es recht häufig vor, daß $L(\boldsymbol{q}, \dot{\boldsymbol{q}}, t)$ von irgendwelchen der generalisierten Koordinaten q_α nicht abhängt. Dann gilt natürlich

$$K_\alpha = \frac{\partial L}{\partial q_\alpha} = 0,$$

und der generalisierte Impuls p_α bleibt im Laufe der Bewegung erhalten:

$$\dot{p}_\alpha = 0 \implies p_\alpha = \text{constans}.$$

Man bezeichnet eine Koordinate mit der erläuterten Eigenschaft als *zyklische Variable*.

Natürlich erleichtert die Existenz von zyklischen Variablen die Integration der Bewegungsgleichungen ungemein. Da es von der Koordinatenwahl abhängt, ob es solche Variablen gibt oder nicht, wird die Kunst der Behandlung mechanischer Probleme darin bestehen, ein Koordinatensystem zu wählen, in dem möglichst viele Variablen zyklisch werden.

Später werden wir in der *Theorie von Hamilton-Jacobi* eine Methode finden, die diese Suche nach geeigneten Koordinatensystemen – allerdings in allgemeinerem Rahmen – in gewissem Sinne automatisiert.

Nachdem wir die Lagrangetheorie zur Verfügung haben, könnten wir natürlich vielen Problemen, die wir früher ausführlich behandelt haben, eine andere – einfachere – Wendung geben. Dies gilt z.B. für die *Bindung der Bewegung* eines Massenpunktes *an eine Raumkurve* und insbesondere für die *Transformation der Bewegungsgleichungen auf beschleunigte Bezugssysteme*, die wir in Kapitel 9 vorgenommen haben.

Wir wollen uns hier mit diesen Rechnungen nicht aufhalten, empfehlen sie Ihnen jedoch sehr zur Übung!

11.4.3 Erweiterungen der Theorie

Wir haben unsere bisherigen Überlegungen ganz auf konservative Kraftfelder und den Fall holonomer Zwangsbedingungen beschränkt. Jetzt wollen wir versuchen, diese Bedingungen in der einen oder anderen Hinsicht aufzuweichen.

So ist uns als erstes aufgefallen, daß das Potential in generalisierten Koordinaten $V'(q,t)$ explizit zeitabhängig wird, sobald wir eine zeitabhängige Punkttransformation durchführen. Da aber alle Koordinatensysteme für die Lagrangeschen Gleichungen gleichwertig sind, ist nicht einzusehen, warum wir nicht Potentiale $V(x_1,\ldots,x_{3N},t)$ zulassen sollen, die *bereits in kartesischen Koordinaten* zeitabhängig sind. Die einzige Bedingung dafür ist, daß sich aus diesem V die Kraft gemäß

$$K_\alpha = -\frac{\partial V}{\partial x_\alpha}$$

ergibt.

Dies führt zu einer nützlichen *Erweiterung des Potentialbegriffs*, den wir an einem *Beispiel* erläutern wollen:

Die Kraft eines dämpfungsfreien harmonischen Oszillators folgt aus dem Potential

$$V = \frac{D}{2} x^2 \implies K = -D\,x\,,$$

das die potentielle Energie darstellt.

Eine etwa zusätzlich vorhandene, zeitabhängige erregende Kraft $f(t)$, wie wir sie in 6.4 [11] eingeführt haben, ließ sich bisher nicht aus einem Potential ableiten.

Setzen wir jetzt jedoch

$$V(x,t) = \frac{D}{2} x^2 - x\,f(t)\,,$$

so erhalten wir sofort

$$K = -D\,x + f(t)$$

und sehen, daß die Lagrangeschen Gleichungen auch für dieses Beispiel Gültigkeit behalten.

Hat man Kräfte vor sich, die sich auch aus einem solchen Potential nicht mehr ableiten lassen, muß man den Rahmen der Lagrange-Theorie in der bisherigen Form verlassen und zu einer etwas allgemeineren, allerdings in praxi auch erheblich umständlicheren Formulierung übergehen.

Ohne Beweis sei folgendes mitgeteilt:
Seien

$$K_\alpha(x_1,\ldots,x_{3N},\dot{x}_1,\ldots,\dot{x}_{3N},t) = K_\alpha(x_\beta,\dot{x}_\beta,t)\,, \qquad \alpha = 1,\ldots,3N$$

die Kräfte in kartesischen Koordinaten und

$$x_\alpha(q_1,\ldots,q_f,t) = x_\alpha(q_\beta,t)\,, \qquad \alpha = 1,\ldots,3N$$

---

[11] *Mechanik I*, S. 216 ff.

11.4 Vertieftes Verständnis der Lagrange-Theorie

die Punkttransformation, mittels derer wir zu generalisierten Koordinaten übergehen wollen.
Sei weiterhin Q_β als

$$Q_\beta(q_\gamma, \dot{q}_\gamma, t) = \sum_\alpha K_\alpha(x_\delta(q_\gamma, t), \dot{x}_\delta(q_\gamma, \dot{q}_\gamma, t), t) \frac{\partial x_\alpha(q_\gamma, t)}{\partial q_\beta}$$

definiert.
Dann sind

$$\left\{ \frac{d}{dt} \frac{\partial T}{\partial \dot{q}_\beta} - \frac{\partial T}{\partial q_\beta} \right\} = Q_\beta, \qquad \beta = 1, \ldots, f \qquad (*)$$

die Bewegungsgleichungen in einer unter Punkttransformationen invarianten Form.

Auch diese Größen Q_β werden oft als *generalisierte Kräfte* bezeichnet, und es besteht Anlaß zu einer *Warnung*: Diese Kräfte sind von den früher definierten generalisierten Kräften K_α verschieden; vielmehr gilt

$$K_\beta = Q_\beta + \frac{\partial T}{\partial q_\beta}.$$

Den Gleichungen $(*)$ sieht man übrigens sofort an, daß sie im Potentialfall in die Lagrange-Gleichungen übergehen. Denn ist

$$K_\alpha = -\frac{\partial V}{\partial x_\alpha}(x_\gamma, t),$$

so erhalten wir sofort

$$Q_\beta = -\frac{\partial V'}{\partial q_\beta}(q_\delta, t),$$

also

$$\frac{d}{dt} \frac{\partial T}{\partial \dot{q}_\beta} - \frac{\partial (T-V)}{\partial q_\beta} = 0.$$

Da V außerdem nicht von $\dot{q}_\delta$ abhängt, ist das aber ebenso in der Form

$$\frac{d}{dt} \frac{\partial (T-V)}{\partial \dot{q}_\beta} - \frac{\partial (T-V)}{\partial q_\beta} = 0$$

zu schreiben, die mit $L = T - V$ die ursprünglichen Lagrange-Gleichungen zurückliefert.
Eine gewisse Vereinfachung der Gleichungen $(*)$ ist übrigens auch möglich, wenn sich die Kräfte K_α gemäß

$$K_\alpha = K_\alpha^1(x_\gamma, t) + K_\alpha^2(x_\gamma, \dot{x}_\gamma, t)$$

so aufteilen lassen, daß der Teil K_α^1 gemäß

$$K_\alpha^1 = -\frac{\partial V(x_\gamma, t)}{\partial x_\alpha}$$

aus einem Potential hergeleitet werden kann und K_α^2 sich als

$$K_\alpha^2 = -\frac{\partial F(x_\gamma, \dot{x}_\gamma, t)}{\partial \dot{x}_\alpha}$$

schreiben läßt.

Dann ist nämlich

$$Q_\beta = -\sum_\alpha \frac{\partial V}{\partial x_\alpha}\frac{\partial x_\alpha}{\partial q_\beta} - \sum_\alpha \frac{\partial F}{\partial \dot{x}_\alpha}\frac{\partial x_\alpha}{\partial q_\beta}$$

$$= -\frac{\partial V'}{\partial q_\beta} - \sum_\alpha \frac{\partial F}{\partial \dot{x}_\alpha}\frac{\partial x_\alpha}{\partial q_\beta}.$$

Nun gilt aber

$$\dot{x}_\alpha = \sum_\beta \frac{\partial x_\alpha}{\partial q_\beta}\dot{q}_\beta + \frac{\partial x_\alpha}{\partial t}$$

und demzufolge

$$\frac{\partial \dot{x}_\alpha}{\partial \dot{q}_\beta} = \frac{\partial x_\alpha}{\partial q_\beta}.$$

Folglich haben wir

$$Q_\beta = -\frac{\partial V'}{\partial q_\beta} - \frac{\partial F'}{\partial \dot{q}_\beta}.$$

Mit $L = T - V$ ergeben sich daraus aber sofort die Gleichungen

$$\frac{\mathrm{d}}{\mathrm{d}t}\frac{\partial L'}{\partial \dot{q}_\beta} - \frac{\partial L'}{\partial q_\beta} + \frac{\partial F'}{\partial \dot{q}_\beta} = 0.$$

Diese Form der Gleichungen ist besonders für *dissipative Prozesse* von Interesse.

Nehmen wir z.B. den Fall *Stokesscher Reibung* mit

$$K_\alpha^2 = -R_\alpha \dot{x}_\alpha.$$

Diese Kräfte lassen sich tatsächlich gemäß

$$K_\alpha^2 = -\frac{\partial F}{\partial \dot{x}_\alpha}$$

11.4 Vertieftes Verständnis der Lagrange-Theorie

aus der Funktion

$$F(\dot{x}_\gamma) = \frac{1}{2} \sum_\gamma R_\gamma \dot{x}_\gamma^2$$

ableiten, erfüllen also die Voraussetzungen unserer Ableitung. Deswegen ist die Funktion F auch unter dem Namen *Dissipationsfunktion* bekannt.

Eine abschließende kurze Bemerkung gelte dem Fall *nicht-holonomer Zwangsbedingungen*. Auch solche lassen die Formulierung von Bewegungsgleichungen zu, die gegenüber Punkttransformationen forminvariant bleiben. Darauf, wie das zu geschehen hat, wollen wir hier nicht eingehen. Erwähnen wollen wir nur noch, daß man auch im Falle holonomer Zwangsbedingungen bisweilen Anlaß hat, von der eleganten Form der Lagrangeschen Gleichungen *II. Art* Abstand zu nehmen und (in den Lagrangeschen Gleichungen *I. Art*) eine Formulierung zu wählen, die der für nicht-holonome Systeme gültigen ähnlich ist.

Der Grund dafür ist der folgende: *Zwangskräfte* treten in den Gleichungen II. Art in keiner Form mehr auf. Dennoch spielen sie eine erhebliche Rolle, denn sie wirken – wie früher diskutiert – als Belastungen auf die Führungsschienen. Wer also z.B. eine Looping-Achterbahn konstruiert, wird sehr wohl auf diese Zwangskräfte achten müssen. Über sie erhält man aber gerade aus den Lagrange-Gleichungen *I. Art* unmittelbare Auskunft.

12 Das Zweikörper-Zentralkraftproblem

Schon wiederholt hat uns das Problem der Bewegung von Himmelskörpern um ein Zentralgestirn, das berühmte *Kepler-Problem*, als Beispiel und Leitschnur für unsere allgemeinen Entwicklungen gedient. In diesem Kapitel werden wir es endlich lösen. Doch werden wir den Rahmen gleich etwas weiter spannen und das Problem so behandeln, wie es sich in der Natur konkret darstellt. Dort haben wir in Strenge kein Kraftzentrum, um welches die Planeten kreisen, sondern vielmehr ein *Paar von Himmelskörpern*, die wir als Massenpunkte behandeln wollen und die sich gegenseitig anziehen[1].

Die Kraft ist konservativ und zentral, und das Potential ist wegen actio = reactio notwendigerweise von der Form $V(|\mathbf{r}_1 - \mathbf{r}_2|)$. Über die explizite Abhängigkeit wollen wir jedoch vorerst keine Annahmen machen und den speziellen Ansatz

$$V \propto |\mathbf{r}_1 - \mathbf{r}_2|^{-1}$$

erst einführen, wenn wir das Problem allgemein gelöst haben.

Nicht nur zur Beschreibung der Planetenbewegung, sondern auch in der *Mikrophysik*, wo Elementarbausteine der Materie sich durch Zweikörper-Zentralkräfte beeinflussen, sind die Ausführungen dieses Kapitels – soweit man klassisch rechnen darf – von grundlegender Bedeutung. So ziehen sich zum Beispiel ein Proton und ein Elektron aufgrund ihrer unterschiedlichen Ladung mit einer Kraft an, die der Keplerkraft sogar in der funktionalen Abhängigkeit gleich ist. Zwei Nukleonen im Kern ziehen sich aufgrund von *Kernkräften* an, deren Potential nach *Yukawa* die Gestalt

$$V \propto \frac{e^{-\lambda|\mathbf{r}_1-\mathbf{r}_2|}}{|\mathbf{r}_1-\mathbf{r}_2|}$$

---

[1] Natürlich ist auch das nicht die ganze Wahrheit: In jedem konkreten Planetensystem gibt es eine große und eine ganze Reihe von kleinen Massen, die sich sämtlich *wechselseitig* beeinflussen. Wir werden darüber später einige Bemerkungen machen und wollen jetzt nur festhalten, daß die Trennung in Zweikörper-Einzelprobleme aufgrund des großen Massenverhältnisses zwischen Sonne und Planeten eine gute Näherung darstellt. Auch zur Idealisierung von Himmelskörpern durch Massenpunkte wird später einiges zu sagen sein.

hat. Das gleiche Potential spielt auch in der Festkörperphysik als abgeschirmtes *Coulomb-Potential* z.B. bei der Bildung sogenannter Exzitonen eine große Rolle. Die klassische Theorie der Bahnen solcher Teilchen – vor allem im Fall des Wasserstoffatoms (Proton–Elektron) – ist die Basis der *Bohr-Sommerfeldschen Theorie des Atombaus.*

12.1 Reduktion auf ein Einkörperproblem

Zunächst haben wir zwei Massenpunkte der Massen m_1 und m_2, zwischen denen es keine Zwangsbedingungen gibt. Folglich hat das System sechs Freiheitsgrade.

Das System ist abgeschlossen und der Gesamtimpuls demzufolge konstant; deswegen bewegt sich der Schwerpunkt mit konstanter Geschwindigkeit, und das deckt bereits *drei* Freiheitsgrade ab. Für die restlichen *drei* Freiheitsgrade der Relativbewegung gilt der Satz von der Erhaltung des Drehimpulses[2]: Die Bewegung ist eben, und ein weiterer Freiheitsgrad, nämlich die Lage der Bewegungsebene, spielt für das dynamische Problem keine Rolle. Folglich werden bei der Bestimmung der Relativbewegung *zwei* Freiheitsgrade wirklich relevant werden.

Um diese Relativbewegung aus dem Zweikörperproblem herauszupräparieren, transformieren wir das Problem in das *Schwerpunktsystem*.

Zunächst berechnen wir den Schwerpunkt:

$$\mathbf{R} = \frac{m_1 \mathbf{r}_1 + m_2 \mathbf{r}_2}{m_1 + m_2}.$$

Relativ zu diesem haben wir

$$\mathbf{r}_i = \mathbf{R} + \mathbf{r}'_i \implies \mathbf{r}'_i = \mathbf{r}_i - \mathbf{R}.$$

$\mathbf{R}$ eingesetzt, ergibt das

$$\mathbf{r}'_1 = \frac{m_2}{m_1 + m_2}(\mathbf{r}_1 - \mathbf{r}_2) = \frac{m_2}{m_1 + m_2}\mathbf{r},$$
$$\mathbf{r}'_2 = \frac{m_1}{m_1 + m_2}(\mathbf{r}_2 - \mathbf{r}_1) = -\frac{m_1}{m_1 + m_2}\mathbf{r},$$

wobei wir $\mathbf{r}$ als *Abstandsvektor* eingeführt haben. Selbstverständlich gilt $\mathbf{r} = \mathbf{r}_1 - \mathbf{r}_2 = \mathbf{r}'_1 - \mathbf{r}'_2$.

---

[2] *Mechanik I*, 4.3.4, S. 135 ff.

Die kinetische Energie zerfällt, wie man leicht nachrechnet, bei diesem Vorgehen in die Summe von Schwerpunkts- und Relativenergie,

$$T = T_S + T_{rel},$$

$$T_S = \frac{M}{2}\dot{\mathbf{R}}^2,$$

$$T_{rel} = \frac{1}{2}\left\{m_1\dot{\mathbf{r}}_1'^2 + m_2\dot{\mathbf{r}}_2'^2\right\} = \frac{1}{2}\frac{m_1 m_2}{m_1 + m_2}\dot{\mathbf{r}}^2 = \frac{1}{2}\mu\dot{\mathbf{r}}^2.$$

Dabei ist $M = m_1 + m_2$ die Gesamtmasse des Systems und die Größe

$$\mu = \frac{m_1 m_2}{m_1 + m_2}, \quad \text{d.h.} \quad \frac{1}{\mu} = \frac{1}{m_1} + \frac{1}{m_2}$$

die *reduzierte Masse*, die uns bereits bei der Diskussion von Stoßprozessen[3] begegnet ist.

Das Potential selbst hängt nur vom Abstand der Teilchen ab und enthält die Schwerpunktskoordinaten nicht: $V = V(|\mathbf{r}|)$.

Deswegen sind in der Lagrangefunktion

$$L(\mathbf{r}, \dot{\mathbf{r}}, \mathbf{R}, \dot{\mathbf{R}}) = \frac{M}{2}\dot{\mathbf{R}}^2 + \frac{\mu}{2}\dot{\mathbf{r}}^2 - V(|\mathbf{r}|)$$

die Schwerpunktskoordinaten zyklisch, und der Schwerpunktsimpuls

$$\mathbf{P} = M\dot{\mathbf{R}}$$

bleibt – wie wir ja bereits wissen – erhalten.

12.2 Die Relativbewegung

Da sich auch L in

$$L_S + L_{rel}$$

zerlegen läßt, läßt sich die Bestimmung der Relativbewegung allein mittels L_{rel} durchführen, und das ist gerade das kinetische Potential eines Einkörper-Zentralkraftproblems mit der Masse μ.

Für dieses gilt der Drehimpulssatz: Die Bewegung ist eben, und folglich können wir Polarkoordinaten r, ϕ einführen und erhalten unmittelbar die bereits mehrfach abgeleiteten Bewegungsgleichungen.

Wie wir wissen, ergibt sich L – so wollen wir L_{rel} in der Folge wieder nennen – in Polarkoordinaten zu

$$L = \frac{\mu}{2}\left(\dot{r}^2 + r^2\dot{\phi}^2\right) - V(r),$$

---

[3] *Mechanik I*, 4.4.3.1, S. 145 ff.

12.2 Die Relativbewegung

und ϕ ist zyklische Variable. Folglich bleibt der zu ϕ gehörende generalisierte Impuls, wir werden sagen: der zu ϕ *konjugierte* Impuls,

$$p_\phi = \frac{\partial L}{\partial \dot\phi} = \mu r^2 \dot\phi = \text{const.}$$

zeitlich konstant. Es wird uns nicht weiter verwundern, daß diese Größe gerade die z-Komponente des Drehimpulses **L** in Polarkoordinaten bedeutet:

$$\begin{aligned} L_z &= \mu \left(x\dot y - y\dot x \right) \\ &= \mu \left(r\dot r \cos(\phi) \sin(\phi) + r^2 \dot\phi \cos^2(\phi) \right. \\ &\quad \left. - r\dot r \cos(\phi) \sin(\phi) + r^2 \dot\phi \sin^2(\phi) \right) = \mu r^2 \dot\phi = p_\phi = \ell \,, \end{aligned}$$

und da $L_x = L_y = 0$ gilt, ist das weiter

$$|\mathbf{L}| = |\ell| \,.$$

Also ist der zu der *Winkelvariable* ϕ konjugierte generalisierte Impuls gerade der Drehimpuls um die Drehachse. Daraus entnehmen wir bereits die erste wichtige Information über die Bewegung: Die *Winkelgeschwindigkeit* $\dot\phi$ ist definit; es gilt $\dot\phi > 0$ oder $\dot\phi < 0$, die Bewegung des Teilchens kann sich also nicht umkehren.

Setzen wir die Konstante $p_\phi = \ell$ in die zweite Bewegungsgleichung ein, so erhalten wir

$$\mu \ddot r = -\frac{\partial V}{\partial r} + \frac{\ell^2}{\mu r^3}$$

und haben damit die Winkelvariable eliminiert.

Anstatt diese Differentialgleichung direkt zu integrieren, erinnern wir uns, daß neben dem Drehimpuls auch die Gesamtenergie $E = T + V$ erhalten bleibt. In Polarkoordinaten ist sie durch

$$E = \frac{\mu}{2} \left(\dot r^2 + r^2 \dot\phi^2 \right) + V(r)$$

gegeben. Führen wir hierin abermals den Drehimpuls ein, so erhalten wir weiter

$$E = \frac{\mu}{2} \dot r^2 + \frac{\ell^2}{2\mu r^2} + V(r) = \text{const.}$$

Damit haben wir das Problem letztendlich auf ein eindimensionales zurückgeführt und können ab jetzt so schließen, wie wir es in 4.2.5[4] gelernt haben:

---

[4] *Mechanik I*, S. 124 ff.

Bei gegebenem E und ℓ haben wir zunächst

$$\dot{r} = \pm \sqrt{\frac{2}{\mu}\left[E - \frac{\ell^2}{2\mu r^2} - V(r)\right]},$$

und daraus gewinnen wir durch Trennung der Variablen auf bekannte Weise die Beziehung

$$(t - t_o) = \pm \int_{r_o}^{r} \frac{\mathrm{d}r'}{\sqrt{\frac{2}{\mu}\left[E - \frac{\ell^2}{2\mu r'^2} - V(r')\right]}},$$

aus der wir $r(t)$ durch Umkehrung gewinnen können.

Haben wir dies geschafft, können wir weiter schließen:

$$\frac{\mathrm{d}\phi}{\mathrm{d}t} = \frac{\ell}{\mu r^2(t)},$$

also

$$\phi - \phi_o = \frac{\ell}{\mu} \int_{t_o}^{t} \frac{\mathrm{d}t'}{r^2(t')},$$

und erhalten somit auch die ϕ-Komponente der Trajektorie $\phi(t)$.

Interessieren wir uns hingegen nur für den Orbit des Teilchens, nicht aber für seine zeitliche Durchlaufung, so können wir einfacher argumentieren:

Wegen

$$\mathrm{d}\phi = \frac{\ell}{\mu r^2}\mathrm{d}t = \frac{\ell}{\mu r^2} \frac{\mathrm{d}r}{\sqrt{\frac{2}{\mu}\left[E - \frac{\ell^2}{2\mu r^2} - V(r)\right]}}$$

ergibt sich diese Kurve in der Form $\phi(r)$ unmittelbar zu

$$\phi - \phi_o = \int_{r_o}^{r} \frac{\ell\, \mathrm{d}r'}{r'^2 \sqrt{2\mu\left[E - \frac{\ell^2}{2\mu r'^2} - V(r')\right]}}.$$

12.3 Vergleich mit der eindimensionalen Bewegung und Bahnformen

In Ziffer 4.2.5 haben wir die Formen eindimensionaler Bewegung mit Hilfe des *Potentialmuldenmodells* ausführlich untersucht und die Bewegung in finite

12.3 Vergleich mit der eindimensionalen Bewegung und Bahnformen

und infinite eingeteilt. Diese Untersuchungen basieren auf dem Energiesatz

$$E = \frac{m}{2}\dot{x}^2 + V(x) = \text{constans}.$$

Vergleichen wir damit den Ausdruck für E,

$$E = \frac{\mu}{2}\dot{r}^2 + \left\{ V(r) + \frac{\ell^2}{2\mu r^2} \right\},$$

den wir in der letzten Ziffer gewonnen haben, so sehen wir, daß wir alle Aussagen dieser Ziffer übernehmen können, wenn wir nur das physikalische Potential $V(r)$ durch das *effektive Potential*

$$\tilde{V}(r) = V(r) + \frac{\ell^2}{2\mu r^2} = V(r) + V_z(r)$$

ersetzen, $V(r)$ also durch $\ell^2/(2\mu r^2)$ ergänzen. Dieser Zusatz heißt *Zentrifugalpotential*, denn leiten wir ihn nach r ab, so erhalten wir

$$-\frac{\partial}{\partial r}\frac{\ell^2}{2\mu r^2} = \frac{\ell^2}{\mu r^3} = \frac{\mu^2 r^4 \dot{\phi}^2}{\mu r^3} = \mu r \dot{\phi}^2,$$

und das ist gerade die – abstoßende – *Zentrifugalkraft*.

Für die Form der Bewegung kommt es nun auf die genaue Gestalt von $\tilde{V}(r) = V(r) + V_z(r)$ an. Darin ist der Summand V_z *nicht-negativ definit* und fällt quadratisch mit r ab.

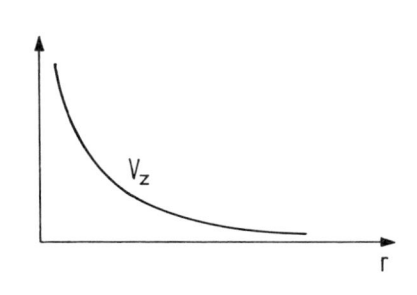

Für sich genommen würde er zu einer infiniten Bewegung führen[5].
Wie muß nun das Potential V aussehen, damit die Bewegung des Teilchens (bei gegebenem ℓ) *finit* sein kann? Offensichtlich ist es dazu nötig, daß $V(r)$ in irgendeinem Bereich von r monoton wächst. Das ist nur möglich, wenn in diesem Bereich

$$\frac{dV}{dr} > \frac{\ell^2}{\mu r^3}$$

ist, die Zentralkraft also *hinreichend stark anziehend* ist.

Nun sei diese Bedingung in der Art erfüllt, wie sie in der ersten Abbildung auf S. 126 skizziert ist. Bei gegebenem E existieren dann die Extremwerte r_i

---

[5] $\tilde{V} = V_z$ hieße $V \equiv 0$, d.h. $\mathbf{K} \equiv \mathbf{o}$; der Körper würde sich also geradlinig-gleichförmig bewegen. Für diese Situation ist die Darstellung in Polarkoordinaten, die wir hier vorgenommen haben, sicherlich nicht sehr zweckmäßig!

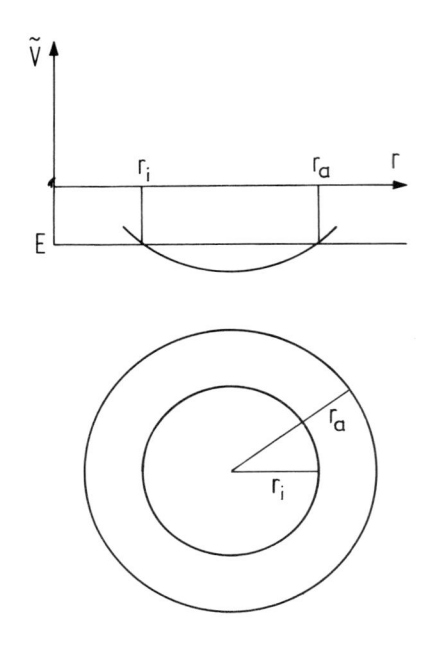

und r_a für r, die durch $E = \tilde{V}(r_{i,a})$ bestimmt sind; in diesen Punkten gilt $\dot{r} = 0$ und die Bewegung ist auf den Ringbereich mit $r_i \leq r \leq r_a$ beschränkt.

Außerdem ist nach früheren Ergebnissen $r(t)$ periodisch.

Das sagt aber noch nichts darüber aus, ob auch die Bewegung als Ganzes periodisch ist!

Bewegt sich nämlich das Teilchen im Laufe der Zeit von r_i über r_a nach r_i, so schreitet dabei der Winkel ϕ um

$$|\Delta\phi| = 2\int_{r_i}^{r_a} \frac{\ell\,dr}{r^2\sqrt{2\mu\left(E - \tilde{V}(r)\right)}}$$

fort.

Ist dieser Winkelzuwachs gleich 2π, gilt für die Kurve $r(\phi) = r(\phi + \Delta\phi) = r(\phi \pm 2\pi)$, die Kurve ist *einfach geschlossen*,

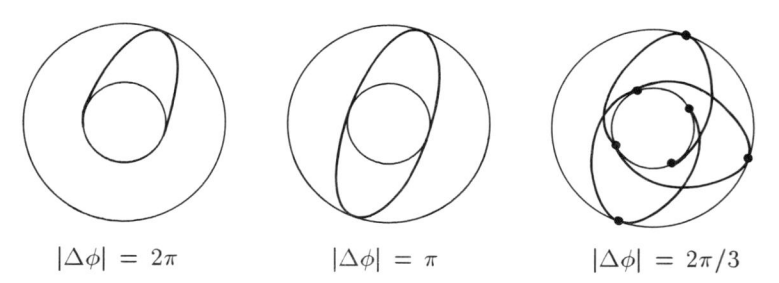

| $|\Delta\phi| = 2\pi$ | $|\Delta\phi| = \pi$ | $|\Delta\phi| = 2\pi/3$ |

für $|\Delta\phi| = \pi$ ist sie *zweifach*, für $|\Delta\phi| = 2\pi/3$ *dreifach geschlossen* (siehe die Abbildungen). Ganz allgemein wird die Kurve geschlossen sein, wenn $|\Delta\phi|$ rational ist, wenn also – sagen wir –

$$|\Delta\phi| = \frac{2\,m}{n}\pi$$

gilt; denn dann ist $r(\phi + n\,\Delta\phi) = r(\phi \pm m\,2\pi) = r(\phi)$.

Ist hingegen $|\Delta\phi|$ irrational, so ist die Kurve $r(\phi)$ nicht mehr geschlossen, denn sie kehrt nie mehr an ihren Ausgangspunkt zurück; die Bewegung ist *aperiodisch*.

12.3 Vergleich mit der eindimensionalen Bewegung und Bahnformen

Lassen Sie uns als *Beispiel* die *Potenzpotentiale* der Form $V(r) = \alpha r^\kappa$ näher betrachten. Unter ihnen ist mit $\kappa = -1$ sowohl das Potential der Keplerbewegung als auch für $\kappa = 2$ der isotrope dreidimensionale harmonische Oszillator, den wir in 6.5.1[6] – in kartesischen Koordinaten – ausführlich untersucht haben.

Aus ihnen folgt für die Kraft $K_r = -\alpha\kappa r^{\kappa-1}$, die nur für $\alpha\kappa > 0$ anziehend wird. Das ist die erste – notwendige – Bedingung für das Auftreten finiter Bewegung, auf die wir uns im folgenden beschränken wollen.

Die Ergebnisse der Diskussion von $\tilde{V}(r)$ lassen sich in 3 Klassen einteilen:

(i) $\kappa > 0$ ($\alpha > 0$): $\tilde{V}$ wird bei $r = 0$ und $r \to \infty$ positiv unendlich und besitzt dazwischen ein endliches *Minimum* $\tilde{V}_0$. Folglich ist die Bewegung für alle Energien E *grundsätzlich* finit und auf einen Ringbereich beschränkt.

(ii) $-2 < \kappa < 0$ ($\alpha < 0$): $\tilde{V}$ wird bei $r = 0$ positiv unendlich und strebt für $r \to \infty$ gegen Null. Dazwischen gibt es bei r_0 ein *Minimum* $\tilde{V}_0$ (< 0). Folglich hängt die Bewegungsform von der Gesamtenergie ab: Ist $\tilde{V}_0 < E < 0$, verläuft die Bewegung finit in einem Ringbereich, für $E \geq 0$ jedoch infinit, wobei ein Mindestabstand r_1 vom Kraftzentrum gewahrt bleibt.

(iii) Ist schließlich $\kappa < -2$ ($\alpha < 0$), so strebt $\tilde{V}$ für $r \to 0$ nach $-\infty$ und für $r \to \infty$ nach 0. Zwischen diesen Werten liegt ein *Maximum*.
Dementsprechend gibt es die Möglichkeit finiter und infiniter Bewegung; das Teilchen kann (mit divergierender Geschwindigkeit) durch das Kraftzentrum laufen.

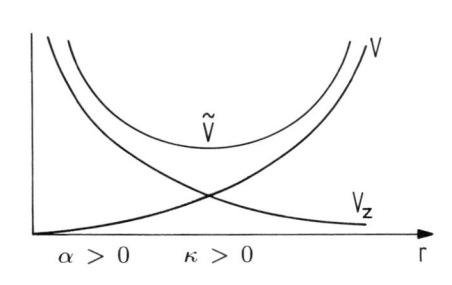

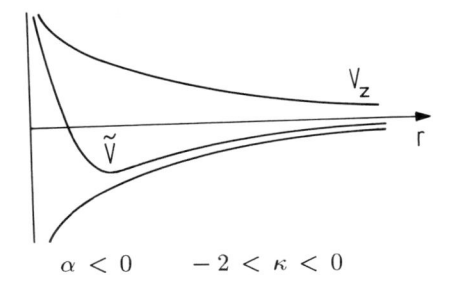

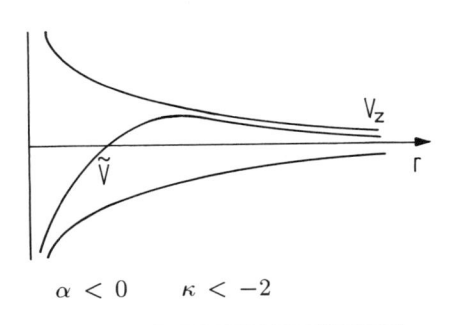

[6] *Mechanik I*, S. 239 ff.

12.4 Die Keplerbewegung

12.4.1 Allgemeine Betrachtungen

Die Bewegung des mehrdimensionalen harmonischen Oszillators ($\kappa = +2$) haben wir bereits früher untersucht; wir haben gefunden, daß die Bahnkurven *Ellipsen* sind, deren *Mittelpunkt* vom Kraftzentrum gebildet wird. Jetzt wollen wir den Fall $\kappa = -1$ näher durchleuchten; dies ist der Fall, wie er zum Beispiel bei der *Planetenbewegung* realisiert ist.

Weil der Fall von Massen*anziehung* vorliegt, ist $\alpha < 0$. Wir schreiben dafür $\alpha = -\lambda$ und haben demzufolge

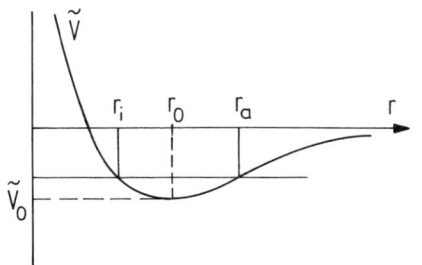

$$\tilde{V}(r) = -\frac{\lambda}{r} + \frac{\ell^2}{2\mu r^2} \, .$$

Dieses effektive Potential besitzt das Minimum

$$\tilde{V}_o = -\frac{1}{2} \frac{\lambda^2 \mu}{\ell^2}$$

im Punkte $r_o = \ell^2/(\lambda \mu)$.

Bei gegebenem Drehimpuls muß die Energie also sicher die Beziehung $E \geq \tilde{V}_o$ erfüllen.

Ist E gerade gleich $\tilde{V}_o$, so bleibt $r = r_o$ zeitlich konstant: Das Teilchen beschreibt eine Kreisbahn, die außerdem mit konstanter Winkelgeschwindigkeit $\dot{\phi} = \ell/(\mu r_o^2) = \lambda^2 \mu/\ell^3$ durchlaufen wird.

Im Bereich $\tilde{V}_o \leq E < 0$ bleibt die Bewegung finit und „pendelt" zwischen r_i und r_a um r_o.

Dabei sind r_i und r_a durch

$$r_{i,a} = \frac{-\lambda \pm \sqrt{\lambda^2 + \dfrac{2E\ell^2}{\mu}}}{2E}$$

gegeben. Beachten Sie schon jetzt, daß $r_i + r_a = -\lambda/E$ unabhängig von ℓ ist.

Für $E \geq 0$ ist die Bewegung unabhängig von ℓ infinit, doch kann sich der Körper dem Kraftzentrum nicht mehr als bis zum Abstand

$$r_i = \frac{\sqrt{\lambda^2 + \dfrac{2E\ell^2}{\mu}} - \lambda}{2E}$$

nähern.

12.4.2 Der Orbit der Keplerbewegung

Wie wir bereits in 12.2 abgeleitet haben, wird der Orbit des Teilchens durch den Ausdruck

$$d\phi = \frac{\ell}{\sqrt{2\mu}} \frac{dr}{r^2 \sqrt{E + \frac{\lambda}{r} - \frac{\ell^2}{2\mu r^2}}}$$

bestimmt.

In diesem Ausdruck substituieren wir zunächst $u = r^{-1}$ und erhalten mit $dr = -u^{-2} du$ die Beziehung

$$d\phi = -\frac{\ell}{\sqrt{2\mu}} \frac{du}{\sqrt{E + \lambda u - \frac{\ell^2}{2\mu} u^2}} \, .$$

Sodann bringen wir den Radikanden durch quadratische Ergänzung auf die Form

$$E' - \frac{\ell^2}{2\mu}(u - u_\text{o})^2 = E' - \frac{\ell^2}{2\mu} u_\text{o}^2 + \frac{\ell^2 u_\text{o}}{\mu} u - \frac{\ell^2}{2\mu} u^2 \, .$$

Der Koeffizientenvergleich zeigt, daß die Konstanten u_o und E' in einfacher Weise mit Größen zusammenhängen, die uns bereits bekannt sind; man findet nämlich

$$u_\text{o} = \frac{\mu \lambda}{\ell^2} = \frac{1}{r_\text{o}} \, , \qquad E' = E + \frac{\mu \lambda^2}{2\ell^2} = E - \tilde{V}_\text{o} \geq 0 \, ,$$

wobei r_o der Radius der stabilen Kreisbahn und $\tilde{V}_\text{o}$ das Potentialminimum ist.

Durch die weitere Substitution $u - u_\text{o} = v$ ergibt sich

$$d\phi = -\frac{dv}{\sqrt{\frac{2\mu E'}{\ell^2} - v^2}} = \frac{-dv}{\sqrt{a^2 - v^2}} \, .$$

Da $|v| \leq |a|$ gilt, ist das aber

$$d\phi = d\arccos(v/|a|) \, .$$

Folglich ist

$$\phi - \arccos(v/|a|) = \phi_\text{o} = \text{constans} \, ,$$

und wir haben

$$\frac{v}{|a|} = \cos(\phi - \phi_\text{o}) \, ,$$

$$u = u_\text{o} + |a| \cos(\phi - \phi_\text{o}) \, .$$

Also besitzt der Orbit $r(\phi)$ die Gestalt

$$\frac{r}{r_o} = \frac{1}{1 + r_o\,|a|\,\cos(\phi - \phi_o)} = \frac{1}{1 + \epsilon\,\cos(\phi - \phi_o)}\,, \qquad (*)$$

wobei ϵ durch

$$\epsilon = r_o\,|a| = \sqrt{1 + \frac{2\,E\,\ell^2}{\mu\,\lambda^2}} = \sqrt{1 + \frac{E}{\tilde{V}_o}} \geq 0$$

gegeben ist. Genauer gilt

$$\begin{aligned} \tilde{V}_o \leq E < 0 &\implies 0 \leq \epsilon < 1\,, \\ E = 0 &\implies \epsilon = 1\,, \\ 0 < E &\implies \epsilon > 1\,. \end{aligned}$$

Wie sieht der durch $(*)$ beschriebene Orbit im einzelnen aus?

Zunächst können wir den Differenzwinkel $\Delta\phi = \phi - \phi_o$ aus Symmetriegründen auf das Intervall $-\pi < \Delta\phi \leq \pi$ einschränken. Für $\Delta\phi = 0$ wird der Cosinus maximal, und somit nimmt der Abstand r sein Minimum

$$r_{min} = \frac{r_o}{1 + \epsilon}$$

an.

Für das weitere ist entscheidend, ob der gesamte Winkelbereich zugänglich ist. Das ist genau dann der Fall, wenn der Nenner von $(*)$ für alle Werte von $\Delta\phi$ positiv bleibt.

Nun liegt das Minimum des Nenners $1 - \epsilon$ bei $\Delta\phi = \pm\pi$ und ist nur für $\epsilon < 1$ positiv. In diesem Fall nimmt das Teilchen bei $\Delta\phi = \pm\pi$ seinen maximalen Abstand

$$r_{max} = \frac{r_o}{1 - \epsilon}$$

vom Kraftzentrum an. Folglich beschreibt der Körper eine nach einem Winkelumlauf 2π *geschlossene*, ganz im Endlichen liegende, also *finite* Bahn mit $r_{min} \leq r \leq r_{max}$.

Das ist nicht weiter überraschend, denn $\epsilon < 1$ bedeutet ja gerade $\tilde{V}_o \leq E < 0$, und hierfür *muß* die Bewegung finit sein. Tatsächlich kann man leicht nachrechnen, daß r_{min} und r_{max} gerade mit den früher diskutierten „Umkehrpunkten" r_i und r_a übereinstimmen.

Für $\epsilon > 1$ $(E > 0)$ erhalten wir tatsächlich die zu erwartende *infinite* Bewegung: Es gibt dann einen Grenzwinkel $\Delta\phi_c$, der durch

$$\cos(\Delta\phi_c) = -\frac{1}{\epsilon}$$

12.4 Die Keplerbewegung

gegeben ist und bei dem der Nenner verschwindet. Folglich ist für das Teilchen nur der Winkelbereich $|\Delta\phi| < |\Delta\phi_c|$ zugänglich, und bei $\Delta\phi \to \pm\Delta\phi_c$ strebt $r \to \infty$; der Körper entweicht.

Ist nun $\epsilon = 1$ ($E = 0$), so ist zwar $|\Delta\phi_c| = \pi$; der gesamte Winkelbereich ist zugänglich, doch ist die Bewegung wegen $r(\pm\pi) = \infty$ ebenfalls infinit.

Eine genauere Analyse der so qualitativ beschriebenen Bahnen, die Sie leicht selber durchführen können, zeigt, daß die Formel (∗) nichts anderes ist als die von einem der *Brennpunkte* aus gerechnete *Polardarstellung* der bekannten *Kegelschnitte*. Die Größe ϵ heißt *numerische Exzentrizität*.

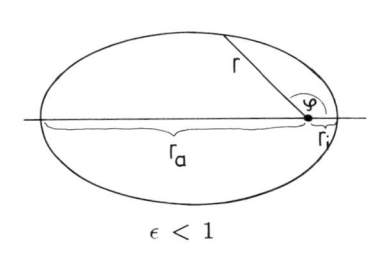

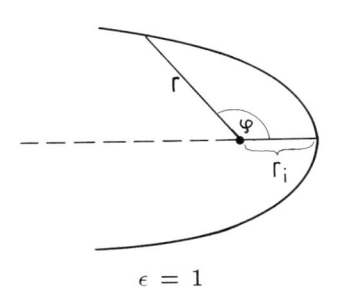

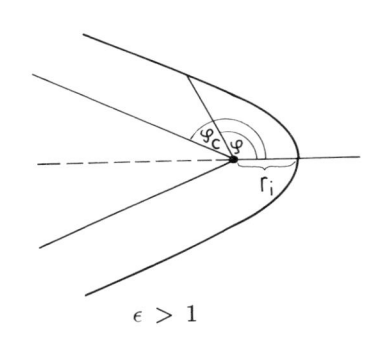

Ist $\epsilon < 1$ ($E < 0$), beschreibt das Teilchen eine *Ellipsenbahn* um das Kraftzentrum, das in einem Brennpunkt der Ellipse steht. Die *große Halbachse* dieser Ellipse ist durch

$$a = \frac{r_a + r_i}{2}$$

gegeben; sie ist somit nach einer früheren Beobachtung durch

$$a = -\frac{\lambda}{2E}$$

gegeben und *hängt* somit *nur von der Energie, nicht aber dem Drehimpuls* ℓ *ab*.

Im Sonderfall $\epsilon = 0$ ($E = \tilde{V}_0$) entartet diese Ellipse zu einem Kreis des Radius r_0.

Ist $\epsilon = 1$ ($E = 0$), beschreibt das Teilchen eine *Parabel*bahn.

Für $\epsilon > 1$ ($E > 0$) hingegen beschreibt es eine *Hyperbel*bahn, und zwar – in dem von uns betrachteten Fall einer *anziehenden* Kraft – so, daß der *Orbit auf das Kraftzentrum hin gekrümmt* ist.

Mit diesen Überlegungen haben wir vollständige Information über die Orbits unseres Teilchens, d.h. also z.B. eines Planeten, erreicht.

Wollten wir jetzt auch die *zeitliche Durchlaufung* dieser Orbits, d.h. seine *Trajektorie* $(r(t), \phi(t))$ betrachten, so könnten wir z.B. von der Drehimpulsbeziehung
$$\mu\, r^2(\phi)\, \dot\phi = \ell$$
ausgehen und diese zunächst gemäß
$$r^2(\phi)\, \mathrm{d}\phi = \frac{\ell}{\mu}\, \mathrm{d}t$$
auflösen. Die – analytisch noch mögliche – Integration liefert wie üblich einen Ausdruck der Form
$$t - t_\mathrm{o} = f(\phi)\,,$$
doch gelingt es nicht mehr, diese Formel in die Form $\phi = f^{-1}(t - t_\mathrm{o})$ geschlossen zu invertieren. Andererseits geht das natürlich numerisch und man erhält damit durch Einsetzen von $\phi(t)$ in $r(\phi)$ auch die zweite Funktion $r(t)$, die man zur Beschreibung der Trajektorie benötigt.

Wir wollen uns mit diesem Problem nicht weiter auseinandersetzen.

12.4.3 Die Keplerschen Gesetze

Anfangs des 17. Jahrhunderts faßte *Johannes Kepler* seine Beobachtungen über die Planetenbewegung in seinen drei berühmten Gesetzen zusammen[7]:

I. *Die Planeten bewegen sich auf Ellipsenbahnen, in deren einem Brennpunkt die Sonne steht.*

II. *Der Fahrstrahl des Planeten überstreicht in gleichen Zeiten gleiche Flächen.*

III. *Das Quadrat der Periode ist der dritten Potenz der großen Halbachse proportional.*

Wir wollen nun daran gehen, diese Gesetze zu analysieren und aus unseren quantitativen Ergebnissen zu deduzieren. Insbesondere wollen wir der interessanten Frage nachgehen, wieweit aus ihnen Rückschlüsse auf das Kraftgesetz möglich sind.

Über allen Keplerschen Gesetzen steht die ungeschriebene Aussage, daß die Bewegung der Planeten *perpetuell* ist, also nicht von selber zur Ruhe kommt. Ist das Planetensystem *mechanisch abgeschlossen* – und daran besteht kein

---

[7] Wir zitieren nach A. SOMMERFELD, *loc.cit.*, S. 38 ff. – Die ersten beiden Gesetze wurden in der *‚Astronomia nova‘* im Jahre 1609, das dritte 1619 in *‚Harmonice mundi‘* veröffentlicht.

12.4 Die Keplerbewegung

Zweifel – folgt daraus die *Erhaltung der mechanischen Energie*; wir haben also *Potentialkräfte* zu erwarten.

Nun wenden wir uns dem II. Gesetz zu. Wie wir bereits in 4.3.2 [8] erörtert haben, sagt dieses nichts anderes aus als die Erhaltung des *Betrages des Drehimpulses*. Nimmt man hinzu noch die Aussage einer *ebenen Bewegung*, die im I. Keplerschen Gesetz enthalten ist, sieht man, daß der *Drehimpuls als Vektor erhalten* ist, und schließt daraus, daß die Kraft eine *Zentralkraft* sein muß. Weitergehende Aussagen sind daraus nicht zu erhalten.

Doch hilft hier das I. Gesetz weiter, nach dem die Bahnen – in dem früher benutzten Sinne – einfach geschlossen sind, also die Periode 2π besitzen. Man kann nämlich beweisen, daß das *nur* für das Potential $V \propto r^{-1}$ der Fall ist[9]. Daran ändert auch die Tatsache nichts, daß die Bahnen auch im Fall eines harmonischen Potentials $V \propto r^2$ Ellipsen sind, wie wir in 6.5.1[10] gezeigt haben. Denn bei diesen steht das Kraftzentrum im *Mittelpunkt*; die Bewegung ist also zweifach geschlossen: $|\Delta\phi| = \pi$.

Nun schließlich zum III. *Keplerschen Gesetz*:

Weil die Flächengeschwindigkeit $\dot{F}$ = constans ist, läßt sich die Umlaufzeit gemäß

$$F = \int_0^T \dot{F}\,dt = \dot{F}\,T$$

aus den Bahndaten berechnen. Nun haben wir in 4.3.3[11] bewiesen, daß $\dot{F} = |L|/(2\mu) = |\ell|/(2\mu)$ ist. Wenn a und b die große und kleine Halbachse der Ellipse sind, gilt demzufolge mit $F_{El} = \pi a b$

$$T = \frac{2\mu}{|\ell|}\pi a b\,.$$

Dabei ist $a = -\lambda/(2E)$, und für b erhält man zunächst allgemein $b/a = \sqrt{1-\epsilon^2}$, und speziell für die Keplerbewegung

$$b = -\frac{\lambda}{2E}\sqrt{-\frac{2E}{\mu}\frac{|\ell|}{\lambda}} = -\frac{\lambda}{2E}\sqrt{-\frac{2E}{\lambda}}\frac{\ell}{\sqrt{\mu\lambda}} = \frac{\sqrt{a}}{\sqrt{\mu\lambda}}|\ell|\,.$$

Daraus folgt aber

$$T = \frac{2\mu}{|\ell|}\frac{a^{3/2}|\ell|}{\sqrt{\mu\lambda}} = 2\pi a^{3/2}\sqrt{\frac{\mu}{\lambda}} = \frac{\pi}{\sqrt{2}}\sqrt{\frac{\mu}{|E|^3}}\lambda$$

---

[8] *Mechanik I*, S. 130 ff.

[9] Diese Aussage wird üblicherweise für die Klasse der *Potenzpotentiale* bewiesen, und es ist schwer, weitergehende Aussagen darüber zu finden.

[10] *Mechanik I*, S. 239 ff.

[11] *Mechanik I*, S. 135.

oder
$$T^2 = 4\pi^2 \frac{\mu}{\lambda} a^3 \ .$$

Wenn also für alle Planeten T^2/a^3 ein- und dieselbe Konstante sein soll, wie es das III. Gesetz fordert, muß auch μ/λ eine vom speziellen Teilchen unabhängige konstante Größe sein.

Gerade dies aber wird im *Massenanziehungsgesetz von Newton* manifest, in dem die universelle Anziehung zweier Massen m_1 und m_2 durch das Potential

$$V(r) = -f\frac{m_1 m_2}{r} = -\frac{\lambda}{r}$$

beschrieben wird.

Hierin ist f die Gravitationskonstante[12]

$$f \simeq 7 \times 10^{-11} \text{ m}^3 \text{ kg}^{-1} \text{ s}^{-2} = 7 \times 10^{-11} \text{ J m kg}^{-2} \ .$$

Bei gegebener *Masse* m_1 des *Zentralgestirns* ist also $\lambda/m_2 = f\,m_1$ tatsächlich konstant.

Daraus folgt aber auch, daß dieses Keplersche Gesetz nur solange gilt, wie wir Bahnen von Planeten in ein- und demselben Planetensystem miteinander vergleichen.

12.4.4 Rückbesinnung auf das Zweikörperproblem

Während der Ableitung der letzten Ziffern haben wir etwas aus den Augen verloren, daß wir ursprünglich vom Zweikörper-Zentralkraft-Problem ausgegangen waren, und daß nach Reduktion auf das Einkörperproblem $\mathbf{r} = \mathbf{r}_1 - \mathbf{r}_2$ den Abstandsvektor zwischen den beiden Massen und μ die reduzierte Masse bedeuten.

Was bedeutet dies für die reale Bewegung der beiden Massenpunkte, wenn man diese – was am zweckmäßigsten ist – im Schwerpunktsystem beobachtet?

Wir hatten in 12.1 für die Entfernung der Massenpunkte vom Schwerpunkt gefunden

$$\mathbf{r}'_1 = \frac{m_2}{m_1 + m_2}\mathbf{r}\,, \qquad \mathbf{r}'_2 = -\frac{m_1}{m_1 + m_2}\mathbf{r}\,;$$

$\mathbf{r}'_1$ ist also zu $\mathbf{r}$ gleichgerichtet, $\mathbf{r}'_2$ zu $\mathbf{r}$ entgegengerichtet.

Folglich durchlaufen beide Teilchen ähnliche Ellipsen um den Schwerpunkt als gemeinsamen Brennpunkt, deren Linearabmessungen sich wie

$$r'_1 : r = \frac{m_2}{m_1 + m_2}$$

---

[12] Im Gegensatz zur Schwerebeschleunigung ist die Gravitationskonstante eine *Naturkonstante*.

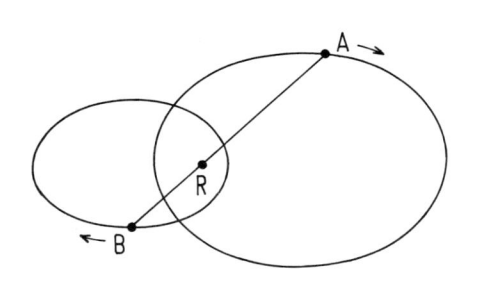

12.4 Die Keplerbewegung

und
$$r'_2 : r = \frac{m_1}{m_1 + m_2}$$

verhalten. Diese Ellipsen sind um den Winkel π gegeneinander gedreht und werden auch mit dieser Phasenverschiebung durchlaufen, wie die Abbildung zeigt.

Natürlich gilt für diese Situation das I. Keplersche Gesetz in Bezug auf die Relativbewegung nicht, doch ist die Abweichung im Falle unseres Sonnensystems absolut unmerklich, denn das Verhältnis von Sonnen- zu Erdmasse beträgt

$$\frac{m_S}{m_E} \simeq 3.5 \times 10^5 .$$

D.h. es ist $\mu \simeq 0.999997 \, m_E$.

Ähnlich steht es auch mit dem III. Keplerschen Gesetz: Zwar ist λ/m_2 bei gegebenem m_1 von m_2 unabhängig, doch keineswegs λ/μ; hierfür gilt

$$\frac{\lambda}{\mu} = \frac{\lambda}{m_1 m_2} (m_1 + m_2) = f(m_1 + m_2) .$$

Doch sind auch hierbei die Korrekturen im Fall der Planetenbewegung in unserem Sonnensystem zu vernachlässigen.

Wichtig hingegen werden all diese Korrekturen für Probleme, bei denen die beteiligten Massen m_1 und m_2 in die gleiche Größenordnung kommen. Schon im Fall des *Wasserstoffatoms*, bei dem sich Elektron und Proton mit dem Coulombpotential $V \propto r^{-1}$ anziehen, beträgt das Massenverhältnis m_e/m_p „nur noch" 1/1830. Noch viel wichtiger aber sind die besprochenen Effekte beim *Positronium* – einem H-Atom, in dem das Proton durch ein Positron ersetzt ist – mit $m_e/m_p = 1$ und beim *Exziton*, einer Elementaranregung in gewissen Festkörpern, bei der ein *Elektron* um das durch seine eigene Entfernung aus der Gleichgewichtslage entstehende *Loch* kreist. Hierfür ist m_e/m_h ebenfalls von der Größenordnung, jedoch nicht genau, Eins. Aber auch in der Astronomie gibt es *Doppelsternsysteme*, zwei etwa gleichschwere Fixsterne, die einander umkreisen.

Abschließend kommen wir noch kurz auf das Problem von n Planeten zurück, die um einen Zentralstern (der Masse m_z) kreisen: Hier ist das Potential durch

$$V(\mathbf{r}_1, \ldots, \mathbf{r}_n; \mathbf{r}_z) = -f \, m_z \sum_i \frac{m_i}{|\mathbf{r}_z - \mathbf{r}_i|} - \frac{1}{2} f \sum_{i \neq j} \frac{m_i m_j}{|\mathbf{r}_i - \mathbf{r}_j|}$$

gegeben, denn die Planeten ziehen sich natürlich auch gegenseitig an. Wieder wird es möglich sein, 3 der $3(n+1)$ Freiheitsgrade des Systems durch die Schwerpunktsbewegung abzuseparieren, doch die restlichen $3n$ schaffen um so mehr Kummer; selbst das einfachste Problem dieser Art, das *Dreikörperproblem*, läßt eine analytische Lösung nur in Sonderfällen zu, z.B. für komplanare Bewegung[13]

Fatal wäre diese Geschichte, wenn tatsächlich alle Massen $m_1, \ldots, m_n$ und m_z von etwa der gleichen Größe wären. Dies ist im Sonnensystem glücklicherweise nicht der Fall, weil die Sonnenmasse m_z dominiert. Demzufolge überwiegt im Potential der Beitrag der ersten Summe. Die Beiträge der zweiten Summe führen in den Bahnen zu langsamen, d.h. säkularen Korrekturen, die man durch die ersten Glieder einer Taylorentwicklung von $\mathbf{r}_i(t)$ hinreichend gut beschreiben kann.

Gerade die Unmöglichkeit, das n-Teilchenproblem (klassisch wie auch quantenmechanisch) exakt zu behandeln, ist übrigens verantwortlich für die für die gesamte Teilchendynamik grundlegende und weit über die sinnfällige Anwendung auf das Planetensystem und das Wasserstoffatom hinausreichende Bedeutung des Zweikörper-Zentralkraftproblems. Denn es zeigt sich ganz allgemein, daß die fundamentalen Wechselwirkungen zwischen Teilchen sich durch konservative Zentralkräfte zwischen Paaren von ihnen beschreiben lassen, die gesamte potentielle Energie eines Systems von – sagen wir – N Teilchen also die Form

$$V = \frac{1}{2} \sum_{n \neq m} V(\mathbf{r}_n - \mathbf{r}_m)$$

haben wird.

Nun ist die Situation recht durchsichtig, solange N hinreichend klein ist: Können wir in diesem Fall auch die analytische Lösung des Problems nicht mehr erreichen, wird uns doch seine numerische Behandlung mit dem Computer gelingen. Wenn wir aber ein makroskopisches Stück Materie als Konglomerat aus Atomkernen und Elektronen ansehen, so wird die Teilchenzahl sofort in die Größenordnung der *Loschmidtschen Zahl* $N_L \simeq 0.6 \times 10^{24}$ kommen, und es ist einsichtig, daß dabei auch numerische Methoden nicht länger weiterhelfen.

---

[13] Nun kann man es natürlich heute numerisch behandeln. Doch stellt sich dabei etwas sehr Beunruhigendes heraus: Selbst Anfangsbedingungen, die einander beliebig benachbart sind, können zu Konfigurationstrajektorien führen, die sich im Laufe der Zeit – und sogar sehr schnell – weit voneinander entfernen. – Man spricht dann von *(orbitaler) Instabilität*. Diese Instabilität, auf die wir gelegentlich noch zurückkommen werden, wurde zwar schon um die Jahrhundertwende von *Poincaré* entdeckt, findet als Ursache *chaotischen Verhaltens* aber erst in den letzten Jahren breite Aufmerksamkeit.

Das beste, was man aus dieser Situation machen kann, ist der Versuch, das Problem näherungsweise auf die Bewegung von Teilchenpaaren, also das Zweikörperproblem, zurückzuführen. Das ist (mit allen für Sie an dieser Stelle unübersehbaren Weiterungen) die eine der beiden Grundideen für die Behandlung des Vielteilchenproblems. Die andere haben wir bereits in Kapitel 8 kennengelernt: Man linearisiert die Bewegungsgleichungen in den als klein angenommenen Auslenkungen der Teilchenkoordinaten aus ihren Gleichgewichtslagen und beschreibt die Systembewegung durch ihre *Eigenmoden*.

13 Elemente der Streutheorie

Eine der grundlegenden experimentellen Methoden zur Untersuchung der Dynamik der mikroskopischen Bausteine der Materie und ihrer Wechselwirkungen ist die *Teilchenstreuung*. In der Elementarteilchenphysik stellt sie sogar den einzigen Weg dar, um über die Eigenschaften dieser Teilchen und ihre *fundamentalen Wechselwirkungen* Auskunft zu erhalten.

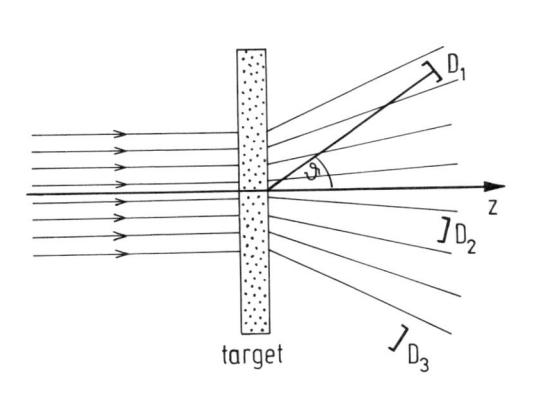

Das Schema der experimentellen Anordnung ist dabei mit Abwandlungen immer das gleiche: Ein Stück Materie – *target* [Zielscheibe] genannt – wird mit einem möglichst parallelen Strahl von Teilchen möglichst exakt gleicher kinetischer Energie bestrahlt[1]. Im target treten nun die Strahlteilchen mit den Teilchen, aus denen die Materie besteht, in Wechselwirkung; sie werden zum Beispiel aus ihrer ursprünglichen Bewegungsrichtung abgelenkt.

Durch Anbringung von Teilchenempfängern, sogenannten *Detektoren*, beobachtet man nun, wie die Teilchen nach diesem Wechselwirkungsakt über die Winkel θ und ϕ hinter (und vor) dem target verteilt sind und in welchem Verhältnis ihre Energie zu der Energie der Strahlteilchen steht.

Aus dieser Information kann man nun auf den Mechanismus der Wechselwirkung zurückschließen und Aussagen über die Struktur der Materie gewinnen[2].

---

[1] Ein Strahl, in dem alle Teilchen die gleiche kinetische Energie besitzen, wird als *monochromatisch* bezeichnet. Diese Terminologie wird erst aus der Quantenphysik heraus verständlich.

[2] Die Theorie, mittels derer von den Streudaten auf das Streupotential zurückgeschlossen wird, ist unter dem Namen *inverse Streutheorie* bekannt geworden.

Wir werden im folgenden diesen Prozeß an einem einfachen Beispiel etwas genauer analysieren. Neben dem Zweikörper-Zentralkraftproblem, das dabei den Ausgangspunkt für die Dynamik bilden wird, werden hierbei erstmals *statistische Argumente* eine wesentliche Rolle spielen.

Insgesamt wird Ihnen sicherlich auffallen, daß man das gleiche Experiment statt mit einem Teilchenstrahl auch mit einem Lichtstrahl durchführen könnte, und daß man das auch tatsächlich, etwa bei der Beugung an einem Gitter, tut. Bei gleichem Versuchsaufbau ist im Rahmen klassischer Theorien die Physik aber offensichtlich ganz verschieden, denn Licht hat *Wellen-* und keinen *Korpuskel*charakter. Erst die Quantenmechanik bringt diese beiden Aspekte unter einen Hut und gestattet es tatsächlich, beide Experimente in ein- und demselben Formalismus zu beschreiben.

13.1 Zur Statistik von Streuversuchen

13.1.1 Determination und Statistik

Die Newtonschen Bewegungsgleichungen der Mechanik, ebenso wie die Lagrange-Gleichungen, sind Differentialgleichungen 2. Ordnung. Daraus folgt – wir haben dies bereits wiederholt gesehen –, daß die Konfigurationsbahn eines Systems von f Freiheitsgraden eindeutig bestimmt ist, wenn wir $2f$ unabhängige Anfangsbedingungen, etwa die Anfangskoordinaten und Anfangsimpulse, angeben. Wir erhalten dann die Bahn $\boldsymbol{q}(t|\boldsymbol{q}_o, \boldsymbol{p}_o)$: Kennt man $\boldsymbol{q}_o = \boldsymbol{q}(t_o)$ und $\boldsymbol{p}_o = \boldsymbol{p}(t_o)$, so kann man daraus $\boldsymbol{q}(t)$ (und $\boldsymbol{p}(t)$) für beliebiges t *eindeutig* berechnen: Die Bewegung des Systems verläuft unter allen Umständen *determiniert*; die Aussage, das System würde sich *wahrscheinlich* so oder so verhalten, hat keinen Sinn.

Andererseits gibt es Würfel, mit denen wir spielen, und deren Witz gerade darin besteht, daß wir *nicht* vorhersagen können, welche Zahl wir schließlich erwürfeln werden. Das gleiche gilt beim Werfen einer Münze, beim Glücksrad, bei der Maschine, die jeden Samstagabend die Lottozahlen „bestimmt", und bei vielen anderen *Zufallsexperimenten*.

Betrachten wir das Beispiel des Würfels ein wenig genauer!

Im Lichte der vorangegangenen Betrachtungen ist die Unsicherheit des Ergebnisses äußerst merkwürdig, denn natürlich ist ein Würfel ein rein mechanisches System, und folglich verläuft auch seine Bewegung vollkommen determiniert.

Die Lösung dieses scheinbaren Widerspruchs liegt in folgendem:

Wir nehmen beim Würfeln die Anfangsbedingungen nicht zur Kenntnis. Aber selbst wenn wir dies tun würden, hülfe es uns nicht viel: Hier, wie bei vielen anderen Zufallsexperimenten, hängt das an sich determinierte Ergebnis so empfindlich von dem *genauen* Wert der Anfangsbedingungen ab, daß selbst ein routinierter Spieler es nicht schafft, diese so genau vorzugeben, daß er dadurch Einfluß auf das Ergebnis nehmen könnte.

Die einzig sinnvolle Aussage, die er beim Würfeln machen kann, bezieht sich demzufolge auf die *Wahrscheinlichkeit* p_n, mit der ein bestimmtes Ergebnis n ($n = 1\ldots 6$) eintreten wird.

Offensichtlich ist dieser *Begriff der Wahrscheinlichkeit* von ganz anderer Qualität als alle Begriffe und Konzepte, welche wir bisher zur quantitativen Naturbeschreibung eingeführt haben. Wir müssen uns deswegen ein wenig mit seinen elementarsten Eigenschaften befassen.

13.1.2 Elemente der Wahrscheinlichkeitsrechnung

Vorgänge wie das Werfen eines Würfels oder einer Münze bezeichnet man als *Zufallsexperimente*. Jedes Zufallsexperiment ist dadurch gekennzeichnet, daß es verschiedene Möglichkeiten für seinen Ausgang gibt, beim Würfeln z.B. gerade die Zahlen 1 bis 6, beim Münzwurfexperiment „Kopf" und „Ziffer" usf. Es ist sicher, daß sich bei der Ausführung des Experimentes einer der möglichen Ausgänge als *Ergebnis* einstellt, doch ist es im allgemeinen nicht sicher, welcher.

Wenn ein Zufallsexperiment nur endlich- oder allenfalls abzählbar-unendlich viele mögliche Ausgänge besitzt, wollen wir es als *einfach* bezeichnen[3]. Die möglichen Ergebnisse e_n lassen sich dann als Elemente einer – offensichtlich diskreten – Menge $\mathcal{E} = \{e_1 \cdots e_n \cdots\}$ auffassen, die als *Ergebnismenge* oder auch als *Ereignisraum* des Experimentes bezeichnet wird[4].

Wir möchten jetzt zunächst ein quantitatives Maß für die Wahrscheinlichkeit gewinnen, bei Ausführung des Experimentes das Ergebnis $e_n \in \mathcal{E}$ zu erhalten. Und zwar möchten wir diese Wahrscheinlichkeit durch eine reelle Zahl $0 \leq p_n \leq 1$ charakterisieren, dergestalt, daß

$$p_n = \begin{cases} 1 & : \text{ Sicherheit des Ergebnisses } e_n \\ 0 & : \text{ Unmöglichkeit des Ergebnisses } e_n \end{cases}$$

bedeutet und die Zahl p_n mit der Zunahme der „intuitiven Wahrscheinlichkeit" des Ergebnisses, für die wir ein ziemlich hochentwickeltes Gefühl haben, anwächst.

Mit Hilfe dieser Wahrscheinlichkeiten p_n können wir dann auch vorhersagen, wie groß zum Beispiel die Wahrscheinlichkeit $p_{n \vee m}$ dafür sein wird, *entweder*

---

[3] Alle bisher von uns benutzten Beispiele sind von dieser Art.
[4] Die zweite Bezeichnung wird erst später verständlich werden.

13.1 Zur Statistik von Streuversuchen

e_n oder e_m zu erhalten. Hierfür sollte – unser „Gefühl" dafür fordert diese Setzung ziemlich deutlich –

$$p_{n\vee m} = p_n + p_m \qquad (*)$$

gelten.

Klar und einleuchtend, wie diese Idee auf den ersten Blick erscheinen mag, ist sie doch ganz wesentlich auf *einfache Experimente* beschränkt. Will man komplizierter gelagerte Fälle mitberücksichtigen – und solche werden auch in unseren Untersuchungen eine Rolle spielen –, muß man einen anderen, formaleren Weg zur Einführung des Wahrscheinlichkeitsbegriffs einschlagen:

Statt der *Elemente* der Ergebnismenge $\mathcal{E}$ faßt man ein System $\mathcal{K}$ von *Untermengen* von $\mathcal{E}$ ins Auge, das die folgenden Eigenschaften besitzt[5]:

1.) $\emptyset \in \mathcal{K}$;
2.) $\mathcal{E} \in \mathcal{K}$;
3.) $\mathcal{A}, \mathcal{B} \in \mathcal{K} \implies \mathcal{A} \cup \mathcal{B} \in \mathcal{K}, \quad \mathcal{A} \cap \mathcal{B} \in \mathcal{K}$;
4.) $\mathcal{A} \in \mathcal{K} \implies \overline{\mathcal{A}} \in \mathcal{K}$.

Dabei ist $\emptyset$ die *leere Menge* und

$$\overline{\mathcal{A}} = \{e_i \in \mathcal{E};\ e_i \notin \mathcal{A}\}$$

die *Komplementärmenge* zu $\mathcal{A}$.

Ein solches Mengensystem, dessen Konstruktion natürlich unabhängig von der konkreten Bedeutung von $\mathcal{E}$ immer möglich ist, wird als *Mengenkörper* bezeichnet.

Ist $\mathcal{E}$ speziell Ergebnismenge eines Zufallsexperimentes, so bezeichnet man alle Mengen $\mathcal{A} \in \mathcal{K}$ als *Ereignisse*, und $\mathcal{K}$ selbst wird *Ereigniskörper* genannt. Diese Terminologie erklärt nun auch den alternativen Namen *Ereignisraum* für $\mathcal{E}$ selbst.

Über einer Menge $\mathcal{E}$ lassen sich im allgemeinen viele verschiedene Mengenkörper konstruieren. Z.B. ist $\{\emptyset, \mathcal{E}\}$ einer von ihnen. In jeder diskreten Menge gibt es unter ihnen jedoch einen maximalen; ihn erhält man, indem man neben $\emptyset$ alle Teilmengen $\mathcal{E}_n$ von $\mathcal{E}$ bildet, die nur aus dem Element e_n bestehen, und alle Vereinigungen von ihnen betrachtet. Die Ereignisse $\mathcal{E}_n$ selbst bezeichnet man als *elementar* oder *atomar*.

Statt nun den *Ergebnissen* eines Experimentes Wahrscheinlichkeiten zuzuordnen, wie wir es oben versucht haben, siedeln wir diese Größen jetzt als

---

[5] Wieder legen wir keinen Wert auf die *Minimalität* der Aussagen; so folgen z.B. (1) und (2) sofort aus (3) und (4).

$p(\mathcal{A})$ auf den *Ereignissen* $\mathcal{A}$ des Mengenkörpers an. Und zwar sei $p(\mathcal{A})$ die Wahrscheinlichkeit dafür, daß das Ergebnis des Experimentes in $\mathcal{A}$ liegt.

Sind das Experiment einfach und sein Ereigniskörper maximal, so treten in diesem neuen Bild die *atomaren Wahrscheinlichkeiten* $p(\mathcal{E}_n)$ an die Stelle der Ergebniswahrscheinlichkeiten p_n, und zwar in der gleichen Bedeutung wie diese[6]. Und weiter ergibt sich damit $p(\mathcal{E}_m \cup \mathcal{E}_n)$ als das $p_{m \vee n}$ unseres ursprünglichen Versuches. Aber auch die Relation (∗) ist leicht zu

$$p(\mathcal{A}) = \sum_{n:\, e_n \in \mathcal{A}} p_n$$

zu verallgemeinern.

Darüberhinaus wird die Wahrscheinlichkeit $p(\emptyset)$, *überhaupt kein* Ergebnis zu bekommen, gleich Null, und die Wahrscheinlichkeit $p(\mathcal{E})$, *irgendein* Ergebnis zu erhalten, gleich Eins sein müssen.

Diese und andere mehr oder weniger evidente Aussagen, die wir unter der Prämisse einfacher Experimente gewonnen haben, lassen sich nun in einem Satz von *Axiomen der Wahrscheinlichkeitstheorie* zusammenfassen, der für beliebige, also auch nicht-einfache Zufallsexperimente gilt:

Es sei ein Ereigniskörper $\mathcal{K}$ gegeben und alle Teilmengen, die im folgenden auftreten, aus diesem.

Dann gelten

1.) $\quad p(\emptyset) = 0$;
2.) $\quad p(\mathcal{A}) \geq 0 \quad \forall \mathcal{A} \in \mathcal{K}$;
3.) $\quad p(\mathcal{E}) = 1$;
4.) $\quad \mathcal{A} \subset \mathcal{B} \implies p(\mathcal{A}) \leq p(\mathcal{B})$;
5.) $\quad \mathcal{A} \cap \mathcal{B} = \emptyset \implies p(\mathcal{A} \cup \mathcal{B}) = p(\mathcal{A}) + p(\mathcal{B})$.

Am einfachen Beispiel des Würfels mache man sich die Bedeutung dieser Relationen klar. Ihren eigentlichen Wert werden wir allerdings erst später einsehen.

Die Axiome, die wir soeben skizziert haben, sagen zwar alles über die Rechenregeln für Wahrscheinlichkeiten aus, nichts jedoch darüber, wie groß diese nun im Einzelfall sind! Deswegen müssen wir als nächstes fragen: Wie kann man die Wahrscheinlichkeit für ein konkret vorgegebenes Zufallsexperiment bestimmen? Was sind z.B. bei einem Experiment mit endlicher Ereignismenge die atomaren Wahrscheinlichkeiten p_n?

---

[6] Wir werden sie deswegen in Zukunft sogar mit p_n bezeichnen.

13.1 Zur Statistik von Streuversuchen

Mathematisch am einfachsten ist die Situation, wenn jedes der N atomaren Ereignisse *gleichwahrscheinlich* ist, denn dann muß p_n offensichtlich von n unabhängig $p_n = 1/N$ sein. Ein Experiment mit dieser Eigenschaft wird als *Laplace-Experiment* bezeichnet; von einem „guten" Würfel erwarten wir diese Eigenschaft (mit $p_n = 1/6$) ebenso wie von einer „guten" Münze (mit $p_n = 1/2$). Doch das verschiebt das eigentliche Problem nur. Wie können wir nämlich experimentell feststellen, ob ein Würfel „*gut*" ist, und wie die Wahrscheinlichkeit „*messen*", wenn wir ein weniger symmetrisches Experiment vor uns haben?

Eine einzige Durchführung des Experimentes liefert uns darüber offenbar keine Aussage. Doch *scheint* es zunächst einmal ganz klar, wie wir vorzugehen haben: Wir werden das Experiment sehr oft – sagen wir L mal – wiederholen und uns notieren, wie oft wir das Ergebnis e_n erhalten haben. Diese Zahl sei die *Häufigkeit* H_L^n, und sicherlich gilt $\sum_n H_L^n = L$. Dividieren wir H_L^n durch L, so erhalten wir die *relativen Häufigkeiten*

$$h_L^n = \frac{H_L^n}{L}$$

mit

$$0 \leq h_L^n \leq 1, \qquad \sum_n h_L^n = 1.$$

Wenn L nur hinreichend groß ist, werden wir glauben, daß h_L^n der Wahrscheinlichkeit p_n beliebig nahe kommt.

Doch leider liegen vom streng mathematischen Standpunkt aus die Dinge nicht so einfach: Unsere obige Aussage würde doch bedeuten, daß h_L^n gegen p_n *konvergieren* müßte: $\lim_{L \to \infty} h_L^n = p_n$.

Dem ist aber nicht so, denn es gibt kein Gesetz, das es verbietet, – sagen wir – mit einem Würfel 1000 mal hintereinander die 6 zu würfeln.

Und nach einem solchen Experiment würden wir zu Unrecht schließen, daß $p_6 = 1$ und $p_i = 0$ für $i = 1 \ldots 5$ sei!

Nun werden Sie sagen, der soeben konstruierte Fall sei „beliebig unwahrscheinlich" – und dieser Gedanke führt uns auf die richtige Spur.

Zu den relativen Häufigkeiten h_L^n wird es Zahlen p_n geben derart, daß für jedes positive ε eine Abweichung $|h_L^n - p_n| > \varepsilon$ *beliebig unwahrscheinlich* ist, in Formeln

$$\lim_{L \to \infty} w(|h_L^n - p_n| > \varepsilon) \to 0 \qquad \forall \, \varepsilon > 0.$$

Dann sind die p_n die atomaren Wahrscheinlichkeiten des Experimentes. Es bedarf nun noch einigen Nachdenkens, um festzustellen, daß die Wahrscheinlichkeit w nicht rein intuitiv ist, sondern durch obige Formel mitquantifiziert wird. Diesen Teil wollen wir hier übergehen, zumal man in praxi doch so vorgeht wie zuerst beschrieben: Man bestimmt die relativen Häufigkeiten h_L^n für ein plausibel großes L und identifiziert sie mit p_n, indem man sich darauf verläßt, daß das Experiment keine der unwahrscheinlichen Verteilungen geliefert hat, welche einen zu einem Trugschluß führen würden.

Neben den Wahrscheinlichkeiten selbst ist in der Statistik der Begriff der *Zufallsvariable* von fundamentaler Bedeutung.

Eine solche Zufallsvariable wird durch *jede beliebige zahlenwertige reelle Funktion auf dem Ereignisraum eines Experimentes* definiert:

$$\mathcal{E} \ni E \to x = f(E) \in \mathcal{R}.$$

Sie trägt ihren Namen deswegen, weil ihr Wert im allgemeinen[7] nicht festgelegt ist, sondern vom Ausgang des Experimentes abhängt.

So stellt die Augenzahl eines Würfels selbst eine Zufallsvariable dar, während man für das Münzwurfexperiment eine solche z.B. durch die Zuordnung

$$\text{Kopf} \to 0, \qquad \text{Zahl} \to 1$$

definieren kann.

Mit $x = f(E)$ und einer beliebigen reellen Funktion $g(x)$, deren Definitionsbereich den Wertebereich von $f(E)$ umfaßt, ist aber auch

$$y = g \circ f(E)$$

Zufallsvariable.

Ist nun für ein Zufallsexperiment mit diskreter Ereignismenge die Verteilung der Wahrscheinlichkeiten p_n gegeben, so können wir für jede Zufallsvariable x durch

$$\langle x \rangle = \sum_n x(E_n) p_n = \sum_n x_n p_n$$

den *Mittelwert* oder *Erwartungswert* definieren.

Die *Erwartung* ist dabei die folgende:

Jede Durchführung des Experimentes liefert für die Zufallsvariable x ein bestimmtes Ergebnis $x_n = f(E_n)$. Führen wir nun das Experiment L-mal aus ($L \gg 1$) und ist x_{n_ℓ} das Ergebnis bei der ℓ. Wiederholung, so sollte gerade

$$\frac{1}{L} \sum_{\ell=1}^{L} x_{n_\ell} = \langle x \rangle$$

---

[7] Ist allerdings f auf $\mathcal{E}$ konstant, so ist freilich auch der Wert der Zufallsvariable durch diese Konstante eindeutig festgelegt.

13.1 Zur Statistik von Streuversuchen

gelten.

Da dabei das Ergebnis x_n gerade H_L^n-mal auftritt, haben wir tatsächlich

$$\frac{1}{L}\sum_{\ell=1}^{L} x_{n_\ell} = \frac{1}{L}\sum_{n=1}^{N} x_n H_L^n = \sum_{n=1}^{N} x_n h_L^n \,,$$

und die Wahrscheinlichkeit jeder endlichen Abweichung dieser Größe von $\langle x \rangle$ strebt mit $L \to \infty$ nach Null.

Mit x ist nun auch x^2 eine Zufallsvariable, und gleiches gilt für $(x - \langle x \rangle)^2$. Den Mittelwert dieser Größe

$$\langle (x - \langle x \rangle)^2 \rangle = \sum_n (x_n - \langle x \rangle)^2 p_n$$
$$= \sum_n x_n^2 p_n - 2\langle x \rangle \sum_n x_n p_n + \langle x \rangle^2 \sum_n p_n$$
$$= \langle x^2 \rangle - \langle x \rangle^2 = \Delta^2(x)$$

nennt man *mittlere quadratische Schwankung* von x. Diese – sicherlich *nichtnegative* – Größe liefert ein bequemes Maß für die *Streuung* der möglichen Werte der Zufallsvariable x. Man überlegt sich nämlich leicht, daß sie dann und nur dann zu Null wird, wenn das Experiment mit Sicherheit einen bestimmten Wert liefert, die Streuung der Meßergebnisse also verschwindet.

Es sei besonders darauf hingewiesen, daß dieses Verhalten zwei verschiedene Gründe haben kann. Erstens kann nämlich die Wahrscheinlichkeitsverteilung in dem Sinne *entartet* sein, daß $p_n = \delta_{n,n_o}$ ist – dann tritt bei Durchführung des Experimentes mit Sicherheit das Ergebnis E_{n_o} auf. Zweitens kann aber auch die Zufallsvariable selbst konstant sein, d.h. $x_n = c \ \forall n$ gelten.

Im übrigen definiert die Mittelwertbildung in folgendem Sinne eine *lineares Funktional*:

Seien x und y zwei Zufallsvariablen mit der gleichen Wahrscheinlichkeitsverteilung, so ist für beliebige Zahlen α und β auch $\alpha x + \beta y$ eine solche und es gilt

$$\langle \alpha x + \beta y \rangle = \alpha \langle x \rangle + \beta \langle y \rangle \,.$$

Auf diese Weise läßt sich

$$\Delta^2(x) = \langle (x - \langle x \rangle)^2 \rangle = \langle x^2 - 2\langle x \rangle x + \langle x \rangle^2 \rangle$$
$$= \langle x \rangle^2 - 2\langle x \rangle \langle x \rangle + \langle x \rangle^2 \langle \tilde{1} \rangle$$
$$= \langle x^2 \rangle - \langle x \rangle^2$$

direkt – d.h. ohne Rückgriff auf die Definition des Mittelwertes – bestätigen, denn natürlich gilt

$$\langle \tilde{1} \rangle = \sum_n 1 \, p_n = \sum_n p_n = 1 \, ,$$

wenn $\tilde{1}$ diejenige Zufallsvariable ist, die auf $\mathcal{E}$ den konstanten Wert 1 besitzt.

Eine weitere Frage von großer Wichtigkeit, die in logischer Hinsicht eigentlich vor dem Konzept der Mittelwertbildung rangiert, ist die nach der *Verteilung einer Zufallsvariablen.*

Damit meinen wir die Frage: Wie groß ist die Wahrscheinlichkeit dafür, bei Messung der Zufallsvariablen x einen bestimmten Meßwert $\in \mathcal{W}_f$ zu erhalten?

Für diskrete Experimente ist die Antwort sofort zu finden: Die Wahrscheinlichkeit $P(x)$ für den Meßwert x ist die Summe der Wahrscheinlichkeiten für die atomaren Ereignisse p_n, für die $f(e_n) = x$ ist, – oder

$$P(x) = \sum_{n:\, f(e_n)=x} p_n \, . \qquad (*)$$

Ist die Funktion f, die die Zufallsvariable definiert, injektiv, d.h. werden allen Ereignissen aus $\mathcal{E}$ *unterschiedliche* Werte zugeordnet, so ist die Wahrscheinlichkeit dafür, den Wert x_n zu finden, natürlich gleich der Wahrscheinlichkeit für das atomare Ereignis E_n, welches gemäß $x_n = f(e_n)$ diesen Wert liefert. Ist aber $x = f(E)$ auf einer Teilmenge $\mathcal{A}$ von $\mathcal{E}$ konstant,

$$f(E) = x \qquad \forall \, E \in \mathcal{A} \, ,$$

so erhalten wir dieses x natürlich immer dann, wenn das Ergebnis des Experimentes in $\mathcal{A}$ lag, und das ist nach früherem

$$p(\mathcal{A}) = \sum_{n:\, e_n \in \mathcal{A}} p_n \, .$$

Um bereits jetzt die Form vorzubereiten, die die Beziehung $(*)$ für kontinuierliche Wahrscheinlichkeitsverteilungen annehmen wird, bemerken wir noch, daß sie sich auch in der Form

$$P(x) = \sum_n p_n \, \delta_{x, f(e_n)}$$

schreiben läßt.

Wenn wir uns auch darum bemüht haben, die Axiomatik der Wahrscheinlichkeiten in einer allgemein gültigen Form niederzuschreiben, haben wir uns doch

13.1 Zur Statistik von Streuversuchen

bisher vorwiegend auf Experimente mit diskreten – meist endlichen – Ereignisräumen konzentriert. Doch sind das keineswegs die allgemeinst möglichen. Denken wir z.B. an eine Kanone, die in x-Richtung schießt. Die Ergebnismenge wird bei diesem Experiment die gesamte positive x-Achse sein:

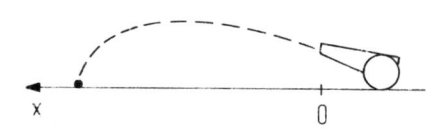

$$\mathcal{E} = \{x : 0 \leq x < \infty\},$$

doch im Gegensatz zu früher werden wir den Mengenkörper $\mathcal{K}$ nicht mehr so frei wählen können, daß er z.B. Teilmengen von $\mathcal{E}$ umfaßt, die aus einem einzelnen Ereignis x_0 bestehen. Es gibt nämlich für diesen Fall *keine atomaren Wahrscheinlichkeiten* mehr: Die Wahrscheinlichkeit, einen ganz bestimmten Punkt x_0 zu treffen, ist für alle $x \in \mathcal{E}$ gleich Null. Hingegen gibt es für jedes Intervall Δx auf der positiven x-Achse eine wohldefinierte Wahrscheinlichkeit $p(\Delta x)$ dafür, daß der Treffer in diesem Intervall liegt. Für diese Wahrscheinlichkeiten gelten abermals die auf S. 142 aufgeführten Axiome, insbesondere gilt

$$p(\Delta_1 x \cup \Delta_2 x) = p(\Delta_1 x) + p(\Delta_2 x)$$

für alle Intervalle $\Delta_1 x$ und $\Delta_2 x$, die maximal einen Punkt gemeinsam haben.

Wie man sich leicht überzeugt, trägt man den Erfordernissen dieser Axiome am einfachsten durch Betrachtung einer *Wahrscheinlichkeitsdichte* oder *Verteilungsfunktion* $\rho(x)$ Rechnung, aus der sich $p(\Delta x)$ durch Integration über das Intervall Δx zu

$$p(\Delta x) = \int_{\Delta x} dx\, \rho(x)$$

errechnet. Diese Funktion $\rho(x)$ muß überall ≥ 0 sein und die *Normierungsbedingung*

$$\int_0^\infty dx\, \rho(x) = 1$$

erfüllen, denn das ist die Wahrscheinlichkeit für einen Treffer *irgendwo* in $\mathcal{E}$ [8].

Auf die Frage, wie in unserem Beispiel und in noch allgemeineren Fällen der Ereigniskörper genau zu konstruieren ist und welchen Integralbegriff man

---

[8] Eine andere, vor allem in der mathematischen Literatur beliebte Beschreibungsweise bedient sich des *Stieltjesschen Integralbegriffs* in der Form

$$p(\Delta x) = \int_{\Delta x} dp(x).$$

Ist die darin auftretende monoton wachsende Funktion $p(x)$ differenzierbar, erhält man verwenden muß, können wir hier nicht eingehen, denn das würde uns auf das Gebiet der *Maß-* und *Integrationstheorie* führen[9].

Die differentielle Größe $\mathrm{d}p(x) = \rho(x)\,\mathrm{d}x$, die sich mit der Wahrscheinlichkeitsdichte $\rho(x)$ bilden läßt, läßt sich anschaulich als *Wahrscheinlichkeit $p(x, x+\mathrm{d}x)$ für einen Treffer im infinitesimalen Intervall $[x, x+\mathrm{d}x)$* beschreiben; diese Form entspricht dem gängigen Sprachgebrauch der Physik.

Durch eine beliebige auf $\mathcal{E}$ – d.h. in unserem Fall auf dem Intervall $[0,\infty)$ – definierte zahlenwertige Funktion $f(x)$ wird eine *Zufallsvariable* definiert, die wir z.B. selbst als f bezeichnen können. Insbesondere ist x selbst eine solche.

Der *Mittelwert* von f ist durch

$$\langle f \rangle = \int \mathrm{d}x\, f(x)\, \rho(x)$$

gegeben, und aus dieser Definition lassen sich auch quadratische Schwankungen und ähnliche Größen in völliger Analogie zum diskreten Fall ableiten.

Ebenso wie für diskrete Ereignismengen können wir auch im kontinuierlichen Fall nach der *Verteilung einer* vorgegebenen *Zufallsvariable f* bei gegebenem $\rho(x)$ fragen.

Dazu betrachten wir die folgende Abbildung.

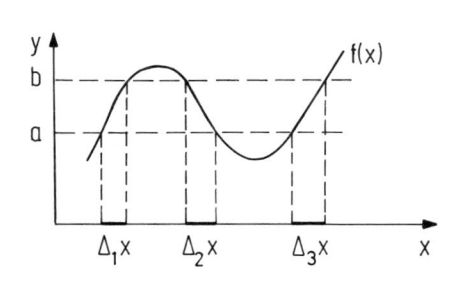

Die Wahrscheinlichkeit $P_f(a,b)$ dafür, daß die Zufallsvariable f einen Wert $y = f(x)$ aus dem Intervall $[a,b]$ annimmt, ist offensichtlich durch

$$P_f(a,b) = \sum_\nu p(\Delta_\nu x) = \int_\mathcal{I} \mathrm{d}x\, \rho(x)$$

gegeben, wobei

$$\mathcal{I} = \bigcup_\nu \Delta_\nu x$$

---

daraus sofort

$$\rho(x) = \frac{\mathrm{d}p(x)}{\mathrm{d}x},$$

doch macht das obige Integral auch noch dann einen Sinn, wenn $p(x)$ nicht differenzierbar ist, ja sogar Sprungstellen besitzt.

Läßt man allerdings zu, daß $\rho(x)$ auch eine *Distribution* sein kann, läßt sich auch dieser Fall durch eine Verteilungsfunktion beschreiben.

[9] Wer hierüber näher Bescheid wissen möchte und auch harte mathematische Kost nicht scheut, sei auf das Buch von H. RICHTER, ‚*Wahrscheinlichkeitstheorie*' (Springer-Verlag, 1956) verwiesen.

13.1 Zur Statistik von Streuversuchen

durch
$$\mathcal{I} = \{x : a \leq f(x) < b\}$$
definiert ist.

Andererseits läßt sich P_f als Wahrscheinlichkeit über dem Ereignisraum $\mathcal{E}_f = \mathcal{W}_f$ auffassen und deswegen gemäß

$$P_f(a,b) = \int_a^b \mathrm{d}y\, \hat{\rho}_f(y)$$

durch die *Verteilungsfunktion* $\hat{\rho}_f(y)$ *der Zufallsvariable* f beschreiben. Es gilt also, den Zusammenhang von $\hat{\rho}_f(y)$ mit $\rho(x)$ herzustellen.

Dieses Problem ist aber völlig identisch mit dem, das sich bei der Begründung der *Substitutionstechnik* in der Integralrechnung stellt.

Entsprechend ist auch das Ergebnis:

Sei die Funktion $f(x)$ differenzierbar und ihr Definitionsbereich $\mathcal{D}$ in Intervalle $\mathcal{I}_\nu$ zu zerlegen, auf denen sie monoton und somit in der Form $x = f_\nu^{-1}(y)$ umkehrbar ist. Gebe es weiterhin zu vorgegebenem y_o ein $x_{\mathrm{o},\nu} \in \mathcal{I}_\nu$ mit $y_\mathrm{o} = f(x_{\mathrm{o},\nu})$.

Dann ist
$$\hat{\rho}(y_\mathrm{o}) = \sum_\nu \hat{\rho}^\nu(y_\mathrm{o})\,,$$
und $\hat{\rho}^\nu(y_\mathrm{o})$ ist durch

$$\hat{\rho}^\nu(y_\mathrm{o}) = \rho(x(y_\mathrm{o})) \left|\frac{\mathrm{d}x}{\mathrm{d}y}\right|_{y_\mathrm{o}} = \rho(x(y_\mathrm{o})) \frac{1}{\left|\frac{\mathrm{d}y}{\mathrm{d}x}\right|_{x(y_\mathrm{o})}} = \rho(x_{\mathrm{o},\nu}) \frac{1}{|f'(x_{\mathrm{o},\nu})|}$$

gegeben[10].

Dieses Ergebnis läßt sich unter Verwendung der Formel[11]

$$\delta(g(x)) = \sum_{i=1}^{\ell} \frac{1}{|g'(x_i)|}\, \delta(x - x_i)$$

---

[10] In der *Tensoranalysis* unterscheidet man von vornherein zwischen *skalaren Feldern* $F(x)$ und *skalaren Dichten* $\rho(x)$. Skalare Felder transformieren sich bei Übergang von x zu $y = g(x)$ gemäß
$$F(x) \to \tilde{F}(y) = F(x(y))\,,$$
skalare Dichten hingegen nach der Formel
$$\rho(x) \to \tilde{\rho}(y) = \rho(x(y)) \left|\frac{\mathrm{d}x}{\mathrm{d}y}\right|.$$
Folglich haben wir soeben gezeigt, daß die Wahrscheinlichkeitsdichte tatsächlich eine skalare Dichte ist.

[11] *Mechanik I*, 4.4.2, S. 138 ff., insbes. S. 141.

für die δ-Funktion auch in der Form

$$\boxed{\hat{\rho}_f(y) = \int dx\, \rho(x)\, \delta(y - f(x))} \qquad (*)$$

schreiben, an der die Ähnlichkeit zum äquivalenten Resultat für diskrete Experimente direkt ins Auge fällt.

Die Beziehung (*) wird bisweilen als *Radon-Transformation* bezeichnet.

Tatsächlich ist $\hat{\rho}_f(y)$ eine Wahrscheinlichkeitsdichte, denn es ist erstens stets ≥ 0 und zweitens normiert; gilt doch

$$\int_{W_f} dy\, \hat{\rho}_f(y) = \int_{W_f} dy \int_{\mathcal{E}} dx\, \rho(x)\, \delta(y - f(x))$$
$$= \int_{\mathcal{E}} dx\, \rho(x) \int_{W_f} dy\, \delta(y - f(x)) = \int_{\mathcal{E}} dx\, \rho(x) = 1 \; .$$

Wir betrachten abschließend ein einfaches *Beispiel*: Wie ist die Zufallsvariable x^2 bei einem Experiment mit $\mathcal{E} = (-\infty, +\infty)$ verteilt?

Zunächst haben wir $y = x^2$ und

$$\hat{\rho}_{x^2}(y) = \int_{-\infty}^{+\infty} dx\, \rho(x)\, \delta(y - x^2) \; .$$

Die Funktion $g(x) = y - x^2$ hat nur für $y > 0$ reelle und einfache Nullstellen, nämlich $x_{1,2} = \pm\sqrt{y}$, und in ihnen die Steigungen $g'(x) = \mp 2\sqrt{y}$. Folglich ergibt sich mit der Zerlegung der δ-Funktion

$$\hat{\rho}_{x^2}(y) = \begin{cases} \dfrac{1}{2\sqrt{y}} \left(\delta(\sqrt{y}) + \delta(-\sqrt{y}) \right) & \text{für } y > 0, \\ 0 & \text{für } y < 0. \end{cases}$$

Mit diesem Beispiel beschließen wir unsere – notgedrungen sehr rudimentären – Betrachtungen der Wahrscheinlichkeitstheorie und beginnen nun mit der genaueren Analyse des Streuexperimentes, das uns zu diesen Untersuchungen veranlaßte.

13.1.3 Statistische Interpretation des Streuexperimentes; der Wirkungsquerschnitt

Um klare Verhältnisse zu schaffen, nehmen wir zunächst einmal an, daß die Entfernung der Detektoren vom Zentrum des targets im Verhältnis zur Strahlbreite – im Gegensatz zur Zeichnung – so groß sei, daß die Unterschiede zwischen den Winkeln θ, θ_o und θ_u (und den entsprechenden Azimuts ϕ) vernachlässigbar klein werden.

13.1 Zur Statistik von Streuversuchen

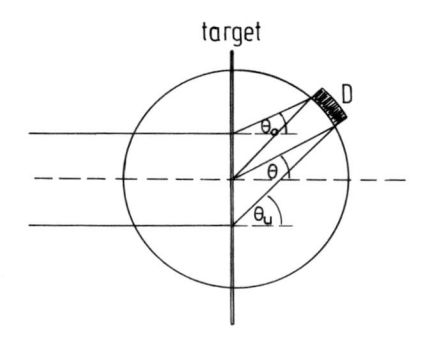

Nun schießen wir N Teilchen *nicht exakt spezifizierter Anfangsbedingungen* – über ihre Verteilung wird später etwas zu sagen sein – auf das target. Im Detektor D mögen davon N_i diskriminiert werden.

Wovon wird N_i abhängen? Natürlich werden wir

$$N_i = N_i(\theta, \phi, F_D)$$

haben, wobei θ, ϕ die Winkel eines fixierten Punktes auf D darstellen mögen und F_D die Fläche des Detektors ist.

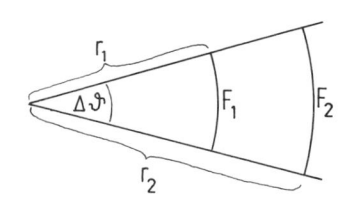

Nun müssen offensichtlich alle Teilchen, die der Detektor auffängt, innerhalb eines Kegels verlaufen, dessen Spitze im target-Zentrum liegt und dessen Grundfläche von der Detektorfläche gebildet wird; sein Öffnungswinkel spannt einen Bereich im (θ, ϕ)-Raum auf. Offensichtlich kommt es auf diesen Bereich mehr an als auf die Fläche, denn verschiebt man den Detektor von r_2 nach r_1, so erhält man das gleiche N_i, wenn man gleichzeitig F_2 auf F_1 verkleinert, und das geht auf der Kugeloberfläche wie

$$F_1 : F_2 = r_1^2 : r_2^2 ,$$

(denn die Kugeloberfläche ist $4\pi r^2$).

Bezeichnen wir diesen Winkelbereich, den sogenannten *Raumwinkel*, mit Ω, so können wir besser schreiben

$$N_i = N_i(\theta, \phi, \Omega) ,$$

und

$$n_i(\theta, \phi, \Omega) = N_i/N$$

ist der relative Anteil aller Teilchen, der durch D detektiert wird.

Um besser einsehen zu können, was wir mit dieser Information anfangen können, wollen wir zunächst ein eindimensionales Analogon bilden:

Gegeben sei eine Größe n, die von der Länge L eines Intervalls auf der x-Achse und von einem fixierten Punkt in diesem Intervall x abhängt: $n(x|L)$. Denken wir uns diesen Punkt in die untere Intervallgrenze gesetzt und die

Länge des Intervalls durch die untere und obere Grenze dargestellt: $n(x|L) = n(x, x + L)$. Dann können wir $n(x|L)$ aber in der integralen Form

$$n(x|L) = n(x, x + L) = \int_x^{x+L} \rho(x')\,\mathrm{d}x'$$

oder in Differentialform als

$$n(x|\mathrm{d}x) = \rho(x)\,\mathrm{d}x$$

darstellen und somit die Größe n auf eine Dichte $\rho(x)$ zurückführen.

Genau das gleiche Vorgehen führt auch in unserem mehrdimensionalen Fall zum Ziel: Nehmen wir an, die Fläche des Detektors würde immer kleiner und schließlich zu r^2 „$\mathrm{d}\Omega$". Dann schreiben wir

$$n(\theta, \phi, \mathrm{d}\Omega) = \sigma(\theta, \phi)\,\mathrm{d}\Omega$$

und führen eine Dichte $\sigma(\theta, \phi)$ ein, die man als *differentiellen Streuquerschnitt* oder auch *differentiellen Wirkungsquerschnitt* bezeichnet. Mittels dieser Größe erhält man die Streurate, die in einen endlichen Raumwinkelbereich Ω geht, durch Integration von σ über den Raumwinkel Ω,

$$n(\theta, \phi, \Omega) = \int_\Omega \sigma(\theta, \phi)\,\mathrm{d}\Omega\;.$$

Doch was sind „$\mathrm{d}\Omega$" und das damit gebildete Integral[12], wenn man sie vom mathematischen Standpunkt aus betrachtet?

Stellen wir uns zunächst einmal ein skalares Feld $\Phi(x, y)$ über der xy-Ebene vor und einen Bereich $\mathcal{B}$ in dieser Ebene. Dann ist

$$\int_\mathcal{B} \Phi(x, y)\,\mathrm{d}\tau = \int_\mathcal{B} \Phi(x, y)\,\mathrm{d}x\,\mathrm{d}y$$

das sogenannte *Bereichsintegral* der Funktion Φ über $\mathcal{B}$, und insbesondere hat der Absolutbetrag des Integrals

$$\int_\mathcal{B} \mathrm{d}\tau = A(\mathcal{B})$$

---

[12] Wir betreten jetzt erstmals das Gebiet der Bereichs- und Flächenintegration, das in jedem Kurs der ‚*Differential- und Integralrechnung*' (meist im zweiten Semester) ausführlich behandelt wird. Aus diesem Grunde glauben wir, auf eine ausführliche Darstellung dieser Theorie, die z.B. in Anschluß an unsere Ausführungen in Kapitel 10 möglich wäre, verzichten zu können und beschränken uns im folgenden darauf, die Verbindungen unserer physikalischen Fragestellung mit dieser Theorie aufzuzeigen. Leser, denen diese Theorie noch nicht hinreichend bekannt ist, mögen eine der vielen einführenden Darstellungen dieses Gebietes zu Rate ziehen, z.B. die Kapitel 9 und 10 des Buches ‚*Analysis II*' von K. ENDL und W. LUH (7. Auflage: AULA-Verlag GmbH, 1989).

13.1 Zur Statistik von Streuversuchen

die Bedeutung $|A(\mathcal{B})| = F(\mathcal{B}) =$ Flächeninhalt des Bereiches. $d\tau = dx\,dy$ heißt das *Flächenelement* (in kartesischen Koordinaten). Nehmen wir jetzt weiter an, wir hätten jetzt eine Funktion Φ, die auf der Oberfläche der Einheitskugel definiert ist, und $\mathcal{B}$ sei ein Bereich auf der Kugeloberfläche. Dann können wir ebenso Φ über diesen Bereich integrieren und erhalten so ein *Oberflächenintegral*.

Nun ist jedem Bereich auf der Oberfläche der Einheitskugel eineindeutig ein Raumwinkelbereich Ω zugeordnet, und demzufolge kann man das auch als

$$\int_{\Omega} \Phi\,d\Omega$$

schreiben.

Dabei ist $d\Omega$ das *Flächenelement auf der Einheitskugel* oder das *Raumwinkelelement*.

Für das weitere gehen wir von einer Transformationsformel für Bereichsintegrale aus, die in mehreren Dimensionen die Substitutionsformel ersetzt.

Seien durch $x_i = x_i(u_1,\ldots,u_3)$ $(i = 1,\ldots,3)$ krummlinige Koordinaten definiert.

Dann ist

$$\int_{\mathcal{B}} f(x_1,\ldots,x_3)\,dx_1\,dx_2\,dx_3$$

$$= \int_{\mathcal{B}_o} \tilde{f}(u_1,\ldots,u_3)\big|\,\|\boldsymbol{D}(u_1,\ldots,u_3)\|\,\big|\,du_1\,du_2\,du_3\,,$$

wobei

$$f(\mathcal{B}_o) = \mathcal{B},\qquad \tilde{f}(u_j) = f(x_i(u_j))$$

gelten und $\|\boldsymbol{D}\|$ die *Jacobi-Determinante* ist[13]. Man sagt, das *Volumenelement* dV transformiert sich gemäß

$$dV = dx_1\,dx_2\,dx_3 = \big|\,\|\boldsymbol{D}\|\,\big|\,du_1\,du_2\,du_3 = \big|\mathbf{T}^1\cdot(\mathbf{T}^2\times\mathbf{T}^3)\big|\,du_1\,du_2\,du_3\,.$$

Wollen wir das Integral über eine *Fläche im Raum* ausführen, wählen wir die Koordinaten so, daß diese Fläche Koordinatenfläche (z.B. $u_1 = u_1^o$) wird.

Dann wird

$$\int_{\mathcal{F}} f(x_1,x_2,x_3)\,dF = \int_{\mathcal{F}} \tilde{f}(u_1^o,u_2,u_3)\,\big|\mathbf{T}^2\times\mathbf{T}^3\big|\,du_2\,du_3\,,$$

---

[13] Diese Formel setzt voraus, daß $\|\boldsymbol{D}\|$ *semidefinit* ist. Das ist immer dann zu garantieren, wenn die lokale Umkehrbarkeit der Punkttransformation auf einer höchstens eindimensionalen Mannigfaltigkeit verletzt ist.

d.h.
$$dF = |\mathbf{T}^2 \times \mathbf{T}^3| \, du_2 \, du_3 \,.$$

Um speziell über die Oberfläche der Einheitskugel zu integrieren, werden wir natürlich Kugelkoordinaten wählen.

Mit den früher abgeleiteten Ausdrücken erhalten wir dann
$$dV = r^2 \sin(\theta) \, dr \, d\phi \, d\theta$$
und
$$dF = r^2 \sin(\theta) \, d\phi \, d\theta = r^2 \, d\Omega \,.$$

Tatsächlich ergibt sich damit das Kugelvolumen sofort zu
$$V = \int_0^r r'^2 \, dr' \int_0^{2\pi} d\phi \int_0^\pi \sin(\theta) \, d\theta = \frac{4\pi}{3} r^3$$
und die Oberfläche der Einheitskugel zu
$$F = \int_0^{2\pi} d\phi \int_0^\pi \sin(\theta) \, d\theta = 4\pi \,.$$

Diese Größe bezeichnet man auch als *vollen Raumwinkel*.

Nach den soeben erfolgten Ausführungen ist also
$$\int_\Omega \sigma(\phi,\theta) \, d\phi \, \sin(\theta) \, d\theta$$
die *relative Streurate* in dem Raumwinkelbereich Ω.

Dabei wird $\sigma(\phi,\theta)$ *nicht* vom Winkel ϕ abhängen, wenn die Streuung *axialsymmetrisch* zur Achse des einlaufenden Strahls erfolgt.

Integrieren wir über den *vollen Raumwinkel*, d.h. die gesamte Oberfläche der Einheitskugel, so erhalten wir
$$\int d\Omega \, \sigma(\phi,\theta) = \int_0^{2\pi} d\phi \int_0^\pi d\theta \, \sin(\theta) \, \sigma(\phi,\theta) = \sigma_{\text{tot}}$$
den sogenannten *totalen Wirkungsquerschnitt*.

Diese Größe gibt an, welcher Bruchteil der einfallenden Teilchen überhaupt, d.h. in eine beliebige Raumrichtung, gestreut wird. Auf den ersten Blick sieht es so aus, als müßten dies alle Teilchen sein: $\sigma_{\text{tot}} = 1$. Das ist aber aus Gründen, die wir später einsehen werden, nicht unbedingt richtig.

Wir erwähnen abschließend noch die *Wahrscheinlichkeitsinterpretation des Wirkungsquerschnittes*: Anstatt $\sigma(\phi,\theta)$ als relative Streurate zu interpretieren, können wir es auch als *Dichte der Wahrscheinlichkeit* dafür auffassen, daß *ein* gestreutes Teilchen in das Raumwinkelelement $d\Omega$ um (ϕ,θ) gestreut wird.

13.2 Die Streuung am Zentralpotential

Alle Aussagen über den Streuprozeß, die wir bisher gemacht haben, waren rein phänomenologischer Natur; das target trat darin als unstrukturiertes makroskopisches Ganzes auf. Jetzt müssen wir uns genauer darum kümmern, was eigentlich im Detail bei diesem Stoßprozeß vor sich geht.

Ist das Streuteilchen mikroskopisch, was wir im folgenden annehmen wollen, so wird es auch das target als System mikroskopischer Teilchen empfinden. Die Streuung wird nicht am target als Ganzem, sondern an einzelnen der mikroskopischen Teilchen, den sogenannten *Streuzentren*, erfolgen, aus denen es sich zusammensetzt.

Um den gesamten Streuprozeß zu verstehen, müssen wir daher zwei Fragen untersuchen:

Erstens nämlich müssen wir uns über den Streuprozeß Rechenschaft geben, den das Streuteilchen an einem einzelnen target-Teilchen erfährt. Und zweitens müssen wir uns überlegen, wie sich diese Elementarakte zum Gesamtphänomen aufaddieren.

Wir beginnen mit dem zweiten Punkt, über den es – im Rahmen unserer Untersuchungen – nur Prinzipielles zu sagen gibt:

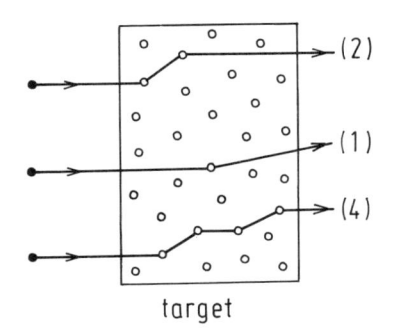

Ein Streuteilchen, das überhaupt gestreut wird, kann mit einem target-Teilchen zusammenstoßen und das target verlassen. Dann spricht man von *Einfachstreuung*. Es kann aber nach der ersten Streuung noch ein zweites, drittes,..., n. Mal gestreut werden, ehe es das target verläßt. Dann liegt *Mehrfachstreuung* vor. Je dichter und je voluminöser das target ist, um so größer wird der Anteil der Mehrfachstreuung am gesamten Streuprozeß sein. Wichtig ist aber, daß sich auf alle Fälle die Mehrfachstreuung als Abfolge mehrerer Einfachstreuakte verstehen und beherrschen läßt.

Umso wichtiger ist die Beantwortung der ersten oben gestellten Frage: Wie ist der Elementarakt der Einfachstreuung zu beschreiben?

Zunächst einmal ist sicher, daß zwei Teilchen nur dann aneinander streuen werden, wenn Kräfte zwischen ihnen wirken. Alles, was allgemein, d.h. ohne detaillierte Kenntnis dieser Kräfte, über diesen Prozeß auszusagen ist, haben wir bereits früher – in 4.4.3[14] – ausführlich erörtert: Sämtliche Gesetze der *Stoßkinematik des Zweierstoßes* müssen für die Einfachstreuung erfüllt sein.

---

[14] *Mechanik I*, S. 145 ff.

Insofern sind also die Stoßgesetze die Grundlage für die Beschreibung von Streuungen.

Was in dieser Terminologie die Streu- von der Stoßtheorie unterscheidet, ist also gerade die Berücksichtigung der konkreter Form der Wechselwirkungskräfte zwischen den Teilchen. Für das wichtige Beispiel *zentraler Potentialkräfte* wollen wir nun die Konsequenzen untersuchen.

13.2.1 Allgemeine Betrachtungen

Zu diesem Zweck nehmen wir an, es sei ein Streuzentrum im Koordinatenursprung fixiert[15] und die Wechselwirkung finde über ein *abstoßendes Zentralpotential* $V(r)$ statt. Von diesem Potential werden wir aus Gründen der Anschaulichkeit zunächst einmal annehmen, daß es eine *endliche Reichweite* R besitze:

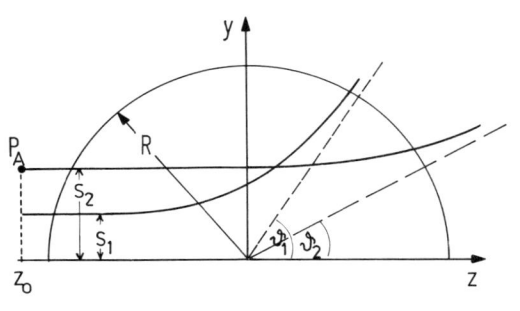

$$V(r) = 0 \quad \text{für } r > R \,.$$

Nun schießen wir von einem Punkte P_A, dessen Koordinaten in Zylinderkoordinaten $(\rho, \phi, z) = (s, \phi, z_o)$ sind und für den $z_o < -R$ gilt, ein Streuteilchen der Energie E mit einer Anfangsgeschwindigkeit parallel zur z-Achse $\mathbf{v}_o = v_o \, \mathbf{e}_z$ ein.

Da in P_A $V = 0$ gilt, liegt die Energie zu Beginn ganz in Form von kinetischer Energie vor,

$$E = T = \frac{m}{2} v_o^2 \,,$$

und wir erhalten daraus den eindeutigen Zusammenhang

$$v_o = \sqrt{\frac{2E}{m}} \,.$$

Ist der Abstand s des Punktes P_A von der z-Achse kleiner als R, so wird das Teilchen im Laufe der Zeit in ein Raumgebiet einlaufen, in dem $V(r) \neq 0$ ist, und seine Bahn wird von den abstoßenden Kräften vom Streuzentrum weggelenkt werden. Da es nicht eingefangen werden kann – seine Bewegung ist infinit –, wird es die Kugel mit Radius R um das Zentrum schließlich wieder verlassen und dann als freies Teilchen geradlinig weiterlaufen. Da der *Energiesatz* gilt, der Stoß also *elastisch* ist, wird der Betrag seiner Endgeschwindigkeit

---

[15] Auf die Effekte, die dadurch auftreten, daß das Streuzentrum in Wirklichkeit nicht fixiert ist, werden wir im Anschluß eingehen.

13.2 Die Streuung am Zentralpotential

v_e wiederum $\sqrt{2E/m}$ sein, nur wird die Bewegung nun um den Polarwinkel θ zur z-Achse geneigt verlaufen, und es ist einsichtig, daß bei monoton abnehmendem Potential dieser Ablenkwinkel umso größer sein wird, je kleiner s, der sogenannte *Stoßparameter*, war (s. Zeichnung).

Bei all diesen Überlegungen wird überdies der Azimut ϕ keine Rolle spielen, denn da $V(r)$ zentralsymmetrisch ist, ist es erst recht *axialsymmetrisch* um die z-Achse (genaugenommen sogar um jede Achse).

Außerdem vermerken wir, daß während der ganzen Bewegung der Drehimpuls **L** erhalten bleibt: Er steht senkrecht auf der Bewegungsebene und hat die konstante Länge ℓ.

Indem wir als Bewegungsebene o.B.d.A. die xz-Ebene wählen, finden wir dafür

$$\ell = |L_y| = |m(z\,v_x - x\,v_z)| = |L_y^o| = +s\,m\,v_o = s\sqrt{2\,m\,E}\,.$$

Sind also s und E gegeben, so auch ℓ und E: Damit ist aber nach früheren Untersuchungen[16] die Bahn völlig bestimmt, und somit ist auch der Winkel $\theta(s, E)$ *determiniert*.

Nun nehmen wir an, wir würden mit einem monochromatischen Teilchenstrahl arbeiten: Die Energie E sei also für alle Streuteilchen exakt die gleiche. Selbst wenn uns die Herstellung eines solchen Strahles gelingt und wenn wir in der Lage sind, alle Strahlteilchen absolut parallel auf den Weg zu schicken, wird es sich jedoch nicht erreichen lassen, den Stoßparameter absolut genau vorzugeben. Das liegt nicht nur daran, daß unser Teilchenstrahl in praxi immer einen endlichen Durchmesser haben wird, sondern, viel fundamentaler, daran, daß wir die genaue Lage des mikroskopischen Streuzentrums im target und somit die exakte Lage unseres Koordinatenursprungs nicht kennen.

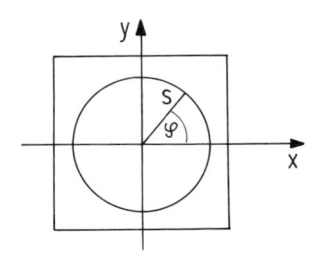

Das beste, was wir machen können, ist also, eine Verteilungsfunktion $\rho(x, y)$ für die Teilchen anzunehmen, die in $z = z_o$ abgeschossen werden[17]. Von dieser Verteilung werden wir vernünftigerweise annehmen, daß sie ebenfalls *axialsymmetrisch* ist, also durch eine Funktion von s allein beschrieben wird:

$$\rho(x, y) = f(\sqrt{x^2 + y^2}) = f(s)\,.$$

Demzufolge wird es zweckmäßig sein, zu ebenen Polarkoordinaten überzugehen, und hier tritt das erste Mal das Problem

---

[16] Siehe S. 124.

[17] Die Unkenntnis, mit der z_o natürlich ebenso behaftet ist, spielt hingegen keine Rolle.

auf, eine *Verteilungsfunktion umzurechnen*:
Nach früheren Überlegungen erhalten wir

$$\hat{\rho}(s,\phi)\,\mathrm{d}s\,\mathrm{d}\phi = \rho(x,y)\,\mathrm{d}x\,\mathrm{d}y = f(s)\,\|\boldsymbol{D}\|\,\mathrm{d}s\,\mathrm{d}\phi\,.$$

Nun ist $\|\boldsymbol{D}\| = s$, und somit ist

$$\hat{\rho}(s,\phi) = f(s)\,s\,.$$

Integrieren wir hierin noch über ϕ, so ergibt sich

$$\rho'(s) = 2\pi\,f(s)\,s\,,$$

und $\rho'(s)\,\mathrm{d}s$ ist die Wahrscheinlichkeit dafür, im infinitesimalen Kreisring zwischen s und $s+\mathrm{d}s$ ein Teilchen einzuschießen.

Nun ist nach unseren vorangegangenen Untersuchungen die Zuordnung θ zu s durch $\theta(s)$ eindeutig beschrieben und definiert deswegen eine Zufallsfunktion über der Verteilung der Stoßparameter. Jedes Teilchen, das einen Stoßparameter zwischen s und $s+\mathrm{d}s$ hat, wird in den Winkelbereich zwischen θ und $\theta+\mathrm{d}\theta$ gestreut. Folglich ist

$$\hat{\rho}(s)\,\mathrm{d}s\,\mathrm{d}\phi = f(s)\,s\,\mathrm{d}s\,\mathrm{d}\phi = \sigma(\theta,\phi)\,\mathrm{d}\Omega = \sigma(\theta,\phi)\sin(\theta)\,\mathrm{d}\theta\,\mathrm{d}\phi$$

– das ist eine zweite Umrechnung der Verteilungsfunktion –, und wir erhalten

$$\sigma(\theta,\phi) = \sigma(\theta) = \frac{f(s)\,s\,\mathrm{d}s}{\sin(\theta)\,\mathrm{d}\theta} = \frac{f(s)\,s}{\sin(\theta)\,\frac{\mathrm{d}\theta}{\mathrm{d}s}} \qquad (*)$$

für den *differentiellen Streuquerschnitt*.

Schließlich wollen wir noch versuchen, unsere Überlegungen so zu erweitern, daß sie auch noch für Potentiale unendlicher Reichweite $(R \to \infty)$ gültig bleiben, die für $r \to \infty$ hinreichend schnell gegen Null streben.

Da es bei unseren Formeln nicht darauf ankam, wie groß R und z_o waren, müssen wir dazu nur einen Grenzübergang $z_\mathrm{o} \to -\infty$ ausführen bzw. anstelle der Teilchenbahn im Bereich $r \to R$ ihre *Asymptoten* für $t = \pm\infty$ betrachten. An den Ergebnissen unserer Untersuchungen ändert sich dabei nichts, und auch die soeben abgeleitete Formel $(*)$ behält ihre Gültigkeit.

13.2.2 Coulombstreuung und die Rutherfordsche Streuformel

Die einzige Größe, die in der soeben abgeleiteten Formel $(*)$ von der speziellen Gestalt des Potentials zwischen Streu- und target-Teilchen abhängt, ist offenbar $\mathrm{d}\theta/\mathrm{d}s$.

13.2 Die Streuung am Zentralpotential

Nehmen wir nun an, diese Teilchen seien gleichnamig elektrisch geladen. Wie wir später in der Elektrodynamik sehen werden, folgen die *abstoßenden* Kräfte in diesem Fall aus dem Coulombpotential

$$V(r) = \frac{k}{r}, \quad k > 0,$$

das bis auf das Vorzeichen genauso aussieht wie das Potential der Massenanziehung. Um die Dynamik dieses Problems zu durchschauen, müßten wir also das Keplerproblem abermals, aber für den Fall $\lambda < 0$, der stets auf eine infinite Bewegung führt, durchrechnen. Das ist sehr leicht möglich; wir begnügen uns hier jedoch damit, einen Vergleich der Bahnen mit den Hyperbelbahnen anzustellen, welche wir im Falle der infiniten Bewegung ($E > 0$) für das Keplerproblem gewonnen haben.

Wir erhalten

	$(E > 0)\quad k < 0$	$k > 0$
	$r = \dfrac{p}{1 + \epsilon \cos(\phi)} \quad \epsilon > 1$	$r = \dfrac{-p}{1 - \epsilon \cos(\phi)} \quad \epsilon > 1$
$\phi = 0:$	$r = \dfrac{p}{1 + \epsilon} > 0$	$r = \dfrac{-p}{1 - \epsilon} = \dfrac{p}{\epsilon - 1} > 0$
$r = \infty:$	$\phi_c = \arccos(-\epsilon^{-1})$	$\phi_c = \arccos(\epsilon^{-1})$
d.h.:	$\phi_c \geq \dfrac{\pi}{2}$	$\phi_c \leq \dfrac{\pi}{2}$

Das führt zu den auf der folgenden Seite dargestellten Orbits.

Wieder ist die Bahn eine Hyperbelast, doch diesmal ist das Kraftzentrum *äußerer Brennpunkt*.

In die Figur haben wir auch den Streuwinkel θ eingezeichnet. Zwischen ihm und dem Grenzwinkel ϕ_c besteht offensichtlich die Beziehung

$$\theta + 2\phi_c = \pi.$$

anziehende — abstoßende

Kraft

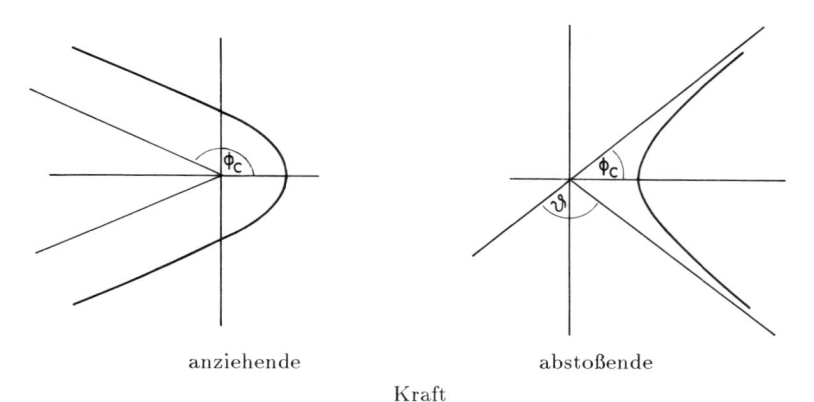

Also gilt weiter

$$\frac{1}{\epsilon} = \cos(\phi_c) = \cos(\pi/2 - \theta/2) = \sin(\theta/2) \, .$$

Für die Exzentrizität ϵ erhält man in völliger Analogie zum Keplerproblem

$$\epsilon = \sqrt{1 + \frac{2E}{mk^2}\ell^2} \, ,$$

und für ℓ hatten wir

$$\ell = s\sqrt{2mE}$$

gefunden, so daß sich schließlich ϵ zu

$$\epsilon = \sqrt{1 + \frac{2E}{mk^2} s^2 \, 2mE} = \sqrt{1 + \left(\frac{2Es}{k}\right)^2}$$

ergibt.

Also ist

$$\frac{1}{\sin^2(\theta/2)} = 1 + \left(\frac{2Es}{k}\right)^2 \, .$$

Das heißt aber

$$\frac{1}{\sin^2(\theta/2)} - 1 = \frac{1 - \sin^2(\theta/2)}{\sin^2(\theta/2)} = \cot^2(\theta/2) = \left(\frac{2Es}{k}\right)^2$$

oder

$$s = \frac{k}{2E} \cot(\theta/2) \, . \tag{$**$}$$

13.2 Die Streuung am Zentralpotential

Mit abnehmendem Stoßparameter nimmt der Streuwinkel wie erwartet zu. Für $s \to \infty$ strebt er gegen 0, d.h. das Streuteilchen fliegt an dem Streuzentrum vorüber, ohne von ihm beeinflußt zu werden. Für $s = 0$ gilt $\theta = \pi$; der Stoß ist zentral und das Streuteilchen wird total reflektiert. Das muß auch so sein, denn die von uns angenommene räumliche Fixierung des Streuzentrums bedeutet ja, daß dieses formal eine unendliche Masse trägt.

Aus der Beziehung (∗∗) erhalten wir nun sofort

$$\frac{\mathrm{d}s}{\mathrm{d}\theta} = \frac{k}{4E} \frac{1}{\sin^2(\theta/2)}.$$

Demzufolge ist nach der Formel (∗) von S. 158 der Streuquerschnitt durch

$$\sigma(\theta) = f(s) \frac{k}{2E} \frac{\cot(\theta/2)}{\sin(\theta)} \frac{k}{4E} \frac{1}{\sin^2(\theta/2)}$$

bestimmt, und daraus wird schließlich mit der Identität

$$\sin(\theta) = 2\sin(\theta/2)\cos(\theta/2)$$

der Ausdruck

$$\sigma(\theta) = f(s) \frac{k^2}{16 E^2} \frac{1}{\sin^4(\theta/2)}. \qquad (***)$$

Um weiterzukommen, müssen wir nun eine Annahme über die Funktion $f(s)$ machen. Da uns die Lage des Streuzentrums unbekannt ist, ist es ehrlich, diese Unkenntnis einzugestehen und anzunehmen, daß $f(s) = \rho(x,y) = \rho_0$ konstant ist. Dann ist nämlich jede beliebige Lage der Strahlbahn zum Streuzentrum gleichwahrscheinlich.

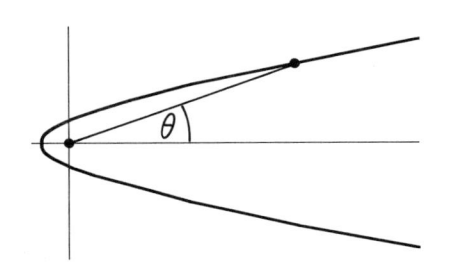

Trifft man diese Wahl, so erhält man aus (∗∗∗) die berühmte *Rutherfordsche Streuformel*, die im Polardiagramm durch eine nach $\theta = 0$ weitgeöffnete Kurve dargestellt wird.

Wenn wir den Versuch machen, mit diesem Ausdruck den totalen Streuquerschnitt

$$\sigma_{\mathrm{tot}} = \int \sigma(\theta)\,\mathrm{d}\Omega = 2\pi \int_0^\pi \sigma(\theta)\sin(\theta)\,\mathrm{d}\theta$$

auszurechnen, so erhalten wir ein Integral

$$\propto \int_0^{\pi/2} \frac{\cos(\theta/2)}{\sin^3(\theta/2)}\,\mathrm{d}(\theta/2),$$

und das *divergiert* wegen der starken Singularität bei $\theta = 0$.

Doch ist dieses auf den ersten Blick *irritierende Ergebnis* leicht verständlich: Die Singularität bei $\theta = 0$ entsteht durch Teilchen mit sehr großem Stoßparameter s. Nach unserem Ansatz für $f(s)$ sollten diese für beliebiges s ebenso wahrscheinlich sein wie solche mit kleinem Stoßparameter.

Nehmen wir diese Wahl wirklich ernst und betrachten wir $f(s)$ als *normierte statistische Verteilungsfunktion*, erhalten wir durch Integration über die gesamte xy-Ebene

$$\int f(s)\,\mathrm{d}x\,\mathrm{d}y = \rho_\mathrm{o}\cdot\infty = 1\,,$$

d.h. $\rho_\mathrm{o} = 0$. Dann ist σ_tot ein Ausdruck der Form $0\cdot\infty$.

Zweckmäßigere Wahlen, die die Divergenz sofort beheben würden, wären z.B.

$$f(s) = \begin{cases} \rho_\mathrm{o} & : \quad s < S \\ 0 & : \quad s > S \end{cases}\,, \qquad f(s) = \alpha\,\mathrm{e}^{-(s/s_\mathrm{o})^2}\,.$$

Hätten wir übrigens ein Streupotential der endlichen Reichweite R, so lägen die Verhältnisse grundsätzlich anders.

Da dann alle Teilchen mit $s > R$ völlig unbeeinflußt blieben und somit der Bedingung $\theta = 0$ genügten, könnten wir jetzt zwischen *gestreuten* ($\theta \neq 0$) und *nicht gestreuten* ($\theta = 0$) Teilchen unterscheiden und erhielten für den *totalen Wirkungsquerschnitt der gestreuten Teilchen* auch für $f(s) =$ constans einen endlichen Wert, nämlich den gleichen, der sich für

$$f(s) = \begin{cases} \text{const.} & \text{für } s < R \\ 0 & \text{sonst} \end{cases}$$

ergäbe.

Letztlich heißt das, daß die Divergenz des totalen Streuquerschnitts der Rutherford-Streuung eine *Konsequenz der großen Reichweite des Coulomb-Potentials* ist, bedeutet aber genauer, daß man für diesen Fall mit der Wahl der Verteilungsfunktion $f(s)$ besonders vorsichtig zu sein hat.

13.3 Reale Streuprozesse

Die Untersuchungen der letzten Ziffern gingen davon aus, daß das Streuzentrum im Raum *fixiert* ist, d.h., daß sich keine Energie auf es überträgt. Formal wäre das richtig, wenn seine Masse unendlich groß wäre. Nun ist das in Wirklichkeit natürlich nicht der Fall; es könnte höchstens dadurch realisiert werden, daß man sich dieses Zentrum *starr* mit dem gesamten target verbunden vorstellt[18].

---

[18] Das kann unter speziellen Bedingungen tatsächlich vorkommen und spielt z.B. beim *Mößbauer-Effekt* eine entscheidende Rolle.

13.3 Reale Streuprozesse

Wir wollen hier jedoch mit dem entgegengesetzten Grenzfall beginnen und annehmen, daß ein Streuzentrum endlicher Masse im target ruhe, ohne mit den übrigen target-Teilchen zu wechselwirken[19].

Unter diesen Umständen wird das Streuzentrum natürlich beim Stoß kinetische Energie aufnehmen und sich selbst in Bewegung setzen; obwohl der *Stoß elastisch* ist, wird folglich das Streuteilchen das target mit verminderter Energie verlassen. Diskriminieren wir die Streuteilchen im Detektor nach der Energie, indem wir z.B. $\sigma(\theta, \phi, E)$ betrachten, werden wir etwas von diesem Energieverlust merken, doch wollen wir hier nicht in die Diskussion der Energieabhängigkeit des Streuquerschnittes eintreten.

13.3.1 Umrechnung des Streuquerschnitts in das Laborsystem

Stattdessen wollen wir uns die Konsequenzen überlegen, die diese endliche Masse für die beobachtete *Winkelabhängigkeit* von σ hat.

Wir haben bereits in 12.1 gesehen, daß alle Überlegungen, die wir bisher angestellt haben, auch für den Fall einer endlichen Masse des Streuzentrums richtig bleiben, falls wir nur sämtliche auftretenden Koordinaten als *Differenzkoordinaten* der beiden Streupartner auffassen. Aus ihnen erhalten wir die Absolutkoordinaten von Streuteilchen und Streuzentrum, $\mathbf{r}_s$ und $\mathbf{r}_z$, gemäß

$$\mathbf{r}_s = \mathbf{R} + \frac{m_z}{M}\mathbf{r},$$

$$\mathbf{r}_z = \mathbf{R} - \frac{m_s}{M}\mathbf{r}.$$

Nun stellen wir unsere Beobachtungen im *Laborsystem* an, das dadurch definiert ist, daß *vor dem Stoß* $\dot{\mathbf{r}}_z^- = \mathbf{0}$ gilt. Außerdem ist zu dieser Zeit $\dot{\mathbf{r}}^- = \mathbf{v}_0$. Somit ist $\dot{\mathbf{R}} = \mathbf{V} = \frac{m_s}{M}\mathbf{v}_0$ und $\dot{\mathbf{r}}_s^- = \dot{\mathbf{r}}^- = \mathbf{v}_0$.

Die Größe $\mathbf{V}$ ändert beim Stoß nicht, und deswegen sind *nach dem Stoß*

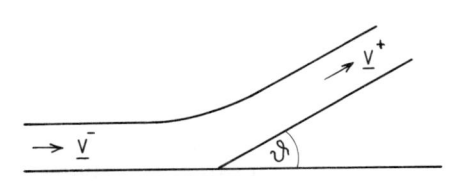

$$\mathbf{v}_s^+ = \frac{m_s}{M}\mathbf{v}_0 + \frac{m_z}{M}\mathbf{v}_e,$$

$$\mathbf{v}_z^+ = \frac{m_s}{M}\mathbf{v}_0 - \frac{m_s}{M}\mathbf{v}_e,$$

wobei $\mathbf{v}_e$ die *Relativgeschwindigkeit nach dem Stoß* ist.

---

[19] *Quantenphysikalisch* gerät diese Annahme mit der *Heisenbergschen Unschärferelation* in Konflikt, doch wollen wir uns darum hier nicht kümmern.

Nun zeigt die Zeichnung, daß der Winkel θ sich grundsätzlich als *Zwischenwinkel zwischen den Asymptoten* an die Bahn ergibt, und das bedeutet

$$\cos(\theta) = \frac{\mathbf{v}^- \cdot \mathbf{v}^+}{|\mathbf{v}^-| \, |\mathbf{v}^+|} \ .$$

Bisher haben wir unter θ jedoch immer den *relativen Winkel* verstanden, der durch

$$\cos(\theta) = \frac{\mathbf{v}_o \cdot \mathbf{v}_e}{v_o^2} \qquad (*)$$

gegeben war.

Was wir im Laborsystem beobachten, ist jedoch der Winkel θ' zwischen $\mathbf{v}_s^-$ und $\mathbf{v}_s^+$; also ist

$$\cos(\theta') = \frac{\mathbf{v}_s^- \cdot \mathbf{v}_s^+}{|\mathbf{v}_s^-| \, |\mathbf{v}_s^+|} = \frac{\mathbf{v}_o \cdot \mathbf{v}_s^+}{|\mathbf{v}_o| \, |\mathbf{v}_s^+|} \ .$$

Setzen wir $\mathbf{v}_s^+$ in diese Relation ein und berücksichtigen wir $|\mathbf{v}_e| = |\mathbf{v}_o|$ und die Beziehung $(*)$, so erhalten wir daraus

$$\cos(\theta') = \frac{m_s + m_z \cos(\theta)}{\sqrt{m_s^2 + m_z^2 + 2\,m_s\,m_z \cos(\theta)}} \ .$$

Tatsächlich ergibt sich hieraus für $m_z \to \infty$ sofort $\cos(\theta') = \cos(\theta)$.

Zwischen dem im Laborsystem beobachteten Streuquerschnitt $\sigma'(\theta')$ und dem bisher von uns ausgerechneten besteht nun die Relation

$$\sigma(\theta) \sin(\theta) \, d\theta = \sigma(\theta') \sin(\theta') \, d\theta' \ .$$

Also ist

$$\sigma'(\theta') = \sigma(\theta(\theta')) \frac{\sin(\theta) \, d\theta}{\sin(\theta') \, d\theta'} = \sigma(\theta(\theta')) \frac{d \cos(\theta)}{d \cos(\theta')} \ .$$

Je nach dem Massenverhältnis unterscheidet sich σ' mehr oder weniger drastisch von σ, am stärksten natürlich für $m_s = m_z$; hierfür ergibt sich unter allen Umständen ein Streuwinkel $|\theta'| \leq \pi/2$.

Die genauere Diskussion der Umrechnungsformeln und ihr Vergleich mit den Stoßgesetzen aus Kap. 4.4.3 bleiben Ihnen überlassen.

13.3.2 Weiterführende Bemerkungen

Im allgemeinen wird das Streuzentrum weder starr mit dem target verbunden noch kräftefrei sein; es werden zwischen ihm und den restlichen target-Teilchen endliche Wechselwirkungen bestehen. Die Energie, die das Streuzentrum beim Stoß aufnimmt, wird sich also dem target mitteilen, z.B. indem es dieses in *Eigenschwingungen* versetzt. Solche Effekte werden sich als *inelastische Streuung* auswirken und in einer Energieverschiebung der Streuteilchen zeigen. Ähnliche inelastische Effekte können aber bereits dann auftreten, wenn das Streuzentrum selbst *innere Freiheitsgrade* besitzt, die angeregt werden können. Diese Möglichkeit haben wir bereits bei der Diskussion von Stoßprozessen ins Auge gefaßt.

Alles in allem ermöglicht die genaue Vermessung der winkel- und energieabhängigen Streuquerschnitte bei den verschiedensten Streuprozessen weitestgehende Rückschlüsse auf die statische und dynamische Struktur sowohl mikroskopischer als auch makroskopischer Systeme.

Diese Möglichkeit macht die *Streutheorie* zu einer der wichtigsten Disziplinen der modernen Physik. Für die Aufschlüsselung der angedeuteten Zusammenhänge werden in ihr wirkungsvolle und universell einsetzbare Methoden entwickelt, deren Besprechung naturgemäß jenseits der Möglichkeiten der vorliegenden – einführenden – Darstellung liegt.

14 Mechanik des starren Körpers

Wenn wir auf die Gegenstände zurückblicken, die wir bisher im Rahmen der Mechanik untersucht haben, so waren dies der Massenpunkt und Systeme aus endlich vielen Massenpunkten.

Solche Systeme sind vom mechanischen Standpunkt aus völlig beschrieben durch Angabe der Bahnkurven $r_n(t)$ ($n = 1\ldots N$) jedes Einzelteilchens, oder – im Falle holonomer Zwangsbedingungen zweckmäßiger – der Konfigurationsbahn $q(t)$ im f-dimensionalen Konfigurationsraum.

Wir haben den unterschiedlichen Einfluß von *äußeren* und *inneren Kräften* erkannt und den *Schwerpunkt* des Systems als für die Beschreibung des Systemverhaltens besonders interessante Variable herausgearbeitet.

Nun müssen wir uns fragen, inwieweit das Konzept des Massenpunktes und der Punktsysteme wirklich eine angemessene Beschreibung der physikalischen Wirklichkeit zuläßt und inwiefern diese Konzepte zu ergänzen sind, wenn wir den Anwendungsbereich unserer Theorie erweitern wollen.

Dabei denken wir an die Existenz *ausgedehnter* Körper.

Nun *wissen* wir zwar, daß diese aus Atomkernen und Elektronen zusammengesetzt sind, im Prinzip also Systeme aus endlich vielen Massenpunkten darstellen, die durch innere Kräfte zusammengehalten werden, wenn auch die Zahl dieser Teilchen gigantisch ist ($\simeq 10^{24}$/Mol). – Unsere direkte Wahrnehmung hingegen zeigt uns ein anderes Bild, nämlich das eines mehr oder weniger strukturierten *Kontinuums*, eines materieerfüllten Raumteils im E_3.

Wenn wir von der Bewegung dieses ausgedehnten Körpers sprechen, so meinen wir alles andere als die Bahnen seiner 10^{24} Konstituenten, die sich unserer Wahrnehmung entziehen. Vielmehr meinen wir damit die zeitliche Entwicklung gewisser makroskopisch observabler Kenngrößen und unterscheiden grob gesprochen dabei (i.) *Verschiebungen des Körpers*, (ii.) *Drehungen* und (iii.) *Deformationen*.

Auch ohne genauere Definition dieser Begriffe dürfte klar sein, was sie bedeuten sollen, selbst wenn wir später finden werden, daß z.B. die Einteilung in Verschiebungen und Drehungen absolut nicht eindeutig ist.

Nun spielen Deformationen für viele Prozesse keine große Rolle und sind sogar unerwünscht – denken Sie an eine Billardkugel oder ein Eisenbahnrad auf einer Schiene.

Körper, die sich nicht deformieren, nennt man *starr*. Strenggenommen sind die *Gedankendinge*, die in unserer realen Welt ebensowenig vorkommen wie (wenigstens im Rahmen der Makrophysik) Massenpunkte, denn alle materiellen Gegenstände werden durch hinreichend große Kräfte deformierbar sein.

Letztlich stellt ein starrer Körper also eine gewisse *Idealisierung* dar, und wir kommen noch einmal auf das zurück, was wir eingangs des Abschnittes 9.3.2 über dieses Konzept gesagt haben.

Es ist eine *Erfahrungstatsache*, die uns systematische Naturerkenntnis allerdings ungeheuer erleichtert, daß es Fragen gibt, die man auch im Rahmen unserer Gegenstandswelt angemessen beantworten kann, wenn man sie nur für geeignet gewählte Idealisierungen beantwortet hat. Für andere Fragen hingegen mag die Heranziehung der gleichen Idealisierung völlig inadäquat sein.

Wir wollen unsere früheren Ausführungen durch ein weiteres *Beispiel* ergänzen, das neues Licht auf diese Problematik wirft:

Wenn wir beim Keplerproblem sowohl Erde als auch Sonne als Massenpunkte behandeln, um ihre Relativbewegung zu untersuchen, so hat diese Annahme für diese Fragestellung eine gewisse Plausibilität.

Für uns als Erdbewohner erscheint sie aber in vieler anderer Hinsicht als äußerst befremdlich. Zum Beispiel könnte ein Massenpunkt keine Eigenrotation besitzen, wie diese unserer Erde eigen ist.

Die physikalischen Effekte dieser Eigenrotation – siehe dazu Kap. 9 – sind auch gar nicht klein! Aber wenn wir untersuchen, warum wir beim Keplerproblem auf die Beschreibung der Eigenrotation verzichten können, so stellen wir fest, daß *Keplerbahn* und *Eigenrotation* sich gegenseitig nicht beeinflussen, also (weitgehend) *entkoppelte Bewegungsformen* sind.

Auf der Erde gibt es viele Fragen, für die es gut ist, das Modell eines starren Körpers zu verwenden; aber wieder gibt es andere, sogar im astronomischen Kontext, wo sich dies verbietet: Denken Sie nur an das Problem von Ebbe und Flut!

Der Hauptvorteil bei der Einführung des *Modells „starrer Körper"* liegt abermals in der großen Vereinfachung für die theoretische Beschreibung, die damit verbunden ist: Während die Mechanik deformierbarer Körper, die die Elastizitätstheorie ebenso umfaßt wie die Hydrodynamik, eine äußerst komplexe und vielschichtige Theorie darstellt, die mit vielen grundlegend neuen Konzepten arbeitet, läßt sich die Mechanik des starren Körpers konzeptionell bequem im Rahmen der normalen Mechanik abhandeln. Das liegt letztlich an der *Zahl der Freiheitsgrade*:

Hat ein Massenpunkt derer *drei*, so – wir werden dies gleich betrachten – ein starrer Körper *sechs*, ein deformierbarer Körper aber *kontinuierlich viele*!

Wie läßt sich das „*Fehlen von Deformationen*", durch welches wir bisher den starren Körper charakterisiert haben, positiv fassen?

Nehmen wir zunächst einmal ein Punktsystem aus N Massenpunkten. Dieses werden wir als starr bezeichnen, wenn der Abstand je zweier Punkte unveränderlich fest durch

$$|\mathbf{r}_i - \mathbf{r}_j| = c_{ij}$$

gegeben ist. Diese Gleichungen definieren holonome Zwangsbedingungen, doch sind sie (für $N > 3$) nicht unabhängig, wie wir bereits früher gesehen haben.

Wie können wir nun etwas über die Anzahl der Freiheitsgrade erfahren?

(i) Zunächst können wir alle Punkte um den gleichen Vektor verschieben ($\Delta \mathbf{r}_n = \mathbf{R}_o$) und diese Operation liefert die *drei translatorischen Freiheitsgrade*, die beim einzelnen Massenpunkt die einzigen sind.

(ii) Sodann können wir uns einen beliebigen Punkt n_o festgehalten denken ($\Delta \mathbf{r}_{n_o} = \mathbf{o}$); dann können sich die übrigen gemeinsam auf Kugeloberflächen um diesen bewegen. Das liefert *zwei Freiheitsgrade der Rotation*.

(iii) Und schließlich können wir zwei Punkte des Systems festhalten, also eine ganze Achse festlegen. Dann können die übrigen Punkte, falls $N > 2$ ist und falls nicht alle weiteren Massenpunkte auf dieser Achse liegen, um diese Achse rotieren, und dies ergibt *einen weiteren rotatorischen Freiheitsgrad*.

Ein starres und nicht kollineares Punktsystem aus mehr als zwei Massenpunkten besitzt also *sechs* Freiheitsgrade, die sich in drei translatorische und drei rotatorische aufteilen, ein kollineares hingegen nur *fünf*[1].

---

[1] Ein anderes Zählverfahren, das weniger pauschal ist, wäre das folgende: Ein Massenpunkt hat drei Freiheitsgrade. Fügen wir einen zweiten samt der Abstandsbedingung $r_{12} = c_{12}$ hinzu, so kann c_{12} völlig beliebig sein. Es kommen also drei natürliche Freiheitsgrade und eine Zwangsbedingung hinzu, also bleiben zwei zusätzliche Freiheitsgrade. Den drei natürlichen Freiheitsgraden eines weiteren dritten Teilchens stehen nun die Zwangsbedingungen $r_{13} = c_{13}$ und $r_{23} = c_{23}$ gegenüber, für die allerdings $c_{13} + c_{23} \geq c_{12}$ gelten muß. Ist diese Relation erfüllt, sind diese Bedingungen aber immer noch unabhängig; sie reduzieren also die Anzahl der zusätzlichen Freiheitsgrade auf eins. Ein viertes Teilchen bringt die drei Zwangsbedingungen $r_{i4} = c_{i4}$ für $i = 1, \ldots, 3$ ins Spiel, und allgemein das n. die $n-1$ Zwangsbedingungen $r_{in} = c_{in}$, $i = 1, \ldots, n-1$. Von diesen können aber nur drei unabhängig vorgegeben werden; die restlichen sind mit ihnen festgelegt. (Das erklärt den Erfahrungssatz: Ein Tisch mit mehr als drei Beinen wackelt in der Regel.) Folglich werden ab dem vierten Teilchen alle natürlichen Freiheitsgrade durch die unabhängigen Zwangsbedingungen kompensiert, und es bleibt bei den sechs, die schon die ersten drei Teilchen lieferten.

An diesen Überlegungen wird sich auch nichts ändern, wenn wir an Stelle des Punktsystems ein *starres Kontinuum* setzen, das man sich immer als kontinuierlichen Grenzfall eines Punktsystems vorstellen kann.

Da uns gerade die Betrachtung dieses Grenzüberganges die wichtigste Information über die Eigenschaften des starren Kontinuums liefern wird, wollen wir uns zunächst mit der Technik dieses Überganges vertraut machen.

14.1 Der kontinuierliche Körper

Wir haben gesehen, daß es für Punktsysteme gewisse *Mengengrößen* gibt, die wir erhalten, indem wir über die entsprechenden Größen der Einzelteilchen summieren.

Beispiele sind

(i) die Gesamtmasse: $M = \sum_n m_n$, die z.B. in die Definition des Schwerpunktes $M\mathbf{R} = \sum_n m_n \mathbf{r}_n$ eingeht,

(ii) der Gesamtimpuls: $\mathbf{P} = \sum_n \mathbf{p}_n$,

(iii) der Gesamtdrehimpuls: $\mathbf{L} = \sum_n \mathbf{L}_n$,

(iv) die gesamte kinetische Energie: $T = \sum_n \dfrac{m_n}{2} \mathbf{v}_n \cdot \mathbf{v}_n$

und manche weitere.

Wie kann man solche Größen für kontinuierliche Körper berechnen?

Lassen Sie uns das Beispiel der Gesamtmasse betrachten.

Teilt man einen kontinuierlichen Körper in N Teile, so hat jeder von diesen eine Masse m_n $(n = 1, \ldots, N)$, und es gilt $M = \sum_n m_n$.

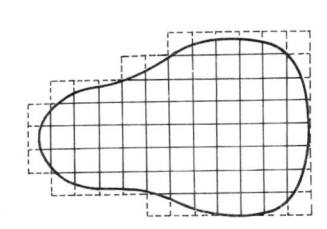

Dabei ist M natürlich unabhängig sowohl von N als auch von der Art, wie man die Teilung vornimmt.

Wir wählen nun eine Zerlegung in Quader und indizieren diese z.B. nach der Koordinate ihrer linken unteren hinteren Ecke – einige von ihnen (gestrichelt gezeichnet) werden dabei überstehen.

Sei nun V_n das Volumen dieser Quader, so gilt trivialerweise

$$M = \sum_n m_n = \sum_n \frac{m_n}{V_n} V_n.$$

Nun lassen wir die Anzahl der Quader so gegen ∞ gehen, daß Max $V_n \to 0$ strebt, und erhalten

$$M = \int dV \lim_{V_n \to 0} \frac{m_n}{V_n} = \int dV \, \rho(\mathbf{r})$$

mit der *Massendichte* $\rho(\mathbf{r})$. $\rho(\mathbf{r})$ ist die Masse im Quader der infinitesimalen Kantenlängen dx, dy und dz, dessen linker unterer hinterer Eckpunkt durch $\mathbf{r}$ gegeben ist, und $\int_{\mathcal{B}} \rho(\mathbf{r}) \, dV$ die Masse, die in dem Teilbereich $\mathcal{B}$ des Quaders vereinigt ist.

Ähnlich wie die bereits früher eingeführte Wahrscheinlichkeitsdichte ist auch die Massendichte sicher *nicht-negativ definit*: $\rho(\mathbf{r}) \geq 0$. Ihre *Dimension* ist $[\rho] = m\,\ell^{-3}$, ihre *Einheit* im mks-System $\mathsf{E}_\rho = \text{kg}\,\text{m}^{-3}$.

Eine physikalische Größe F heißt (*additive*) *Mengengröße*, wenn sie

(i) einem Raumbereich $\mathcal{B}$ zuzuordnen ist und
(ii) für alle $\mathcal{B}_1, \mathcal{B}_2$ mit $\mathcal{B}_1 \cap \mathcal{B}_2 = \emptyset$ $F(\mathcal{B}_1 \cup \mathcal{B}_2) = F(\mathcal{B}_1) + F(\mathcal{B}_2)$
gilt.

Man nennt nun jede Funktion $f(\mathbf{r})$, deren Volumenintegral $F = \int dV \, f(\mathbf{r})$ eine solche Mengengröße darstellt, *Volumendichte* dieser Größe. Ist F ein Skalar, so nennt man f *skalare Dichte*, für eine Vektorgröße $\mathbf{F}$ heißt $\mathbf{f}$ *Vektordichte*. So ist

$$\mathbf{p}(\mathbf{r}) = \lim_{V_n \to 0} \frac{m_n \mathbf{v}_n}{V_n}$$

die *vektorielle Dichte des Impulses*, denn

$$\int \mathbf{p}(\mathbf{r}) \, dV = \mathbf{P}$$

stellt die *Mengengröße Impuls* dar. Ist $\mathbf{v}(\mathbf{r})$ die Geschwindigkeit des „Teilchens" am Ort $\mathbf{r}$, schreibt sich $\mathbf{p}(\mathbf{r})$ mit der Massendichte $\rho(\mathbf{r})$ als

$$\mathbf{p}(\mathbf{r}) = \rho(\mathbf{r}) \, \mathbf{v}(\mathbf{r}) \,.$$

Hingegen ist das Vektorfeld $\mathbf{v}(\mathbf{r})$ *keine Dichte*, denn $\int \mathbf{v}(\mathbf{r}) \, dV$ ist keine additive Mengengröße.

Neben skalaren und Vektordichten gibt es noch *Tensordichten*.

Aber noch eine ganz andere Klassifikation spielt eine Rolle: Neben *Volumendichten* gibt es *Flächen- und Streckendichten*, die die Verteilung einer Mengengröße über eine Fläche bzw. Strecke charakterisieren. Solchen Dichten werden wir gelegentlich in der *Elektrodynamik* (*Band III*) begegnen.

14.2 Kinematik des starren Körpers

Für unsere oben angeführten Beispiele ergeben sich

$$M\mathbf{R} = \int dV\, \rho(\mathbf{r})\,\mathbf{r}\,,$$

$$\mathbf{P} = \int dV\, \rho(\mathbf{r})\,\mathbf{v}(\mathbf{r}) = \int dV\, \mathbf{p}(\mathbf{r})\,,$$

$$\mathbf{L} = \int dV\, \rho(\mathbf{r})\,(\mathbf{r} \times \mathbf{v}(\mathbf{r})) = \int dV\, \boldsymbol{\ell}(\mathbf{r})\,,$$

$$T = \int dV\, \frac{\rho(\mathbf{r})}{2}\,\mathbf{v}(\mathbf{r}) \cdot \mathbf{v}(\mathbf{r}) = \int dV\, t(\mathbf{r})\,.$$

Die letzten beiden Beziehungen identifizieren

$$\boldsymbol{\ell}(\mathbf{r}) = \rho(\mathbf{r})\,(\mathbf{r} \times \mathbf{v}(\mathbf{r}))\,, \qquad t(\mathbf{r}) = \frac{1}{2}\,\rho(\mathbf{r})\,(\mathbf{v}(\mathbf{r}) \cdot \mathbf{v}(\mathbf{r}))$$

als *Dichten des Drehimpulses* und der *kinetischen Energie*.

14.2 Kinematik des starren Körpers

In dieser Ziffer wollen wir uns überlegen, wie wir die allgemeine Bewegung eines starren Körpers am zweckmäßigsten beschreiben können.

Das gelingt uns am einfachsten mit Hilfe der Überlegungen, die wir in Kapitel 9 angestellt haben: Wir führen dazu *zwei kartesische Koordinatensysteme* ein, nämlich

(i) ein *raumfestes System* Σ, das wir als Inertialsystem ansehen, und

(ii) ein mit dem Körper starr verbundenes mitbewegtes, das sogenannte *körperfeste System* Σ'.

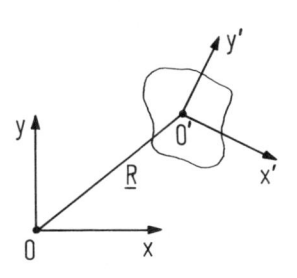

Nun haben wir gesehen, daß der Übergang zwischen zwei beliebigen kartesischen Koordinatensystemen grundsätzlich durch eine *Bewegungstransformation* vermittelt wird, und folglich wird die *physische Bewegung* des starren Körpers durch eine solche Transformation $\{\boldsymbol{V}(t); \boldsymbol{R}(t)\}$ beschrieben. Diese Transformation ist so beschaffen, daß *im körperfesten System* Σ' *die Geschwindigkeit* $\boldsymbol{v}'_{\Sigma'}$ *jedes Punktes verschwindet.*

Hierin sind mit $\{\boldsymbol{E}; \boldsymbol{R}(t)\}$ sowohl die reinen Translationen als mit $\{\boldsymbol{V}(t); \boldsymbol{o}\}$ auch die reinen Rotationen des starren Körpers um den Punkt O enthalten.

Nun gibt es beliebig viele zunächst völlig gleichberechtigte raum- und körperfeste Koordinatensysteme. Jede Transformation $\{\boldsymbol{W}; \boldsymbol{r}_o\}$ mit *zeitunabhängigen* $\boldsymbol{W}$ und $\boldsymbol{r}_o$ erzeugt nämlich aus dem raumfesten System Σ ein ebensolches $\tilde{\Sigma}$, und gleichermaßen vermittelt jede zeitunabhängige Bewegungstransformation auch den Übergang von dem körperfesten System Σ' in ein solches $\tilde{\Sigma}'$. Wegen der *Gruppeneigenschaft der Bewegungen* wird dann aber auch der Übergang von $\tilde{\Sigma}$ nach $\tilde{\Sigma}'$ durch eine Bewegungstransformation vermittelt.

Ursprung und Achsenrichtung sind also in beiden Systemen ad libidum zu wählen.

Für die Beschreibung einer speziellen Bewegung eines starren Körpers kann es aber durchaus eine Wahl der Koordinatensysteme geben, die besonders zweckmäßig ist.

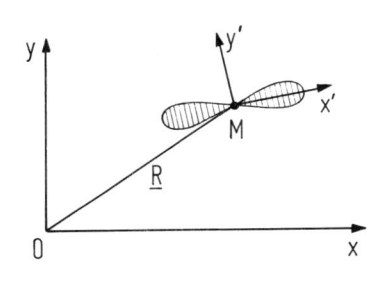

So möge z.B. die starre Hantel der Abbildung um eine Achse senkrecht zur Zeichenebene durch den Punkt M rotieren. Wählen wir unser System Σ' nur so, daß M mit O' zusammenfällt, so erhalten wir in Σ $\boldsymbol{R}(t)$ = constans und sehen auf den ersten Blick, daß es sich um eine reine Rotation handelt. Legen wir hingegen O' in einen anderen Punkt, so bleibt natürlich $\overrightarrow{OO'}$ im raumfesten System nicht mehr länger konstant und das Bestehen einer reinen Rotation ist dadurch verschleiert.

Es erhebt sich also die Frage, wie man einer vorgegebenen Transformation $\{\boldsymbol{V}(t); \boldsymbol{R}(t)\}$ ansehen kann, ob es sich dabei um eine allgemeine Bewegung handelt oder speziell um eine reine Rotation um einen raumfesten Punkt, die in einem unzweckmäßig gewählten körperfesten Koordinatensystem dargestellt ist.

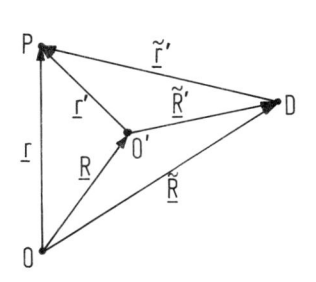

Die Bedingung für die Existenz eines solchen Drehpunktes D ist offensichtlich die zeitliche Konstanz seines Ortsvektors $\tilde{\boldsymbol{R}}$ in Σ.

Zunächst haben wir dafür

$$\tilde{\boldsymbol{R}}' = \boldsymbol{V}(\tilde{\boldsymbol{R}} - \boldsymbol{R}).$$

Unter Berücksichtigung von $\dot{\tilde{\boldsymbol{R}}}' = \tilde{\boldsymbol{U}}'_{\Sigma'} = \boldsymbol{o}$ entsteht daraus durch Zeitableitung

$$\begin{aligned}\boldsymbol{o} = \tilde{\boldsymbol{U}}'_\Sigma &= \dot{\boldsymbol{V}}(\tilde{\boldsymbol{R}} - \boldsymbol{R}) - \boldsymbol{V}\dot{\boldsymbol{R}}\\ &= \dot{\boldsymbol{V}}\boldsymbol{V}^\mathsf{T}\tilde{\boldsymbol{R}} - \boldsymbol{U}'_\Sigma,\end{aligned}$$

14.2 Kinematik des starren Körpers

wobei wir die Zeitableitungen von $\boldsymbol{R}$ und $\tilde{\boldsymbol{R}}$ mit $\boldsymbol{U}$ bzw. $\tilde{\boldsymbol{U}}$ bezeichnet haben, um Verwechslungen mit der Transformationsmatrix $\boldsymbol{V}$ zu vermeiden.

Unter Verwendung der Ergebnisse von Kap. 9 (S. 55 f) ist das aber

$$\mathbf{o} = -\boldsymbol{\omega}' \times \tilde{\boldsymbol{R}}' - \boldsymbol{U}'_\Sigma$$

bzw. darstellungsfrei

$$\begin{aligned}\mathbf{o} &= -\boldsymbol{w} \times \tilde{\mathbf{R}}' - \mathbf{U}_\Sigma \\ &= -\boldsymbol{w} \times (\tilde{\mathbf{R}} - \mathbf{R}) - \mathbf{U}_\Sigma \ . \end{aligned}$$

Hieraus ergibt sich $\tilde{\mathbf{R}}$ als Lösung der Gleichung

$$\boldsymbol{w} \times \tilde{\mathbf{R}} = -\mathbf{U}_\Sigma + \boldsymbol{w} \times \mathbf{R} = \mathbf{W}(t) \ , \qquad (*)$$

wobei $\boldsymbol{w}(t)$ und $\mathbf{W}(t)$ bekannt sind.

Zunächst einmal hat diese Gleichung nicht immer Lösungen, sondern nur dann, wenn $\mathbf{W}(t)$ auf $\boldsymbol{w}(t)$ senkrecht steht, also

$$\boldsymbol{w}(t) \cdot \mathbf{W}(t) = 0 \qquad (**)$$

gilt.

Ist das der Fall, so besitzt sie Lösungen, doch sind diese nicht eindeutig bestimmt: Wegen $\boldsymbol{w} \times \boldsymbol{w} = \mathbf{o}$ erfüllt nämlich mit $\tilde{\mathbf{R}}$ auch jedes $\tilde{\mathbf{R}} - \lambda\boldsymbol{w}$ (λ = beliebig, reell), also eine ganze Gerade in Richtung von $\hat{\boldsymbol{w}}$, die Gleichung.

Das muß aber auch so sein: Ist nämlich $(**)$ für einen Zeitpunkt t erfüllt, so ist die Bewegung wenigstens in diesem Zeitpunkt rein rotatorisch und jeder Punkt auf der momentanen Drehachse $\hat{\boldsymbol{w}}$ erscheint einem Beobachter in Σ *instantan* unbewegt: $\mathbf{v}_\Sigma = \mathbf{o}$.

Aber selbst die Lösbarkeit der Gleichung $(*)$ für alle Zeiten t stellt noch nicht sicher, daß es einen festen Drehpunkt D gibt! Wie wir gesehen haben, muß dazu $\tilde{\mathbf{R}}$ nämlich zeitunabhängig sein, oder – anders ausgedrückt – die Lösungsgeraden von $(*)$ müssen sich für alle Zeiten in ein- und demselben Punkt schneiden.

Hat man diese Bedingung erfüllt gefunden, ist es ein Leichtes, ein für die Beschreibung der Bewegung geeigneteres körperfestes System zu finden: Man gehe gemäß

$$\tilde{r}' = \{\boldsymbol{E}; \tilde{\boldsymbol{R}}'\}\, r' = r' - \tilde{\boldsymbol{R}}'$$

von Σ' zu $\tilde{\Sigma}'$ über und findet dann die Bewegung in der Form

$$\tilde{r}' = \boldsymbol{V}(t)\,(r - \tilde{\boldsymbol{R}})$$

als *reine Drehung um den raumfesten Endpunkt D von* $\tilde{\mathbf{R}}$.

14.3 Statik des starren Körpers

Betrachten wir ein System aus zwei Massenpunkten 1 und 2.

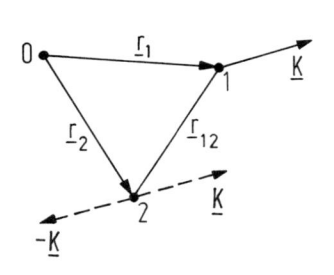

Am Punkt 1 greife die äußere Kraft **K** an und beschleunige diesen. Von diesem ganzen Vorgang „erfährt" der Punkt 2 nur dann, wenn es zwischen beiden Massenpunkten eine Wechselwirkung in Gestalt einer Kraft $\mathbf{K}_{12} = -\mathbf{K}_{21}$ gibt.

Nun nehmen wir an, die beiden Punkte seien starr miteinander verbunden: $|\mathbf{r}_{12}|$ = constans. Dann folgt der Massenpunkt 2 natürlich der Bewegung von 1 und wir können dies mit Recht auf die Wirkung einer *Zwangskraft* $\mathbf{K}_{12}$ zurückführen, die eben den Abstand der Punkte konstant hält.

Doch würden wir jedem Verfahren zur Beschreibung dieser Situation den Vorzug geben, das die explizite Betrachtung dieser Zwangskraft erübrigt.

Ein solches Verfahren wollen wir nun entwickeln:

Sicher ändern wir die physikalische Situation nicht, wenn wir im Punkt 2 die Kraft **K** − **K** = o angreifen lassen.

Nun fassen wir die Kraft **K** in 1 und −**K** in 2 zu einem sogenannten *Kräftepaar* zusammen und *definieren* allgemein:

Ein Kräftepaar besteht aus zwei gleichgroßen entgegengesetzten Kräften, die in beliebigen Punkten eines Körpers angreifen.

In unserem Beispiel haben wir also die Kraft **K** in 1 durch die Kraft **K** in 2 und ein Kräftepaar ersetzt.

Nun überlegen wir uns, daß das *Drehmoment*, welches ein Kräftepaar ausübt, *unabhängig vom Ursprung des gewählten Koordinatensystems* ist. Das ist leicht zu sehen, denn **D** ist durch

$$\mathbf{D} = (\mathbf{r}_1 \times \mathbf{K}) + (\mathbf{r}_2 \times (-\mathbf{K})) = (\mathbf{r}_1 - \mathbf{r}_2) \times \mathbf{K} = \mathbf{r}_{12} \times \mathbf{K}$$

gegeben. Für das *Drehmoment einer Einzelkraft* gilt dies, wie wir früher betont haben und jetzt noch einmal sehen, gerade *nicht* !

Nun erhebt sich die Frage nach dem praktischen Nutzen der soeben eingeführten Zerlegung; der Lösung unseres dynamischen Problems etwa hat sie uns noch keinen Schritt nähergebracht.

Interessant wird sie erst durch ihre Verallgemeinerungsfähigkeit:

An den Punkten P_n ($n = 1, \ldots, N$) eines starren Körpers mögen die Kräfte $\mathbf{K}_n$ angreifen. Nun wählen wir uns einen beliebigen mit dem Körper starr verbundenen, d.h. in einem körperfesten System ruhenden Referenzpunkt O und bezeichnen die Ortsvektoren von O nach P_n als $\overrightarrow{OP} = \mathbf{r}_n$. Für sie gilt selbstverständlich $|\mathbf{r}_n| = $ constans.

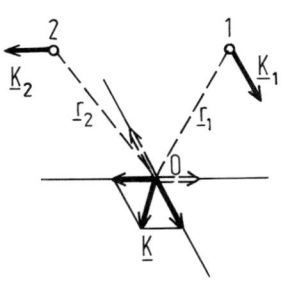

Dieser Referenzpunkt O muß keineswegs mit einem Massenpunkt des Körpers zusammenfallen oder bei einem kontinuierlichen Körper auch nur innerhalb dieses liegen!

Nun zerlegen wir die Kräfte $\mathbf{K}_n$ auf P_n in Einzelkräfte auf O und Kräftepaare, indem wir uns denken, im Punkte O greife die Kraft

$$\mathbf{o} = \sum_n \left(\mathbf{K}_n + (-\mathbf{K}_n) \right)$$

an.

Jetzt bilden für jedes n $-\mathbf{K}_n$ auf O und $\mathbf{K}_n$ auf P_n ein Kräftepaar mit dem Drehmoment $\mathbf{D}_n = \mathbf{r}_n \times \mathbf{K}_n$; insgesamt können wir die an den *verschiedenen* Punkten angreifenden Kräfte also ersetzen durch:

(i) *eine* Kraft $\mathbf{K} = \sum_n \mathbf{K}_n$, die in O angreift;

(ii) *ein* Drehmoment $\mathbf{D} = \sum_n (\mathbf{r}_n \times \mathbf{K}_n)$ *um diesen Punkt*.

Dabei bezieht sich die Aussage „um diesen Punkt" auf die Tatsache, daß wir die Kräfte $\mathbf{K}_n$ in diesem Punkt zu Kräftepaaren ergänzt haben, und nicht etwa darauf, daß wir die Drehmomente in bezug auf diesen Punkt berechnet hätten, denn ihre Bezugspunktunabhängigkeit haben wir ja bereits nachgewiesen.

Nun können wir uns der *Frage des Gleichgewichts* zuwenden:

Wenn $\mathbf{K} \neq \mathbf{o}$ ist, würde sich der Punkt O in Bewegung setzen. Da er aber mit dem Körper starr verbunden ist, würde das bedeuten, daß sich der ganze Körper parallel dazu bewegen würden. Folglich bedeutet $\mathbf{K} = \mathbf{o}$ Ruhe (oder gleichförmig-geradlinige Bewegung) des Punktes O.

Selbst wenn $\mathbf{K} = \mathbf{o}$ gilt, kann $\mathbf{D} \neq \mathbf{o}$ sein, d.h. $\dot{\mathbf{L}} \neq \mathbf{o}$ gelten. Der Körper würde dann beginnen, sich um O als Drehpunkt zu drehen. Das ist nur zu vermeiden, falls wir auch $\mathbf{D} = \mathbf{o}$ fordern.

Folglich sind

$$\boxed{\mathbf{K} = \mathbf{o}, \quad \mathbf{D} = \mathbf{o}}$$

die *Gleichgewichtsbedingungen für den starren Körper*.

Diese Gleichgewichtsbedingungen gelten zunächst einmal für den speziellen Referenzpunkt O. Doch dürfen sie in Wirklichkeit nicht davon abhängen. Denn ein starrer Körper, der ruht, ruht natürlich in bezug auf jeden seiner Punkte.

Das läßt sich auch beweisen:

Sei O' ein neuer Referenzpunkt mit $\overrightarrow{OO'} = \mathbf{r}_o$ und $\overrightarrow{O'P_n} = \mathbf{r}'_n$, so daß

$$\mathbf{r}'_n = \mathbf{r}_n - \mathbf{r}_o$$

gelten.

Dann ist das Drehmoment um O' durch

$$\mathbf{D}' = \sum_n \mathbf{r}'_n \times \mathbf{K}_n = \sum_n \mathbf{r}_n \times \mathbf{K}_n - \mathbf{r}_o \times \sum_n \mathbf{K}_n = \mathbf{D} - \mathbf{r}_o \times \mathbf{K} \quad (*)$$

gegeben.

Verschwinden *sowohl* **K** *als auch* **D**, so gelten auch

$$\mathbf{K} = \mathbf{o}, \qquad \mathbf{D}' = \mathbf{o},$$

und die Gleichgewichtsbedingung um den Referenzpunkt O' ist erfüllt.

Die Beziehung (*) stellt die Transformationsformel für Drehmomente bei Wechsel des Referenzpunktes dar; sie wird sich im folgenden als wichtig erweisen.

Nun kehren wir zum allgemeinen Fall des Nichtgleichgewichts zurück.

Übt man zusätzlich zu den Kräften $\mathbf{K}_n$ auf P_n nun auf O die Kraft $\tilde{\mathbf{K}}$ aus, so geht **K** in $\mathbf{K} + \tilde{\mathbf{K}}$ über, **D** ändert sich hingegen nicht. Denn das Drehmoment von $\tilde{\mathbf{K}}$ in bezug auf O – da es sich jetzt um eine *Einzelkraft* handelt, müssen wir den Bezugspunkt wieder angeben! – verschwindet gemäß $\tilde{\mathbf{D}} = \mathbf{o} \times \tilde{\mathbf{K}} = \mathbf{o}$. Insbesondere kann man stets $\tilde{\mathbf{K}} = -\mathbf{K}$ wählen, d.h. **K** durch Unterstützung des Systems in O *kompensieren*, ohne **D** zu ändern.

Hat man das erreicht, wird der Punkt O ruhen (oder sich allenfalls gleichförmig-geradlinig bewegen), und der starre Körper wird beginnen, sich um diesen Punkt zu drehen.

Nun sei **D** um den Punkt O gegeben. Dann ist nach (*) das Drehmoment um einen beliebigen anderen Punkt O' durch

$$\mathbf{D}' = \mathbf{D} - \mathbf{r}_o \times \mathbf{K}$$

bestimmt. Jetzt fragen wir: *Gibt es einen Referenzpunkt O', für den das Drehmoment verschwindet*, für den also

$$\mathbf{r}_o \times \mathbf{K} = \mathbf{D} \quad (**)$$

gilt?

Damit diese Gleichung eine Lösung besitzt, muß sicherlich $\mathbf{K} \cdot \mathbf{D} = \mathbf{o}$ gelten, denn $\mathbf{c} = \mathbf{a} \times \mathbf{b}$ steht senkrecht sowohl auf **a** als auch auf **b**. Das ist nicht immer zu erreichen; ist doch

$$
\begin{aligned}
\mathbf{K} \cdot \mathbf{D} &= \sum_{m,n} \mathbf{K}_m \cdot (\mathbf{r}_n \times \mathbf{K}_n) \\
&= \frac{1}{2} \sum_{m,n} \{\mathbf{K}_m \cdot (\mathbf{r}_n \times \mathbf{K}_n) + \mathbf{K}_n \cdot (\mathbf{r}_m \times \mathbf{K}_m)\} \\
&= \frac{1}{2} \sum_{m,n} \{\mathbf{r}_n \cdot (\mathbf{K}_n \times \mathbf{K}_m) + \mathbf{r}_m \cdot (\mathbf{K}_m \times \mathbf{K}_n)\} \\
&= \frac{1}{2} \sum_{m,n} (\mathbf{r}_n - \mathbf{r}_m) \cdot (\mathbf{K}_n \times \mathbf{K}_m)
\end{aligned}
$$

vom Referenzpunkt unabhängig und verschwindet keineswegs zwangsläufig.

Ist diese Bedingung jedoch erfüllt, so wird die Gleichung (∗∗) abermals von einer ganzen Gerade im Raum in Richtung von $\mathbf{K}$ befriedigt, denn mit $\mathbf{r}_o$ wird sie auch von jedem $\mathbf{r}_o + \lambda \mathbf{K}$ erfüllt.

Kompensieren wir jetzt in einem beliebigen Punkt O' dieser Gerade die Kraft durch Ausübung der Zusatzkraft $\tilde{\mathbf{K}} = -\mathbf{K}$, so verschwinden sowohl $\mathbf{D}'$ als auch die Kraft: *Das System gerät dadurch ins Gleichgewicht.*

Natürlich kann die Kompensation der Kraft auch dadurch erfolgen, daß der Punkt O' *festgehalten* wird; dann wird $\tilde{\mathbf{K}}$ zur *Zwangskraft* und wir haben das Ergebnis: Wird ein beliebiger Punkt der Lösungsgerade von (∗∗) festgehalten, so bleibt der starre Körper als Ganzes in Ruhe. Wird ein *beliebiger* Punkt festgehalten, so bleibt er genau dann in Ruhe, wenn das Drehmoment um diesen Punkt verschwindet.

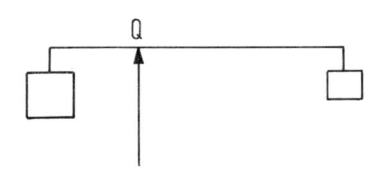

Diese Aussagen beinhalten das *Hebelgesetz*, das Sie zum Beispiel bei der *Balkenwaage* ausnutzen, und wenn Sie die Ableitungen der letzten Seite genau durchdenken, finden Sie darin viele aus der elementaren Mechanik bekannte Sachverhalte wie zum Beispiel die *freie Verschiebbarkeit von Kräften längs ihrer „Wirkungslinie"* und die gesamte elementare Statik.

Wieder empfehle ich Ihnen, sich diese Bezüge im Detail klarzumachen!

14.4 Der Trägheitstensor

In der vorangegangenen Ziffer haben wir die Kräfte, die auf die Einzelteile eines starren Körpers wirken, durch *ein* Drehmoment um einen Punkt und *eine* in diesem Punkt ansetzende Kraft ersetzt.

In dieser Ziffer wollen wir in Vorbereitung der anschließend zu diskutierenden Dynamik des starren Körpers zeigen, daß eine ähnliche Ersetzung auch für gewisse *dynamische Größen* möglich ist.

14.4.1 Bewegungen um einen festen Punkt

Wir beginnen mit dem Studium von Bewegungen um einen festen Punkt des Raumes, den wir, was sicher ohne Beschränkung der Allgemeinheit möglich ist, als gemeinsamen Ursprung des raumfesten Koordinatensystems Σ und des körperfesten Systems Σ' wählen.

Da jeder Punkt P_n des starren Körpers relativ zu Σ' ruht, wird dann seine Geschwindigkeit relativ zu Σ durch

$$\mathbf{v}_{n,\Sigma} = \boldsymbol{w} \times \mathbf{r}_n$$

beschrieben.

Nun wollen wir den Drehimpuls **L** und die kinetische Energie T eines starren Körpers – genauer zunächst eines starren Punktsystems – berechnen.

Wir erhalten in Σ zunächst

$$\mathbf{L} = \sum_n m_n \left(\mathbf{r}_n \times \mathbf{v}_{n,\Sigma}\right) = \sum_n m_n \left(\mathbf{r}_n \times (\boldsymbol{w} \times \mathbf{r}_n)\right) \qquad (*)$$

und

$$T = \frac{1}{2} \sum_n m_n \mathbf{v}_{n,\Sigma} \cdot \mathbf{v}_{n,\Sigma} = \frac{1}{2} \sum_n m_n \left(\boldsymbol{w} \times \mathbf{r}_n\right) \cdot \left(\boldsymbol{w} \times \mathbf{r}_n\right)$$
$$= \frac{1}{2} \sum_n m_n \boldsymbol{w} \cdot \left(\mathbf{r}_n \times (\boldsymbol{w} \times \mathbf{r}_n)\right),$$

letzteres durch Anwendung der Formel

$$\mathbf{a} \cdot (\mathbf{b} \times \mathbf{c}) = \mathbf{b} \cdot (\mathbf{c} \times \mathbf{a}).$$

Folglich gilt

$$T = \frac{1}{2} \boldsymbol{w} \cdot \mathbf{L},$$

ein Ausdruck, dessen formale Ähnlichkeit mit

$$T = \frac{1}{2} \mathbf{v} \cdot \mathbf{p}$$

für einen Massenpunkt wir bereits jetzt betonen wollen.

14.4 Der Trägheitstensor

Rechnen wir in Gleichung (∗) für **L** das doppelte Kreuzprodukt nach der in 2.1.5.2[2] abgeleiteten Formel um, erhalten wir mit

$$\mathbf{L} = \sum_n m_n \left\{ \boldsymbol{w} \left(\mathbf{r}_n \cdot \mathbf{r}_n \right) - \mathbf{r}_n \left(\mathbf{r}_n \cdot \boldsymbol{w} \right) \right\}$$

eine zunächst ziemlich komplizierte Beziehung.

Was uns an ihr besonders interessiert, ist die Tatsache, daß durch sie eine *lineare Zuordnung* $\boldsymbol{w} \to \mathbf{L}$ des Vektors **L** zum Vektor $\boldsymbol{w}$ definiert wird. Eine solche lineare Abbildung läßt sich aber immer mittels eines *linearen Operators* beschreiben, den wir in diesem Fall mit Θ bezeichnen wollen. Wir erhalten dann

$$\mathbf{L} = \Theta \, \boldsymbol{w} \, ,$$

und daraus ergibt sich weiter

$$T = \frac{1}{2} \boldsymbol{w} \cdot \Theta \, \boldsymbol{w} \, .$$

Auch hier sei auf die Ähnlichkeit mit den für einen Massenpunkt gültigen Beziehungen

$$\mathbf{p} = m \, \mathbf{v} \, , \qquad T = \frac{1}{2} m \, \mathbf{v} \cdot \mathbf{v} = \frac{1}{2} \mathbf{v} \cdot m \, \mathbf{v}$$

hingewiesen.

Stellen wir **L** und $\boldsymbol{w}$ in einem beliebigen vONS dar, so wird der lineare Operator Θ zu einer Matrix Θ mit

$$\Theta_{ij} = \mathbf{e}_i \cdot \Theta \, \mathbf{e}_j \, .$$

Rechnen wir diese Größen aus, ergibt sich

$$\boxed{\Theta_{ij} = \sum_n m_n \left\{ \delta_{ij} \left(\mathbf{r}_n \cdot \mathbf{r}_n \right) - x_{i,n} x_{j,n} \right\} = \Theta_{ji}} \, ; \qquad (*)$$

die Matrix Θ ist *symmetrisch* und hat – ausgeschrieben – die Form

$$\Theta = \begin{pmatrix} \sum m_n (y_n^2 + z_n^2) & -\sum m_n x_n y_n & -\sum m_n x_n z_n \\ -\sum m_n y_n x_n & \sum m_n (x_n^2 + z_n^2) & -\sum m_n y_n z_n \\ -\sum m_n z_n x_n & -\sum m_n z_n y_n & \sum m_n (x_n^2 + y_n^2) \end{pmatrix} .$$

Sie trägt den – noch zu erläuternden – Namen *Trägheitstensor*; ihre Diagonalelemente heißen *Trägheitsmomente*, die Nichtdiagonalelemente werden *Deviationsmomente* genannt.

---

[2] *Mechanik I*, S. 50 f.

Das Entscheidende an dieser Größe ist, daß sie *nur von der Massenverteilung im starren Körper abhängt*. Ist dieser Körper kontinuierlich, so läßt sich die Formel (∗) sofort zu

$$\Theta_{ij} = \int dV\, \rho(\mathbf{r}) \left\{ \delta_{ij} r^2 - x_i x_j \right\}$$

verallgemeinern.

Bisher sind alle Formeln von dem zur Darstellung von Θ gewählten vONS unabhängig. Wählt man nun dafür speziell die Basis *im körperfesten System* Σ', so sieht man sofort, daß dann (aber nur dann!) Θ' *von der Zeit unabhängig wird*; denn es besitzen die Spaltenvektoren r'_n genau diese Eigenschaft.

Die *physikalische Bedeutung des Trägheitstensors resultiert* aus dem folgenden Vergleich zwischen Translations- und Rotationsbewegung, den wir bereits vorbereitet haben:

Translation	Rotation
$\mathbf{v}$ = Geschwindigkeit $\mathbf{p}$ = Impuls $\mathbf{K}$ = Kraft	$\boldsymbol{w}$ = Winkelgeschwindigkeit $\mathbf{L}$ = Drehimpuls $\mathbf{D}$ = Drehmoment
$\mathbf{p} = m\mathbf{v}$ $\dot{\mathbf{p}} = \mathbf{K}$ $T = \frac{1}{2} \mathbf{v} \cdot m \mathbf{v}$	$\mathbf{L} = \Theta\, \boldsymbol{w}$ $\dot{\mathbf{L}}_\Sigma = \mathbf{D}$ $T = \frac{1}{2} \boldsymbol{w} \cdot \Theta\, \boldsymbol{w}$

Dieser Tabelle entnehmen wir unter anderem, daß Θ für die Rotationsbewegung die Rolle spielt, welche bei der Translation der Masse m zukommt.

Das ist eine interessante Feststellung: Haben wir doch in Abschnitt 3.4[3] gesehen, daß ein Massenpunkt eine einzige mechanisch relevante Eigenschaft besitzt, nämlich die, die Masse m zu tragen.

Ein starrer Körper besitzt neben der Masse in seinem Trägheitstensor eine – und zwar genau eine – weitere, und wir könnten die Definition von *Band I*, S. 115 weiterführen:

---

[3] *Mechanik I*, S. 114 f.

14.4 Der Trägheitstensor

Wir bezeichnen einen ausgedehnten Körper als starr, wenn wir ihm keine anderen mechanisch relevanten Eigenschaften zuschreiben als die, eine Masse und einen Trägheitstensor zu besitzen.

Doch gibt es einen wesentlichen Unterschied zwischen m und Θ: m ist skalar, und deswegen haben **v** und **p** die gleiche Richtung, während Θ ein Tensor ist und die *Richtungen von* **L** *und* **w** deswegen im allgemeinen *voneinander abweichen* werden!

Dieser zunächst ziemlich unerheblich aussehende Unterschied ist verantwortlich sowohl für die überraschend große Vielfalt von Bewegungsformen, deren z.B. selbst ein kräftefreier starrer Körper fähig ist, als auch für die erhebliche Schwierigkeit der mathematischen Behandlung dieses Problems.

14.4.1.1 Die Hauptträgheitsmomente und -achsen

Wenn schon **L** und **w** im allgemeinen nicht mehr parallel zueinander sind, so erhebt sich die Frage, ob es nicht wenigstens spezielle Raumrichtungen gibt, längs derer dies der Fall ist.

Für eine Achse in einer solchen Richtung müßte dann

$$\mathbf{L} = \Theta\,\mathbf{w} = I\,\mathbf{w}$$

gelten, wobei I eine Zahl ist.

Das definiert aber gerade ein *Eigenwertproblem* von der Art, wie wir es in Ziffer 7.3 studiert haben: Damit die obige Gleichung gilt, muß **w** Eigenvektor und I Eigenwert von Θ sein.

Nun ist die Matrix Θ aber sogar symmetrisch und deswegen wissen wir, daß sie immer drei Eigenwerte $I_1 \ldots I_3$ und drei Eigenrichtungen $\mathbf{E}_1, \mathbf{E}_2, \mathbf{E}_3$ besitzen wird. Dabei – wir wiederholen frühere Ergebnisse – ist immer $\mathbf{E}_i \perp \mathbf{E}_j$, falls nur $I_i \neq I_j$ gilt, und ist $I_i = I_j$, so lassen sich immer $\mathbf{E}_i$ und $\mathbf{E}_j$ finden, die im Eigenraum orthogonal aufeinander stehen.

Folglich gibt es für jeden starren Körper genau drei wechselseitig orthogonale Raumrichtungen, die sogenannten *Hauptträgheitsachsen*, längs derer **w** und **L** parallel sind, und drei ihnen entsprechende Eigenwerte I_i, die *Hauptträgheitsmomente*.

Für diese Momente gilt *ausnahmslos* $I_i \geq 0$; denn entwickelt man die $\mathbf{r}_n$ in das vONS der $\mathbf{E}_i$, so führt die Formel (∗) auf S. 179 unmittelbar auf $\Theta_{ij} = I_i\,\delta_{ij}$, und die Diagonalelemente von Θ_{ij} sind in jeder Darstellung nicht-negativ.

Wir behaupten jetzt, daß die *Hauptträgheitsmomente* eines starren Körpers *unter allen Umständen*, d.h. unabhängig von der speziellen Basis, in der Θ dargestellt wurde, *zeitlich konstant* sind:

Zunächst haben wir gesehen, daß Θ im körperfesten System Σ' einer zeitlich konstanten Matrix Θ entspricht, und die hat trivialerweise sowohl konstante Eigenwerte I_i' als auch Eigenrichtungen $\mathbf{E}_i'$.

Gehen wir nun von Σ' zu einem anderen kartesischen Koordinatensystem mit dem gleichen Ursprung Σ'' über, das sich relativ zu Σ' beliebig drehen kann. Dieses System könnte speziell Σ sein, doch ist das keineswegs notwendig.

Dieser Übergang wird aber durch eine – zeitabhängige – orthogonale Transformation $\boldsymbol{V}(t)$ beschrieben, so daß die Matrixdarstellungen von Θ gemäß

$$\Theta''(t) = \boldsymbol{V}(t)\,\Theta'\,\boldsymbol{V}^{\mathsf{T}}(t)$$

zusammenhängen.

Nun haben wir aber in 7.3.2.2 ganz allgemein gesehen, daß das Spektrum symmetrischer Matrizen unter orthogonalen Transformationen erhalten bleibt[4]; tatsächlich besitzen also Θ'' und Θ' die gleichen und somit *zeitunabhängigen* Hauptträgheitsmomente I_i.

Im übrigen sind die *Eigenvektoren* natürlich *nicht invariant*; hier wird $\mathbf{E}_i' \neq \mathbf{E}_i''$ sein und $\mathbf{E}_i''$ im allgemeinen von der Zeit abhängen!

Konzentriert man sich bei der Untersuchung der Bewegung eines starren Körpers auf seine Rotationen, so bezeichnet man den Körper gerne als *Kreisel* – und zwar unabhängig von seiner geometrischen Gestalt.

Sind die drei Hauptträgheitsmomente eines solchen Kreisels sämtlich verschieden, nennt man ihn *unsymmetrisch* oder *allgemein*; fallen zwei der Momente bei unterschiedlichem dritten zusammen, so heißt er *symmetrisch*, und besitzen schließlich alle drei Momente die gleiche Größe, spricht man von einem *Kugelkreisel*.

Speziell beim Kugelkreisel ist $\mathbf{L}$ wieder unter allen Umständen proportional zu $\boldsymbol{w}$:

$$\mathbf{L} = I\,\boldsymbol{w}\,,$$

beim symmetrischen Kreisel ist das wenigstens für alle $\boldsymbol{\omega}$ aus einer Ebene der Fall.

Im übrigen darf man aus dem Namen Kugelkreisel nicht auf den Schluß verfallen, daß es sich hierbei notwendigerweise um eine kugelsymmetrische Massenverteilung handeln müsse.

So zeigt es sich nämlich, daß z.B. auch ein Würfel homogener Dichte bezüglich der Drehung um seinen Mittelpunkt einen Kugelkreisel darstellt.

Der Name hat einen anderen Ursprung: Man pflegt den Zusammenhang zwischen $\mathbf{L}$ und $\boldsymbol{w}$ für verschiedene Raumachsen häufig durch das Konzept des

---

[4] Tatsächlich haben wir diesen Satz für hermitesche Matrizen und unitäre Transformationen formuliert, doch läßt er sich sofort auf den Spezialfall ummünzen, den wir hier benötigen.

14.4 Der Trägheitstensor

Trägheitsellipsoids geometrisch zu veranschaulichen. Dieses Ellipsoid *entartet* im Fall des Kugelkreisel *zur Kugel*.

Auf die genauere Erläuterung dieses Anschauungsmodells wollen wir hier jedoch ebenso verzichten[5] wie auf die Berechnung der Trägheitsmomente für konkret vorgegebene Massenverteilungen, die tatsächlich eine reine Übungsaufgabe im Integrieren darstellt.

14.4.1.2 Wechsel des Drehpunktes: Der Steinersche Satz

Bei *gegebenem Drehpunkt* ist der Trägheitstensor in Σ' zwar eine konstante, nur von der Massenverteilung abhängige Größe, doch ändert er sich bei einem Wechsel des Drehpunktes: Ein Körper, der um P rotiert, wird einen anderen Trägheitstensor haben als bei Rotation um Q. Lassen Sie uns den Unterschied berechnen.

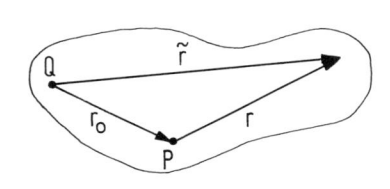

Mit den Bezeichnungsweisen aus der Abbildung haben wir

$$\begin{aligned}
\Theta_{ij}^Q &= \sum_n m_n \left\{ \delta_{ij} \tilde{\mathbf{r}}_n \cdot \tilde{\mathbf{r}}_n - \tilde{x}_{ni} \tilde{x}_{nj} \right\} \\
&= \sum_n m_n \left\{ \delta_{ij} (\mathbf{r}_n + \mathbf{r}_o) \cdot (\mathbf{r}_n + \mathbf{r}_o) - (x_{ni} + x_{oi})(x_{nj} + x_{oj}) \right\} \\
&= \sum_n m_n \left\{ \delta_{ij} \mathbf{r}_n \cdot \mathbf{r}_n - x_{ni} x_{nj} \right\} + M \left\{ \delta_{ij} \mathbf{r}_o \cdot \mathbf{r}_o - x_{oi} x_{oj} \right\} \\
&\quad + \delta_{ij} 2\, \mathbf{r}_o \cdot \sum_n m_n \mathbf{r}_n - x_{oi} \sum_n m_n x_{nj} - x_{oj} \sum_n m_n x_{ni} \\
&= \Theta_{ij}^P + M \left\{ \delta_{ij} \mathbf{r}_o \cdot \mathbf{r}_o - x_{oi} x_{oj} \right\} + M \left\{ 2\, \delta_{ij} \mathbf{r}_o \cdot \mathbf{R} - x_{oi} X_j - x_{oj} X_i \right\} .
\end{aligned}$$

Dabei ist $\mathbf{R}$ der von P aus abgetragene Ortsvektor des Systemschwerpunktes. Folglich wird die Formel besonders einfach, wenn man P in den Schwerpunkt gelegt hat, denn dann verschwindet mit $\mathbf{R}$ der gesamte Beitrag der letzten geschweiften Klammer.

Dann ist aber $-\mathbf{r}_o$ der von Q abgetragene Ortsvektor des Schwerpunktes S, und der zweite Summand in der Formel ist nichts anders als das Trägheitsmoment eines am Orte S befindlichen, starr mit Q verbundenen Massenpunktes der Masse M in bezug auf den Punkt Q.

Wir haben also das Ergebnis:

---

[5] Siehe hierzu z.B. A. SOMMERFELD, *loc.cit.*, § 22, 24.

Der Trägheitstensor Θ^Q *eines starren Körpers in bezug auf einen beliebigen Drehpunkt Q ist die Summe des Trägheitstensors bei Rotation des Körpers um den Schwerpunkt,* Θ^S, *und des Trägheitstensors* Θ^Q_S *der im Schwerpunkt vereinigt gedachten Gesamtmasse M bei Rotation um Q*:

$$\Theta^Q_{ij} = \Theta^S_{ij} + M\left\{\delta_{ij}\mathbf{r}_o \cdot \mathbf{r}_o - x_{oi}x_{oj}\right\},$$
$$\Theta^Q = \Theta^S + \Theta^Q_S.$$

Das ist der *Satz von Steiner*.

14.4.2 Rotation um eine feste Achse

14.4.2.1 Allgemeine Betrachtungen

Hält man einen Körper in einem seiner Punkte fest, so daß er um diesen rotiert, besitzt er drei Freiheitsgrade; hält man ihn in *zwei* Punkten fest, so kann er nur noch um die Verbindungsstrecke dieser Punkte als *raumfeste Drehachse* rotieren und die Anzahl seiner Freiheitsgrade wird auf eins, nämlich den Drehwinkel ϕ um diese Achse, eingeschränkt.

Diesen sowohl grundsätzlich als auch technisch wichtigen Spezialfall wollen wir jetzt etwas genauer durchleuchten.

Sei die *Drehachse* durch den Richtungsvektor $\hat{\mathbf{a}}$ bestimmt; dann ist $\boldsymbol{w} = \omega(t)\,\hat{\mathbf{a}} = \dot{\phi}(t)\,\hat{\mathbf{a}}$ und wir haben

$$T = \frac{1}{2}\left(\boldsymbol{w}\cdot\Theta\,\boldsymbol{w}\right) = \frac{1}{2}\left(\hat{\mathbf{a}}\cdot\Theta\,\hat{\mathbf{a}}\right)\omega^2 \qquad (*)$$

und

$$\mathbf{L} = (\Theta\,\hat{\mathbf{a}})\,\omega\,.$$

Immer zeigt $\mathbf{L}$ im allgemeinen noch nicht in Richtung von $\hat{\mathbf{a}}$, doch kommt im folgenden nur seine Komponente in Achsenrichtung

$$L_{\hat{\mathbf{a}}} = \hat{\mathbf{a}}\cdot\mathbf{L} = (\hat{\mathbf{a}}\cdot\Theta\,\hat{\mathbf{a}})\,\omega \qquad (**)$$

dynamisch zum Tragen. Die Zahl

$$\Theta_{\hat{\mathbf{a}}} = (\hat{\mathbf{a}}\cdot\Theta\,\hat{\mathbf{a}})\,,$$

die sowohl in $(*)$ als auch $(**)$ auftritt, heißt *Trägheitsmoment um die Achse* $\hat{\mathbf{a}}$.

Wir berechnen dieses Moment zunächst zu

$$\Theta_{\hat{\mathbf{a}}} = \sum_{i,k}\Theta_{ik}\,\hat{a}_i\,\hat{a}_k = \sum_n m_n\left\{\mathbf{r}_n\cdot\mathbf{r}_n - (\mathbf{r}_n\cdot\hat{\mathbf{a}})^2\right\}.$$

14.4 Der Trägheitstensor

Zerlegen wir nun $\mathbf{r}_n$ gemäß

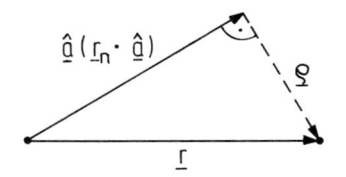

$$\mathbf{r}_n = \boldsymbol{\rho}_n + (\mathbf{r}_n \cdot \hat{\mathbf{a}})\,\hat{\mathbf{a}}$$

in seine Projektion auf die Achse und den auf der Achse orthogonalen Anteil $\boldsymbol{\rho}_n$, so sehen wir, daß wir diese Formel in

$$\Theta_{\hat{\mathbf{a}}} = \sum_n m_n\,\boldsymbol{\rho}_n \cdot \boldsymbol{\rho}_n$$

umschreiben können und daß (wegen $|\boldsymbol{\rho}_n| = $ const.) auch in Σ $\dot{\Theta}_{\hat{\mathbf{a}}} = 0$ gilt.

Die Bewegungsgleichung des starren Körpers um diese Achse erhalten wir durch Projektion der allgemeinen Beziehung $\dot{\mathbf{L}} = \mathbf{D}$ auf die Achse zu

$$\dot{L}_{\hat{\mathbf{a}}} = \Theta_{\hat{\mathbf{a}}}\,\dot{\omega} = \mathbf{D} \cdot \hat{\mathbf{a}} = D_{\hat{\mathbf{a}}}\,.$$

Denn nur die Komponente von $\boldsymbol{\omega}$ in Richtung von $\hat{\mathbf{a}}$ kann frei variieren. Dabei kann $D_{\hat{\mathbf{a}}}$ von ϕ, von t und allenfalls noch von ω abhängen.

In mathematischer Hinsicht bietet diese Differentialgleichung 2. Ordnung für ϕ nichts Besonderes; ersetzen wir $\Theta_{\hat{\mathbf{a}}}$ durch die Masse m, ω durch v und $D_{\hat{\mathbf{a}}}$ durch K, geht sie in die Newtonsche Bewegungsgleichung für die eindimensionale Bewegung eines Massenpunktes über.

Verschwindet insbesondere $\boldsymbol{D}$ identisch, so gilt $\omega = $ constans; der Körper rotiert mit konstanter Winkelgeschwindigkeit und der Winkel selbst nimmt gemäß

$$\phi(t) = \phi_0 + \omega\,t$$

proportional zur Zeit zu.

Aber selbst in diesem einfachen Fall besitzt der Drehimpuls $\mathbf{L}$ im allgemeinen einen nicht-verschwindenden Anteil $\mathbf{L}_\perp$ senkrecht zu $\hat{\mathbf{a}}$, der genauer durch

$$\mathbf{L}_\perp = \{\Theta\,\hat{\mathbf{a}} - \Theta_{\hat{\mathbf{a}}}\,\hat{\mathbf{a}}\}\,\omega$$

gegeben ist.

Nun können wir aber auch sagen, das körperfeste System Σ' rotiere mit der Winkelgeschwindigkeit ω um $\hat{\mathbf{a}}$ relativ zu Σ. Der Trägheitstensor ist aber in Σ' konstant und ändert sich demzufolge in Σ:

$$\Theta' = \text{const.} \implies \Theta = \Theta(t)\,.$$

Folglich wird $\boldsymbol{L}_\perp$, d.h. $\mathbf{L}_\perp$ dargestellt im raumfesten System, auch dann von der Zeit abhängen, wenn ω konstant ist. Dabei ist aber $\dot{\boldsymbol{L}} \neq \boldsymbol{o}$, sondern eine *vorgegebene* Zeitfunktion. Schreiben wir dafür

$$\dot{\boldsymbol{L}}_\perp = \boldsymbol{D}_\perp^z\,,$$

so ist $\boldsymbol{D}_\perp^z$ ein senkrecht zur Achse wirkendes *Zwangsdrehmoment*.

Dieses Moment muß von der Achse aufgebracht werden, um das Herausdrehen der Rotation aus dieser Achse zu verhindern. Es belastet die Aufhängung, ebenso wie eine Zwangskraft die Führungsschiene belastet.

Der Effekt, den wir soeben beschrieben haben – und der einen ersten Eindruck vermittelt, wie involviert die Dynamik eines starren Körpers im einzelnen ist – heißt *dynamische Unwucht*.

Um die unerwünschte Belastung der Lager zu beseitigen, müssen wir das System *auswuchten*. Das geschieht dadurch, daß wir dafür Sorge tragen, daß die *Drehachse zur Hauptträgheitsachse* wird. Dann und nur dann verschwindet nämlich gemäß (∗) die Größe $\mathbf{L}_\perp$ und somit auch das Zwangsdrehmoment $\mathbf{D}_\perp^z$.

14.4.2.2 Beispiel: Das physikalische Pendel

Wir nehmen nun an, ein starrer Körper möge sich im Schwerefeld um eine feste horizontale Achse bewegen, die wir als z-Achse bezeichnen wollen. Diese Achse gehe durch den Punkt A des Körpers.

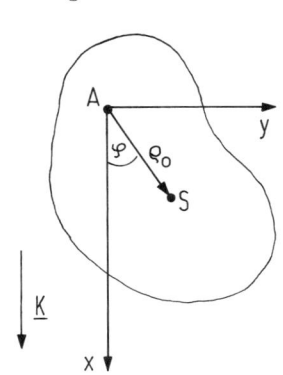

Der Drehimpuls um diese Achse ist durch

$$L_z = \Theta_z^A \omega = (\mathbf{e}_z \cdot \Theta^A \mathbf{e}_z)\,\omega$$

gegeben, und wegen des Steinerschen Satzes gilt

$$\Theta_z^A = (\mathbf{e}_z \cdot \Theta^A \mathbf{e}_z) = \{\mathbf{e}_z \cdot (\Theta^S + \Theta_S^A)\mathbf{e}_z\}$$
$$= \Theta_z^S + M\,\boldsymbol{\rho}_\mathrm{o} \cdot \boldsymbol{\rho}_\mathrm{o}\,,$$

wobei $\boldsymbol{\rho}_\mathrm{o}$ die Projektion des Vektors $\overrightarrow{AS}$ auf die xy-Ebene ist.

Nun wollen wir die z-Komponente des von der Schwerkraft ausgeübten Drehmomentes D_z berechnen.

Für ein starres Punktsystem haben wir

$$D_z = \left\{\sum_n (\mathbf{r}_n \times m_n\,g\,\mathbf{e}_x)\right\}_z = g\left\{\sum_n m_n\,\mathbf{r}_n \times \mathbf{e}_x\right\}_z$$
$$= g\,M\,(\mathbf{R} \times \mathbf{e}_x)_z = -g\,M\,R_y = -g\,M\,\rho_\mathrm{o}\sin(\phi)\,.$$

Auch bei einem kontinuierlichen Körper erhalten wir mit

$$D_z = \left\{\int \mathrm{d}V\,\mathbf{r} \times \rho(\mathbf{r})\,g\,\mathbf{e}_x\right\}_z = g\left\{\int \mathrm{d}V\,\mathbf{r}\,\rho(\mathbf{r}) \times \mathbf{e}_x\right\}_z$$

das gleiche Ergebnis.

14.4 Der Trägheitstensor

Also ist
$$\dot{L}_z = \Theta_z^A \, \dot{\omega} = \Theta_z^A \, \ddot{\phi} = -M \, g \, \rho_0 \, \sin(\phi)$$

die Bewegungsgleichung. Diese Differentialgleichung ist uns bereits früher begegnet, als wir die Bewegung eines auf einem vertikalen Kreis geführten Massenpunktes im Schwerefeld (Modell der *Schiffschaukel*[6]) untersuchten, und zwar in der genauen Form

$$a \, \ddot{\phi} = -g \, \sin(\phi) \, .$$

Dabei war a der Radius des Führungskreises.

Deswegen wird der von uns betrachtete starre Körper genau die gleiche Bewegung ausführen wie der Massenpunkt im Falle

$$a = a^* = \frac{\Theta_z^A}{M \rho_0} = \frac{\Theta_z^S + M \rho_0^2}{M \rho_0} = \rho_0 + \frac{\Theta_z^S}{M \rho_0} \, .$$

Man nennt die beschriebene Versuchsanordnung *physikalisches*, bisweilen auch *physisches Pendel* und bezeichnet die Länge a^* als *effektive* oder auch *reduzierte Pendellänge*.

Natürlich können wir auch hierbei im Falle kleiner Amplituden $\sin(\phi)$ durch ϕ ersetzen und erhalten damit eine harmonische Schwingung der Kreisfrequenz $\omega = \sqrt{g/a^*}$.

14.4.3 Allgemeine Bewegungen

Nachdem wir im letzten Abschnitt die möglichen Bewegungen des starren Körpers auf Drehungen um eine feste Achse eingeschränkt haben, wollen wir jetzt die allgemeinst-möglichen Bewegungen betrachten, bei denen es keinen raumfesten Drehpunkt mehr gibt.

Wir werden dabei aber von Anfang an den *Ursprung O' des körperfesten Systems in den Schwerpunkt S* des Körpers legen. Das ist offenbar möglich, denn erstens ist S natürlich körperfest und zweitens sind – bei Fehlen eines festen Drehpunktes – alle Punkte des Körpers prinzipiell gleichberechtigt.

Somit wird der Schwerpunktsvektor $\overrightarrow{OS} = \mathbf{R}$ in Σ gleichzeitig zum Verschiebungsvektor $\overrightarrow{OO'}$.

Mit $\mathbf{r}_n = \mathbf{R} + \mathbf{r}'_n$ und $\mathbf{v}_{n\Sigma} = \mathbf{V}_\Sigma + (\boldsymbol{\omega} \times \mathbf{r}'_n)$ erhalten wir für die kinetische

---

[6] *Mechanik I*, 5.1.2.2, S. 165 f.

Energie

$$T = \frac{1}{2} \sum_n m_n \left\{ \mathbf{V}_\Sigma \cdot \mathbf{V}_\Sigma + 2\, \mathbf{V}_\Sigma \cdot (\boldsymbol{\omega} \times \mathbf{r}'_n) + (\boldsymbol{\omega} \times \mathbf{r}'_n) \cdot (\boldsymbol{\omega} \times \mathbf{r}'_n) \right\}$$

$$= \frac{1}{2} M\, \mathbf{V}_\Sigma \cdot \mathbf{V}_\Sigma + \mathbf{V}_\Sigma \cdot \{ \boldsymbol{\omega} \times \underbrace{\sum_n m_n \mathbf{r}'_n}_{M\,\mathbf{R}' = \mathbf{0}} \} + \frac{1}{2} \sum_n m_n (\boldsymbol{\omega} \times \mathbf{r}'_n) \cdot (\boldsymbol{\omega} \times \mathbf{r}'_n)$$

$$= \frac{1}{2} M\, \mathbf{V}_\Sigma \cdot \mathbf{V}_\Sigma + \frac{1}{2} \boldsymbol{\omega} \cdot \Theta^S \boldsymbol{\omega}\,.$$

Die kinetische Energie zerfällt also *in die Translationsenergie des Schwerpunktes* und die *Rotationsenergie des Systems um S*.

Diese Aufspaltung geschieht nur bei der getroffenen Wahl des Bezugspunktes; bei jeder anderen Wahl von O' würde der mittlere Summand der obigen Formel nicht verschwinden und es gäbe in T einen Interferenzterm zwischen Translation und Rotation.

Ebenso einfach wird die Formel für den Drehimpuls in bezug auf O. Wir erhalten

$$\mathbf{L}_O = \sum_n m_n (\mathbf{r}_n \times \mathbf{v}_n) = \sum_n m_n \left\{ (\mathbf{R} + \mathbf{r}'_n) \times (\mathbf{V}_\Sigma + \boldsymbol{\omega} \times \mathbf{r}'_n) \right\}$$

$$= \sum_n m_n (\mathbf{R} \times \mathbf{V}_\Sigma) + \mathbf{R} \times (\boldsymbol{\omega} \times \underbrace{\sum_n m_n \mathbf{r}'_n}_{= \mathbf{0}})$$

$$+ \underbrace{(\sum_n m_n \mathbf{r}'_n)}_{= \mathbf{0}} \times \mathbf{V}_\Sigma + \sum_n m_n \left(\mathbf{r}'_n \times (\boldsymbol{\omega} \times \mathbf{r}'_n) \right)$$

$$= M (\mathbf{R} \times \mathbf{V}_\Sigma) + \mathbf{L}'_S\,.$$

$\mathbf{L}_O$ zerfällt in die Summe des Drehimpulses des Systems in bezug auf seinen Schwerpunkt $\mathbf{L}'_S$ und den Drehimpuls, den ein im Schwerpunkt konzentrierter Massenpunkt der Gesamtmasse M in bezug auf den Punkt O hätte.

14.5 Zur Dynamik des starren Körpers

14.5.1 Die Bewegungsgleichungen

Nach 14.3 können wir die Kräfte, die an einem starren Körper angreifen, ersetzen durch eine Summenkraft $\mathbf{K} = \sum_n \mathbf{K}_n$ auf den Schwerpunkt und das Drehmoment $\mathbf{D} = \sum_n (\mathbf{r}_n \times \mathbf{K}_n)$ um diesen.

14.5 Zur Dynamik des starren Körpers

Demzufolge ergeben sich die *allgemeinen Bewegungsgleichungen* (in Σ) zu

$$\dot{\mathbf{P}} = M\,\mathbf{B}_\Sigma = \mathbf{K}\,,$$
$$\dot{\mathbf{L}}_\Sigma = \mathbf{D}_\Sigma\,(\Theta\,w) = \mathbf{D}\,.$$

Dabei werden sowohl **K** als auch **D** im allgemeinen von der Lage des Schwerpunktes S im Raum, d.h. von **R** und von der „Winkellage des Körpers relativ zu seinem Schwerpunkt" abhängen[7]. Lassen Sie uns diese – bislang unspezifizierte – Größe mit Φ abkürzen:

$$\mathbf{K} = \mathbf{K}(\mathbf{R},\Phi)\,, \qquad \mathbf{D} = \mathbf{D}(\mathbf{R},\Phi)\,.$$

Hängt **K** *nicht* von Φ und **D** *nicht* von **R** ab, so entkoppeln die beiden Bewegungsgleichungen für Translation und Rotation und können getrennt behandelt werden. Doch genügt im allgemeinen schon eine Ortsabhängigkeit der Kräfte $\mathbf{K}_n$ auf die Einzelteilchen des Körpers, um eine Kopplung einzuführen. Denn ändert sich **R**, so ändern sich auch die $\mathbf{r}_n$ und damit über $\mathbf{r}_n \times \mathbf{K}_n$ auch **D**. D.h. **D** wird dann von **R** abhängen.

Trotzdem sehen die sechs Differentialgleichungen 2. Ordnung, die die Bewegung eines starren Körpers beschreiben, relativ harmlos aus. Doch werden wir sogleich erkennen müssen, daß dieser Schein gründlich trügt, und zwar schon in den einfachsten denkbaren Situationen.

14.5.2 Das Grundproblem der Koordinatenwahl

In Abschnitt 14.2 haben wir erkannt, daß sich die allgemeinste Bewegung eines starren Körpers durch eine zeitabhängige Bewegungstransformation $\{\boldsymbol{V}(t); \boldsymbol{R}(t)\}$ mit orthogonaler Matrix $\boldsymbol{V}$ und Verschiebungsvektor **R** beschreiben läßt.

Aufgabe der *Dynamik* ist es demzufolge, aus gegebenen Kräften $\mathbf{K}_n$ auf die Konstituenten des Körpers die Größen $\boldsymbol{V}(t)$ und $\mathbf{R}(t)$ zu berechnen.

Wir weisen ausdrücklich darauf hin, daß hierbei die Bewegungstransformation eine *total andere Rolle* spielt als bei den Betrachtungen in Kapitel 9: War dort die *Transformation von außen vorgegeben* und interessierten wir uns für die Bewegung von Teilchen in dem dadurch *vorgegebenen Koordinatensystem* Σ', werden hier $\boldsymbol{V}$ und **R** selbst zu *dynamischen Variablen*, die es zu berechnen gilt.

Es wird also Bewegungsgleichungen für die Elemente von $\boldsymbol{V}$ und die Komponenten von **R** geben müssen. Und es erscheint zunächst einmal ganz klar, daß man diese in Lagrangescher Form hinschreiben sollte, weil man sich dann

---

[7] Daneben sind eventuell noch explizite Zeitabhängigkeiten und Abhängigkeiten von $\dot{\mathbf{R}}$ und „$\dot{\Phi}$" zu erwarten, doch wollen wir das hier außer acht lassen.

um den Charakter der Koordinaten und des Bezugssystems nicht kümmern muß.

Nun gibt es dabei aber eine Schwierigkeit! Jeder *geeignete Satz generalisierter Koordinaten* für einen starren Körper als System mit sechs Freiheitsgraden muß *genau sechs Stück* umfassen.

Die Matrix V aber liefert alleine schon $3 \times 3 = 9$ Elemente, und 3 weitere kommen durch den Verschiebungsvektor R dazu. Folglich können diese Größen *keinen erlaubten Satz generalisierter Koordinaten* bilden!

Natürlich liegen die Schwierigkeiten hierbei nicht beim Verschiebungsvektor R, sondern beim Drehanteil V, der allein neun Elemente liefert. Das ist leicht für uns zu sehen.

Haben wir doch in 7.4.3 gezeigt, daß sich jede orthogonale Transformation $V(t)$ gemäß

$$V(t) = e^{A(t)}$$

durch eine *antisymmetrische Matrix* A erzeugen läßt.

Eine solche Matrix besitzt aber *genau drei unabhängige Elemente* und folglich ist jedes der neun Elemente von V eine wohldefinierte Funktion dieser drei Elemente von A. Also enthält die gesamte Rotation V in Wirklichkeit nur *drei unabhängige Elemente*[8] – und das stimmt mit der Feststellung überein, daß sie genau *drei Freiheitsgrade* besitzt.

Wir müssen also einen praktikablen Weg finden, die Drehung durch Angabe von drei Parametern zu beschreiben, indem wir alle Elemente von V als Funktionen dieser drei Parameter schreiben[9].

Wie diese drei Parameter zu wählen sind, wird uns völlig freigestellt sein, und mit jedem Satz $u_1, \ldots, u_3$ und

$$U_i = f_i(u_1, \ldots, u_3), \qquad i = 1, \ldots, 3$$

wird auch der Satz $U_1, \ldots, U_3$ zulässig sein, sofern der Übergang nur den Anforderungen genügt, die wir in Kapitel 10 an eine *Punkttransformation* gestellt haben.

Um diese Verhältnisse an einem einfachen *Beispiel* zu studieren, das uns im folgenden wertvolle Dienste leisten wird, wollen wir nun die Drehungen um die z-Achse allein betrachten.

---

[8] Deswegen bezeichnet man die Gruppe der Drehungen im dreidimensionalen Raum auch als *dreiparametrig*.

[9] Aufgrund dieser Feststellung könnte man geneigt sein, die Elemente der Matrix A als generalisierte Koordinaten einzuführen. Es würde zu weit führen, zu zeigen, daß das – außer im Sonderfall von Drehungen um eine feste Achse – jedoch keine praktikable Wahl ist.

14.5 Zur Dynamik des starren Körpers

Für sie läßt sich die Drehmatrix V immer in der Form

$$V = \begin{pmatrix} \cos(\phi) & \sin(\phi) & 0 \\ -\sin(\phi) & \cos(\phi) & 0 \\ 0 & 0 & 1 \end{pmatrix}$$

schreiben. Und tatsächlich: Hierin tritt der *Drehwinkel* ϕ als einziger Parameter auf. So muß es aber auch sein, denn die Drehung um eine feste Achse besitzt nur *einen einzigen Freiheitsgrad*.

Bei Drehungen um eine feste Achse – daß wir sie z-Achse genannt haben, tut der Allgemeinheit natürlich keinen Abbruch – gibt es also eine recht natürliche Wahl, obwohl z.B. $\Phi = \phi^3$ auch eine mögliche wäre!

In *drei Dimensionen* hingegen liegen die Verhältnisse grundsätzlich komplizierter.

14.5.3 Die Eulerschen Winkel

Nach den Ausführungen der letzten Ziffer kann man auf die Idee verfallen, *eine allgemeine Drehung im Raum durch Hintereinanderausführung dreier Drehungen um feste, jedoch verschiedene Achsen darzustellen*:

$$V(\theta, \psi, \phi) = V_{\hat{\mathbf{c}}}(\theta) \, V_{\hat{\mathbf{b}}}(\psi) \, V_{\hat{\mathbf{a}}}(\phi) \,. \qquad (*)$$

Zunächst einmal enthält dann V tatsächlich drei Parameter. Die Frage ist nur, ob diese *Parameter unabhängig* voneinander sind – bei der Drehung um eine *gemeinsame Achse* wäre das natürlich *nicht* der Fall, denn es gilt

$$V_{\hat{\mathbf{a}}}(\phi_1) \, V_{\hat{\mathbf{a}}}(\phi_2) = V_{\hat{\mathbf{a}}}(\phi_1 + \phi_2)$$

–, und ob sich *jede* dreidimensionale Drehung so darstellen läßt?

Wir wollen dieser Frage nicht allgemein nachgehen, sondern eine Wahl näher beschreiben, die zu den *Eulerschen Winkeln* führt und die *gebräuchlichste Parametrisierung der Drehgruppe* darstellt.

Offensichtlich läßt sich die Transformation $(*)$ gemäß

$$\Sigma \xrightarrow{V_{\hat{\mathbf{a}}}} \tilde{\Sigma} \xrightarrow{V_{\hat{\mathbf{b}}}} \tilde{\Sigma}' \xrightarrow{V_{\hat{\mathbf{c}}}} \Sigma'$$

als Übergang von Σ nach Σ' über die Zwischenstufen $\tilde{\Sigma}$ und $\tilde{\Sigma}'$ auffassen.

Seien nun $\{\mathbf{e}_i\}$, $\{\tilde{\mathbf{e}}_i\}$, $\{\tilde{\mathbf{e}}_i'\}$ und $\{\mathbf{e}_i'\}$ orthonormale Basen in diesen Systemen. Die Lage dieser Basen zueinander wird nun folgendermaßen definiert[10]:

---

[10] Leider ist diese Definition in der Literatur nicht einheitlich; siehe hierzu z.B. H. GOLDSTEIN, ‚*Klassische Mechanik*' (11. deutsche Auflage: AULA-Verlag, 1991), S. 120, wo sich eine weit ausführlichere Darstellung der Transformation findet.

1.) $\Sigma \to \tilde{\Sigma}$: Drehung um die $\mathbf{e}_3$-Achse um den Winkel ϕ in mathematisch positiver Richtung. D.h. es gilt $\mathbf{e}_3 = \tilde{\mathbf{e}}_3$.

2.) $\tilde{\Sigma} \to \tilde{\Sigma}'$: Drehung um die $\tilde{\mathbf{e}}_1$-Achse um den Winkel θ in mathematisch positiver Richtung. Hierfür gilt $\tilde{\mathbf{e}}_1 = \tilde{\mathbf{e}}_1'$.

3.) $\tilde{\Sigma}' \to \Sigma'$: Drehung um die $\tilde{\mathbf{e}}_3'$-Achse um den Winkel ψ in mathematisch positiver Richtung. Jetzt ist wieder $\tilde{\mathbf{e}}_3' = \mathbf{e}_3'$.

Insgesamt wird durch diese drei Schritte der Übergang von Σ zu Σ' eindeutig festgelegt und durch die drei *Eulerschen Winkel* ϕ, θ, ψ parametrisiert.

Wir überlassen es Ihnen, auszurechnen, welche Form die volle orthogonale Transformation $\boldsymbol{V}$ als Funktion dieser Winkel annimmt.

Wichtig ist nur die Einsicht, daß damit auch die Darstellung der *Winkelgeschwindigkeit $\boldsymbol{\omega}$ als Funktion der Eulerschen Winkel und ihrer ersten Zeitableitungen* eindeutig festliegt.

Denn nach unseren Untersuchungen aus Abschnitt 9.2.1 (S. 55) ist $\boldsymbol{\omega}$ die Vektordarstellung der antisymmetrischen Matrix

$$\boldsymbol{A} = \dot{\boldsymbol{V}} \boldsymbol{V}^\mathsf{T},$$

die man natürlich aus $\boldsymbol{V}$ ausrechnen kann.

Das Ergebnis dieser elementaren Rechnung lautet, wenn man es im *körperfesten System* Σ' darstellt:

$$\begin{aligned}
\omega_1' &= \dot{\phi} \sin(\theta) \sin(\psi) + \dot{\theta} \cos(\psi), \\
\omega_2' &= \dot{\phi} \sin(\theta) \cos(\psi) - \dot{\theta} \sin(\psi), \\
\omega_3' &= \dot{\phi} \cos(\theta) + \dot{\psi}.
\end{aligned}$$

14.6 Elemente der Kreiseltheorie

Aus den Ausführungen der letzten Abschnitte dürfte klar geworden sein, daß die ganz allgemeine Bewegung eines starren Körpers ein hochkomplexes und zudem stark von der Form der angreifenden Kräfte abhängiges Phänomen ist. Weitergehende generelle Aussagen darüber sind kaum mehr möglich.

Das sieht ganz anders aus, wenn es einem gelingt, den *rotatorischen* und den *translatorischen Anteil der Bewegung* voneinander zu *entkoppeln*. Auch wenn es selbst dann im allgemeinsten Fall nicht mehr möglich ist, die Drehbewegung analytisch zu beschreiben, so kann man wenigstens die Bewegungsgleichungen explizit und allgemein hinschreiben und für eine ganze Reihe von Sonderfällen integrieren.

14.6 Elemente der Kreiseltheorie

Die erwähnte Entkopplung ist aber immer zu erreichen; man muß dazu nur *einen Punkt* des starren Körpers *im Raum fixieren* und somit die Translationsbewegung unterbinden.

Ein starrer Körper, dessen Bewegungsmöglichkeiten auf diese Weise auf Drehungen um einen fixen Punkt beschränkt sind, wird als *Kreisel*, die Theorie seiner Bewegungen als *Kreiseltheorie* bezeichnet.

Diese Theorie kann man als hohe Schule der *konkreten Mechanik* bezeichnen, wenn man mit dem Wort *konkret* den Unterschied zur *formalen* oder *analytischen* Mechanik zum Ausdruck bringen will. Dicke Bücher sind darüber verfaßt worden[11].

Es versteht sich von selbst, daß wir an dieser Stelle nicht mehr tun können, als die allereinfachsten Grundzüge dieser Theorie zu betrachten. Aber selbst an ihnen werden Sie einen Eindruck von der überraschenden Komplexität und Vielseitigkeit des Problems gewinnen.

Beginnen müssen wir unsere Untersuchungen natürlich mit der Wahl geeigneter Koordinatensysteme. Dabei versteht es sich von selbst, daß wir den *Drehpunkt als gemeinsamen Ursprung $O = O'$ des körper- und des raumfesten Koordinatensystems* wählen werden. Des weiteren legen wir die *Koordinatenachsen im körperfesten System* Σ' so, daß sie mit den *Hauptträgheitsachsen des Kreisels* zusammenfallen. Dann wird nämlich der in Σ' zeitunabhängige *Trägheitstensor* Θ' *diagonal* mit den Elementen

$$\Theta'_{ij} = I_i \, \delta_{ij} \, .$$

Sind zwei Hauptträgheitsmomente gleich groß – sagen wir, ohne die Allgemeinheit zu beschränken, $I_1 = I_2$ – so nennt man den Kreisel *symmetrisch*. Und zwar bezeichnet man ihn für

$I_3 > I_1 = I_2$ als *abgeplattet* oder *oblat* ,

$I_3 < I_1 = I_2$ als *zigarrenförmig* oder *prolat* ,

$I_3 = I_1 = I_2$ als *Kugelkreisel* .

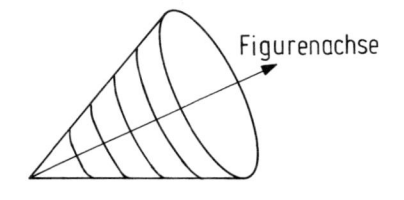

Die Hauptträgheitsachse zu I_3 heißt *Figurenachse*, und alle Achsen senkrecht zu ihr sind gleichberechtigt.

Einen Kreisel, an dem keine Kräfte angreifen, nennt man *frei*, einen, der unter Einfluß von Kräften steht, *schwer*. Dabei müssen die Kräfte keineswegs von dem

---

[11] Wir erwähnen hier nur das klassische Werk von F. KLEIN und A. SOMMERFELD, *"Über die Theorie des Kreisels"* (Teubner Verlag, 1910), das nicht weniger als 955 Seiten umfaßt.

Schwerefeld herrühren, doch ist das der am häufigsten betrachtete Fall. Beide Fälle sind experimentell leicht zu realisieren:

Unterstützt man nämlich einen Kreisel im Schwerefeld in seinem *Schwerpunkt S*, so gilt für das Drehmoment in bezug auf diesen

$$\mathbf{D} = -\sum_n \mathbf{r}_n \times m_n g \mathbf{e}_z = g \mathbf{e}_z \times \sum_n m_n \mathbf{r}_n = \mathbf{o} \,,$$

d.h. der Kreisel ist *frei*.

Unterstützt man ihn hingegen in *einem anderen Punkt P* mit $\overrightarrow{PS} = \mathbf{R}$, so erhält man

$$\mathbf{D} = -\sum_n \mathbf{r}_n \times m_n g \mathbf{e}_z = g \mathbf{e}_z \times \sum_n m_n \mathbf{r}_n = g M \mathbf{e}_z \times \mathbf{R} \,,$$

der Kreisel ist also *schwer*.

14.6.1 Die Kreiselgleichungen

Wir wollen jetzt die allgemeinen Bewegungsgleichungen des Kreisels aufstellen.

Dazu erinnern wir uns daran, daß im raumfesten Inertialsystem Σ die Beziehung $\dot{\mathbf{L}}_\Sigma = \mathbf{D}$ gilt und daß weiter $\mathbf{L}$ durch $\mathbf{L} = \Theta\,\boldsymbol{w}$ gegeben ist.

Unter Verwendung des in Kapitel 9 (S. 57) für die Zeitableitung in Σ eingeführten Symbols $\mathbf{D}_\Sigma$ können wir diese beiden Beziehungen zu

$$\mathbf{D}_\Sigma (\Theta\,\boldsymbol{w}) = \mathbf{D}$$

zusammenfassen.

Dargestellt in Σ ergibt das

$$\mathbf{D}_\Sigma (\Theta\,\omega) = \mathbf{D} \,.$$

Nun wäre die Sache einfach, wenn der Trägheitstensor Θ in Σ konstant wäre; dann ergäbe sich nämlich aus dieser Beziehung direkt eine Gleichung für die Winkelbeschleunigung $\dot{\boldsymbol{\omega}}$, von der wir gesehen haben, daß sie unabhängig vom Bezugssystem ist.

Doch liegen die Dinge eben nicht so einfach: Nicht Θ, sondern Θ', d.h. Θ dargestellt in Σ', besitzt diese einfache Eigenschaft!

Folglich wird es zweckmäßig sein, die Bewegungsgleichung *vom körperfesten System aus* anzusehen.

Das geschieht mittels

$$\dot{\mathbf{L}}_\Sigma = \dot{\mathbf{L}}_{\Sigma'} + \boldsymbol{w} \times \mathbf{L} \,,$$

14.6 Elemente der Kreiseltheorie 195

und diesmal gilt
$$\dot{\mathbf{L}}_{\Sigma'} = \mathbf{D}_{\Sigma'}(\Theta w) = \Theta \dot{w}.$$

Also haben wir insgesamt
$$\dot{\mathbf{L}}_\Sigma = \Theta \dot{w} + w \times \Theta w = \mathbf{D}$$

und demzufolge dargestellt im System Σ'
$$\Theta' \dot{\omega}' + \omega' \times \Theta' \omega' = \boldsymbol{D}'$$

oder komponentenweise

$$\boxed{\begin{aligned}
D_1' &= I_1 \dot{\omega}_1' + \omega_2' I_3 \omega_3' - \omega_3' I_2 \omega_2' \\
&= I_1 \dot{\omega}_1' - (I_2 - I_3)\,\omega_2' \omega_3'\,, \\
D_2' &= I_2 \dot{\omega}_2' - (I_3 - I_1)\,\omega_1' \omega_3'\,, \\
D_3' &= I_3 \dot{\omega}_3' - (I_1 - I_2)\,\omega_1' \omega_2'\,.
\end{aligned}}$$

Das sind die *Eulerschen Kreiselgleichungen*; sie stellen ein System nichtlinearer Differentialgleichungen für $\omega'(t)$ dar, dessen allgemeine Lösung nicht mehr gelingt.

Wir wollen uns in dieser Einführung mit der Integration des einfachsten Spezialfalls begnügen, nämlich der Behandlung des freien Kreisels, und für kompliziertere Fälle auf die weiterführende Literatur verweisen.

14.6.2 Der freie Kreisel

Selbst wenn wir in den obigen Kreiselgleichungen das Drehmoment $\mathbf{D}' = \mathbf{o}$ setzen, bleiben diese nicht-linear und gekoppelt. Dennoch können sie allgemein gelöst werden. Das liegt daran, daß der *Energie*- und der *Drehimpulssatz* sofort *zwei Integrale der Bewegung* liefern; gelten doch

$$E = T = \text{const.}, \qquad |\mathbf{L}| = \text{const.}$$

oder
$$I_1 \omega_1'^2 + I_2 \omega_2'^2 + I_3 \omega_3'^2 = 2T,$$
$$I_1^2 \omega_1'^2 + I_2^2 \omega_2'^2 + I_3^2 \omega_3'^2 = \mathbf{L} \cdot \mathbf{L} = |\mathbf{L}|^2.$$

Diese Gleichungen gestatten es, – sagen wir – ω_1' und ω_2' als Funktionen von ω_3' auszudrücken und somit aus der dritten Eulerschen Gleichung zu eliminieren. Diese erhält dann die Form

$$\dot{\omega}_3' = \frac{I_1 - I_2}{I_3} f_1(\omega_3')\, f_2(\omega_3')$$

und kann durch Separation der Variablen sofort in eine Quadratur umgewandelt werden.

Der dabei auftretende Zusammenhang $t = \Phi(\omega_3')$ wird wieder durch ein *Elliptisches Integral* von der Art beschrieben, der wir bereits früher beim Modell der Schiffschaukel[12] begegnet sind. Durch Umkehrung lassen sich aus ihr zunächst $\omega_3'(t)$ und daraus natürlich auch

$$\omega_1'(t) = f_1(\omega_3'(t)), \qquad \omega_2'(t) = f_2(\omega_3'(t))$$

bestimmen.

Doch sind die Ergebnisse recht unübersichtlich, so daß wir uns nicht genauer mit ihnen befassen wollen.

14.6.2.1 Der symmetrische freie Kreisel im körperfesten Koordinatensystem

Stattdessen wollen wir die Bewegung des symmetrischen Kreisels – wir setzen $I_1 = I_2$ – einer genaueren Inspektion unterziehen.

Mit dieser Wahl vereinfacht sich die dritte der Kreiselgleichungen zu

$$I_3 \dot\omega_3 = 0$$

und läßt sich mit $\omega_3(t) = \Omega =$ constans sofort integrieren. Die Komponente von w in Richtung der Figurenachse e_3', die wir fortan auch als f bezeichnen wollen, bleibt also ein für allemal erhalten.

Setzt man dieses Resultat in die ersten beiden Gleichungen ein, so werden diese linear; es ergibt sich nämlich:

$$I_1 \dot\omega_1 = (I_1 - I_3)\,\Omega\,\omega_2\;,$$
$$I_1 \dot\omega_2 = -(I_1 - I_3)\,\Omega\,\omega_1\;.$$

Mit der Definition

$$k = \left\{\frac{I_1 - I_3}{I_1}\right\}\Omega$$

können wir diese Beziehungen als

$$\dot\omega_1 = k\,\omega_2\;, \qquad \dot\omega_2 = -k\,\omega_1$$

schreiben.

Multiplizieren wir die erste dieser Gleichungen mit ω_1 und die zweite mit ω_2, so erhalten wir sofort

$$\dot\omega_1\,\omega_1 + \dot\omega_2\,\omega_2 = \frac{1}{2}\frac{\mathrm{d}}{\mathrm{d}t}\left(\omega_1^2 + \omega_2^2\right) = 0\;,$$

---

[12] *Mechanik I*, 5.1.2.2, S. 165 ff.

14.6 Elementen der Kreiseltheorie

und, da auch $d\omega_3^2/dt = 0$ gilt, die wichtige Aussage $|w| = $ const.

Das heißt aber, w' bewegt sich auf einem Kreiskegelmantel um die Figurenachse $\mathbf{f}$.

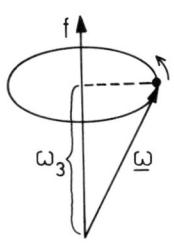

Zur expliziten Lösung der Differentialgleichungen verwenden wir nun die komplexe Darstellung, die wir in 6.5.1[13] kennengelernt haben: Wir schreiben

$$z = \omega_1 + i\,\omega_2$$

und erhalten, wie man sofort nachrechnet,

$$\dot{z} = -i\,k\,z \ .$$

Die Lösung dieser Gleichung ist durch

$$z(t) = z_\circ\,e^{-ikt}$$

gegeben, was für ω_1 und ω_2

$$\omega_1(t) = \omega_1(0)\cos(kt) + \omega_2(0)\sin(kt) \ ,$$
$$\omega_2(t) = \omega_2(0)\cos(kt) - \omega_1(0)\sin(kt)$$

bedeutet. Die Spitze von w durchläuft dabei mit gleichbleibendem Betrag der Geschwindigkeit in der Zeit $T = 2\pi/k$ einen Kreis um die Figurenachse.

Lassen Sie uns nun den Drehimpuls betrachten.

Wegen $L_i = I_i\,\omega_i$ gelten

$$L_3 = I_3\,\omega_3 = I_3\,\Omega\ , \qquad L_{1,2} = I_1\,\omega_{1,2}(t) \ .$$

$\mathbf{L}$ läuft also mit gleicher Frequenz gleichphasig mit w um die Figurenachse $\mathbf{f}$ um, wie das in der Abbildung dargestellt ist.

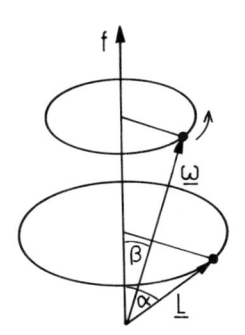

Wie verhalten sich dabei die Öffnungswinkel der beiden Kreiskegel zueinander?

Wir definieren

$$\sphericalangle(\mathbf{f},\mathbf{L}) = \alpha\ , \qquad \sphericalangle(\mathbf{f},w) = \beta$$

und erhalten mit $w_\perp$ bzw. $\mathbf{L}_\perp$ als Anteile von w bzw. $\mathbf{L}$ senkrecht zu $\mathbf{f}$

$$\tan(\beta) = \frac{|w_\perp|}{\omega_3} = \frac{|w_\perp|}{\Omega}\ ,$$
$$\tan(\alpha) = \frac{|\mathbf{L}_\perp|}{L_3} = \frac{I_1\,|w_\perp|}{I_3\,\Omega}\ ,$$

---

[13] *Mechanik I*, S. 239 ff.

also
$$\tan(\alpha) = \frac{I_1}{I_3}\tan(\beta).$$

Für den prolaten Kreisel ($I_1 > I_3$) ist also $\tan(\alpha) > \tan(\beta)$, d.h. $\alpha > \beta$: **L** läuft außerhalb von w, für den oblaten ($I_1 < I_3$) gilt $\beta > \alpha$: **L** läuft innerhalb von w, und für den Kugelkreisel fallen **L** und w zusammen.

Nach diesen Ausführungen kennen wir die Bewegung des Vektors der Winkelgeschwindigkeit in Σ', nämlich $\boldsymbol{\omega}'(t)$. Das ist aber erst ein *erstes Integral* der Bewegungsgleichungen; vollständig beschrieben wäre die Bewegung erst, wenn wir z.B. das Zeitverhalten der drei Eulerschen Winkel (ϕ, θ, ψ) kennen würden. Das läuft – nach dem Zusammenhang, den wir in 14.5.2 (S. 192) angegeben haben – auf die Integration eines weiteren nicht-linearen Differentialgleichungssystems hinaus, ein Problem, das sich für den symmetrischen Kreisel ebenfalls noch bewältigen läßt, mit dem wir uns aber nicht näher beschäftigen wollen.

14.6.2.2 Der symmetrische freie Kreisel im raumfesten Koordinatensystem

Für die Untersuchungen der letzten Ziffer haben wir uns auf den Standpunkt eines Beobachters gestellt, der auf dem Kreisel sitzend dessen Bewegung mitvollzieht. Mag auch diese Art der Behandlung dem Problem in mathematischer Hinsicht noch so angemessen sein, so ist sie doch unanschaulich, denn üblicherweise beobachten wir ja die Bewegung eines Kreisels von einem raumfesten System aus[14]. Um in diesem System ein Bild von der Bewegung zu bekommen, müßten wir also die Rücktransformation von Σ' nach Σ explizit vornehmen. Das ist auch durchaus möglich, doch läßt sich im Falle des symmetrischen freien Kreisels die Integration auch direkt im raumfesten System durchführen, und zwar recht einfach, so daß wir diesem Vorgehen den Vorzug geben wollen.

Wir beginnen damit, die Bewegungsgleichung der Figurenachse in Σ aufzustellen. Da **f** in Σ' ruht, so daß $\mathbf{D}_{\Sigma'}\mathbf{f} = \mathbf{o}$ ist, erhalten wir dafür sofort

$$\dot{\mathbf{f}}_\Sigma = \boldsymbol{w} \times \mathbf{f}. \qquad (*)$$

Nun zerlegen wir $\boldsymbol{w}$ in seine Komponente ω_f in Richtung von **f** und den dazu senkrechten Anteil $\boldsymbol{w}_\perp$:
$$\boldsymbol{w} = \omega_f\,\mathbf{f} + \boldsymbol{w}_\perp. \qquad (1)$$

Damit ist aber
$$\mathbf{L} = \Theta\,\boldsymbol{w} = I_3\,\omega_f\,\mathbf{f} + I_1\,\boldsymbol{w}_\perp$$

---

[14] Dies gilt z.B. dann *nicht*, wenn wir die rotierende Erde als Kreisel auffassen.

14.6 Elemente der Kreiseltheorie

und somit
$$w_\perp = \frac{\mathbf{L} - I_3\,\omega_f\,\mathbf{f}}{I_1}\,. \tag{2}$$

In (∗) eingesetzt, ergibt diese Beziehung
$$\dot{\mathbf{f}}_\Sigma = w \times \mathbf{f} = w_\perp \times \mathbf{f} = \frac{1}{I_1}\,(\mathbf{L} \times \mathbf{f})\,.$$

Nun ist in Σ $\mathbf{L}$ konstant und nichts hindert uns, die $\mathbf{e}_3$-Achse so zu wählen, daß
$$\mathbf{L} = L\,\mathbf{e}_3$$
gilt.

Damit wird aber in Σ aus der Bewegungsgleichung für $\mathbf{f}$:
$$\dot{f}_1 = -\frac{L}{I_1}\,f_2\,,$$
$$\dot{f}_2 = \frac{L}{I_1}\,f_1\,,$$
$$\dot{f}_3 = 0\,.$$

Das heißt zunächst $f_3(t) =$ constans.

Nun ist aber
$$f_3 = \mathbf{f}\cdot\mathbf{e}_3 = \frac{1}{L}\mathbf{f}\cdot\mathbf{L} = \frac{1}{L}\{I_3\,\omega_f\,\underbrace{(\mathbf{f}\cdot\mathbf{f})}_{=1} + I_1\,\underbrace{(\mathbf{f}\cdot w_\perp)}_{=0}\} = \frac{I_3}{L}\,\omega_f\,,$$

und somit ist auch die Projektion von $\boldsymbol{\omega}$ auf die Figurenachse konstant[15].

Die Differentialgleichungen für f_1 und f_2 sind vom nämlichen Typus wie die für ω'_1 und ω'_2 in der letzten Ziffer. Mit
$$f_1 + \mathrm{i}\,f_2 = y$$
wird aus ihnen
$$\dot{y} = \mathrm{i}\,\frac{L}{I_1}\,y\,.$$

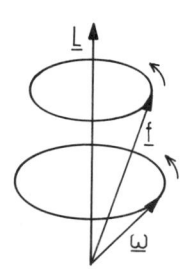

Daraus ergibt sich
$$y(t) = y_0\,\mathrm{e}^{\mathrm{i}(L/I_1)t}\,,$$

und somit durchläuft in Σ die Figurenachse mit der Kreisfrequenz L/I_1 einen Kreiskegel um $\mathbf{L}$.

---

[15] In der vorigen Ziffer folgte dies direkt aus der dritten Eulerschen Gleichung $\dot{\omega}'_3 = 0$.

Nun zur Bewegung der Winkelgeschwindigkeit $\boldsymbol{w}$.
Zunächst ergibt sich aus (1) und (2):

$$\boldsymbol{w} = \omega_f \left(1 - \frac{I_3}{I_1}\right) \mathbf{f} + \frac{\mathbf{L}}{I_1} \,. \qquad (**)$$

Folglich ist

$$\omega_3 = \omega_f \left(1 - \frac{I_3}{I_1}\right) f_3 + \frac{L}{I_1}$$

ebenfalls konstant, und für $\omega_{1,2}$ finden wir

$$\omega_{1,2} = \omega_f \left(1 - \frac{I_3}{I_1}\right) f_{1,2} \,.$$

Also durchläuft auch $\boldsymbol{w}$ einen Kegel um $\hat{\mathbf{L}} = \mathbf{e}_3$, und zwar *phasen-* und *frequenzgleich* zu $\mathbf{f}$. Dabei bleibt natürlich der Betrag $|\boldsymbol{\omega}|$ erhalten. In der Tat ist nach $(**)$

$$\omega^2 = \boldsymbol{w} \cdot \boldsymbol{w}$$
$$= \omega_f^2 \left(1 - \frac{I_3}{I_1}\right)^2 \underbrace{(\mathbf{f} \cdot \mathbf{f})}_{=1} + \frac{L^2}{I_1^2} + 2 \omega_f \frac{\left(1 - \frac{I_3}{I_1}\right)}{I_1} \underbrace{(\mathbf{f} \cdot \mathbf{L})}_{= L f_3}$$

von der Zeit unabhängig.

Die Bewegung des Kegels besteht also in einer gleichphasigen Rotation von Figuren- und momentaner Drehachse um die Richtung des Drehimpulses.

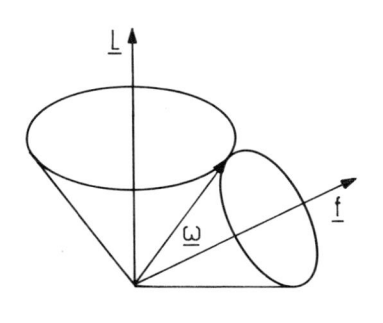

Noch anschaulicher wird dieses Bild durch die folgende Konstruktion:
Wir betrachten zwei Kreiskegel, einen mit der Achse $\hat{\mathbf{L}}$ ($= \mathbf{e}_3$) und dem Öffnungswinkel $\sphericalangle(\mathbf{L}, \boldsymbol{w})$ und einen zweiten mit der Achse $\mathbf{f}$ und dem Öffnungswinkel $\sphericalangle(\mathbf{f}, \boldsymbol{w})$. Den erstgenannten Kegel nennt man *Rastpol-* oder *Spurkegel*, den zweiten *Gangpol-* oder einfach *Polkegel*. Rast- und Gangpolkegel berühren sich auf ihrem Mantel längs $\hat{\boldsymbol{w}}$. Die Bewegung des Kegels wird nun dadurch beschrieben, daß *der Gangpolkegel auf dem Rastpolkegel abrollt*, wobei die momentane Drehachse $\hat{\boldsymbol{w}}$ durch die Berührungslinie gegeben ist.

Gleichphasig mit der Bewegung von $\boldsymbol{w}$ auf dem Mantel des Spurkegels überstreicht die Figurenachse ebenfalls den Mantel eines Kreiskegels um $\hat{\mathbf{L}}$; dieser wird als *Nutationskegel* bezeichnet.

14.6.3 Zur Problematik des schweren Kreisels

Alles in allem ist bereits die Bewegung eines freien Kreisels weit davon entfernt, trivial zu sein. Dabei entspricht sie in der Analogie, die wir zwischen rotatorischer und translatorischer Bewegung hergestellt haben, nichts anderem als der kräftefreien Bewegung eines Massenpunktes, also der geradliniggleichförmigen Bewegung.

Um so komplizierter ist natürlich die Bewegung des schweren Kreisels. Doch läßt sich der Fall des *schweren symmetrischen Kreisels* noch geschlossen behandeln.

Man erhält ein solches System, wenn man einen symmetrischen Kreisel auf seiner Figurenachse im Abstand ℓ von seinem Schwerpunkt unterstützt. Zur Formulierung des Problems geht man üblicherweise direkt auf die Eulerschen Winkel zurück; man findet nämlich, daß die potentielle Energie des Kreisels durch

$$V = M g \ell \cos(\theta)$$

gegeben ist.

Folglich drückt man in der kinetischen Energie

$$T = \frac{1}{2} I_1 \left(\omega_1'^2 + \omega_2'^2 \right) + \frac{1}{2} I_3 \, \omega_3'^2$$

den Spaltenvektor $\boldsymbol{\omega}'$ nach den auf S. 192 wiedergegebenen Formeln in (ϕ, θ, ψ) aus und erhält damit die Lagrangefunktion

$$L = \frac{I_1}{2} \left(\dot{\theta}^2 + \dot{\phi}^2 \sin^2(\theta) \right) + \frac{I_3}{2} \left(\dot{\psi} + \dot{\phi} \cos(\theta) \right)^2 - M g \ell \cos(\theta),$$

in der glücklicherweise ϕ und ψ zyklisch sind.

Dieser Umstand, zusammen mit der Erhaltung der Energie $E = T + V$, ermöglicht die Integration der aus L folgenden Lagrange-Gleichungen, doch wollen wir auf die Details dieser Rechnungen und die Diskussion der Ergebnisse nicht näher eingehen, sondern hierfür auf die Literatur[16] verweisen.

---

[16] Siehe z.B. H. GOLDSTEIN, *loc.cit.*, S. 181 f, oder F. KLEIN und A. SOMMERFELD, *loc.cit.*

15 Formale Mechanik

Mit der Betrachtung der Bewegung des Kreisels verlassen wir endgültig die Beschreibung konkreter mechanischer Systeme und Situationen und wenden uns für den Rest dieser Abhandlung dem weiteren *formalen Ausbau der Mechanik als physikalischer Theorie* zu.

Nun werden Sie natürlich fragen, was dies – erstens – bedeuten soll und – zweitens – welchen Zweck wir damit verfolgen.

Die erste Frage werden wir zur Gänze natürlich erst am Ende beantworten können, und doch können wir uns schon jetzt ein gewisses Bild von den kommenden Dingen machen, wenn wir einmal die Konzepte

Newtonsche Gleichungen — Hamiltonsches Prinzip — Lagrange-Gleichungen

einander gegenüberstellen.

Mit der *Newtonschen Formulierung* hatten wir in Kapitel 3[1] das Studium der Dynamik begonnen; wir hatten sie als außerordentlich allgemeines Konzept erkannt, das für jedwede Form der Kräfte gilt und selbst dann richtig bleibt, wenn die Massen eine explizite Zeitabhängigkeit besitzen. Zudem ist diese Newtonsche Form in gewissem Sinne sehr anschaulich: Es sind die Einzelmassen eines Systems, die beschleunigt werden, und die Integration der Bewegungsgleichungen liefert die physikalischen Bahnen der Einzelteilchen im Anschauungsraum.

Doch haben wir bald erkannt, daß die Newtonschen Bewegungsgleichungen einen gravierenden Schönheitsfehler haben: Sie „gelten" nur in Inertialsystemen. Wenn immer durch natürliche Symmetrien oder Zwangsbedingungen die Verwendung krummliniger Koordinaten angezeigt war oder wenn die konkreten Versuchsbedingungen – siehe z.B. das Laborsystem auf der rotierenden Erde – die Beschreibung der Vorgänge in nichtinertialen Systemen erzwangen, mußten wir die Bewegungsgleichungen durch mühsames Umrechnen an diese neue Situation adaptieren und erhielten dabei Gleichungen, deren Form mit der ursprünglichen Newtonschen nichts mehr gemein hatte. Es bedurfte

---

[1] *Mechanik I*, S. 96 ff.

der Einführung von Scheinkräften, um diese formale Ähnlichkeit wiederherzustellen.

Zudem hängt die Lösbarkeit dieser Gleichungen empfindlich von der Wahl eines zweckmäßigen Koordinatensystems ab, die von vornherein, also vor Beginn der Rechnungen, getroffen werden muß.

Betrachten wir jetzt die *Lagrangeschen Gleichungen*, so haben diese den großen Vorteil, daß sie in allen Koordinatensystem gelten, welche wir uns denken können, daß sie also sehr viel flexibler sind als die Newtonschen Bewegungsgleichungen. Als Nachteil hingegen müssen wir einen gewissen Verlust an direkter physikalischer Anschauung hinnehmen: Nicht mehr die fein säuberlich getrennten Bahnen von Einzelteilchen liefert uns diese Technik im allgemeinen, sondern den Zeitverlauf der Systemkonfiguration als redundanzfreie Charakterisierung des Systems als Ganzen.

Das *Hamiltonsche Prinzip*, aus dem wir die Lagrangeschen Gleichungen abgeleitet haben und aus dem wir uns im Prinzip – im Spezialfall eines Inertialsystems nämlich – auch die Newtonschen Bewegungsgleichungen abgeleitet denken können, läßt sich ebenso wie diese Gleichungen zum *Prinzip der klassischen Mechanik* erklären, nämlich zum *Integralprinzip*. Ausgehend von diesem lassen sich aber nicht nur die besprochenen Formulierungen der Mechanik finden, sondern noch allgemeinere, noch abstraktere, dafür aber besonders symmetrische. Unter ihnen werden wir eine – nämlich die nach *Hamilton* und *Jacobi* – finden, die uns in gewissem Sinne sogar die Mühe abnimmt, explizit nach dem geeigneten Koordinatensystem suchen zu müssen.

Dabei sind wir aber bereits bei der Frage nach dem „*warum*"!

Der bisher erwähnte Grund ist rein praktischer Natur. Für die Naturerkenntnis ganz allgemein wichtiger aber ist ein anderes Argument:

Die so umgeschriebene Mechanik wird sich als eine bestimmte *Realisierung einer abstrakten mathematischen Struktur* erweisen, die sich auch auf andere Weise realisieren läßt (etwa ebenso, wie Ortsvektoren Vektoren sind, aber nicht alle Vektoren Ortsvektoren!). Später wird sich die *Quantenmechanik* zum Gutteil als eine andere Darstellung dieser gleichen Struktur erweisen, und ähnliches gilt für die *relativistische Mechanik*.

Auf diese Weise wird die formale Mechanik geeignet sein, eine Brücke zwischen der klassischen Mechanik und diesen „nichtklassischen" Theorien zu schlagen.

15.1 Erhaltungssätze und Symmetrien; die Noetherschen Theoreme

Als ersten Schritt auf diesem Wege werden wir zeigen, daß die uns bereits bekannten *Erhaltungssätze der Mechanik* eine unmittelbare Folge von Symmetrien sind, welche das mechanische System auszeichnen. Aus diesem Grunde sind sie auch keine – mehr oder weniger zufälligen – Ergebnisse, die aus der speziellen Form der Mechanik folgen, sondern dieser Theorie in gewissem Sinne übergeordnet.

15.1.1 Über die Klasse der zulässigen Lagrangefunktionen

In Kapitel 11 haben wir die Gültigkeit des *Hamiltonschen Prinzips* unter der speziellen Annahme
$$L = T - V$$
für das *kinetische Potential* bewiesen.

Jetzt wollen wir unseren Standpunkt ein wenig verändern und – in Vorbereitung weiterer Entwicklungen – der Frage nachgehen, inwiefern diese Wahl von L zwingend ist: Gibt es zu L möglicherweise noch weitere Lagrangefunktionen L', die auf die gleichen Bewegungen führen wie L, und wie unterscheiden sich diese von L?

Das ist sicher genau dann der Fall, wenn das mit L' gebildete Wirkungsfunktional S' auf genau der gleichen Trajektorie $\boldsymbol{q}_o(t) \in \mathcal{D}$ [2] stationär wird wie das mit L gebildete Wirkungsfunktional S.

Wir nehmen das Ergebnis vorweg:

Mit L ist auch L' mit
$$L' = cL + \frac{\mathrm{d}}{\mathrm{d}t}\Phi(\boldsymbol{q},t)\,, \qquad c \neq 0 \qquad (*)$$
zulässige Lagrangefunktion des Problems.

Wir können also L zunächst einmal mit einer nicht verschwindenden Konstante multiplizieren.

Das ist trivial, aber nicht unwichtig. Denn mit $L' = cL$ wird $S' = cS$ sicherlich auf der gleichen Bahn stationär wie S. Doch zeigt das, warum wir uns mit der Forderung nach *Stationarität* begnügt haben und nicht etwa die *Minimalität* gefordert haben. Für $c < 0$ wird nämlich aus einem Minimum von S ein Maximum von S' und umgekehrt, so daß eine solche Extremalforderung die Klasse der zulässigen Lagrangefunktionen von vornherein in unnötiger Weise einschränken würde.

Nun zu dem additiven Term, der aus einer *totalen Zeitableitung* einer von $\boldsymbol{q}$ und t – *nicht aber von $\dot{\boldsymbol{q}}$!* – abhängigen Funktion $\Phi(\boldsymbol{q},t)$ besteht. Hierfür erhalten wir

$$S' = \int_{t_o}^{t_1} \mathrm{d}t \left(cL + \frac{\mathrm{d}}{\mathrm{d}t}\Phi\right) = cS + \Phi(\boldsymbol{q}(t_1),t_1) - \Phi(\boldsymbol{q}(t_o),t_o)\,.$$

---

[2] Siehe Seite 98 f.

15.1 Erhaltungssätze und Symmetrien

Da aber $q(t_1)$ und $q(t_o)$ für alle Bahnen aus $\mathcal{D}$ dieselben sind, besteht der Unterschied von S' und cS auf $\mathcal{D}$ in einer *Konstanten*, die die Stationaritätseigenschaften von S' ebenfalls nicht tangiert.

In Umkehrung kann man zeigen, daß die Relation (∗) bereits vollständig ist: Zwei Lagrangefunktionen L und L' für das gleiche mechanische Problem sind stets durch sie miteinander verknüpft. Doch wollen wir den Beweis dieser Tatsache hier nicht erbringen.

15.1.2 Die Homogenität der Zeit und die Erhaltung der Energie

Ein physikalisches System heißt *zeitlich homogen*, wenn seine Eigenschaften nicht von der Zeit selbst, sondern nur von Zeitdifferenzen abhängen. Mit anderen Worten: Die Ergebnisse von Experimenten an diesem System werden nicht davon abhängen, *wann* die Experimente durchgeführt werden; oder konkret mechanisch: Wenn $q(t)$ die Konfigurationsbahn ist, die ein System durchläuft, welches zum Zeitpunkt t_1 in q_1 und zu t_2 in q_2 ist, so ist $q'(t) = q(t + \Delta t)$ für alle Δt Konfigurationsbahn für die Randbedingungen $q(t_1 + \Delta t) = q_1, q(t_2 + \Delta t) = q_2$.
Eine zumindest hinreichende Bedingung für die zeitliche Homogenität ist, daß sich in der Klasse der zulässigen Lagrangefunktionen des Systems eine befindet[3], die nicht explizit zeitabhängig ist:

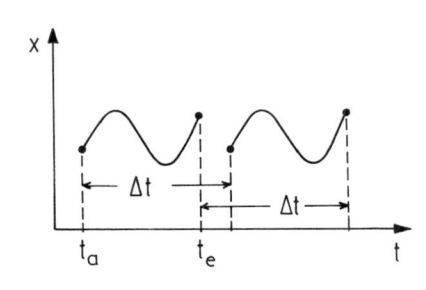

$$L = L(q, \dot q) \implies \frac{\partial L}{\partial t} = 0 \,.$$

Ersetzen wir nämlich für beliebiges Δt $q(t)$ durch $q(t + \Delta t)$, so gilt mit

$$L(q(t), \dot q(t)) = \tilde L(t)$$

auch

$$L(q(t + \Delta t), \dot q(t + \Delta t)) = \tilde L(t + \Delta t)$$

mit der gleichen Zuordnungsvorschrift $\tilde L$, und folglich ist die *Wirkung* für jedes $q(t)$ *invariant gegen Zeitverschiebungen*:

---

[3] Es muß dies nicht unbedingt $T - V$ sein, doch wird im allgemeinen in einführenden Darstellungen nur dieser Fall betrachtet.

$$S[\boldsymbol{q}(t)] = \int_{t_\circ}^{t_1} \mathrm{d}t\, \tilde{L}(t)\,,$$

$$S[\boldsymbol{q}(t+\Delta t)] = \int_{t_\circ+\Delta t}^{t_1+\Delta t} \mathrm{d}t\, \tilde{L}(t+\Delta t) = \int_{t_\circ}^{t_1} \mathrm{d}t'\, \tilde{L}(t') = S[\boldsymbol{q}(t)]\,.$$

Wird S somit auf $\boldsymbol{q}_\circ(t)$ stationär, so auch – bei „verschobenen" Anfangsbedingungen – auf $\boldsymbol{q}_\circ(t+\Delta t)$, was die zeitliche Homogenität beweist.

Berechnen wir für diesen Fall $\mathrm{d}L/\mathrm{d}t$, so erhalten wir

$$\frac{\mathrm{d}L(\boldsymbol{q},\dot{\boldsymbol{q}})}{\mathrm{d}t} = \sum_i \left\{ \frac{\partial L}{\partial q_i}\dot{q}_i + \frac{\partial L}{\partial \dot{q}_i}\ddot{q}_i \right\}\,.$$

Jetzt setzen wir in den ersten Term die Lagrange-Gleichungen $\dfrac{\partial L}{\partial q_i} = \dfrac{\mathrm{d}}{\mathrm{d}t}\left(\dfrac{\partial L}{\partial \dot{q}_i}\right)$ ein und berücksichtigen $\dfrac{\partial L}{\partial \dot{q}_i} = p_i$. So ergibt sich

$$\frac{\mathrm{d}L}{\mathrm{d}t} = \sum_i \left\{ \frac{\mathrm{d}}{\mathrm{d}t}\left(\frac{\partial L}{\partial \dot{q}_i}\right)\dot{q}_i + \frac{\partial L}{\partial \dot{q}_i}\ddot{q}_i \right\} = \sum_i (\dot{p}_i\dot{q}_i + p_i\ddot{q}_i) = \frac{\mathrm{d}}{\mathrm{d}t}\sum_i p_i\dot{q}_i\,.$$

Also ist

$$\frac{\mathrm{d}}{\mathrm{d}t}\left(\sum_i p_i\dot{q}_i - L(\boldsymbol{q},\dot{\boldsymbol{q}})\right) = 0\,,$$

d.h. das System ist dadurch gekennzeichnet, daß es die *Erhaltungsgröße*

$$H' = \sum_i p_i\dot{q}_i - L(\boldsymbol{q},\dot{\boldsymbol{q}}) = \mathrm{const.} \qquad (*)$$

besitzt.

Sind nun die generalisierten Koordinaten q_i durch eine *zeitunabhängige* Transformation $q_i = q_i(x_j)$ mit den ursprünglichen kartesischen verbunden – das setzt z.B. voraus, daß etwa vorliegende Zwangsbedingungen *skleronom* sein müssen –, so hat diese Erhaltungsgröße eine sehr einfache physikalische Bedeutung: Sie stellt nichts anderes dar als die *Gesamtenergie* des Systems[4].

Genau unter dieser Bedingung ist nämlich – gemäß S. 112 f –

$$\sum_i p_i\dot{q}_i = 2T\,,$$

---

[4] Ein Beispiel dafür, daß im Falle rheonomer Zwangsbedingungen H' erhalten sein kann, *ohne* die (nicht erhaltene) Energie E zu bedeuten, gibt F. KUYPERS auf S. 108 f seines Buches, *loc.cit.*

15.1 Erhaltungssätze und Symmetrien

und wir haben damit

$$H' = \sum_i p_i \dot{q}_i - L = 2T - (T - V) = T + V = E \,.$$

Allerdings ist der Ausdruck (∗) allgemeiner und hilft einem auch noch in Situationen weiter, in denen die elementare Definition nicht mehr so offensichtlich ist.

Also *folgt die Energieerhaltung aus der Invarianz der Bewegung eines Systems gegen Zeitverschiebungen.*

15.1.3 Die Homogenität des Raumes und die Erhaltung des Gesamtimpulses

Ein System heißt *räumlich homogen*, wenn seine Eigenschaften nicht vom Ort abhängen: *Wo* ein Experiment gemacht wird, ist unwesentlich.

Durchlaufen die Einzelteilchen zwischen $\mathbf{r}_n(t_a) = \mathbf{r}_n^a$ und $\mathbf{r}_n(t_e) = \mathbf{r}_n^e$ die Bahnen $\mathbf{r}_n(t)$, so sind ihre Trajektorien durch $\mathbf{r}'_n(t) = \mathbf{r}_n(t) + \Delta\mathbf{r}$ gegeben, falls sowohl ihre Orte zur Zeit t_a als auch zu t_e sämtlich um den konstanten Vektor $\Delta\mathbf{r}$ verschoben werden:

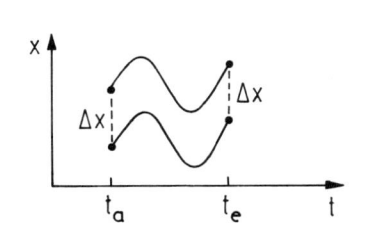

$$\mathbf{r}'_n(t_a) = \mathbf{r}_n^a + \Delta\mathbf{r}\,, \quad \mathbf{r}'_n(t_e) = \mathbf{r}_n^e + \Delta\mathbf{r}\,.$$

Da es sich hierbei um eine Verschiebung im *Realitätsraum*, d.h. um Verschiebungen *aller* Punkte des Systems um einen *gemeinsamen* Vektor handelt, werden wir die $(\mathbf{r}_1, \ldots, \mathbf{r}_N)$ als *Konfiguration* zu wählen haben. Die Lagrangefunktion $L(\mathbf{r}_1, \ldots, \mathbf{r}_N, \dot{\mathbf{r}}_1, \ldots, \dot{\mathbf{r}}_N, t)$ darf sich für räumlich homogene Systeme bei einem Übergang von $\mathbf{r}_n$ zu $\mathbf{r}'_n$ nicht ändern. Insbesondere muß sie gegen infinitesimale Verschiebungen $\delta\mathbf{r}_o$ invariant[5] sein. Folglich haben wir (wegen $\delta\dot{\mathbf{r}}_n = \mathbf{o}$)

$$\delta L = \sum_n \boldsymbol{\nabla}_n L \cdot \delta\mathbf{r}_n = \Big(\sum_n \boldsymbol{\nabla}_n L\Big) \cdot \delta\mathbf{r}_o = 0 \,.$$

---

[5] Man sagt häufig dafür, *die Variation von L mit Variation von $\mathbf{r}_o$* müsse verschwinden. Das veranlaßt uns, kurz auf die *Unterschiede zwischen Variation und Differential* einzugehen:

Sei eine Funktion $f(x, y, t)$ gegeben; ihr Differential

$$\mathrm{d}f = \frac{\partial f}{\partial x}\,\mathrm{d}x + \frac{\partial f}{\partial y}\,\mathrm{d}y + \frac{\partial f}{\partial t}\,\mathrm{d}t$$

beschreibt dann die Änderung von f, wenn x, y und t *unabhängig voneinander* geändert werden.

Nun setzen wir, wie bei der Lagrangefunktion, $x = q$ und $y = \dot{q}$ und fragen nach der Änderung von f mit einer zwar infinitesimalen, jedoch zeitabhängigen Änderung $\delta q(t)$ von q. Nun *folgt aus δq* die Änderung von $\dot{q}$ zu $\delta\dot{q} = \frac{\mathrm{d}}{\mathrm{d}t}(\delta q)$, und t wird überhaupt nicht geändert.

Da aber $\delta \mathbf{r}_o$ beliebig ist, folgt daraus

$$\sum_n \boldsymbol{\nabla}_n L = \mathbf{o} \,. \tag{*}$$

Das ist aber komponentenweise und unter Benutzung der Lagrange-Gleichungen

$$0 = \sum_n \frac{\partial L}{\partial x_{i,n}} = \sum_n \frac{\mathrm{d}}{\mathrm{d}t}\left(\frac{\partial L}{\partial \dot{x}_{i,n}}\right),$$

und damit gilt

$$\sum_n \frac{\partial L}{\partial \dot{x}_{i,n}} = \sum_n p_{i,n} = \text{const.} \,,$$

also

$$\sum_n \mathbf{p}_n = \mathbf{P} = \text{const.}$$

Somit bleibt der *Gesamtimpuls* $\mathbf{P}$ erhalten.

Weiterhin erfahren wir, daß räumliche Homogenität das *Verschwinden aller äußeren Kräfte* bedeutet.

Denn weil

$$\boldsymbol{\nabla}_n L = -\boldsymbol{\nabla}_n V = \mathbf{K}_n$$

ist, bedeutet (*) gerade

$$\sum_n \mathbf{K}_n = \mathbf{o} \,,$$

und mit der Zerlegung in äußere und innere Kräfte gemäß

$$\mathbf{K}_n = {\sum_m}' \mathbf{K}_{nm} + \mathbf{K}_n^a$$

und dem actio = reactio-Gesetz $\mathbf{K}_{nm} + \mathbf{K}_{mn} = \mathbf{o}$ folgt daraus sofort

$$\sum_n \mathbf{K}_n^a = \mathbf{K}^a = \mathbf{o} \,.$$

Das betroffene System muß also *abgeschlossen* sein.

Folglich ist im Differential speziell $\left(\mathrm{d}x, \mathrm{d}y, \mathrm{d}t\right) = \left(\delta q, \frac{\mathrm{d}}{\mathrm{d}t}(\delta q), 0\right)$ und wir erhalten

$$\delta f = \frac{\partial f}{\partial x}\delta q + \frac{\partial f}{\partial y}\frac{\mathrm{d}}{\mathrm{d}t}(\delta q) \,,$$

die Variation von f mit q.

So betrachtet läßt sich die Variation also als Spezialfall des Differentials auffassen, den man erhält, wenn die Änderungen der Argumente der Funktion nicht unabhängig voneinander erfolgen, sondern durch gewisse Bedingungen miteinander verknüpft sind.

15.1.4 Die Isotropie des Raumes und die Erhaltung des Gesamtdrehimpulses

Ändern sich die Eigenschaften eines Systems nicht, wenn man es im Raum dreht, nennt man es *räumlich isotrop*. Insbesondere müssen die Teilchen eines mechanischen Systems bei einer Drehung der Anfangsbedingungen die entsprechenden mitgedrehten Bahnen durchlaufen. Das bedeutet, daß die Lagrangefunktion invariant unter Drehungen sein muß, daß sie also ungeändert bleibt, wenn man *für alle* n $\mathbf{r}_n$ durch $\mathbf{r}'_n = \mathbf{V}\mathbf{r}_n$ ersetzt.

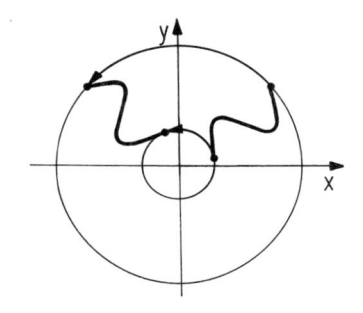

Das gilt insbesondere für Drehungen um *infinitesimale Winkel*.

Eine solche *infinitesimale Drehung* ist gekennzeichnet durch

(i) eine vorgegebene Drehachse $\hat{\mathbf{a}}$ und

(ii) einen infinitesimalen Drehwinkel $\delta\phi$ um diese,

und man pflegt diese beiden Bestimmungsstücke in dem einen Vektor $\delta\boldsymbol{\phi}$ zusammenzufassen.

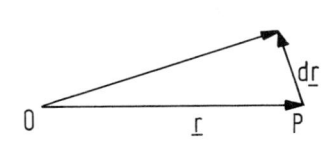

Bei dieser Drehung geht der vom Drehpunkt O aus abgetragene Ortsvektor $\mathbf{r}$ eines beliebigen Punktes P in

$$\mathbf{r} \to \mathbf{r} + \delta\mathbf{r} = \mathbf{r} + \delta\boldsymbol{\phi} \times \mathbf{r} \qquad (*)$$

über.

Das ist leicht einzusehen. Denn wir wissen aus 7.4.3 (zusammen mit der Übungsaufgabe A7.2), daß sich eine beliebige Drehung um den Winkel $\Delta\phi$ und die Achse $\hat{\mathbf{a}}$ stets durch die Transformation $\mathbf{V} = e^{\Delta\phi\,\hat{\mathbf{a}}\times}$ darstellen läßt. Folglich ist

$$\Delta\mathbf{r} = \mathbf{r}' - \mathbf{r} = \left(e^{\Delta\phi\,\hat{\mathbf{a}}\times} - \mathbf{E}\right)\mathbf{r},$$

und diese Beziehung läßt sich gemäß

$$\Delta\mathbf{r} = \Delta\phi\,(\hat{\mathbf{a}} \times \mathbf{r}) + \frac{1}{2}(\Delta\phi)^2\,(\hat{\mathbf{a}} \times (\hat{\mathbf{a}} \times \mathbf{r})) + \frac{1}{3!}(\Delta\phi)^3\,\left(\hat{\mathbf{a}} \times (\hat{\mathbf{a}} \times (\hat{\mathbf{a}} \times \mathbf{r}))\right) \pm \ldots$$

in eine Potenzreihe nach $\Delta\phi$ entwickeln. Von hier führt der Übergang von Differenzgrößen zu Differentialen aber unmittelbar auf

$$\delta\mathbf{r} = \delta\phi\,(\hat{\mathbf{a}} \times \mathbf{r}) = \delta\boldsymbol{\phi} \times \mathbf{r}\,.$$

Im übrigen ist zu betonen, daß die Formel (∗) den Zusammenhang zwischen zwei *zur gleichen Zeit möglichen* Konfigurationen – nämlich zwischen der ursprünglichen und einer relativ zu dieser infinitesimal gedrehten – herstellt und keineswegs impliziert, daß diese Drehung auch *realiter* (im infinitesimalen Zeitintervall dt) abläuft. Um diesen Tatbestand zu kodifizieren, spricht man von einer *virtuellen Drehung*[6].

Läuft andererseits die Drehung tatsächlich ab, so ist $\delta\boldsymbol{\phi}(t)/\mathrm{d}t$ wegen

$$\frac{\delta\boldsymbol{\phi}}{\mathrm{d}t} = \boldsymbol{\omega}, \qquad \hat{\mathbf{a}}(t) = \hat{\boldsymbol{w}}(t)$$

nichts anderes als die momentane Winkelgeschwindigkeit $\boldsymbol{w}(t)$, und (∗) liefert mit

$$\mathbf{r}(t + \mathrm{d}t) = \mathbf{r}(t) + \mathrm{d}\mathbf{r} = \mathbf{r}(t) + \boldsymbol{w}(t)\mathrm{d}t \times \mathbf{r}(t)$$

sofort eine Formel, die uns aus dem 9. Kapitel[7] wohlvertraut ist.

Für isotrope Systeme darf sich die Lagrangefunktion unter einer virtuellen Drehung nicht ändern; es muß also

$$\delta L = \sum_n \left(\frac{\partial L}{\partial \mathbf{r}_n} \cdot \delta\mathbf{r}_n + \frac{\partial L}{\partial \dot{\mathbf{r}}_n} \cdot \delta\dot{\mathbf{r}}_n \right) = 0$$

sein.

Dabei ist der zweite Term wichtig: Mit dem Teilchenort wird natürlich auch seine Geschwindigkeit gedreht, und zwar ebenfalls gemäß (∗).

Damit erhalten wir

$$\begin{aligned}
\delta L &= \sum_n \left(\frac{\partial L}{\partial \mathbf{r}_n} \cdot (\delta\boldsymbol{\phi} \times \mathbf{r}_n) + \frac{\partial L}{\partial \dot{\mathbf{r}}_n} \cdot (\delta\boldsymbol{\phi} \times \dot{\mathbf{r}}_n) \right) \\
&= \delta\boldsymbol{\phi} \cdot \sum_n \left(\mathbf{r}_n \times \frac{\partial L}{\partial \mathbf{r}_n} + \dot{\mathbf{r}}_n \times \frac{\partial L}{\partial \dot{\mathbf{r}}_n} \right) \\
&= \delta\boldsymbol{\phi} \cdot \sum_n \left(\mathbf{r}_n \times \frac{\mathrm{d}}{\mathrm{d}t} \frac{\partial L}{\partial \dot{\mathbf{r}}_n} + \dot{\mathbf{r}}_n \times \frac{\partial L}{\partial \dot{\mathbf{r}}_n} \right) \\
&= \delta\boldsymbol{\phi} \cdot \sum_n \left(\mathbf{r}_n \times \dot{\mathbf{p}}_n + \dot{\mathbf{r}}_n \times \mathbf{p}_n \right) \\
&= \delta\boldsymbol{\phi} \cdot \frac{\mathrm{d}}{\mathrm{d}t} \sum_n \left(\mathbf{r}_n \times \mathbf{p}_n \right) = 0 \,.
\end{aligned}$$

---

[6] Ganz allgemein bezeichnet man den Übergang von einer Systemkonfiguration zu einer zur *gleichen Zeit möglichen, infinitesimal benachbarten* als *virtuelle Verrückung*. Es ist interessant, daß sich die gesamte Lagrangesche Mechanik unter dem Aspekt virtueller Verrückungen aufziehen läßt, und dies ist sogar der konventionelle und historische Weg. Interessenten hierfür werden auf das Buch von F. KUYPERS, *loc.cit.*, verwiesen.

[7] Siehe insbesondere die Abbildung auf S. 56 und ihre Diskussion.

Da aber $\delta\phi$ beliebig ist, muß damit

$$\sum_n (\mathbf{r}_n \times \mathbf{p}_n) = \mathbf{L} = \text{const.}$$

gelten; der *Gesamtdrehimpuls bleibt erhalten*.

Wie bereits im Falle der Energieerhaltung in zeitlich homogenen Systemen wird die Bedeutung dieser Ableitung durch unsere Vorkenntnisse eher verschleiert als erhöht. Sie liegt in der Erkenntnis eines kausalen Zusammenhangs zwischen den fundamentalen Symmetrien eines Systems und der Existenz bei seiner Bewegung erhaltener Größen. Diese Erkenntnis wurde erstmals von der Mathematikerin *E. Noether* gewonnen. Deswegen sind die aus den Symmetrien abgeleiteten Erhaltungssätze unter dem Namen *Noethersche Theoreme* bekannt.

15.2 Die Hamiltonsche Formulierung der Mechanik

Die Formulierung der Mechanik nach Lagrange geht aus von den f *generalisierten Koordinaten* des Systems; die Lagrange-Gleichungen stellen ein System von Differentialgleichungen 2. Ordnung für diese dar; die ersten Zeitableitungen der genannten Koordinaten sind die *generalisierten Geschwindigkeiten*, und diese hängen naturgemäß – auch in logischer Hinsicht – von den Koordinaten ab.

Nun betrachten wir als vorbereitendes *Beispiel* eine Differentialgleichung 2. Ordnung $\ddot{y} = f(y, \dot{y}, t)$. Nennen wir $\dot{y}(t)$ einmal $z(t)$, so können wir diese Gleichung durch zwei Gleichungen 1. Ordnung ersetzen, nämlich durch

$$\dot{z} = f(y, z, t),$$
$$\dot{y} = z,$$

und offensichtlich leistet dieses System genau dasselbe wie die Ausgangsgleichung. Dennoch gibt es einen gravierenden Unterschied bei der Interpretation. Hat man nämlich die Lösung der ursprünglichen Gleichung unter den (mindestens zweifach differenzierbaren) Funktionen $y(t)$ zu suchen, ist die *Grundklasse*, der die Lösungen in der umgeschriebenen Form zu entnehmen sind, erheblich umfangreicher; sie besteht aus der *Familie von Funktionenpaaren* $\{y(t), z(t)\}$ mit beliebig – also *unabhängig voneinander* – wählbaren (mindestens einmal differenzierbaren) Funktionen $y(t)$ und $z(t)$. Nun mutet diese Erweiterung zunächst recht formal an. Tatsächlich aber kann sie geeignet sein, einen ganz anderen Zugang zur Integration der ursprünglichen Differentialgleichung zu gewinnen.

Eine Erweiterung ganz ähnlicher Art werden wir jetzt in den Bewegungsgleichungen der Mechanik vornehmen. Und zwar werden wir den f *generalisierten Koordinaten* in diesem Falle die f *generalisierten Impulse* – nicht die generalisierten Geschwindigkeiten – als *unabhängige Größen* zur Seite stellen. Aus den f Differentialgleichungen 2. Ordnung für q werden damit – wie in unserem Beispiel – $2f$ Gleichungen 1. Ordnung für die Komponenten von q und p.

15.2.1 Die Hamiltonfunktion und die kanonischen Gleichungen der Mechanik

Um das skizzierte Ziel zu erreichen, gehen wir folgendermaßen vor:
Das totale Differential der Lagrangefunktion L ist durch

$$\begin{aligned}
dL &= \sum_i \left(\frac{\partial L}{\partial q_i} dq_i + \frac{\partial L}{\partial \dot q_i} d\dot q_i\right) + \frac{\partial L}{\partial t} dt \\
&= \sum_i \left(\frac{d}{dt}\left(\frac{\partial L}{\partial \dot q_i}\right) dq_i + \frac{\partial L}{\partial \dot q_i} d\dot q_i\right) + \frac{\partial L}{\partial t} dt \\
&= \sum_i \left(\dot p_i\, dq_i + p_i\, d\dot q_i\right) + \frac{\partial L}{\partial t} dt \\
&= \sum_i \left(\dot p_i\, dq_i - \dot q_i\, dp_i + d(p_i \dot q_i)\right) + \frac{\partial L}{\partial t} dt
\end{aligned}$$

gegeben.
Folglich ist

$$d\Big(\sum_i p_i \dot q_i - L\Big) = \sum_i \left(\dot q_i\, dp_i - \dot p_i\, dq_i\right) - \frac{\partial L}{\partial t} dt$$

das *totale Differential* einer Funktion $H(q_i, p_i, t)$, die durch

$$\boxed{H = \sum_i p_i \dot q_i - L}$$

definiert ist; diese Funktion heißt *Hamiltonfunktion*.
Da sich deren Differential aber andererseits als

$$dH = \sum_i \left(\frac{\partial H}{\partial p_i} dp_i + \frac{\partial H}{\partial q_i} dq_i\right) + \frac{\partial H}{\partial t} dt$$

schreiben läßt, können wir die einzelnen Terme gleichsetzen und demzufolge als

$$\boxed{\dot q_i = \frac{\partial H}{\partial p_i}, \qquad \dot p_i = -\frac{\partial H}{\partial q_i}}$$

15.2 Die Hamiltonsche Formulierung der Mechanik

identifizieren.

Das sind die sogenannten *Hamiltonschen* oder *kanonischen Gleichungen* der Mechanik: $2f$ Differentialgleichungen 1. Ordnung für $\boldsymbol{q}$ und $\boldsymbol{p}$.

Zusätzlich zu ihnen gilt

$$\frac{\partial H}{\partial t} = -\frac{\partial L}{\partial t}.$$

Berechnen wir nun einmal $\mathrm{d}H/\mathrm{d}t$, so erhalten wir

$$\frac{\mathrm{d}H}{\mathrm{d}t} = \sum_i \left(\dot{q}_i \dot{p}_i - \dot{p}_i \dot{q}_i\right) + \frac{\partial H}{\partial t} = \frac{\partial H}{\partial t} = -\frac{\partial L}{\partial t};$$

die *totale* ist mit der *partiellen Zeitableitung* identisch.

Ist also insbesondere $\partial L/\partial t = 0$, so ist auch H zeitunabhängig, und $H(\boldsymbol{q},\boldsymbol{p})$ ist eine Erhaltungsgröße. Unter den auf S. 207 spezifizierten Voraussetzungen bedeutet sie gerade die Gesamtenergie E des Systems.

15.2.2 Die Bestimmung der Hamiltonfunktion

Die Ableitungen der vorangegangenen Ziffer sind formal so einfach, daß es dem Anfänger erfahrungsgemäß schwer fällt, ihre eigentliche Bedeutung zu verstehen.

Um dieses Verständnis zu erleichtern, wollen wir uns nun genau überlegen, wie wir für ein konkretes physikalisches System die Hamiltonfunktion bestimmen können.

Gilt Energieerhaltung, so sieht das zunächst einmal sehr einfach aus, denn dann gilt ja $H \equiv E$. Aber Vorsicht: Was wir benötigen, ist H als Funktion von $\boldsymbol{q}$ und $\boldsymbol{p}$, der generalisierten Koordinaten und der dazu konjugierten generalisierten Impulse! Also müssen wir diese generalisierten Impulse, die im allgemeinen mit dem normalen Impuls wenig gemein haben, kennen; und diese Kenntnis gewinnt man ausschließlich aus der Lagrangefunktion!

Folglich läuft der *allgemeine*, auch für nicht energieerhaltende Systeme gültige *Weg* folgendermaßen:

1) Wähle eine Konfiguration $\boldsymbol{q}$, so daß die – gegebenenfalls durch Zwangsbedingungen auf Hyperflächen im $3N$-dimensionalen Raum beschränkten – Ortsvektoren der Einzelteilchen durch

$$\mathbf{r}_n = \mathbf{r}_n(q_1,\ldots,q_f,t)$$

beschrieben werden.

2) Bestimme die Lagrangefunktion $L(\boldsymbol{q},\dot{\boldsymbol{q}},t)$ durch Einsetzen von $\mathbf{r}_n(\boldsymbol{q},t)$ und $\dot{\mathbf{r}}_n(\boldsymbol{q},\dot{\boldsymbol{q}},t)$ in ihre ursprünglich in kartesischen Koordinaten gegebene Form.

Dann ist, wie wir in 11.4.1 gesehen haben, L eine in $\dot{\boldsymbol{q}}$ quadratische Funktion.

3) Bestimme mittels $p_i = \dfrac{\partial L(\boldsymbol{q},\dot{\boldsymbol{q}},t)}{\partial \dot{q}_i}$ die zu q_i konjugierten generalisierten Impulse. Sie sind von der Form $p_i = p_i(\boldsymbol{q},\dot{\boldsymbol{q}},t)$, in den generalisierten Geschwindigkeiten jedoch *inhomogen linear*.

4) Löse diese lineare Beziehung nach $\dot{q}_j$ auf:

$$p_i = p_i(\boldsymbol{q},\dot{q}_1,\ldots,\dot{q}_f,t) \implies \dot{q}_j = \dot{q}_j(\boldsymbol{q},p_1,\ldots,p_f,t) = \dot{q}_j(\boldsymbol{q},\boldsymbol{p},t) \,,$$

und setze das Ergebnis in L ein:

$$L(\boldsymbol{q},\dot{\boldsymbol{q}}(\boldsymbol{q},\boldsymbol{p},t),t) = \tilde{L}(\boldsymbol{q},\boldsymbol{p},t) \,.$$

5) Berechne $H(\boldsymbol{q},\boldsymbol{p},t)$:

$$H(\boldsymbol{q},\boldsymbol{p},t) = \sum_i p_i\, \dot{q}_i(\boldsymbol{q},\boldsymbol{p},t) - \tilde{L}(\boldsymbol{q},\boldsymbol{p},t) \,.$$

Wir wollen diese Technik sogleich am *Beispiel des harmonischen Oszillators* üben:

Es sei $q = x$. Dann sind

$$T = \frac{m}{2}\,\dot{x}^2 = \frac{m}{2}\,\dot{q}^2$$

und

$$V = \frac{D}{2}\,q^2 \,.$$

Somit ist

$$L(q,\dot{q}) = \frac{m}{2}\,\dot{q}^2 - \frac{D}{2}\,q^2 \,. \qquad\text{(\textit{Schritte 1 und 2})}$$

Damit haben wir

$$p = \frac{\partial L}{\partial \dot{q}} = m\,\dot{q} \qquad\text{(\textit{Schritt 3})}$$

und demzufolge

$$\dot{q} = \frac{p}{m} \,.$$

Also ist

$$\tilde{L}(q,p) = \frac{m}{2}\left(\frac{p}{m}\right)^2 - \frac{D}{2}\,q^2 = \frac{1}{2m}\,p^2 - \frac{D}{2}\,q^2 \qquad\text{(\textit{Schritt 4})}$$

und

$$H(q,p) = p\,\dot{q} - \tilde{L} = p\,\frac{p}{m} - \left(\frac{p^2}{2m} - \frac{D}{2}\,q^2\right)$$
$$= \frac{1}{2m}\,p^2 + \frac{D}{2}\,q^2 = H(q,p) \,. \qquad\text{(\textit{Schritt 5})}$$

15.2 Die Hamiltonsche Formulierung der Mechanik

Schauen wir uns auch gleich die kanonischen Gleichungen an; sie lauten:

$$\dot{q} = \frac{\partial H}{\partial p} = \frac{p}{m}, \qquad \dot{p} = -\frac{\partial H}{\partial q} = -D\,q\,.$$

Also ist

$$\ddot{q} = \frac{\dot{p}}{m} = -\frac{D}{m}\,q\,,$$

und das ist tatsächlich wieder die *Bewegungsgleichung des harmonischen Oszillators* in gewohnter Form.

Da wir hier den Rahmen der kartesischen Koordinaten nicht verlassen haben und also a priori wissen, daß $p = m\dot{q} = mv$ gilt, hätten wir hierbei allerdings auch einfacher vorgehen können, indem wir in $E = T + V$ die kinetische Energie T als Funktion von p ausdrücken: $T = p^2/(2m)$, und daraus direkt

$$E(q,p) = \frac{1}{2m}p^2 + \frac{D}{2}q^2 = H(q,p)$$

erhalten.

Doch führt das beschriebene „umständliche" Verfahren immer zum Ziel, also auch dann, wenn als Konfiguration eine nichtkartesische benutzt wird, oder wenn L explizit zeitabhängig ist.

Anmerken wollen wir noch, daß Übergänge von der Art dessen, der uns von der Lagrange- zur Hamiltonfunktion führte, in der Mathematik unter dem Namen *Legendretransformationen* bekannt sind.

Sei $p(x) = f'(x)$, die Ableitung einer differenzierbaren Funktion $f(x)$, invertierbar, so daß $x(p)$ existiert. Dann wird die Funktion

$$\tilde{f}(p) = f(x(p)) - p\,x(p)$$

als *Legendretransformierte* von $f(x)$ bezeichnet.

f und $\tilde{f}$ sind bezüglich ihrer Differentiale hochsymmetrisch, denn ist

$$\mathrm{d}f = p\,\mathrm{d}x\,,$$

so ergibt sich für $\tilde{f}$

$$\mathrm{d}\tilde{f} = \mathrm{d}(f - p\,x) = \mathrm{d}f - x\,\mathrm{d}p - p\,\mathrm{d}x = p\,\mathrm{d}x - x\,\mathrm{d}p - p\,\mathrm{d}x = -x\,\mathrm{d}p\,.$$

Tatsächlich ist also H die negative Legendretransformierte von L (bezüglich aller Variablen $\dot{q}_i$).

Der tiefere Sinn für die Einführung der Legendretransformation liegt darin, daß sie einen *Wechsel der unabhängigen Variable ohne Informationsverlust* erlaubt.

Um das einzusehen, betrachten wir die eindimensionale Bewegung $x(t) = f(t)$. Gemäß $x(v) = f(t(v))$ können wir den Ort x auch als Funktion der Geschwindigkeit darstellen. Doch haben wir bereits in 1.5[8] gesehen, daß der Rückschluß von $x(v)$ auf $x(t)$ nicht mehr eindeutig möglich ist.

---

[8] *Mechanik I*, S. 19 ff.

Aus der Legendretransformation

$$\tilde{x}(v) = x(v) - v\,t(v)$$

hingegen läßt sich $x(t)$ sofort völlig eindeutig zurückgewinnen. Da nämlich

$$t = -\frac{\mathrm{d}\tilde{x}}{\mathrm{d}v}$$

ist, ist $x(t)$ selbst nichts anderes als die Legendretransformierte von $\tilde{x}(v)$, die durch die oben angegebene Vorschrift eindeutig festgelegt ist.

An späterer Stelle wird uns in der Mechanik das Konzept der Legendretransformation noch einmal begegnen. Ganz wesentliche Bedeutung gewinnt es jedoch in der *Thermodynamik (Band VI)*. Im Zuge der Entwicklung dieser Theorie werden wir noch einmal auf dieses Konzept zurückkommen und es ausführlicher untersuchen, als wir es hier getan haben.

15.3 Phasenraum, Phasenbahn und Poissonklammern

In dem nun folgenden Abschnitt werden wir – durch bloße Interpretation und anfänglich ohne viel zu rechnen – die Mechanik in eine Form bringen, in der eine neue und im Prinzip sehr einfache Struktur zutage tritt. Diese ist weit über die Mechanik hinaus von Bedeutung: Sie wird sich als *Grundstruktur jeder physikalischen Theorie* überhaupt erweisen. In den weiteren Vorlesungen dieses Kurses werden wir sie – unabhängig von den speziellen Disziplinen, mit denen sie sich befassen – immer wieder realisiert finden, und gelegentlich wird sie uns auch wertvolle Hinweise für die Konstruktion konkreter Theorien geben.

15.3.1 Phase, Phasenraum und Phasentrajektorie

Integrieren wir die kanonischen Gleichungen, so erhalten wir die Bewegung des Systems in der Form $\boldsymbol{q}(t)$, $\boldsymbol{p}(t)$.

Nun fassen wir $\boldsymbol{q}$ und $\boldsymbol{p}$ gemäß

$$\boldsymbol{\pi} = (\pi_1, \ldots, \pi_{2f}) = (q_1, \ldots, q_f, p_1, \ldots, p_f)$$

zu einem $2f$-tupel $\boldsymbol{\pi}$ zusammen und interpretieren die π_i als Koordinaten eines Punktes in einem $2f$-dimensionalen Raum[9].

Diesen Raum bezeichnen wir als *Phasenraum* und seine Punkte als *Phasenpunkte* oder kurz *Phasen* des Systems.

Die Bewegung eines mechanischen Systems wird dann durch die Bahn $\boldsymbol{\pi}(t)$ im Phasenraum, die sogenannte *Phasentrajektorie*, beschrieben.

---

[9] Diese Konstruktion entspricht vollkommen derjenigen, durch die wir früher den Konfigurationsraum aufgebaut haben.

15.3 Phasenraum, Phasenbahn und Poissonklammern

Diese Beschreibung scheint zunächst einmal ein Rückschritt zu sein, denn bei der Behandlung der Lagrange-Gleichungen haben wir gesehen, daß bereits die Angabe der *Konfigurationsbahn* $\boldsymbol{q}(t)$, also einer Bahn im f-dimensionalen Raum, die Bewegung vollständig charakterisiert.

Aber sehen wir uns das einmal genauer an: *Konkret* ist uns diese Konfigurationsbahn nur gegeben, wenn wir $2f$ Anfangsbedingungen vorgeben, etwa die Konfiguration zu zwei verschiedenen Zeiten $\boldsymbol{q}(t_1) = \boldsymbol{q}_1$ und $\boldsymbol{q}(t_2) = \boldsymbol{q}_2$ oder zu *einer Zeit Konfiguration* $\boldsymbol{q}(t_o) = \boldsymbol{q}_o$ *und generalisierte Geschwindigkeit* $\dot{\boldsymbol{q}}(t_o) = \boldsymbol{v}_o$. Auch diese zweite Form impliziert aber über den Ableitungsprozeß die Vorgabe der Konfiguration zu zwei verschiedenen, wenn auch infinitesimal benachbarten Zeiten t_o und $t_o + \mathrm{d}t$.

Die kanonischen Gleichungen sind Differentialgleichungen 1. Ordnung, und demzufolge genügt pro Gleichung die Angabe *einer* Anfangsbedingung, etwa $q_i(0) = q_i^o$ oder $p_i(0) = p_i^o$.

Da es genau $2f$ kanonische Gleichungen gibt, sind das insgesamt natürlich wieder $2f$ Anfangsbedingungen, die sich in einer *Anfangsphase* $\boldsymbol{\pi}(0) = \boldsymbol{\pi}_o$ zusammenfassen lassen. Die konkrete Phasenbahn können wir dann als $\boldsymbol{\pi}(t\,|\,\boldsymbol{\pi}_o)$ schreiben, indem wir eine Form benutzen, die wir bereits früher[10] eingeführt haben.

Es genügt also, den *Phasenpunkt* eines mechanischen Systems zu *einem* Zeitpunkt zu kennen, um ihn für *alle* Zeiten berechnen zu können, im Gegensatz zur Konfiguration, deren Zeitentwicklung sich *nicht* eindeutig allein aus der Anfangskonfiguration ergibt.

15.3.2 Zustand und Prozeß

Wir sind jetzt an einem Punkt angelangt, an dem wir zwei Konzepte einführen können, die für die gesamte Physik von Bedeutung sind, weil sie wie ein roter Faden alle Gebiete durchlaufen und in gewissem Sinne eine gemeinsame Basis aller physikalischen Disziplinen darstellen[11].

Es handelt sich dabei um die Begriffe **Zustand** und **Prozeß**:

Und zwar *definieren* wir *in bezug auf eine vorgegebene Theorie:*

Der Zustand $\mathcal{Z}$ eines physikalischen Systems ist der Inbegriff eines minimalen Satzes physikalischer Größen, aus deren Kenntnis sich die im Rahmen der Theorie maximal mögliche Information über das System ableiten läßt.

---

[10] *Mechanik I*, 6.2.2.1, S. 186 ff.

[11] Strengen grundlagentheoretischen Anforderungen wird unsere Darstellung allerdings nicht genügen können. Doch glauben wir, daß die Bedeutung der eingeführten Konzepte im Laufe dieses Kurses hinreichend exemplifiziert werden wird, so daß wir auf tiefergehende – und schnell kompliziert werdende – Einlassungen verzichten.

Das ist eine sehr abstrakte Aussage, und natürlich werden wir uns bei der Behandlung jeder Disziplin aufs neue an sie erinnern müssen, um sie am Ende wirklich zu verstehen. Hier sei dazu nur folgendes gesagt:

Jede physikalische Theorie wird uns Informationen über ein physikalisches System liefern, die sich in *physikalischen Größen* quantifizieren lassen. Welche Größen dies im einzelnen sind, hängt dabei natürlich von der Disziplin ab, die wir betrachten. In der Mechanik z.B. sind dies die *mechanischen Größen*, wie *Orte, Energien, Drehimpulse* und ähnliche. Nun wäre ein System zu einem Zeitpunkt sicherlich vollständig charakterisiert, wenn man die Werte aller nur denkbarer physikalischer Größen kennen würde. Doch ist keineswegs gesagt, daß dieses auch möglich ist: Die *maximal mögliche Information* kann in weniger bestehen als der gleichzeitigen Kenntnis aller physikalischen Größen[12].

Doch unabhängig davon erhebt sich die Frage: *Welche* und *wieviele* physikalische Größen muß man mindestens kennen, um jede weitere mögliche Information über das System daraus *deduzieren* zu können?

Wir werden dieser Frage hier nur am Beispiel der *Mechanik* als *klassischer Theorie* nachgehen, wo sie sich konzeptionell viel einfacher beantworten läßt als etwa in der Quantenmechanik.

Beginnen wir der Einfachheit halber mit dem *Beispiel* eines einzigen Massenpunktes:

Wenn man seinen Ort $\mathbf{r}$ gemessen hat, braucht man trivialerweise die physikalische Größe „Abstand vom Koordinatenursprung" r nicht mehr zu messen, denn diese folgt eindeutig aus der Kenntnis von $\mathbf{r}$. Auch ist es unnötig, gleichzeitig etwa den Ort, den Impuls, die kinetische Energie und den Drehimpuls des Teilchens zu *vermessen*, denn die Werte von kinetischer Energie und Drehimpuls *folgen* bereits aus der Kenntnis von Ort und Impuls. Hingegen ist es nötig, Ort *und* Impuls zu messen, denn eine einzige dieser Größen reicht zur Berechnung der übrigen nicht aus.

Nun läßt sich jede beliebige mechanische Größe als Funktion $f(\mathbf{r},\mathbf{p})$, nicht notwendigerweise aber als Funktion von $\mathbf{r}$ allein oder $\mathbf{p}$ allein darstellen[13]. Sind also die Werte von $\mathbf{r}$ und $\mathbf{p}$ bekannt, so mit ihnen auch die aller mechanischen Größen; das System ist (zu einem Zeitpunkt) vollständig charakterisiert.

In gleicher Weise – und abermals in Verallgemeinerung uns bekannter Beispiele – sind die mechanischen Größen eines allgemeinen mechanischen Systems durch die Funktionen von q und p, also die Funktionen $f(\boldsymbol{\pi})$ der Pha-

---

[12] Das ist in der *Quantentheorie* tatsächlich der Fall, in der z.B. *Ort* und *Impuls* eines Teilchens nicht mehr gleichzeitig bestimmte Werte besitzen. In den *klassischen Theorien*, z.B. der klassischen Mechanik, gibt es jedoch diese Einschränkung nicht.

[13] Eigentlich beinhaltet diese Aussage eine *Definition* des Begriffs *mechanische Größe*, die eine Verallgemeinerung der uns geläufigen Beispiele liefert.

15.3 Phasenraum, Phasenbahn und Poissonklammern

se gegeben und bereits dann sämtlich berechenbar, wenn nur die Phase des Systems festliegt.

Es sieht also so aus, als sei der Zustand $\mathcal{Z}$ eines mechanischen Systems durch seine Phase π, der eines Einteilchensystems durch Ort und Impuls des Teilchens gegeben. Tatsächlich wird dies das Ergebnis unserer Untersuchungen sein, doch ist es noch zu früh, diesen Schluß zu wagen!

Zunächst kehren wir zu allgemeinen Entwicklungen zurück:

Der Zustand $\mathcal{Z}$ eines physikalischen Systems – wodurch er im einzelnen auch immer bestimmt wird – kann sich entwickeln. Diese Entwicklung nennen wir *Prozeß*. In den meisten Fällen, insbesondere in der Mechanik, wird es sich dabei um eine *Entwicklung in der Zeit* handeln: $\mathcal{Z} = \mathcal{Z}(t)$. Dann wollen wir genauer von einem *dynamischen Prozeß*[14] sprechen.

Nun wollen wir über das Wesen eines dynamischen Prozesses die folgende *grundlegende Aussage* machen:

Der Zustand $\mathcal{Z}$ eines Systems zu beliebiger Zeit $t > t_o$ folgt eindeutig aus dem Zustand zur Zeit $t = t_o$: $\mathcal{Z}(t) = \mathcal{Z}\bigl(t|\mathcal{Z}(t_o)\bigr)$.

Es ist also nicht nötig, den Zustand zu mehr als einer Zeit zu kennen, um den gesamten künftigen Prozeßablauf beschreiben zu können. Diese Forderung ist natürlich sehr eng mit der Definition des Zustands selbst verknüpft. Sie bedeutet nicht mehr und nicht weniger, als daß wir unter der *maximal möglichen Information* über das System, von der dort die Rede war, auch die über sein Verhalten zu allen späteren Zeiten verstehen. Denn folgt aus $\mathcal{Z}(t_o)$ der Zustand $\mathcal{Z}(t)$ für $t > t_o$, so ist damit bereits aus $\mathcal{Z}(t_o)$ das System für $t > t_o$ vollständig charakterisiert.

Das ist der Grund dafür, daß es verfrüht war, aus der *Charakterisierung* des mechanischen Systems *zu einer Zeit* durch Angabe der Phase π bereits schließen zu wollen, daß der Zustand $\mathcal{Z}$ mit π zu identifizieren sei. Erst wenn wir uns jetzt daran erinnern, daß die Phase $\pi(t)$ tatsächlich eindeutig aus der Phase π_o folgt, also auch in dieser Hinsicht den Anforderungen an den Zustand genügt, können wir mit Recht diese Identifikation vornehmen.

Die obige Forderung bedeutet, daß der Prozeß in alle Zukunft *determiniert*[15] abläuft. Ist dabei die Beschränkung auf *eine Zeitrichtung* wesentlich,

---

[14] Neuerdings bezeichnet man diesen Fall auch gerne als *Evolution*. – Dynamische Prozesse sind nicht die allgemeinst-möglichen. Später in der Gleichgewichts*thermodynamik* (*Band VI*) werden wir einem anderen, *quasistatischen* Prozeßtyp begegnen. – Ganz allgemein kann man einen Prozeß folgendermaßen charakterisieren: Man betrachte einen abstrakten *Zustandsraum*, der aus der Menge aller Zustände des Systems aufgebaut ist. Dann ist ein Prozeß als *Orbit in diesem Zustandsraum* definiert. *Dynamisch* ist dieser Prozeß dann, wenn sich dieser Orbit nach der Zeit parametrisieren läßt, es also eine *Prozeßtrajektorie* der Form $\mathcal{Z}(t)$ gibt.

[15] Auch in der *Quantenmechanik* entwickelt sich der Zustand des Systems determiniert. Diese Tatsache muß man wohl von der Indeterminiertheit der Vorhersage konkreter Meß-

spricht man von einem *irreversiblen* Prozeß; andernfalls ist der Prozeß *reversibel*.

Mathematisch bedeutet unsere Aussage, daß der Prozeß durch eine *Differentialgleichung 1. Ordnung in der Zeit*

$$\frac{d\mathcal{Z}(t)}{dt} = \mathcal{F}[\mathcal{Z}(t)]$$

beschrieben wird, in der $\mathcal{F}$ ein – im allgemeinen nicht-lineares – *Funktional* auf dem Zustandsraum bedeutet. Das ist die *Evolutions-* oder *prozeßdefinierende Gleichung* der entsprechenden Theorie.

Speziell der Entwicklungsprozeß der Mechanik muß also durch eine Gleichung der Form

$$\dot{\boldsymbol{\pi}} = \mathcal{F}(\boldsymbol{\pi})$$

beschrieben werden, und in der Tat sind die kanonischen Gleichungen gerade von dieser Form.

Andererseits aber sehen wir auch hier, daß die Konfiguration allein keinen Zustand des Systems darstellt, denn die Differentialgleichung für die zeitliche Änderung der Konfiguration ist von 2. Ordnung in der Zeit.

An die Begriffe, die wir soeben eingeführt haben, werden wir uns noch oft zu erinnern haben. Wir wollen uns jetzt wieder konkreteren Problemen zuwenden.

15.3.3 Mechanische Größen und Poissonklammern

Wie wir soeben gesehen haben, läßt sich jede mechanische Größe in einem System als Phasenfunktion

$$f(\boldsymbol{\pi}, t) = f(\boldsymbol{q}, \boldsymbol{p}, t)$$

beschreiben, wobei wir eine explizite Zeitabhängigkeit durchaus zulassen wollen.

Um das *zeitliche Verhalten* dieser Größe bei einer konkreten Systembewegung zu untersuchen, könnten wir natürlich die Phasenbahn $\boldsymbol{\pi}(t|\boldsymbol{\pi}_o)$ ausrechnen und in f einsetzen:

$$\hat{f}(t|\boldsymbol{\pi}_o) = f(\boldsymbol{\pi}(t|\boldsymbol{\pi}_o), t) \ .$$

Dabei ist natürlich

$$\hat{f}(t_o|\boldsymbol{\pi}_o) = f(\boldsymbol{\pi}_o, t_o)$$

die Anfangsbedingung für diese Größe.

---

ergebnisse unterscheiden, die ganz wesentlich mit der Unmöglichkeit zusammenhängt, beliebigen quantenmechanischen Größen gleichzeitig scharfe Werte zuzuordnen.

15.3 Phasenraum, Phasenbahn und Poissonklammern

Wir können aber auch direkt die *Bewegungsgleichung*

$$\frac{df}{dt} = \sum_i \left\{ \frac{\partial f}{\partial q_i} \dot{q}_i + \frac{\partial f}{\partial p_i} \dot{p}_i \right\} + \frac{\partial f}{\partial t}$$

$$= \sum_i \left\{ \frac{\partial f}{\partial q_i} \frac{\partial H}{\partial p_i} - \frac{\partial f}{\partial p_i} \frac{\partial H}{\partial q_i} \right\} + \frac{\partial f}{\partial t}$$

für f aufstellen und diese ohne Umweg über die Phasenbahn zu integrieren versuchen.

Zunächst nur zu dem Zweck, diese Formel zu vereinfachen, definieren wir jetzt die sogenannte *Poisson-Klammer*:

Wir betrachten zu diesem Zweck die Familie aller (mindestens einmal differenzierbaren) Funktionen $f(x_1,\ldots,x_n; y_1,\ldots,y_n) = f(\boldsymbol{x}; \boldsymbol{y})$, die von *zwei* Variablen-n-tupeln $\boldsymbol{x}$ und $\boldsymbol{y}$ abhängen.

Gemäß der Vorschrift

$$\{f,g\}_{\boldsymbol{x},\boldsymbol{y}} = \sum_{i=1}^n \left\{ \frac{\partial f}{\partial x_i} \frac{\partial g}{\partial y_i} - \frac{\partial f}{\partial y_i} \frac{\partial g}{\partial x_i} \right\} = h(\boldsymbol{x}, \boldsymbol{y})$$

wird nun jedem geordneten Paar von Funktionen f und g aus dieser Klasse eine neue Funktion h von diesen Variablen zugeordnet.

Diese Definition erlaubt es sofort, die Bewegungsgleichung für f in der handlicheren Form

$$\boxed{\frac{df}{dt} = -\{H, f\}_{\boldsymbol{q},\boldsymbol{p}} + \frac{\partial f}{\partial t}} \qquad (*)$$

zu schreiben.

Nun kann f natürlich speziell zu $f = q_i$ oder $f = p_k$ gewählt werden. Wegen

$$\frac{\partial q_j}{\partial q_i} = \delta_{ij}, \qquad \frac{\partial q_j}{\partial p_i} = \frac{\partial p_j}{\partial q_i} = 0, \qquad \frac{\partial p_j}{\partial p_i} = \delta_{ij}$$

gilt die Formel $(*)$ auch dafür, und wir erhalten die kanonischen Bewegungsgleichungen selbst in der Form

$$\dot{q}_i = -\{H, q_i\}_{\boldsymbol{q},\boldsymbol{p}}, \qquad \dot{p}_k = -\{H, p_k\}_{\boldsymbol{q},\boldsymbol{p}},$$

die wir damit weiter als

$$\boxed{\dot{\boldsymbol{\pi}} = -\{H, \boldsymbol{\pi}\}}$$

zusammenfassen können.

Als für alles weitere sehr interessante Größen lassen Sie uns nun die Klammern zwischen den verschiedenen Impuls- und Konfigurationskoordinaten ausrechnen.

So erhalten wir zum Beispiel

$$\{q_i, p_k\} = \sum_\ell \left\{ \frac{\partial q_i}{\partial q_\ell} \frac{\partial p_k}{\partial p_\ell} - \frac{\partial q_i}{\partial p_\ell} \frac{\partial p_k}{\partial q_\ell} \right\}$$

$$= \sum_\ell \{\delta_{i\ell} \delta_{k\ell} - 0 \cdot 0\} = \delta_{ik}$$

und – durch analoge Rechnungen – insgesamt

$$\boxed{\{q_i, p_k\} = \delta_{ik} \qquad \{q_i, q_k\} = \{p_i, p_k\} = 0}.$$

Nun wäre die Umschreibung der Bewegungsgleichungen auf Poisson-Klammern trotz der augenfälligen Prägnanz der erreichten Form nichts anderes als ein rein formaler Akt, der uns weder in prinzipieller noch in praktischer Hinsicht weitergebracht hätte, wenn nicht die Poisson-Klammern gewisse *algebraische Eigenschaften* besäßen, die für das folgende zentrale Bedeutung erlangen.

Wir stellen diese *Eigenschaften* zusammen:

1) Ist f konstant, so verschwindet $\{f, g\} = \{g, f\}$ für jedes g:

$$\frac{\partial f}{\partial q_i} = \frac{\partial f}{\partial p_k} = 0 \implies \{f, g\} = \{g, f\} = 0.$$

2) Die Klammer ist *antikommutativ*:

$$\{f, g\} = -\{g, f\};$$

   insbesondere gilt $\{f, f\} = 0$.

3) Die Klammer ist *distributiv* und somit *linear* in beiden Funktionen:

$$\{c_1 f_1 + c_2 f_2, g\} = c_1 \{f_1, g\} + c_2 \{f_2, g\}.$$

4) Es gilt die *Jacobi-Identität*

$$\{f, \{g, h\}\} + \{g, \{h, f\}\} + \{h, \{f, g\}\} = 0.$$

5) Es gilt

$$\{f, g h\} = \{f, g\} h + g \{f, h\}.$$

15.3 Phasenraum, Phasenbahn und Poissonklammern

Der *Nachweis* von (1) – (3) ist dabei trivial, der von (4) und (5) erfolgt durch Nachrechnen und ist ein wenig umfänglicher.

Nun haben wir es schon wiederholt[16] als *mathematisches Konstruktionsprinzip* erkannt, die spezielle Realisation mathematischer Größen völlig hinter ihren Grundeigenschaften zurücktreten zu lassen und diese zum Axiomensystem einer abstrakten mathematischen Struktur zu erklären, die möglicherweise neben der ursprünglich gewählten noch ganz andere Realisationen zuläßt.

Indem wir dieser Vorschrift nun auch für die Poisson-Klammern folgen, wollen wir im folgenden jede *Paarverknüpfung* von Elementen aus einem linearen Raum – wie wir wiederholt gesehen haben, bilden die Funktionen f einen solchen –, welche die Eigenschaften (2), (3) und (4) besitzt, als *abstraktes Klammersymbol* bezeichnen[17].

Und tatsächlich brauchen wir nicht lange zu suchen, um noch ganz andere Realisierungen für solche Klammersymbole zu finden. Denken Sie nur an die Vektoren $\mathbf{a}, \mathbf{b}, \mathbf{c}, \ldots$ aus einem dreidimensionalen reellen Vektorraum. Wie wir in 2.1.5[18] gesehen haben, erfüllt das Kreuzprodukt $\mathbf{a} \times \mathbf{b}$ dieser Vektoren gerade die Bedingungen (2) – (4) und stellt somit ein Klammersymbol dar.

Noch interessanter ist aber die folgende Realisation:

Seien $\boldsymbol{A}, \boldsymbol{B}, \boldsymbol{C}, \ldots$ quadratische Matrizen, die bekanntlich einen linearen Raum bilden, und

$$[\boldsymbol{A}, \boldsymbol{B}] = \boldsymbol{A}\boldsymbol{B} - \boldsymbol{B}\boldsymbol{A}$$

ihr Kommutator.

Dann definiert $(-i)\,[\boldsymbol{A}, \boldsymbol{B}]$ ein Klammersymbol[19]. Dieses erfüllt zusätzlich zu (2) – (4) auch noch die Relation (5)[20] und – wenn wir unter „konstantem $\boldsymbol{A}$" die Vielfachen der Einheitsmatrix $\alpha\,\boldsymbol{E}$ verstehen – auch die Relation (1), teilt also alle angegebenen Eigenschaften mit der Poissonklammer.

---

[16] Denken Sie z.B. an den Übergang von Ortsvektoren zu abstrakten Vektoren (*Mechanik I*, S. 31 ff), an unsere Überlegungen zum Begriff des Differentials (*Mechanik I*, 2.3.1.4, S. 84 ff) und an die Einführung von Distributionen (*Mechanik I*, 4.4.2, S. 138 ff).

[17] Diese Bezeichnungsweise ist nicht durchgängig üblich. Vielmehr haben wir bereits auf S. 52 der *Mechanik I* angemerkt, daß ein linearer Raum mit einer derartigen Paarverknüpfung in der Mathematik als *Lie-Algebra* bezeichnet wird.

[18] *Mechanik I*, S. 46 ff.

[19] Das tut im übrigen auch der Kommutator selbst. Aber erst die Multiplikation mit $-i$ stellt sicher, daß dieses Klammersymbol zwei hermiteschen Matrizen wieder eine hermitesche zuordnet.

[20] Bei Matrizen kommt es jedoch in (5) tatsächlich auf die Reihenfolge der Faktoren an. Hätten wir nämlich für Poisson-Klammern anstelle des zweiten Summanden von (5) $g\{f, h\}$ auch $\{f, h\}g$ schreiben können, wäre das für Matrizen im allgemeinen nicht mehr richtig. Deswegen empfiehlt es sich, die Relation (5) gleich in der angegebenen Form in Erinnerung zu behalten.

Tatsächlich ist diese Realisation cum grano salis diejenige, die in der *Quantenmechanik* die Poisson-Klammern ersetzt.

Hierüber wird im Anschluß noch etwas zu sagen sein, doch wollen wir vorher einem anderen Gedanken nachgehen.

Wir wollen uns nämlich klarmachen, daß wir die Eigenschaften (1) – (5) als *Rechenregeln* benutzen können, mit deren Hilfe wir die Bewegungsgleichungen integrieren können, *ohne* überhaupt *auf eine spezielle Realisierung des Klammersymbols Bezug zu nehmen*.

Als *Beispiel* dafür dient uns wieder einmal der *harmonische Oszillator*, in dem wir der Einfachheit halber $m = \omega = 1$ setzen[21].

Seine Hamiltonfunktion haben wir zu

$$H = \frac{1}{2}p^2 + \frac{1}{2}q^2$$

abgeleitet.

Nun schließen wir:

$$\dot{p} = -\{H,p\} = -\left\{\frac{1}{2}p^2 + \frac{1}{2}q^2, p\right\} \stackrel{(3)}{=} -\frac{1}{2}\{p^2,p\} - \frac{1}{2}\{q^2,p\}$$

$$\stackrel{(5)}{=} -\frac{1}{2}p\underbrace{\{p,p\}}_{\substack{=0 \\ (2)}} - \frac{1}{2}\underbrace{\{p,p\}}_{\substack{=0 \\ (2)}}p - \frac{1}{2}q\{q,p\} - \frac{1}{2}\{q,p\}q = -\frac{1}{2}(q+q) = -q \, .$$

Dabei deuten die geklammerten Ziffern auf die Nummern der Rechenregel hin, die wir zur Ableitung benutzt haben, und im letzten Schritt wurde

$$\{q,p\} = 1$$

ausgenützt.

Für $\dot{q}$ erhalten wir völlig analog

$$\dot{q} = p \, ,$$

also insgesamt gerade die Bewegungsgleichungen des harmonischen Oszillators in ihrer kanonischen Form.

Bei dieser Ableitung haben wir aber nirgendwo differenziert oder sonst irgendwie Gebrauch davon gemacht, daß die Klammersymbole Poisson-Klammern sind! Folglich würden diese Bewegungsgleichungen auch dann gelten, wenn p und q Größen ganz anderer Art und das Klammersymbol $\{\,,\,\}$ ganz anders realisiert wäre, falls nur der allgemeine Zusammenhang

$$\dot{f} = -\{H,f\} + \frac{\partial f}{\partial t}$$

---

[21] Strenggenommen muß das natürlich heißen:

$$m = 1\,\mathrm{kg}, \quad \omega = 1\,\mathrm{s}^{-1} \, .$$

15.3 Phasenraum, Phasenbahn und Poissonklammern

und die Bedingung $\{q,p\} = 1$ erfüllt sind.

Genau dies ist aber in der Quantenmechanik der Fall, wo physikalische Größen durch *lineare Operatoren* beschrieben werden. Seien **A** und **B** solche Operatoren, so betrachtet man den Ausdruck $(i\hbar)^{-1}[\mathbf{A},\mathbf{B}]$ als Klammersymbol[22]. Die Operatoren für q_i und p_k erfüllen dabei tatsächlich die Vertauschungsrelation $(i\hbar)^{-1}[\mathbf{q}_i,\mathbf{p}_k] = \delta_{ik}\mathbf{E}$. Folglich sind $\dot{\mathbf{p}} = -\mathbf{q}$ und $\dot{\mathbf{q}} = +\mathbf{p}$ auch *in der Quantenmechanik* die Bewegungsgleichungen des harmonischen Oszillators (mit $m = \omega = 1$).

Nun haben wir gelernt, daß man lineare Operatoren durch Matrizen in Vektorräumen darstellen kann. Es stellt sich also jetzt die Frage, welche Dimension diese Vektorräume haben müssen. Leider zeigt es sich, daß es *keine endlich-dimensionalen Matrizen* q und p gibt, welche $[q,p] = i\hbar\, E$ erfüllen. Das ist nur in unendlich-dimensionalen unitären Räumen, den sogenannten *Hilberträumen* möglich, so daß man in der Quantenmechanik auf das Rechnen in solchen Räumen angewiesen ist.

Aufgrund dieser Ausführungen sehen wir, daß die Einführung der Poissonklammern unser Verständnis der Mechanik letztlich um beträchtliches erweitert hat. Insbesondere haben wir gesehen, daß die klassische Mechanik nur eine, bei weitem aber nicht die einzig mögliche, konkrete Realisierung einer abstrakten Theorie darstellt, die durch Klammersymbole, die Bewegungsgleichung $\dot{f} = -\{H,f\} + \frac{\partial f}{\partial t}$ und die Bedingung $\{q,p\} = 1$ charakterisiert ist. Die Quantenmechanik erscheint in diesem Kontext einfach als andere Realisierung der gleichen abstrakten Theorie!

Abschließend wollen wir noch ein paar allgemeine Aussagen machen, die natürlich speziell für unsere klassische Mechanik gelten:

Nehmen wir an, die physikalische Größe f habe für alle Zeiten den gleichen Wert, sei also eine *Konstante der Bewegung*.

Dann gilt $\dot{f} = 0$ und folglich

$$\{H,f\} = \frac{\partial f}{\partial t}\ ;$$

ist insbesondere $\dfrac{\partial f}{\partial t} = 0$, so haben wir sogar

$$\{H,f\} = 0$$

als Bedingung dafür.

Für H selbst gilt natürlich

$$\frac{dH}{dt} = -\{H,H\} + \frac{\partial H}{\partial t} = \frac{\partial H}{\partial t}\ ,$$

---

[22] $\hbar = h/2\pi$ ist dabei das *Plancksche Wirkungsquantum*, eine für die gesamte Quantenphysik fundamentale *Naturkonstante* der Größe $\hbar = 1.0545 \times 10^{-34}$ J s.

was wir ja bereits wissen. Hängt H *explizit von der Zeit nicht* ab, so ist es selber eine Konstante der Bewegung, denn es ist

$$\frac{\mathrm{d}H}{\mathrm{d}t} = -\{H,H\} = 0\,.$$

Diese Konstante der Bewegung ist natürlich nichts anderes als die *Gesamtenergie* des Systems.

Andererseits ist jede explizit zeitunabhängige Größe f, für die $\{H,f\} = 0$ gilt, eine Konstante der Bewegung, und sind f und g solche, so auch $\{f,g\}$. Denn es gilt nach (4)

$$\{H,\{f,g\}\} + \{f,\underbrace{\{g,H\}}_{=0}\} + \{g,\underbrace{\{H,f\}}_{=0}\} = 0\,.$$

Somit gelingt es uns, aus bekannten Konstanten der Bewegung auf höchst einfache Weise neue zu konstruieren.

15.4 Das Hamiltonsche Prinzip und kanonische Transformationen

Wir gehen jetzt an die Aufgabe, uns etwas genaueren Einblick in den *Zusammenhang der kanonischen Gleichungen mit dem Hamiltonschen Prinzip* zu verschaffen und insbesondere darüber nachzudenken, in welchen Koordinatensystemen die kanonischen Gleichungen gelten, d.h. unter welchen Transformationen sie forminvariant bleiben.

15.4.1 Die kanonischen Gleichungen und das Hamiltonsche Prinzip

Bisher hatten wir das Wirkungsfunktional S definiert auf der Menge $\mathcal{D}$ aller *Konfigurationsbahnen* $\boldsymbol{q}(t)$ mit den Randbedingungen $\boldsymbol{q}(t_a) = \boldsymbol{q}_a$, $\boldsymbol{q}(t_e) = \boldsymbol{q}_e$. Weiter hatten wir uns davon überzeugt, daß diese Wahl der Randbedingungen insofern vollständig ist, als die Extremalbahn $\boldsymbol{q}_o(t)$ die Systembewegung eindeutig charakterisiert.

Jetzt gehen wir daran, das Wirkungsfunktional auf einer Untermenge $\mathcal{D}'$ aller *Phasenbahnen* $\boldsymbol{\pi}(t)$ zu betrachten, auf derjenigen nämlich, für die abermals $\boldsymbol{q}(t_a) = \boldsymbol{q}_a$ und $\boldsymbol{q}(t_e) = \boldsymbol{q}_e$ gilt, während über $\boldsymbol{p}(t_a)$ und $\boldsymbol{p}(t_e)$ nichts Spezielles ausgesagt wird.

Natürlich kann nicht jede Bahn $\boldsymbol{\pi}(t)$ aus $\mathcal{D}'$ die Phasenbahntrajektorie eines konkreten Systems sein, denn für solche liefern ja bereits die Randbedingungen für die Konfiguration einen vollständigen Satz, und folglich muß $\boldsymbol{p}(t)$ sich letztlich als *vorgegebene Funktion* von t herausstellen.

15.4 Das Hamiltonsche Prinzip und kanonische Transformationen

Nichtsdestotrotz wird es sich zeigen, daß das Hamiltonsche Prinzip auch auf der Menge von Bahnen $\mathcal{D}'$ gilt, d.h. daß auch auf $\mathcal{D}'$ die Wirkung für die wirklich durchlaufene Bahn extremal wird.

Zunächst ist S durch

$$S = \int_{t_a}^{t_e} dt\, L$$

gegeben; setzen wir nun den Ausdruck

$$L = \sum_i p_i\, \dot{q}_i - H$$

in diese Formel ein, so erhalten wir

$$S = \int_{t_a}^{t_e} dt\, \Big\{ \sum_i p_i\, \dot{q}_i - H \Big\}\,,$$

und dieser Ausdruck ist geeignet für die Erweiterung des Definitionsbereiches des Funktionals, denn für jedes $\boldsymbol{\pi}(t) = \big(\boldsymbol{q}(t), \boldsymbol{p}(t)\big) \in \mathcal{D}'$ ist die Zahl

$$S = \int_{t_a}^{t_e} dt\, \Big\{ \sum_i p_i(t)\, \dot{q}_i(t) - H(\boldsymbol{q}(t), \boldsymbol{p}(t), t) \Big\}$$

wohldefiniert.

Nun variieren wir die Phasenbahn durch Betrachtung von $\delta\boldsymbol{\pi}(t) = (\delta\boldsymbol{q}(t), \delta\boldsymbol{p}(t))$. Damit wir in dem Definitionsbereich bleiben, muß wiederum $\delta\boldsymbol{q}(t_a) = \delta\boldsymbol{q}(t_e) = 0$ sein, während $\delta\boldsymbol{p}(t_a)$ und $\delta\boldsymbol{p}(t_e)$ *frei wählbar* sind.

Das Ergebnis der Variation ist

$$\delta S = \int_{t_a}^{t_e} dt\, \Big\{ \sum_i \delta p_i\, \dot{q}_i + p_i\, \delta\dot{q}_i - \sum_i \frac{\partial H}{\partial p_i} \delta p_i - \sum_i \frac{\partial H}{\partial q_i} \delta q_i \Big\}$$

$$= \sum_i p_i\, \delta q_i \Big|_{t_a}^{t_e} + \int_{t_a}^{t_e} dt\, \Big\{ \sum_i \Big(\dot{q}_i - \frac{\partial H}{\partial p_i}\Big) \delta p_i - \sum_i \Big(\dot{p}_i + \frac{\partial H}{\partial q_i}\Big) \delta q_i \Big\}\,.$$

Darin verschwindet der erste Term wegen der Randbedingungen für alle Bahnen und das Integral gerade für diejenige, die das konkrete System tatsächlich durchläuft, denn diese ist durch die Erfüllung der *kanonischen Gleichungen*, d.h. das Verschwinden der Ausdrücke in den runden Klammern, gekennzeichnet.

Das heißt aber in toto: Auch wenn S auf der erweiterten Menge $\mathcal{D}'$ definiert ist, wenn also p und q *unabhängig voneinander variiert* werden, wird es auf der physikalischen Bahn extremal!

Dies macht den Unterschied der Lagrangeschen und der Hamiltonschen Formulierung der Mechanik vollends deutlich: Sind in der erstgenannten die generalisierten Geschwindigkeiten abgeleitete, also abhängige Größen, so sind in der Hamiltontheorie q und p *völlig gleichberechtigte, voneinander unabhängige* Variablen.

15.4.2 Kanonische Transformationen

15.4.2.1 Allgemeine Betrachtungen

Die Lagrangeschen Gleichungen sind, wie wir gezeigt haben, forminvariant unter Punkttransformationen $Q = Q(q,t)$. Das ist letztlich eine Folge davon, daß das Wirkungsfunktional (definiert auf der ursprünglichen Menge $\mathcal{D}$ der Konfigurationsbahnen) immer auf der gleichen Bahn extremal wird, unabhängig davon, in welchen Koordinaten diese dargestellt wird. Folglich sind auch die *kanonischen Gleichungen forminvariant unter Punkttransformationen*, denn solche transformieren ja nur die ursprüngliche Definitionsmenge $\mathcal{D}$, die eine Untermenge der im letzten Abschnitt definierten Menge $\mathcal{D}'$ ist. Es zeigt sich nun aber, daß gerade diese Erweiterung des Definitionsbereiches Transformationen zuläßt, die im ursprünglichen Bereich nicht möglich sind, und unter denen die kanonischen Gleichungen dennoch invariant sind. Diese Transformationen heißen *kanonische Transformationen*.

Diese sind zunächst einmal Transformationen im Phasenraum der Gestalt

$$\mathbf{\Pi} = \mathbf{\Pi}(\boldsymbol{\pi},t), \quad \text{d.h.} \quad \begin{aligned} Q_i &= Q_i(q_j,p_j,t), \\ P_i &= P_i(q_j,p_j,t). \end{aligned}$$

Aber im Gegensatz zur Lagrangeformulierung, wo tatsächlich *jede* Konfigurationstransformation $Q = Q(q,t)$ die Lagrangegleichungen invariant ließ, ist ärgerlicherweise *nicht jede* solche *Phasentransformation* auch *kanonisch*! Wir werden uns also überlegen müssen, welche *zusätzlichen* Eigenschaften eine derartige Transformation besitzen muß, um kanonisch zu sein.

Bevor wir an diese Aufgabe gehen, wollen wir aber noch einige Vorbemerkungen machen, die etwas über Charakter und mögliche Bedeutung solcher Transformationen aussagen:

Betrachten wir erstens einmal die *spezielle Phasentransformation*

$$\begin{aligned} \boldsymbol{Q} &= \boldsymbol{Q}(\boldsymbol{q},\boldsymbol{p},t) = -\boldsymbol{p}, \\ \boldsymbol{P} &= \boldsymbol{P}(\boldsymbol{q},\boldsymbol{p},t) = \boldsymbol{q}. \end{aligned}$$

15.4 Das Hamiltonsche Prinzip und kanonische Transformationen

Diese ist sicher kanonisch, denn wir haben mit $H = f(\boldsymbol{q}, \boldsymbol{p}, t)$

$$H'(\boldsymbol{Q}, \boldsymbol{P}, t) = f(\boldsymbol{P}, -\boldsymbol{Q}, t)$$

und

$$\frac{\partial H'}{\partial P_i} = \frac{\partial f}{\partial P_i} = \frac{\partial H}{\partial q_i} = -\dot{p}_i = \dot{Q}_i \,,$$

$$-\frac{\partial H'}{\partial Q_i} = -\frac{\partial f}{\partial Q_i} = \frac{\partial H}{\partial p_i} = \dot{q}_i = \dot{P}_i \,.$$

Andererseits hat diese Transformation eine ganz merkwürdige Bedeutung: Die Konfigurationen, also gewissermaßen die „Orte", werden durch „Impulse" ersetzt, und die „Impulse" durch „Orte". Wir sehen also, daß im Rahmen dieser Theorie die Identifikation von $\boldsymbol{p}$ und $\boldsymbol{q}$ mit irgendwie anschaulichen Größen „Ort" und „Geschwindigkeit" endgültig verlorengeht und beide Vektoren abstrakte und gleichberechtigte Bestimmungsstücke für die Bewegung des Systems sind (aus denen man natürlich immer auf die anschaulichen Bahnen der Einzelteilchen zurückschließen kann).

Zum zweiten wollen wir uns überlegen, wie wichtig die geeignete Wahl des Koordinatensystems im Phasenraum für die praktische Integrationsaufgabe der kanonischen Gleichungen sein kann.

Nehmen wir einmal an, es gelänge uns, ein Koordinatensystem zu finden, in dem die Hamiltonfunktion gemäß $H = H(\boldsymbol{P})$ eine Funktion der P_i allein wird. Dann gilt natürlich für alle i

$$\dot{P}_i = -\frac{\partial H}{\partial Q_i} = 0 \implies P_i(t) = P_i^o$$

und sämtliche Koordinaten Q_i sind zyklisch; die P_i werden zu *Invarianten der Bewegung*.

Damit gilt aber für die Koordinaten selbst

$$\dot{Q}_i = \frac{\partial H}{\partial P_i} = \dot{Q}_i(\boldsymbol{P}) = \dot{Q}_i(\boldsymbol{P}^o) = \omega_i = \text{const.}$$

und somit

$$Q_i(t) = \omega_i \, t + Q_i^o \,.$$

Das Integrationsproblem ist somit trivial gelöst und die ω_i und Q_i^o sind die $2f$ Integrationskonstanten.

Von dem ganz trivialen Spezialfall wechselwirkungsfreier Teilchen in abgeschlossenen Systemen abgesehen werden die Invarianten P_i^o sicherlich nicht einfach die kartesischen Impulse der Einzelteilchen des Systems sein. Doch besteht die Hoffnung, wenigstens eine kanonische Transformation zu finden, nach deren Ausführung die (transformierte) Hamiltonfunktion die oben beschriebene Gestalt besitzt[23] – und das ist sicherlich ein Anreiz für das Studium kanonischer Transformationen.

15.4.2.2 Wann ist eine Phasentransformation kanonisch?

Eine Phasentransformation $\Pi = \Pi(\pi, t)$ ist genau dann kanonisch, wenn die Form der kanonischen Gleichungen dabei erhalten bleibt.

Das heißt, zur Hamiltonfunktion $H(q, p, t)$ und den Gleichungen

$$\dot{q}_i = \frac{\partial H}{\partial p_i}, \qquad \dot{p}_i = -\frac{\partial H}{\partial q_i}$$

---

[23] Lange Zeit war man der Meinung, daß eine solche Transformation immer existiere. Heute weiß man, daß das nur für relativ wenige Systeme, nämlich die sogenannten *integrablen*, der Fall ist. Genauer existieren nur für diese *analytische* Transformationen der Art $P_i = P_i(q, p)$, so daß P_i = constans ist; man nennt dann die P_i^o *analytische Invarianten*. Ob ein System integrabel ist, d.h. solche analytische Invarianten besitzt, oder ob seine Invarianten durch unstetige Funktionen, evtl. sogar Distributionen, mit q und p zusammenhängen, ist für das Verhalten seiner Phasenraumtrajektorien ganz entscheidend. Nur im ersten Fall kann man nämlich garantieren, daß Phasentrajektorien, die zur Zeit t_o in beliebig benachbarten Phasenpunkten π_o beginnen, auch für lange Zeiten benachbart bleiben werden. Im zweiten Fall können sie sehr schnell fast beliebig weit auseinanderlaufen; das System weist *orbitale Instabilität* auf. Zwar ist auch dann seine Bewegung noch determiniert, doch in einem sehr eingeschränkten Sinne. Es bedarf nämlich einer absolut exakten Kenntnis der Anfangsbedingungen zur Zeit t_o um die Phase zu einer späteren Zeit noch genau vorhersagen zu können; jede Unsicherheit über π_o, und sei sie noch

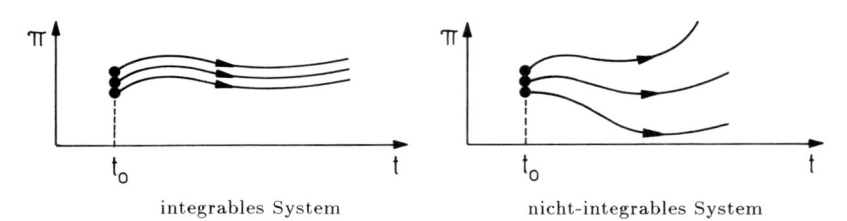

integrables System   nicht-integrables System

so klein, zerstört die Vorhersagbarkeit der Systementwicklung auf die gleiche Weise, die wir bereits beim Würfel diskutiert haben. Folglich wird es angemessen sein, ein solches System mit probabilistischen Mitteln zu beschreiben. – Tatsächlich ist dieses Verhalten – obwohl für die Frage nach der analytischen Lösbarkeit realer mechanischer Systeme enttäuschend – in gewissem Sinne sogar willkommen. Es eröffnet nämlich neue Möglichkeiten für das bis heute nicht zufriedenstellende Verständnis des *Entstehens von irreversiblem Verhalten*, das zur Zeit Gegenstand intensivster Forschung ist. Natürlich können wir hier nicht mehr tun, als diese Sachverhalte mitzuteilen. Wer sich näher darüber informieren möchte, ziehe z.B. das – fast allgemeinverständliche – Buch von I. PRIGOGINE, ‚*Vom Sein zum Werden*' (Piper-Verlag, 1980) oder aber das – allerdings sehr hohe mathematische Ansprüche stellende – Werk ‚*Stable and Random Motions in Dynamical Systems*' von J. MOSER (Princeton University Press, 1973) zu Rate. Erwähnt sei nur noch, daß bereits so einfache Systeme wie das allgemeine Dreikörperproblem nicht mehr integrabel sind. Das erklärt auch die Bemerkungen, die wir auf S. 136 dazu gemacht haben.

15.4 Das Hamiltonsche Prinzip und kanonische Transformationen

muß es eine Hamiltonfunktion $H'(\boldsymbol{Q}, \boldsymbol{P}, t)$ geben, so daß die Gleichungen

$$\dot{Q}_j = \frac{\partial H'}{\partial P_j}, \qquad \dot{P}_j = -\frac{\partial H'}{\partial Q_j}$$

die Bewegungsgleichungen des Systems sind.

Wie H' mit H zusammenhängt, ist dabei unwesentlich, sofern dieser Zusammenhang nur *universell*, d.h. von der speziellen Phasentrajektorie unabhängig ist. Bei der Betrachtung der Invarianzeigenschaften der Lagrange-Gleichungen war er durch

$$L'(\boldsymbol{Q}, \dot{\boldsymbol{Q}}, t) = L(\boldsymbol{q}(\boldsymbol{Q}, t), \dot{\boldsymbol{q}}(\boldsymbol{Q}, \dot{\boldsymbol{Q}}, t), t)$$

gegeben und damit denkbar einfach.

Bei den kanonischen Transformationen wir dieser Zusammenhang etwas komplizierter werden, ohne daß dies, wie gesagt, am Invarianzkonzept etwas ändern würde.

Bevor wir im Detail auf das Studium der Bedingungen kommen, die eine allgemeine Phasentransformation kanonisch machen[24], wollen wir darauf hinweisen, daß eine solche Transformation im allgemeinen die Randbedingungen bei $t = t_a$ und $t = t_e$ ändern wird. Ist nämlich $\boldsymbol{\pi}(t) \in \mathcal{D}'$, gelten also bei beliebig wählbaren $\boldsymbol{p}(t_a)$ und $\boldsymbol{p}(t_e)$ auf alle Fälle $\boldsymbol{q}(t_a) = \boldsymbol{q}_a$ und $\boldsymbol{q}(t_e) = \boldsymbol{q}_e$, so werden

$$\boldsymbol{Q}(t_a) = \boldsymbol{Q}(\boldsymbol{q}(t_a), \boldsymbol{p}(t_a), t_a) = \boldsymbol{Q}(\boldsymbol{q}_a, \boldsymbol{p}(t_a), t_a),$$
$$\boldsymbol{Q}(t_e) = \boldsymbol{Q}(\boldsymbol{q}(t_e), \boldsymbol{p}(t_e), t_e) = \boldsymbol{Q}(\boldsymbol{q}_e, \boldsymbol{p}(t_e), t_e)$$

im allgemeinen keineswegs mehr konstant sein.

Tatsächlich ist dieser Umstand nicht entscheidend, doch muß man ihn bei den nun folgenden Ableitungen im Auge behalten.

Die eigentlichen Ableitungen sind mathematisch sehr einfach, gedanklich jedoch ziemlich involviert, so daß wir damit beginnen wollen, zunächst einen Begriff zu erläutern, der dabei eine große Rolle spielen wird.

Denken wir uns eine Funktion $F(\boldsymbol{Q}, \boldsymbol{q}, t)$ der „alten" und der „neuen" Konfiguration gegeben. Weiterhin mögen dafür die Beziehungen

$$p_k = \frac{\partial F}{\partial q_k}, \qquad P_k = -\frac{\partial F}{\partial Q_k} \tag{$*$}$$

---

[24] Tatsächlich werden wir dabei nicht den allgemeinsten Fall ins Auge fassen, sondern uns auf den wichtigsten Spezialfall konzentrieren, der in der Literatur fast ausschließlich betrachtet wird. Wer etwas über noch allgemeinere kanonische Transformationen erfahren möchte, konsultiere Kap. VI, 3-5 des Buches von E. J. SALETAN und A. H. CROMER, ‚*Theoretical Mechanics*' (John Wiley, 1971), wo der von uns behandelte Fall unter der Bezeichnung „*restricted canonical transformations*" läuft.

gelten.

Dann *erzeugt* diese Funktion eine Phasentransformation $\mathbf{\Pi} = \mathbf{\Pi}(\boldsymbol{\pi},t)$. Zunächst sind uns nämlich durch die Relationen $(*)$ p_k und P_k gemäß

$$p_k = p_k(Q_i, q_j, t), \qquad P_k = P_k(Q_i, q_j, t)$$

als Funktionen von $\boldsymbol{Q}$, $\boldsymbol{q}$ und t gegeben. Durch Inversion des ersten Gleichungssatzes[25] erhalten wir daraus

$$Q_i = Q_i(q_j, p_k, t) \qquad (1)$$

und, setzen wir das in den zweiten Satz ein, weiter

$$P_k = P_k(Q_i(q_j, p_\ell, t), q_j, t) = P_k(q_j, p_\ell, t) \ . \qquad (2)$$

(1) und (2) zusammen liefern aber gerade $\mathbf{\Pi} = \mathbf{\Pi}(\boldsymbol{\pi},t)$.

Aus diesem Grunde heißt die Funktion F auch *Erzeugende* der Phasentransformation; doch ist – wir erwähnen das ohne Beweis – *nicht jede* Phasentransformation auf diese Weise erzeugbar.

Doch werden wir nun beweisen, daß *jede* so *erzeugbare Transformation* tatsächlich *kanonisch* ist.

Wir gehen dazu aus vom Hamiltonschen Prinzip im Phasenraum in der uns bereits bekannten Form

$$S = \int_{t_a}^{t_e} \mathrm{d}t \left(\sum_i p_i \dot{q}_i - H(\boldsymbol{q}, \boldsymbol{p}, t) \right) = \int_{t_a}^{t_e} \mathrm{d}t \, \tilde{L}(\boldsymbol{p}, \boldsymbol{q}, \dot{\boldsymbol{q}}, t) \ .$$

Rechnen wir den Integranden $\tilde{L}$ auf die neuen Koordinaten und Impulse $(\boldsymbol{Q}, \boldsymbol{P})$ um, so wird er im allgemeinen nicht die Form

$$\sum_j P_j \dot{Q}_j - H'(\boldsymbol{Q}, \boldsymbol{P}, t) \qquad (*)$$

besitzen, die sofort auf die kanonische Form der Eulerschen Gleichungen führen würde.

Nun haben wir aber bereits in 15.1.1 gesehen, daß es eine ganze Klasse von Integranden eines Variationsproblems gibt, die die gleiche stationäre Bahn liefern. Folglich müssen wir nur verlangen, daß sich *in der gleichen Klasse* mit der umgerechneten Funktion $\tilde{L}$ eine von der Gestalt $(*)$ findet.

---

[25] Wir werden im folgenden immer annehmen, daß F so beschaffen ist, daß alle Inversionen, die wir benötigen, auch wirklich existieren.

15.4 Das Hamiltonsche Prinzip und kanonische Transformationen

Die verschiedenen Mitglieder dieser Klasse unterscheiden sich im wesentlichen[26] durch eine totale Zeitableitung einer Funktion F. Also bedeutet unsere Forderung das Bestehen einer Gleichung

$$\sum_i p_i \dot{q}_i - H(\boldsymbol{q}, \boldsymbol{p}, t) = \sum_j P_j \dot{Q}_j - H'(\boldsymbol{Q}, \boldsymbol{P}, t) + \frac{\mathrm{d}}{\mathrm{d}t} F$$

oder

$$\mathrm{d}F = \sum_i p_i \,\mathrm{d}q_i - \sum_j P_j \,\mathrm{d}Q_j + (H' - H)\,\mathrm{d}t \ .$$

Folglich hat F als Funktion von $\boldsymbol{Q}$, $\boldsymbol{q}$ und t die partiellen Ableitungen

$$\frac{\partial F}{\partial q_i} = p_i \ , \qquad \frac{\partial F}{\partial Q_j} = -P_j \ , \qquad \frac{\partial F}{\partial t} = H' - H$$

und ist damit nach unseren früheren Untersuchungen die Erzeugende einer Phasentransformation. Aus ihr erhalten wir dann auch H' als

$$H'(\boldsymbol{Q}, \boldsymbol{P}, t) = H(\boldsymbol{q}(\boldsymbol{Q}, \boldsymbol{P}, t), \boldsymbol{p}(\boldsymbol{Q}, \boldsymbol{P}, t), t) + f(\boldsymbol{Q}, \boldsymbol{q}(\boldsymbol{Q}, \boldsymbol{P}, t), t) \ ,$$

wobei

$$f(\boldsymbol{Q}, \boldsymbol{q}, t) = \frac{\partial F}{\partial t}(\boldsymbol{Q}, \boldsymbol{q}, t)$$

ist.

Die Wirkung S ist nach unseren Untersuchungen durch

$$S = \int_{t_a}^{t_e} \mathrm{d}t \left(\sum_i p_i \dot{q}_i - H \right) = \int_{t_a}^{t_e} \mathrm{d}t \left(\sum_j P_j \dot{Q}_j - H' + \frac{\mathrm{d}F}{\mathrm{d}t} \right)$$

gegeben. Jetzt wollen wir zeigen, daß die Variation der zweiten Form nach $\boldsymbol{Q}$ und $\boldsymbol{P}$ tatsächlich – und *unabhängig von den Randbedingungen* $\boldsymbol{Q}(t_a)$ und $\boldsymbol{Q}(t_e)$ – auf die kanonischen Gleichungen führt.

Zunächst erhalten wir nämlich

$$S = F(\boldsymbol{Q}(t_e), \boldsymbol{q}_e, t_e) - F(\boldsymbol{Q}(t_a), \boldsymbol{q}_a, t_a)$$
$$+ \int_{t_a}^{t_e} \mathrm{d}t \left(\sum_j P_j \dot{Q}_j - H' \right) \ .$$

---

[26] D.h. bis auf den Zahlenfaktor c, den wir konstant halten.

Daraus ergibt sich

$$\delta S = \delta F(\boldsymbol{Q}(t_e), \boldsymbol{q}_e, t_e) - \delta F(\boldsymbol{Q}(t_a), \boldsymbol{q}_a, t_a)$$
$$+ \int_{t_a}^{t_e} \mathrm{d}t \sum_j \left(\dot{Q}_j \, \delta P_j + P_j \, \delta \dot{Q}_j - \frac{\partial H'}{\partial P_j} \delta P_j - \frac{\partial H'}{\partial Q_j} \delta Q_j \right)$$

und nach Ausführung der Variation im ersten Term und partieller Integration der Terme mit $\delta \dot{Q}_j$

$$\delta S = \sum_j \left(P_j + \frac{\partial F}{\partial Q_j} \right) \delta Q_j \bigg|_{t_a}^{t_e}$$
$$+ \int_{t_a}^{t_e} \mathrm{d}t \left\{ \sum_j \left(\dot{Q}_j - \frac{\partial H'}{\partial P_j} \right) \delta P_j - \sum_j \left(\dot{P}_j + \frac{\partial H'}{\partial Q_j} \right) \delta Q_j \right\} .$$

Wegen

$$P_j = -\frac{\partial F}{\partial Q_j}$$

verschwindet dabei der erste Term auch dann, wenn $\delta Q(t_e)$ und $\delta Q(t_a)$ von Null verschieden sind, und S wird stationär genau dann, wenn

$$\dot{Q}_j = \frac{\partial H'}{\partial P_j} , \qquad \dot{P}_j = -\frac{\partial H'}{\partial Q_j} ,$$

die kanonischen Gleichungen in den neuen Koordinaten, gelten.

Und genau das wollten wir beweisen. □

Wir wollen abschließend zur Erläuterung ein einfaches Beispiel betrachten: Sei $F(\boldsymbol{Q}, \boldsymbol{q}, t) = -\sum q_i Q_i$. Dann haben wir $p_i = \partial F / \partial q_i = -Q_i$, $P_i = -\partial F / \partial Q_i = +q_i$ und $H'(\boldsymbol{Q}, \boldsymbol{P}) = H(\boldsymbol{P}, -\boldsymbol{Q})$, also wieder genau den Fall der Vertauschung von „Ort" und „Impuls", den wir bereits früher diskutiert haben!

15.4.2.3 Andere Formen der Erzeugenden

In der vorigen Ziffer haben wir gesehen, daß jede beliebige Funktion[27] $F(\boldsymbol{Q}, \boldsymbol{q}, t)$ der *alten* und *neuen Koordinaten* eine kanonische Phasentransformation erzeugt.

---

[27] Natürlich muß diese Funktion allen gestellten Anforderungen an Differenzierbarkeit und Invertierbarkeit genügen.

15.4 Das Hamiltonsche Prinzip und kanonische Transformationen

Diese spezielle Form der Abhängigkeit ist aber nichts besonders Fundamentales: Statt F lassen sich ebensogut Erzeugende wählen, die von $\boldsymbol{Q}$ und $\boldsymbol{p}$, $\boldsymbol{P}$ und $\boldsymbol{q}$ oder $\boldsymbol{P}$ und $\boldsymbol{p}$ abhängen. Wichtig ist nur, daß in ihnen ein *Satz der alten zusammen mit einem Satz der neuen Variablen* vorkommt.

Das wollen wir nun zeigen:
Die Funktion $F(\boldsymbol{Q},\boldsymbol{q},t)$, die wir ab jetzt F_1 nennen wollen, hat das Differential

$$\mathrm{d}F_1 = \sum_i (p_i\,\mathrm{d}q_i - P_i\,\mathrm{d}Q_i) + (H' - H)\,\mathrm{d}t\,.$$

Nun gehen wir durch eine *Legendretransformation* von F_1 zu

$$F_2(\boldsymbol{P},\boldsymbol{q},t) = F_1 + \sum_i P_i Q_i$$

über. Dann hat F_2 das Differential

$$\begin{aligned}\mathrm{d}F_2 &= \mathrm{d}F_1 + \sum_i (P_i\,\mathrm{d}Q_i + Q_i\,\mathrm{d}P_i)\\ &= \sum_i (p_i\,\mathrm{d}q_i + Q_i\,\mathrm{d}P_i) + (H'-H)\,\mathrm{d}t\\ &= \sum_i \Big(\frac{\partial F_2}{\partial q_i}\,\mathrm{d}q_i + \frac{\partial F_2}{\partial P_i}\,\mathrm{d}P_i\Big) + \frac{\partial F_2}{\partial t}\,\mathrm{d}t\,,\end{aligned}$$

und demzufolge gelten jetzt

$$p_i = \frac{\partial F_2}{\partial q_i}\,,\qquad Q_i = \frac{\partial F_2}{\partial P_i}\,,\qquad H' = H + \frac{\partial F_2}{\partial t}\,.$$

Dabei stellen die ersten beiden Relationen sicher, daß F_2 tatsächlich eine Phasentransformation erzeugt; man zeigt dies in völliger Analogie zu $F(\boldsymbol{Q},\boldsymbol{p},t)$.

Gleichermaßen definieren wir nun

$$F_3(\boldsymbol{Q},\boldsymbol{p},t) = F_1 - \sum_i p_i q_i$$

und erhalten

$$\begin{aligned}\mathrm{d}F_3 &= \sum_i (-q_i\,\mathrm{d}p_i - P_i\,\mathrm{d}Q_i) + (H' - H)\,\mathrm{d}t\\ &= \sum_i \Big(\frac{\partial F_3}{\partial p_i}\,\mathrm{d}p_i + \frac{\partial F_3}{\partial Q_i}\,\mathrm{d}Q_i\Big) + \frac{\partial F_3}{\partial t}\,\mathrm{d}t\,,\end{aligned}$$

also

$$q_i = -\frac{\partial F_3}{\partial p_i}\,,\qquad P_i = -\frac{\partial F_3}{\partial Q_i}\,,\qquad H' = H + \frac{\partial F_3}{\partial t}\,.$$

Auch F_3 erzeugt eine Phasentransformation.

Schließlich betrachten wir noch

$$F_4(\boldsymbol{P},\boldsymbol{p},t) = F_1 - \sum_i p_i q_i + \sum_i P_i Q_i,$$

die Legendretransformierte von F_1 bezüglich beider Variablenpaare.

Hierfür berechnet man sofort

$$\begin{aligned}\mathrm{d}F_4 &= \sum_i (-q_i\,\mathrm{d}p_i + Q_i\,\mathrm{d}P_i) + (H'-H)\,\mathrm{d}t \\ &= \sum_i \Big(\frac{\partial F_4}{\partial p_i}\,\mathrm{d}p_i + \frac{\partial F_4}{\partial P_i}\,\mathrm{d}P_i\Big) + \frac{\partial F_4}{\partial t}\,\mathrm{d}t\end{aligned}$$

und findet daraus

$$q_i = -\frac{\partial F_4}{\partial p_i}, \qquad Q_i = \frac{\partial F_4}{\partial P_i}, \qquad H' = H + \frac{\partial F_4}{\partial t}. \tag{$*$}$$

Also ist auch F_4 die Erzeugende einer Phasentransformation.

Doch gilt noch mehr: *Ebenso wie die durch F_1 erzeugte Transformation sind auch die durch F_2, F_3 und F_4 erzeugten kanonisch.*

Wir wollen das hier nur für den Fall von F_4 beweisen, der sich von F_1 am meisten unterscheidet; die Beweise für F_2 und F_3 laufen dann völlig analog.

Zunächst haben wir

$$\begin{aligned}0 &\equiv \int_{t_a}^{t_e}\mathrm{d}t\,\Big\{\sum_i (q_i\dot p_i - Q_i\dot P_i) + (H-H') + \frac{\mathrm{d}F_4}{\mathrm{d}t}\Big\} \\ &= F_4(\boldsymbol{P},\boldsymbol{p},t)\Big|_{t_a}^{t_e} + \int_{t_a}^{t_e}\mathrm{d}t\,\Big\{\sum_i (q_i\dot p_i - Q_i\dot P_i) + (H-H')\Big\}.\end{aligned}$$

Folglich verschwindet auch die Variation dieses Ausdrucks:

$$\begin{aligned}0 = {}& \sum_i \Big(\frac{\partial F_4}{\partial p_i}\delta p_i + \frac{\partial F_4}{\partial P_i}\delta P_i\Big)\Big|_{t_a}^{t_e} \\ & + \int_{t_a}^{t_e}\mathrm{d}t\sum_i \Big\{\dot p_i\,\delta q_i + q_i\,\delta\dot p_i - \dot P_i\,\delta Q_i - Q_i\,\delta\dot P_i \\ & \qquad + \frac{\partial H}{\partial q_i}\delta q_i + \frac{\partial H}{\partial p_i}\delta p_i - \frac{\partial H'}{\partial Q_i}\delta Q_i - \frac{\partial H'}{\partial P_i}\delta P_i\Big\}.\end{aligned}$$

15.4 Das Hamiltonsche Prinzip und kanonische Transformationen

Durch partielle Integration und Zusammenfassung entsprechender Terme geht diese Beziehung in

$$0 = \sum_i \left\{ \underbrace{\left(\frac{\partial F_4}{\partial p_i} + q_i\right)}_{=0} \delta p_i + \underbrace{\left(\frac{\partial F_4}{\partial P_i} - Q_i\right)}_{=0} \delta P_i \right\} \bigg|_{t_a}^{t_e}$$

$$+ \int_{t_a}^{t_e} dt \sum_i \left\{ \underbrace{\left(\dot{p}_i + \frac{\partial H}{\partial q_i}\right)}_{=0} \delta q_i - \underbrace{\left(\dot{q}_i - \frac{\partial H}{\partial p_i}\right)}_{=0} \delta p_i \right.$$

$$\left. - \left(\dot{P}_i + \frac{\partial H'}{\partial Q_i}\right) \delta Q_i + \left(\dot{Q}_i - \frac{\partial H'}{\partial P_i}\right) \delta P_i \right\}$$

über.

Wegen der Definitionsgleichungen (∗) und der für die ursprüngliche Darstellung gültigen kanonischen Gleichungen reduziert sich dieser Ausdruck auf

$$0 = \int_{t_a}^{t_e} dt \sum_i \left\{ \left(\dot{Q}_i - \frac{\partial H'}{\partial P_i}\right) \delta P_i - \left(\dot{P}_i + \frac{\partial H'}{\partial Q_i}\right) \delta Q_i \right\}.$$

Das impliziert aber nach bekannter Argumentation die Gültigkeit der kanonischen Gleichungen

$$\dot{Q}_i = \frac{\partial H'}{\partial P_i}, \qquad \dot{P}_i = -\frac{\partial H'}{\partial P_i}.$$

□

Aus Gründen der Übersichtlichkeit stellen wir die verschiedenen Formen der erzeugenden Funktionen noch einmal tabellarisch zusammen:

$F_1(\boldsymbol{Q}, \boldsymbol{q}, t)$	$P_i = -\dfrac{\partial F_1}{\partial Q_i}$		$p_i = \dfrac{\partial F_1}{\partial q_i}$		
$F_2(\boldsymbol{P}, \boldsymbol{q}, t)$	$Q_i = \dfrac{\partial F_2}{\partial P_i}$		$p_i = \dfrac{\partial F_2}{\partial q_i}$		$H' = H + \dfrac{\partial F}{\partial t}$
$F_3(\boldsymbol{Q}, \boldsymbol{p}, t)$	$P_i = -\dfrac{\partial F_3}{\partial Q_i}$		$q_i = -\dfrac{\partial F_3}{\partial p_i}$		
$F_4(\boldsymbol{P}, \boldsymbol{p}, t)$	$Q_i = \dfrac{\partial F_2}{\partial P_i}$		$q_i = -\dfrac{\partial F_4}{\partial p_i}$		

Auch für diese Erzeugenden wollen wir *Beispiele* betrachten.

1) Es sei $F_2(\boldsymbol{P}, \boldsymbol{q}, t) = \sum_i f_i(\boldsymbol{q}, t) P_i$ gegeben.

   Dann haben wir

   $$p_i = \frac{\partial F_2}{\partial q_i} = \sum_\ell \frac{\partial f_\ell}{\partial q_i} P_\ell, \qquad Q_i = \frac{\partial F_2}{\partial P_i} = f_i(\boldsymbol{q}, t)$$

   und

   $$H' = H + \sum_i \frac{\partial f_i}{\partial t} P_i.$$

   Der Gleichung für Q_i entnehmen wir, daß F_2 in der gewählten Form gerade die *Erzeugende der Punkttransformationen* ist, von denen wir bereits wissen, daß sie kanonisch sind.

   Insbesondere erzeugt $F_2 = \sum_i q_i P_i$ die Transformation

   $$p_i = P_i, \qquad Q_i = q_i, \qquad H = H',$$

   also die *identische Transformation*.

2) Nun wollen wir den *harmonischen Oszillator* betrachten und zeigen, daß eine geeignet gewählte kanonische Transformation uns tatsächlich die Arbeit der Integration der Bewegungsgleichung abnehmen kann.

   Es sei also

   $$H(q, p) = \frac{1}{2m} p^2 + \frac{m\omega^2}{2} q^2.$$

   Wir wählen als Erzeugende

   $$F_1(Q, q) = \frac{m}{2} \omega q^2 \cot(Q)$$

   und erhalten zunächst

   $$p = \frac{\partial F_1}{\partial q} = m \omega q \cot(Q), \qquad P = -\frac{\partial F_1}{\partial Q} = \frac{m}{2} \omega q^2 \frac{1}{\sin^2(Q)}. \qquad (*)$$

   Die Hamiltonfunktion ist durch

   $$H'(Q, P) = H\big(q(Q, P), p(Q, P)\big)$$

   gegeben.

15.4 Das Hamiltonsche Prinzip und kanonische Transformationen

Nun folgt aus (∗)

$$q = \sqrt{\frac{2P}{m\omega}}\sin(Q)\,, \qquad p = \sqrt{2Pm\omega}\cos(Q)\,, \qquad (**)$$

und damit erhalten wir

$$H'(Q,P) = \frac{1}{2m} 2Pm\omega\cos^2(Q) + \frac{m}{2}\omega^2\frac{2P}{m\omega}\sin^2(Q) = P\omega\,.$$

Das ist ein höchst einfacher Ausdruck; die (einzige) Koordinate Q ist zyklisch: $\partial H'/\partial Q = 0$.

Also ist $\dot{P} = 0$, d.h.

$$P(t) = P_\text{o} = \text{constans}\,,$$

und aus

$$\dot{Q} = \frac{\partial H'}{\partial P} = \omega$$

folgt

$$Q(t) = \omega t + Q_\text{o}\,.$$

Setzen wir diese Lösung in (∗∗) ein, erhalten wir sofort die uns bekannte Lösung

$$q(t) = \sqrt{\frac{2P_\text{o}}{m\omega}}\sin(\omega t + Q_\text{o})\,,$$
$$p(t) = \sqrt{2m\omega P_\text{o}}\cos(\omega t + Q_\text{o})\,.$$

Tatsächlich ist es also für den harmonischen Oszillator möglich, alle Koordinaten zyklisch zu machen. Also stellt dieses Modell – was nicht weiter verwunderlich ist – ein *integrables System* dar.

15.4.2.4 Praktische Kriterien für kanonische Transformationen

Die Methode der erzeugenden Funktionen löst das *Konstruktionsproblem* für kanonische Transformationen und ist auch für die weitere Entwicklung der formalen Theorie von hohem Interesse. Häufig genug ist man jedoch mit einem ganz anderen Problem konfrontiert, nämlich dem, für eine vorgegebene Phasentransformation

$$\boldsymbol{Q} = \boldsymbol{Q}(\boldsymbol{q},\boldsymbol{p},t)\,, \qquad \boldsymbol{P} = \boldsymbol{P}(\boldsymbol{q},\boldsymbol{p},t)$$

zu entscheiden, ob sie kanonisch ist oder nicht.

Das wollen wir jetzt untersuchen.

Ist diese Transformation kanonisch, so gibt es dazu eine erzeugende Funktion. Ist sie speziell gemäß

$$\boldsymbol{p} = \boldsymbol{p}(\boldsymbol{Q}, \boldsymbol{q}, t) , \qquad \boldsymbol{P} = \boldsymbol{P}(\boldsymbol{Q}, \boldsymbol{q}, t)$$

auflösbar, wird diese gerade in der Form $F_1(\boldsymbol{Q}, \boldsymbol{q}, t)$ anzugeben sein, aus der

$$p_i = \frac{\partial F}{\partial q_i} , \qquad P_i = -\frac{\partial F}{\partial Q_i}$$

folgt.

Das kann aber nur richtig sein, wenn

$$\frac{\partial p_i(\boldsymbol{Q}, \boldsymbol{q}, t)}{\partial Q_k} = \frac{\partial^2 F}{\partial Q_k\, \partial q_i} = \frac{\partial^2 F}{\partial q_i\, \partial Q_k} = -\frac{\partial P_k(\boldsymbol{Q}, \boldsymbol{q}, t)}{\partial q_i} \qquad \forall\, i, k \qquad (*)$$

gilt.

An dieser Stelle sei bezüglich partieller Ableitungen ein *Warnsignal* gesetzt. Nehmen wir z.B. die letzte Ableitung der obigen Formel: $\dfrac{\partial P_k(\boldsymbol{Q}, \boldsymbol{q}, t)}{\partial q_i}$. Sie bedeutet die Änderung von P_k mit q_i bei *festgehaltenen* $\boldsymbol{Q}$, q_j $(j \neq i)$ *und* t. Nehmen wir andererseits die ursprüngliche Phasentransformation $\boldsymbol{P} = \boldsymbol{P}(\boldsymbol{q}, \boldsymbol{p}, t)$, so bedeutet $\dfrac{\partial P_k}{\partial q_i}$ etwas ganz anderes, nämlich die Änderung von P_k mit q_i bei *festgehaltenen* q_j $(j \neq i)$, $\boldsymbol{p}$ *und* t.

Und natürlich sind beide Ausdrücke grundverschieden!

Deswegen ist es in Theorien, bei welchen wie hier mit den unabhängigen Variablen hin- und herjongliert wird, unerläßlich, an den partiellen Ableitungen anzumerken, was konstant gehalten wird, denn $\dfrac{\partial P_k}{\partial q_i}$ allein ist nicht bestimmt.

Eine physikalische Theorie, die zum Gutteil von solchen Variablentransformationen lebt, ist die *Thermodynamik*[28]. Dort ist eine spezielle Notation Usus, die in Anwendung auf unsere Größen das folgende Aussehen hat:

Man schreibt auf eine Weise, die sich aus sich selbst erklärt,

$$\frac{\partial P_k(\boldsymbol{Q}, \boldsymbol{q}, t)}{\partial q_i} = \left(\frac{\mathrm{d} P_k}{\mathrm{d} q_i}\right)_{\boldsymbol{Q}, q_j, t} ,$$

$$\frac{\partial P_k(\boldsymbol{q}, \boldsymbol{p}, t)}{\partial q_i} = \left(\frac{\mathrm{d} P_k}{\mathrm{d} q_i}\right)_{q_j, \boldsymbol{p}, t} .$$

Aus der Thermodynamik nehmen wir auch ein drastisches Beispiel für die Wichtigkeit des sorgfältigen Umgangs mit solchen Größen:

---

[28] Siehe *Band VI*.

15.4 Das Hamiltonsche Prinzip und kanonische Transformationen

Die *spezifische Wärme* einer Substanz hängt davon ab, ob beim Heizen das Volumen oder der Druck der Umgebung konstant gehalten wird. Der Unterschied ist beträchtlich: Er beträgt beim idealen Gas 67 %! Dabei sehen die Formeln ganz ähnlich aus: Für die spezifischen Wärmen pro Mol haben wir (mit der Entropie S)

$$C_v = \frac{T}{N}\left(\frac{\mathrm{d}S}{\mathrm{d}T}\right)_{V,N} = \frac{T}{N}\frac{\partial S(T,V,N)}{\partial T}$$

und

$$C_p = \frac{T}{N}\left(\frac{\mathrm{d}S}{\mathrm{d}T}\right)_{p,N} = \frac{T}{N}\frac{\partial S(T,p,N)}{\partial T}.$$

Doch zurück zu unseren kanonischen Transformationen!

Zusätzlich zu den oben abgeleiteten Beziehungen (∗) müssen natürlich noch

$$\left(\frac{\mathrm{d}p_k}{\mathrm{d}q_i}\right)_{\boldsymbol{Q},q_j,t} = \left(\frac{\mathrm{d}p_i}{\mathrm{d}q_k}\right)_{\boldsymbol{Q},q_j,t} \qquad \forall\, i,k$$

und ebenso

$$\left(\frac{\mathrm{d}P_k}{\mathrm{d}Q_i}\right)_{Q_j,\boldsymbol{q},t} = \left(\frac{\mathrm{d}P_i}{\mathrm{d}Q_k}\right)_{Q_j,\boldsymbol{q},t} \qquad \forall\, i,k$$

gelten, wenn die Phasentransformation kanonisch sein soll. Denn diese sind eine unmittelbare Konsequenz von

$$\frac{\partial^2 F}{\partial q_i\,\partial q_k} = \frac{\partial^2 F}{\partial q_k\,\partial q_i} \qquad \forall\, i,k$$

und den entsprechenden Relationen für die Ableitungen nach $\boldsymbol{Q}$.

Die Integrabilitätsbedingungen[29], die wir hier entwickelt haben, sind, einfach wie sie im Prinzip sein mögen, in praxi ziemlich unhandlich. Es ist deswegen erfreulich, daß es eine andere, ungeheuer handliche Methode gibt, um die gleiche Entscheidung zu treffen. Diese lautet lapidar:

Eine Phasentransformation

$$\boldsymbol{Q} = \boldsymbol{Q}(\boldsymbol{q},\boldsymbol{p},t)\,,\qquad \boldsymbol{P} = \boldsymbol{P}(\boldsymbol{q},\boldsymbol{p},t)$$

ist kanonisch dann und nur dann, wenn

$$\boxed{\{Q_i,P_j\}_{\boldsymbol{q},\boldsymbol{p}} = \delta_{ij}\,,\qquad \{Q_i,Q_j\}_{\boldsymbol{q},\boldsymbol{p}} = \{P_i,P_j\}_{\boldsymbol{q},\boldsymbol{p}} = 0}$$

gelten.

---

[29] Bemerken Sie die formale Verwandtschaft der Ausdrücke mit denen, die wir in 4.2.4 (*Mechanik I*, S. 122 ff) bei der Untersuchung der Frage erhalten haben, wann ein Kraftfeld ein Potential besitzt.

Den *Beweis* dieses Theorems werden wir nur für *explizit zeitunabhängige* Phasentransformationen führen, für die

$$H(\boldsymbol{q},\boldsymbol{p},t) = H'(\boldsymbol{Q}(\boldsymbol{q},\boldsymbol{p}),\boldsymbol{P}(\boldsymbol{q},\boldsymbol{p}),t)$$

gilt.

Dann haben wir

$$\dot{Q}_i = \{Q_i, H\}_{\boldsymbol{q},\boldsymbol{p}} = \sum_j \Big\{\frac{\partial Q_i}{\partial q_j}\frac{\partial H}{\partial p_j} - \frac{\partial Q_i}{\partial p_j}\frac{\partial H}{\partial q_j}\Big\}$$

$$= \sum_j \Big\{\frac{\partial Q_i}{\partial q_j}\sum_\ell \Big(\frac{\partial H'}{\partial Q_\ell}\frac{\partial Q_\ell}{\partial p_j} + \frac{\partial H'}{\partial P_\ell}\frac{\partial P_\ell}{\partial p_j}\Big)$$

$$\qquad -\frac{\partial Q_i}{\partial p_j}\sum_\ell \Big(\frac{\partial H'}{\partial Q_\ell}\frac{\partial Q_\ell}{\partial q_j} + \frac{\partial H'}{\partial P_\ell}\frac{\partial P_\ell}{\partial q_j}\Big)\Big\}$$

$$= \sum_\ell \Big\{\frac{\partial H'}{\partial Q_\ell}\sum_j \Big(\frac{\partial Q_i}{\partial q_j}\frac{\partial Q_\ell}{\partial p_j} - \frac{\partial Q_i}{\partial p_j}\frac{\partial Q_\ell}{\partial q_j}\Big)$$

$$\qquad + \frac{\partial H'}{\partial P_\ell}\sum_j \Big(\frac{\partial Q_i}{\partial q_j}\frac{\partial P_\ell}{\partial p_j} - \frac{\partial Q_i}{\partial p_j}\frac{\partial P_\ell}{\partial q_j}\Big)\Big\}$$

$$= \sum_\ell \Big\{\{Q_i, Q_\ell\}_{\boldsymbol{q},\boldsymbol{p}}\frac{\partial H'}{\partial Q_\ell} + \{Q_i, P_\ell\}_{\boldsymbol{q},\boldsymbol{p}}\frac{\partial H'}{\partial P_\ell}\Big\},$$

und das ist $\partial H'/\partial P_i$ genau dann, wenn

$$\{Q_i, Q_\ell\}_{\boldsymbol{q},\boldsymbol{p}} = 0, \qquad \{Q_i, P_\ell\}_{\boldsymbol{q},\boldsymbol{p}} = \delta_{i\ell} \qquad (*)$$

gelten.

Gleicherweise erhält man

$$\dot{P}_i = \{P_i, H\}_{\boldsymbol{q},\boldsymbol{p}} = \sum_j \Big\{\frac{\partial P_i}{\partial q_j}\frac{\partial H}{\partial p_j} - \frac{\partial P_i}{\partial p_j}\frac{\partial H}{\partial q_j}\Big\}$$

$$= \sum_\ell \Big\{-\{Q_i, P_\ell\}_{\boldsymbol{q},\boldsymbol{p}}\frac{\partial H'}{\partial Q_\ell} + \{P_i, P_\ell\}_{\boldsymbol{q},\boldsymbol{p}}\frac{\partial H'}{\partial P_\ell}\Big\},$$

und das ist $-\partial H'/\partial P_i$ genau dann, wenn zusätzlich zu den Bedingungen $(*)$ noch

$$\{P_i, P_\ell\}_{\boldsymbol{q},\boldsymbol{p}} = 0 \qquad (**)$$

gilt. □

15.4 Das Hamiltonsche Prinzip und kanonische Transformationen

Bemerken Sie, daß man den Inhalt des soeben bewiesenen Satzes auch in der Form

$$\{Q_i, P_j\}_{\boldsymbol{Q},\boldsymbol{P}} = \{Q_i, P_j\}_{\boldsymbol{q},\boldsymbol{p}},$$
$$\{Q_i, Q_j\}_{\boldsymbol{Q},\boldsymbol{P}} = \{Q_i, Q_j\}_{\boldsymbol{q},\boldsymbol{p}},$$
$$\{P_i, P_j\}_{\boldsymbol{Q},\boldsymbol{P}} = \{P_i, P_j\}_{\boldsymbol{q},\boldsymbol{p}}$$

schreiben kann.

Darüber hinaus gilt sogar das folgende wichtige *Theorem:*
Für beliebige Phasenfunktionen f und g gilt

$$\{f, g\}_{\boldsymbol{q},\boldsymbol{p}} = \{f', g'\}_{\boldsymbol{Q},\boldsymbol{P}}$$

genau dann, wenn die Phasentransformation kanonisch ist.

Unter den gleichen Voraussetzungen wie oben haben wir nämlich mit

$$f(\boldsymbol{q},\boldsymbol{p},t) = f'(\boldsymbol{Q}(\boldsymbol{q},\boldsymbol{p}), \boldsymbol{P}(\boldsymbol{q},\boldsymbol{p}), t)$$
$$g(\boldsymbol{q},\boldsymbol{p},t) = g'(\boldsymbol{Q}(\boldsymbol{q},\boldsymbol{p}), \boldsymbol{P}(\boldsymbol{q},\boldsymbol{p}), t)$$

$$\{f, g\}_{\boldsymbol{q},\boldsymbol{p}} = \sum_i \left\{ \frac{\partial f}{\partial q_i} \frac{\partial g}{\partial p_i} - \frac{\partial f}{\partial p_i} \frac{\partial g}{\partial q_i} \right\}$$

$$= \sum_i \Bigg\{ \sum_k \left(\frac{\partial f'}{\partial Q_k} \frac{\partial Q_k}{\partial q_i} + \frac{\partial f'}{\partial P_k} \frac{\partial P_k}{\partial q_i} \right) \sum_\ell \left(\frac{\partial g'}{\partial Q_\ell} \frac{\partial Q_\ell}{\partial p_i} + \frac{\partial g'}{\partial P_\ell} \frac{\partial P_\ell}{\partial p_i} \right)$$

$$- \sum_k \left(\frac{\partial f'}{\partial Q_k} \frac{\partial Q_k}{\partial p_i} + \frac{\partial f'}{\partial P_k} \frac{\partial P_k}{\partial p_i} \right) \sum_\ell \left(\frac{\partial g'}{\partial Q_\ell} \frac{\partial Q_\ell}{\partial q_i} + \frac{\partial g'}{\partial P_\ell} \frac{\partial P_\ell}{\partial q_i} \right) \Bigg\}$$

$$= \sum_{k,\ell} \Bigg\{ \frac{\partial f'}{\partial Q_k} \frac{\partial g'}{\partial Q_\ell} \sum_i \left(\frac{\partial Q_k}{\partial q_i} \frac{\partial Q_\ell}{\partial p_i} - \frac{\partial Q_k}{\partial p_i} \frac{\partial Q_\ell}{\partial q_i} \right)$$

$$+ \frac{\partial f'}{\partial Q_k} \frac{\partial g'}{\partial P_\ell} \sum_i \left(\frac{\partial Q_k}{\partial q_i} \frac{\partial P_\ell}{\partial p_i} - \frac{\partial Q_k}{\partial p_i} \frac{\partial P_\ell}{\partial q_i} \right)$$

$$+ \frac{\partial f'}{\partial P_k} \frac{\partial g'}{\partial Q_\ell} \sum_i \left(\frac{\partial P_k}{\partial q_i} \frac{\partial Q_\ell}{\partial p_i} - \frac{\partial P_k}{\partial p_i} \frac{\partial Q_\ell}{\partial q_i} \right)$$

$$+ \frac{\partial f'}{\partial P_k} \frac{\partial g'}{\partial P_\ell} \sum_i \left(\frac{\partial P_k}{\partial q_i} \frac{\partial P_\ell}{\partial p_i} - \frac{\partial P_k}{\partial p_i} \frac{\partial P_\ell}{\partial q_i} \right) \Bigg\}$$

$$= \sum_{k,\ell} \Bigg\{ \{Q_k, Q_\ell\}_{\boldsymbol{q},\boldsymbol{p}} \frac{\partial f'}{\partial Q_k} \frac{\partial g'}{\partial Q_\ell} + \{P_k, P_\ell\}_{\boldsymbol{q},\boldsymbol{p}} \frac{\partial f'}{\partial P_k} \frac{\partial g'}{\partial P_\ell}$$

$$+ \{Q_k, P_\ell\}_{\boldsymbol{q},\boldsymbol{p}} \frac{\partial f'}{\partial Q_k} \frac{\partial g'}{\partial P_\ell} + \{P_k, Q_\ell\}_{\boldsymbol{q},\boldsymbol{p}} \frac{\partial f'}{\partial P_k} \frac{\partial g'}{\partial Q_\ell} \Bigg\}.$$

Unter den Bedingungen (∗) und (∗∗) – und allgemein nur unter diesen – gilt weiter

$$\sum_k \left(\frac{\partial f'}{\partial Q_k} \frac{\partial g'}{\partial P_k} - \frac{\partial f'}{\partial P_k} \frac{\partial g'}{\partial Q_k} \right) = \{f', g'\}_{\boldsymbol{Q},\boldsymbol{P}},$$

q.e.d.

Also *bleiben Poissonklammern unter kanonischen Transformationen erhalten*. □

Die Sätze, die wir soeben bewiesen haben, und die, wie betont, auch dann gültig bleiben, wenn die kanonische Transformation zeitabhängig wird, sind von großer *prinzipieller Bedeutung*.

Erlauben sie uns doch, *Poissonklammern* in Zukunft ohne Indices, d.h. ohne Bezug auf ein spezielles System $\boldsymbol{q},\boldsymbol{p}$ gewissermaßen *absolut* zu schreiben.

Die *Grundgleichungen der Mechanik* werden damit vollkommen *koordinatenfrei* und lauten in nicht mehr zu überbietender Prägnanz:

Für jede beliebige Wahl von Größen $\boldsymbol{Q}$ *und* $\boldsymbol{P}$, *die nur den Relationen*

$$\{Q_i, P_k\} = \delta_{ik}, \qquad \{Q_i, Q_k\} = \{P_i, P_k\} = 0$$

genügen, ist die Bewegungsgleichung jeder beliebigen mechanischen Größe, die durch eine Funktion $f(\boldsymbol{Q},\boldsymbol{P},t)$ *beschrieben wird, durch*

$$\frac{\mathrm{d} f}{\mathrm{d} t} = -\{H, f\} + \frac{\partial f}{\partial t}$$

gegeben.

Mit den speziellen Wahlen $f = Q_i$ und $f = P_i$ umfaßt dieser Satz auch die kanonischen Bewegungsgleichungen selbst.

Abschließend wollen wir noch ein *Beispiel* dafür geben, daß *nicht jede* Phasentransformation kanonisch ist.

Mit

$$Q = q\,p, \qquad P = q^2 p$$

gilt nämlich

$$\{Q, P\}_{\boldsymbol{q},\boldsymbol{p}} = -q^2 p \neq 1;$$

diese Transformation ist also *nicht kanonisch*.

Davon, daß sie nach den eingangs dieser Ziffer diskutierten Integrabilitätsbedingungen auch keine Erzeugende besitzen kann, mögen Sie sich selbst überzeugen!

15.4 Das Hamiltonsche Prinzip und kanonische Transformationen

15.4.3 Die Wirkungsfunktion als Erzeugende der Bewegung

Die Bewegung eines mechanischen Systems wird nach 15.3.1 beschrieben durch eine Phasentrajektorie $\pi(t|\pi_o)$, die gemäß

$$\pi(t_o|\pi_o) = \pi_o$$

zur Zeit $t = t_o$ durch die Anfangsphase π_o läuft und durch diese eindeutig bestimmt ist.

Diesen Zusammenhang können wir aber auch ganz anders deuten, indem wir sagen, die Phase hätte sich im Zeitintervall $\Delta t = t - t_o$ von $\pi(t_o) = \pi_o$ in $\pi(t_o + \Delta t) = \Pi$ transformiert. In diesem Bild stellt sich die Entwicklung, die das System in dem *festen Zeitintervall* Δt genommen hat, selbst als *Phasentransformation* dar. Diese Transformation kann zeitabhängig sein, denn bei nicht-konservativen Systemen wird $\pi(t|\pi_o) = \pi(t_o + \Delta t|\pi_o)$ durchaus auch davon abhängen, wann ich den Prozeß in Gang setze. Folglich können wir die Transformation als

$$\Pi_{\Delta t} = \Pi(\pi_o, t_o)$$

schreiben.

Läßt man jetzt auch Δt unterschiedliche Werte annehmen, so sieht man, daß die Bewegung des Systems selbst durch eine *einparametrige Schar von* solchen *Phasentransformationen* beschrieben wird, die für $\Delta t = 0$ natürlich in die identische Transformation $\Pi_o = \pi_o$ übergeht.

Nun erhebt sich natürlich die Frage, ob diese Phasentransformationen nicht sogar *kanonisch* sind, und wodurch sie gegebenenfalls *erzeugt* werden.

Um sie beantworten zu können, müssen wir noch einmal auf den Begriff der Wirkung zurückkommen. Bisher haben wir diese Größe stets als Funktional auf einer Menge von Bahnen betrachtet, das für gegebene Anfangsbedingungen für die wirklich durchlaufene Bahn stationär wurde. Für diese Extremalbahn ist die Wirkung eine Zahl, die abhängig ist von den gewählten Randbedingungen, also eine *Funktion* der Anfangsbedingungen $S = S(\boldsymbol{q}_a, t_a, \boldsymbol{q}_e, t_e)$; dies ist die sogenannte *Wirkungsfunktion*.

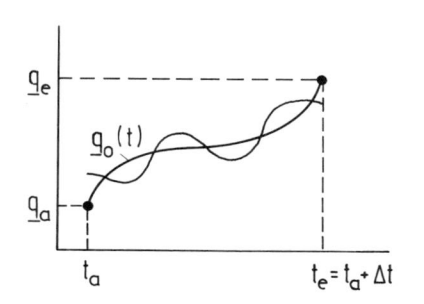

Nun wählen wir $t_a = t_o$, $t_e = t_o + \Delta t$ und *halten* unserem früheren Vorgehen entsprechend Δt *fest*. Dann hängt die Wirkungsfunktion gemäß $S = S(\boldsymbol{q}_e, \boldsymbol{q}_a, t_o)$ von den unabhängigen Variablen $\boldsymbol{q}_e$, $\boldsymbol{q}_a$ und t_o ab. Um diese Abhängigkeit explizit zu bestimmen, setzen wir jetzt auch t_o fest und vergleichen die Wirkung auf der stationären Bahn $\boldsymbol{q}_o(t)$ zwischen

$q_o(t_o) = q_a$ und $q_o(t_o + \Delta t) = q_e$ mit derjenigen auf benachbarten Bahnen $q_o(t) + \delta q(t)$, die nun *nicht* durch q_a und q_e laufen müssen, sondern auch benachbarte Anfangs- und Endpunkte $q_a + \delta q(t_a)$ bzw. $q_e + \delta q(t_e)$ haben dürfen.

Für die Variation δS finden wir wie früher

$$\delta S = \sum_i \frac{\partial L}{\partial \dot{q}_i} \delta q_i \Big|_{t_a}^{t_e}$$

$$+ \int_{t_a}^{t_e} dt \sum_i \left(\frac{\partial L}{\partial q_i} - \frac{d}{dt} \frac{\partial L}{\partial \dot{q}_i} \right) \delta q_i \, .$$

Da $q_o(t)$ aber stationär ist, gelten dafür die Lagrange-Gleichungen und das Integral verschwindet identisch; die Variation des Wirkungsfunktionals hängt nur von $\delta q(t_a)$ und $\delta q(t_e)$, nicht aber von $\delta q(t)$ ab. Also beschreibt obiger Ausdruck insbesondere auch die Änderung der *Wirkungsfunktion* bei einer Änderung der Randbedingungen, und wir haben für $t_o = $ const., d.h. $dt_a = dt_e = 0$

$$dS = \sum_i p_i \, dq_i \Big|_{t_o}^{t_e} = \sum_i p_i^e \, dq_i^e - \sum_i p_i^a \, dq_i^a \, ,$$

also insgesamt

$$dS = \sum_i \left(p_i^e \, dq_i^e - p_i^a \, dq_i^a \right) + \frac{\partial S}{\partial t_o} \, dt_o \, .$$

Daraus folgt unmittelbar

$$\frac{dS}{dt} = \sum_i \left(p_i^e \, \dot{q}_i^e - p_i^a \, \dot{q}_i^a \right) + \frac{\partial S}{\partial t} \, .$$

Da aber S durch

$$S = \int_{t_o}^{t_o+\Delta t} dt' \, L(q, \dot{q}, t')$$

gegeben ist, erhalten wir andererseits für denselben Ausdruck

$$\frac{dS}{dt} = L(q_e, \dot{q}_e, t_e) - L(q_a, \dot{q}_a, t_a)$$

und können daraus $\partial S/\partial t$ sofort zu

$$\frac{\partial S}{\partial t} = -\left(\sum_i p_i^e \, \dot{q}_i^e - L(q_e, \dot{q}_e, t_e) \right) + \left(\sum_i p_i^a \, \dot{q}_i^a - L(q_a, \dot{q}_a, t_a) \right)$$

$$= -(H(q_e, p_e, t_e) - H(q_a, p_a, t_a))$$

identifizieren.

Also ist schließlich $-\mathrm{d}S$ durch

$$-\mathrm{d}S = \sum_i \left(p_i^a \,\mathrm{d}q_i^a - p_i^e \,\mathrm{d}q_i^e\right) + \left(H(\boldsymbol{q}_e, \boldsymbol{p}_e, t_e) - H(\boldsymbol{q}_a, \boldsymbol{p}_a, t_a)\right) \mathrm{d}t$$

gegeben, wobei

$$p_i^a = \frac{\partial(-S)}{\partial q_i^a}, \qquad p_i^e = -\frac{\partial(-S)}{\partial q_i^e}$$

gelten.

Folglich ist $-S$ *die Erzeugende* $-S(\boldsymbol{q}_e, \boldsymbol{q}_a, t_o) = F_1(\boldsymbol{Q}, \boldsymbol{q}, t)$ *der Phasentransformation*, die sich damit gleichzeitig als *kanonisch* erwiesen hat. Somit läßt sich die *Bewegung* selbst als nach Δt parametrisierte *einparametrige Schar kanonischer Transformationen* auffassen, und man kann die *Wirkungsfunktion als Erzeugende der Bewegung* ansprechen.

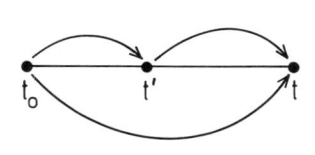

Für die Bewegung muß es natürlich gleichgültig sein, ob man direkt von t_o nach t übergeht oder zunächst von t_o nach t' und dann von t' nach t.

Folglich wird das „Produkt" der zwei kanonischen Transformationen, das in ihrer Hintereinanderausführung besteht, selbst wieder eine kanonische Transformation liefern müssen. Da außerdem der Übergang von t_o zu t_o durch die identische Transformation beschrieben wird, liegt die Vermutung nahe, daß die kanonischen Transformationen, die die Bewegung beschreiben, eine *Gruppe* bilden werden. Da jede beliebige kanonische Transformation umkehrbar ist – das kann man z.B. aus der Invarianz der Poissonklammern beweisen –, ist das tatsächlich der Fall. Man spricht von der *dynamischen Gruppe* der Mechanik.

Nicht jede dynamische Theorie muß eine dynamische Gruppe besitzen. Ist sie nämlich *irreversibel*, so existieren stets Transformationen geeigneter Art, die t_o mit $t \geq t_o$ verbinden, doch diese sind im allgemeinen nicht umkehrbar; aus der dynamischen Gruppe wird dann die *dynamische Halbgruppe*.

Auf diese von einem grundsätzlichen Standpunkt sehr wichtigen Konzepte können wir aber nicht näher eingehen.

15.5 Die Theorie von Hamilton-Jacobi

Waren die Aussagen des letzten Abschnitts vorwiegend von theoretischem Interesse, so wenden wir uns in dieser abschließenden Ziffer wieder einer praktisch motivierten Fragestellung zu.

Und zwar hatten wir (am Beispiel des harmonischen Oszillators) gesehen, daß eine geeignet gewählte kanonische Transformation das Integrationsproblem der Mechanik auf eine Trivialität reduzieren kann. Es kam „nur" darauf aus, die Transformation so zu wählen, daß alle Q_i zyklische Koordinaten werden.

Wir haben bereits auf S. 230 erwähnt, daß das auf analytische Weise nur für integrable Systeme geht. Aber auch für solche wissen wir bisher noch nicht, wie wir es anstellen müssen, um diese Transformation zu finden.

Fehlen uns doch im abstrakten Phasenraum alle Kriterien, die uns im Konfigurationsraum der Lagrangeschen Formulierung die Auswahl spezieller generalisierter Koordinaten nahelegten.

Wir werden nun ein Verfahren entwickeln, um diese Aufgabe zu lösen.

15.5.1 Die partielle Differentialgleichung von Hamilton-Jacobi

Nehmen wir an, wir hätten ein $H(\boldsymbol{q},\boldsymbol{p},t)$. Wir suchen eine kanonische Transformation auf $\boldsymbol{P}$ und $\boldsymbol{Q}$ dergestalt, daß in H' alle Q_i zyklisch werden, d.h. $H' = H'(\boldsymbol{P}, t)$ gilt.

Noch schöner wäre es freilich, wenn es uns gelänge, eine Transformation zu finden, nach der

$$H' \equiv 0$$

würde, denn dann würden ja gemäß

$$\dot{P}_i = 0 \implies P_i = P_i^o = \text{const.},$$
$$\dot{Q}_i = 0 \implies Q_i = Q_i^o = \text{const.}$$

alle Variablen P_i und Q_i konstant.

Ob so etwas möglich ist, ist eine Frage an die erzeugende Funktion F, denn es gilt

$$H' = H + \frac{\partial F}{\partial t},$$

und soll H' verschwinden, so muß

$$H(\boldsymbol{q}(\boldsymbol{Q},\boldsymbol{P},t), \boldsymbol{p}(\boldsymbol{Q},\boldsymbol{P},t), t) + \frac{\partial F}{\partial t} \equiv 0$$

werden.

Wählen wir die Erzeugende speziell vom Typ $F_2(\boldsymbol{P},\boldsymbol{q},t)$[30], wofür $p_i = \dfrac{\partial F_2}{\partial q_i}$ gilt, so haben wir

$$H\left(q_1, \ldots, q_f, \frac{\partial F_2}{\partial q_1}, \ldots, \frac{\partial F_2}{\partial q_f}, t\right) + \frac{\partial F_2}{\partial t} = 0.$$

---

[30] Diese spezielle Wahl ist nicht entscheidend, sondern durch Zweckmäßigkeitsgründe in der praktischen Anwendung bedingt.

15.5 Die Theorie von Hamilton-Jacobi

Das ist eine *partielle Differentialgleichung* für die Erzeugende F_2, die man als *Hamilton-Jacobische Differentialgleichung* bezeichnet.

Betrachten wir diese Gleichung einmal vom mathematischen Standpunkt, also etwa in der Form

$$\Phi\left(x_1,\ldots,x_n,\frac{\partial f}{\partial x_1},\ldots,\frac{\partial f}{\partial x_n}\right)=0\,,$$

so sehen wir, daß wir geeignete Funktionen $f(x_1,\ldots,x_n)$ suchen müssen, die diese Gleichung erfüllen, übertragen auf unser Problem also Funktionen $F_2(q_1,\ldots,q_f,t)$. Von den zusätzlichen Variablen P_i, von denen F_2 abhängen muß, um die Erzeugende einer kanonischen Transformation zu sein, ist nirgendwo die Rede! Und demzufolge sieht es zunächst so aus, als würde die Lösung dieser Gleichung uns auch nicht helfen, die Erzeugende zu bestimmen. Wissen wir doch von den P_i, daß sie sämtlich konstant sein müssen, nicht jedoch, wie sie in die Lösung der Differentialgleichung eingehen.

Hier hilft uns ein Satz aus der Theorie der partiellen Differentialgleichungen weiter, den wir ohne Ableitung, ja sogar ohne nähere Begründung in den Raum stellen müssen. Das liegt daran, daß die Theorie partieller Differentialgleichungen viel komplizierter ist als die gewöhnlicher Differentialgleichungen, so daß es uns lange Zeit beschäftigen würde, auf diesem Gebiet heimisch zu werden[31].

Das *Theorem* lautet, etwas leger formuliert:
Jede partielle Differentialgleichung für eine Funktion von n Variablen der angesprochenen Form *besitzt eine n-parametrige Lösungsschar.*
In unserem Fall haben wir die Variablen $q_1,\ldots,q_f$ und t; also gilt $n=f+1$. Nennen wir die Parameter einmal $\alpha_1,\ldots,\alpha_{f+1}$, so können wir die Lösungsschar formal als

$$F_2(q_1,\ldots,q_f,t|\alpha_1,\ldots,\alpha_{f+1})$$

schreiben.

Nun ist mit F_2 aber auch F_2+c mit beliebiger Konstante c Lösung der vorliegenden Differentialgleichung, und c ist bereits einer der $f+1$ Parameter. Nennen wir ihn α_{f+1}, so ist die Lösung in Wahrheit von der Form

$$F_2=F_2(q_1,\ldots,q_f,t|\alpha_1,\ldots,\alpha_f)+\alpha_{f+1}\,.$$

Man bezeichnet diese Lösungsschar als *vollständige Lösung* der partiellen Differentialgleichung[32].

---

[31] Eine sehr lesbare Einführung in dieses Gebiet liegt in dem Werk von K. H. WEISE, ‚*Differentialgleichungen*' (Vandenhoeck & Ruprecht, 1966) vor.

[32] Das heißt allerdings nicht, daß sie schon die allgemeinste Lösung dieser Gleichung wäre. Diese wird in der Theorie der Differentialgleichungen als *allgemeine Lösung* bezeichnet.

Für jede Parameterkombination $\alpha_1^o, \ldots, \alpha_f^o$ erhalten wir eine *spezielle Lösung* der Differentialgleichung, und da in unserem Bewegungsproblem die P_i ohnedies konstant sind, können wir sie mit den Parametern α_i *identifizieren*[33].

Das klingt komplizierter, als es ist:

Setzen wir nämlich $\alpha_i = P_i$, so ergibt die vollständige Lösung $F_2(q_1, \ldots, q_f, t | P_1, \ldots, P_f)$ zunächst eine erzeugende Funktion $F_2(\boldsymbol{P}, \boldsymbol{q}, t)$, für die

$$p_i = \frac{\partial F_2}{\partial q_i} = p_i(\boldsymbol{P}, \boldsymbol{q}, t) \tag{1}$$

und

$$Q_i = \frac{\partial F_2}{\partial P_i} = Q_i(\boldsymbol{P}, \boldsymbol{q}, t) \tag{2}$$

gelten. Nun sind die $P_1, \ldots, P_f$ und die $Q_1, \ldots, Q_f$ zeitlich konstant, aber *frei wählbar* – sie stellen ja gerade die $2f$ Anfangsbedingungen des Problems dar – und wir nennen sie P_i^o bzw. Q_i^o. Dann liefert die Inversion des Systems (2) gerade die Abhängigkeit $\boldsymbol{q}(t|\boldsymbol{Q}^o, \boldsymbol{P}^o)$.

Setzen wir dieses in das System (1) ein, so erhalten wir daraus

$$p_i = p_i(\boldsymbol{P}^o, \boldsymbol{q}(t|\boldsymbol{Q}^o, \boldsymbol{P}^o), t) \,,$$

also

$$\boldsymbol{p} = \boldsymbol{p}(t|\boldsymbol{Q}^o, \boldsymbol{P}^o) \,,$$

und haben somit das Problem gelöst[34].

Dieses Vorgehen wollen wir am *Beispiel des harmonischen Oszillators* im Detail nachvollziehen.

Wir haben

$$H = \frac{1}{2m} p^2 + \frac{m\,\omega^2}{2} q^2 \,.$$

Also lautet die Gleichung von Hamilton-Jacobi

$$\frac{1}{2m} \left(\frac{\partial F}{\partial q}\right)^2 + \frac{m\,\omega^2}{2} q^2 + \frac{\partial F}{\partial t} = 0 \,.$$

Versuchen wir einmal den Lösungsansatz

$$F(q,t) = \Phi(t) + \Psi(q) \,.$$

---

[33] Das entspricht dem Sachverhalt: Jede Funktion einer Konstante ist selbst eine Konstante.

[34] Das Verfahren, das wir hier angewandt haben, wird in der Theorie partieller Differentialgleichungen systematisch untersucht und trägt dort den Namen *Charakteristikentheorie*.

15.5 Die Theorie von Hamilton-Jacobi

Mit
$$\frac{\partial F}{\partial t} = \dot{\Phi}\,, \qquad \frac{\partial F}{\partial q} = \Psi'$$
wird die Differentialgleichung somit zu
$$\frac{1}{2m}\Psi'^2 + \frac{m\omega^2}{2}q^2 = -\dot{\Phi}\,.$$

Einen solchen Ansatz bezeichnet man als *Separationsansatz*; wir werden nachher mehr darüber zu sagen haben. Offensichtlich macht er die linke Seite der Differentialgleichung zu einer Funktion f von q allein und die rechte Seite zu einer Funktion g von t allein.

Somit haben wir – und zwar für alle q und t – die Beziehung
$$f(q) = g(t)\,,$$
und da q und t voneinander unabhängig sind, können wir diese *nur* durch den trivialen Ansatz
$$f(q) = g(t) = C = \text{constans}$$
befriedigen.

Damit zerfällt die partielle Differentialgleichung aber in zwei gewöhnliche, nämlich
$$\frac{1}{2m}\Psi'^2 + \frac{m\omega^2}{2}q^2 = C\,,$$
$$\dot{\Phi} = -C\,,$$
und diese können wir sofort lösen:

Erstens gilt
$$\Phi(t) = -C\,t + \Phi(0)\,,$$
und zweitens erhalten wir
$$\Psi' = \frac{\mathrm{d}\Psi}{\mathrm{d}q} = \sqrt{2m\left(C - \frac{m\omega^2}{2}q^2\right)}\,,$$
also insgesamt
$$F(q,t) = \int_{q_0}^{q} \mathrm{d}q'\,\sqrt{2m\left(C - \frac{m\omega^2}{2}q'^2\right)} - C\,t + \Phi(0)\,.$$

Nun könnten wir das Integral natürlich ausrechnen, doch brauchen wir dies gar nicht explizit zu tun. Sei $G(q'|C)$ die *Stammfunktion* des Integranden, so ist
$$F(q,t) = -C\,t + G(q|C) - G(q_0|C) + \Phi(0)\,.$$

Diese Lösung hängt tatsächlich von zwei unabhängigen Konstanten ab, wie wir es in unserem Fall mit $f = 1$ zu erwarten haben. Und zwar ist $C = \alpha_1$ die eine und

$$\alpha_2 = \Phi(0) - G(q_0|C)$$

die zweite, trivial *additive*, auf die es im folgenden nicht ankommt.

Also setzen wir nach unserer allgemeinen Vorschrift $C = P$ und erhalten daraus

$$Q = \frac{\partial F}{\partial P} = \frac{\partial F}{\partial C} = -t + \frac{\partial G}{\partial C} = Q^\circ = \text{constans}$$

und

$$p = \frac{\partial F}{\partial q} = \frac{\partial G}{\partial q}.$$

Dabei ist $\dfrac{\partial G}{\partial C}$ die Stammfunktion von $\sqrt{\dfrac{m}{2}} \left(P^\circ - \dfrac{m\,\omega^2}{2} q^2 \right)^{-1/2}$, also

$$\frac{1}{\omega} \arcsin\left(q\,\omega\, \sqrt{\frac{m}{2P^\circ}} \right),$$

und demzufolge liefert die erste der obigen Gleichungen, bereits nach q aufgelöst, die uns bekannte Beziehung

$$q(t) = \frac{1}{\omega} \sqrt{\frac{2P^\circ}{m}} \sin\left(\omega(t + Q^\circ)\right). \qquad (*)$$

In ihr tauchen P° und Q° als Anfangsbedingungen auf.

Analog könnten wir aus der zweiten Gleichung p – zunächst als Funktion von q, P° und Q° – errechnen und durch Einsetzen des Ausdrucks $(*)$ in die Form

$$p(t) = p(t|Q^\circ, P^\circ)$$

verwandeln. Natürlich würde auch hierbei das Ergebnis dem uns längst bekannten Resultat entsprechen.

15.5.2 Zur physikalischen Bedeutung der erzeugenden Funktion, die die Hamilton-Jacobi-Gleichung löst

Bis zu diesem Punkt sind wir insofern pragmatisch vorgegangen, als wir die Funktion F_2 als Erzeugende einer speziellen kanonischen Transformation betrachteten, die H' annulliert. Jetzt wollen wir untersuchen, ob wir dieser speziellen Erzeugenden eine *physikalische Interpretation* zukommen lassen können.

15.5 Die Theorie von Hamilton-Jacobi

Betrachten wir einmal die totale Zeitableitung dieser Funktion,

$$\frac{dF_2}{dt} = \sum_i \left(\frac{\partial F_2}{\partial q_i}\dot{q}_i + \frac{\partial F_2}{\partial P_i}\dot{P}_i\right) + \frac{\partial F_2}{\partial t}$$

$$= \sum_i (p_i \dot{q}_i + Q_i \dot{P}_i) + (H' - H).$$

Da alle P_i konstant sind, verschwinden die $\dot{P}_i$, und gleiches gilt für H', so daß am Ende

$$\frac{dF_2}{dt} = \sum_i p_i \dot{q}_i - H = L,$$

also

$$F_2 = \int_{t_o}^{t} L\,dt'$$

übrigbleibt.

Da dabei in L die Lösung der Differentialgleichung, also die physikalische Bahn eingesetzt wird, ist $F_2(t)$ nichts anderes als die *Wirkungsfunktion* S des zur Zeit t_o mit den Anfangsbedingungen $\boldsymbol{Q}^o$ und $\boldsymbol{P}^o$ versehenen Systems.

Dies war genaugenommen nach den Ausführungen der Ziffer 15.4.3 nicht anders zu erwarten. Denn dort hatten wir gesehen, daß $-S$ die Erzeugende der Bewegung war. Sie generierte jene kanonische Transformation, die $\boldsymbol{\pi}(t_o)$ nach $\boldsymbol{\pi}(t)$ transformiert, d.h. $\boldsymbol{\pi}(t)$ aus den Anfangsbedingungen erzeugt. Die kanonische Transformation dieses Abschnittes erzeugt aber die Anfangsbedingungen in Gestalt der Beziehungen $\boldsymbol{P} = $ const., $\boldsymbol{Q} = $ const. aus $\boldsymbol{p}$ und $\boldsymbol{q}$ und kehrt somit die ursprüngliche Fragestellung gerade um!

In Würdigung dieses allgemeinen Ergebnisses werden wir ab jetzt die Hamilton-Jacobi-Gleichung als

$$\boxed{\frac{\partial S}{\partial t} + H\left(q_i, \frac{\partial S}{\partial q_i}, t\right) = 0}$$

schreiben.

15.5.3 Energieerhaltung und die ‚verkürzte Wirkung'

Bei dem Beispiel des harmonischen Oszillators ist uns die Integration der Hamilton-Jacobi-Gleichung deswegen gelungen, weil wir die Zeitabhängigkeit von $F_2 = S$ in Form einer additiven Zeitfunktion abseparieren konnten:

$$S(q,t) = \Psi(q) + \Phi(t).$$

Wir werden nun zeigen, daß dies kein Zufall war, sondern in der Form

$$S(q_1, \ldots, q_f | \alpha_1, \ldots, \alpha_f; t) = W(q_1, \ldots, q_f | \alpha_1, \ldots, \alpha_f) + \Phi(t)$$

immer dann gilt, wenn $\partial H/\partial t = 0$ ist, $H(\boldsymbol{q},\boldsymbol{p})$ also etwa die erhaltene Gesamtenergie des Systems bedeutet.

Setzen wir den obigen Ansatz in die Hamilton-Jacobi-Gleichung ein, so erhalten wir daraus

$$H\left(q_i, \frac{\partial W}{\partial q_i}\right) = -\dot{\Phi}\ .$$

Wieder müssen beide Seiten konstant sein, denn die linke hängt nur von $\boldsymbol{q}$, die rechte nur von t ab. Die Konstante ist aber nichts anderes als die Gesamtenergie, denn es gilt

$$-\dot{\Phi} = -\frac{\partial S}{\partial t} = H \equiv E\ .$$

Somit erhalten wir schließlich

$$H\left(q_i, \frac{\partial W}{\partial q_i}\right) = E$$

und

$$\Phi(t) = \Phi(0) - E\,t\ .$$

Die Funktion $W(\boldsymbol{q}|\alpha_1, \ldots, \alpha_f)$ heißt *verkürzte Wirkung*.

Das eigentliche Integrationsproblem besteht nun darin, diese Wirkungsfunktion aus der obigen partiellen Differentialgleichung zu bestimmen. Ob dies im einzelnen gelingt, hängt von der expliziten Form von $H(\boldsymbol{q},\boldsymbol{p})$ ab[35]. Eine hinreichende Voraussetzung dafür bietet die Möglichkeit eines Separationsansatzes, z.B. von

$$W(q_1, \ldots, q_f) = \sum_i W_i(q_i)$$

auch in den Koordinaten. Die Frage, unter welchen Bedingungen ein solcher Ansatz gemacht werden kann, ist Gegenstand von *Theoremen* – z.B. des *Staeckelschen Theorems* –, auf die wir allerdings nicht mehr eingehen wollen.

---

[35] Eine interessante Frage erhebt sich im Zusammenhang mit unserer Bemerkung auf S. 230 nach der Bedeutung der Hamilton-Jacobischen Differentialgleichung bei *nichtintegrablen Systemen*. Ist es bei diesen schon nicht mehr möglich, die Hamiltonfunktion *auf analytische Weise* in $H'(P_i)$ zu transformieren, so darf die noch weitergehende Transformation auf $H' \equiv 0$ erst recht nicht gelingen. Tatsächlich zeigt es sich, daß in diesen Fällen die Hamilton-Jacobische Differentialgleichung *lokale Lösungen* besitzt, die sich jedoch nicht zu einer *globalen* Lösungsfunktion zusammensetzen lassen, wie sie für die explizite Problemlösung erforderlich ist.

15.6 Schlußbemerkungen

Wir haben die Darstellung der Mechanik mit dem Versuch einer Definition dieses Gebietes[36] begonnen:
Mechanik ist die Lehre von der Bewegung materieller Gegenstände im Raum und den diese beherrschenden Gesetzmäßigkeiten.
Erst jetzt, am Ende eines langen Weges, sind wir in der Lage, die Bedeutung dieser Aussage völlig zu verstehen. Wir haben die verschiedenen Begriffe, die in ihr auftreten, immer schärfer umrissen und die zahlreichen Wechselbeziehungen erkannt, die zwischen ihnen bestehen. Der Reichhaltigkeit der Konzepte, die wir eingeführt haben, und der Phänomene, die es zu beschreiben galt, steht am Ende – freilich auf höchst abstrakter Ebene – die *prinzipielle und strukturelle Einfachheit der Theorie* gegenüber, die z.B. in der Phasenraummechanik zu Tage tritt und in dem Begriff der dynamischen Gruppe gipfelt.

Diese Einfachheit im Grundsätzlichen – die nichts zu tun hat mit Begriffen wie elementar oder gar trivial – ist nicht nur der Mechanik eigen; sie ist, wie wir in den folgenden Bänden immer wieder erkennen werden, Eigenheit einer jeden „fertigen" Theorie, die uns verläßlich ein Stück Naturerkenntnis liefert.

Wir wollen diese Abhandlung beschließen mit einigen Bemerkungen und Ausblicken auf Konzepte, Anwendungen und strukturelle Ähnlichkeiten, die in dieser Darstellung nicht im Detail ausgeführt werden konnten.

Auf die strukturelle Ähnlichkeit von *Quantenmechanik* und Mechanik, die sich durch eine unterschiedliche Realisation der Klammersymbole ergibt, haben wir bereits hingewiesen. Diese setzt sich in einer Entsprechung der klassischen kanonischen Transformationen zu *unitären Transformationen im Hilbertraum* in der Quantenmechanik fort. Auch die quantenmechanische Bewegung selbst läßt sich als spezielle einparametrige Schar unitärer Transformationen auffassen, ebenso wie die klassische Bewegung durch eine Schar spezieller kanonischer Transformationen dargestellt wird. In gewissem Sinne sind diese Konzepte in der Quantenmechanik mathematisch sogar einfacher als in der klassischen Mechanik.

Einen großen Anwendungsbereich hat die formale Mechanik in der *statistischen Mechanik*. Wir haben bereits diskutiert, daß es bei Vorliegen sehr vieler Teilchen (typischerweise $N \simeq 10^{24}$) nicht nur völlig unmöglich, sondern auch absolut unnötig ist, die komplette Phasenbahn (d.h. eine Kurve im 6×10^{24}-dimensionalen Raum) im Detail zu verfolgen; die *makroskopischen Eigenschaften* eines solchen Systems manifestieren sich in einigen wenigen Bestimmungsstücken, die den *Makrozustand* charakterisieren.

---

[36] *Mechanik I*, 1, S. 1.

Um zu sehen, wieso das so ist, muß man pauschale Aussagen über die Phasenbahn machen können (z.B. *Ergodenhypothese* u.ä.), die sich am einfachsten in der Sprache der formalen Mechanik gewinnen lassen.

Die Mechanik ist eine *Teilchentheorie*: Sie besitzt immer endlich oder höchstens abzählbar ∞ viele Freiheitsgrade. Andere Disziplinen der Physik, z.B. die *Kontinuumsmechanik* (Mechanik deformierbarer Medien) und die *Elektrodynamik*, sind *Feldtheorien*. Hier liegen *kontinuierlich viele Freiheitsgrade* vor. Überraschenderweise kann man die Integralprinzipien der Mechanik so erweitern (nämlich durch Einführung von Lagrange- und Hamilton*dichten*), daß sie auch zum Ausgangspunkt dieser Theorien werden können. Somit zeigt sich abermals, daß die Mechanik nur eine spezielle Realisierung einer übergeordneten Struktur ist.

Und schließlich lassen sich diese Integralprinzipien auch ummünzen in Aussagen über spezielle Kurven im Raum, die sogenannten *geodätischen Linien*. Dies führt in der Strahlenoptik zum *Fermatschen Prinzip* und schließlich in der *allgemeinen Relativitätstheorie* zu Aussagen über die *globale Struktur des Raumes*.

Dies alles können Sie natürlich jetzt noch nicht verstehen. Doch hoffe ich, Ihnen mit diesen Bemerkungen ein gewisses Ordnungsprinzip aufzuzeigen, unter dem sich große (und immer größere) Teile der Physik als Teil eines einheitlichen Ganzen offenbaren.

Kommentiertes Literaturverzeichnis

In diesem Verzeichnis ist die Literatur zusammengestellt, die – über den Fußnotenapparat verteilt – in diesem Buch zitiert wurde. Daneben habe ich einige wenige Werke zusätzlich aufgenommen, von deren besonderem Nutzen für den Leser ich überzeugt bin. Sie sind mit einem * gekennzeichnet.

Die Auswahl, die ich dabei zu treffen hatte, ist sicherlich subjektiv und bis zu einem gewissen Grade auch zufällig. Viele der zitierten Quellen – von den Standardwerken einmal abgesehen – habe ich auf der (erfolgreichen) Suche nach Lösungen für Probleme kennengelernt, die sich *mir* bei der Abfassung dieses Buches gestellt haben. Und so bedeutet ein problembezogener Literaturhinweis auch nur, daß die Quelle dazu weiterhelfen kann, nicht aber, daß woanders nichts Besseres, Eleganteres, Vollständigeres, Eingängigeres ... darüber zu finden sein könnte. – Bei dieser Methode der Auswahl ist eine derart heterogene Sammlung von Zitaten zustandegekommen, daß eine bloße Zusammenstellung in Form einer Liste eher verwirrend als hilfreich wäre. Um dem Leser die Entscheidung darüber zu erleichtern, ob es sich nun für ihn lohnen mag, dem einen oder anderen Literaturhinweis nachzugehen, findet sich im folgenden jedes Zitat durch einen kurzen Kommentar näher charakterisiert.

Nur bei verbreiteten Lehrbüchern habe ich mich um die *Aktualität* der Bibliographie bemüht; alles andere zitiere ich einfach so, wie ich es in unserer Bibliothek gefunden habe. Auch um die Verfügbarkeit im Buchhandel habe ich mich dabei nicht gekümmert.

Darüber, daß die *Theoretische Mechanik* den Einstieg in den Kurs der Theoretischen Physik darstellen sollte, besteht von alters her weitgehender (wenn auch nicht ganz einhelliger) Konsens. Deswegen ist die *Mechanik* auch in jedem *Lehrbuch der theoretischen Physik* enthalten. Zitiert sollen hier nur drei Titel werden. Wir beginnen mit einem schon recht alten, nämlich mit

A. SOMMERFELD: *„Vorlesungen über theoretische Physik, Bd. I: Mechanik"*, Nachdruck der letzten Aufl.: H. Deutsch, 1979.

Wie alle Bände der sechsbändigen Reihe besticht dieses Buch durch seine Originalität und seine sprachliche wie mathematische Eleganz. Auf weniger als 300 Seiten führt es seine Leser von den Anfängen der Punktmechanik bis tief in die analytische Mechanik hinein und gelangt dabei viel weiter als etwa das vorliegende Werk. Leicht zu lesen ist „der SOMMERFELD" allerdings nicht! Zwar bedient er sich nur der klassischen Methoden der Mathematik, doch wird deren sichere Beherrschung durchgängig vorausgesetzt. Auch sollte der Leser im spezifisch theoretisch-physikalischen Denken nicht vollkommen ungeübt sein, zumal viele wichtige Ergebnisse anhand von Übungsaufgaben erarbeitet werden. So würde ich dieses Lehrbuch heutzutage nicht als erstes und einziges empfehlen, doch sollte man sich – aus der Sicherheit eigener Vorkenntnisse heraus – einmal gründlich darin umsehen. Die „Gefahr", von der Lektüre gefesselt zu werden, ist ziemlich groß!

Erwähnt werden muß auch *das* Standardwerk der theoretischen Physik schlechthin, nämlich der (in den zehn Bänden der Gesamtausgabe unerschöpfliche und nahezu allumfassende)

L.D. LANDAU und E.M. LIFSHITZ*: *„Lehrbuch der Theoretischen Physik, Bd. I: Mechanik"*, in deutscher Übersetzung erschienen im Akademie-Verlag, 1990,

an dem als Ganzem niemand vorbeikommt, der sich ernsthaft mit theoretischer Physik beschäftigen will. Allerdings ist die Landausche *Mechanik* als alleiniges Lehrbuch für Anfänger wenig geeignet: Sie beginnt bereits mit dem Hamiltonschen Prinzip und behandelt alle Fragen der konkreten Mechanik auf entsprechendem Niveau. Ihre Kürze – sie umfaßt ca. 200 Seiten – macht sie allerdings für einen Leser sehr geeignet, der sich in einem zweiten Durchgang ein besonders prägnantes Bild von der Theorie einprägen will.

Als besonders kompaktes Werk sei noch das Buch

G. JOOS*: *„Lehrbuch der Theoretischen Physik"*, 15. Aufl., AULA-Verlag, 1989

erwähnt, das die gesamte theoretische Physik (einschließlich der Quantenmechanik) in nur einem Band auf ca. 800 Seiten abhandelt. Früher war es sehr beliebt, nach 30 Jahren aber auch ziemlich veraltet. Nun liegt es in einer neuen, gründlich modernisierten Überarbeitung vor. Was im JOOS steht, kann als das theoretische Basis-Rüstzeug des Physikers gelten, und in diesem Sinne möchte ich das Buch durchaus empfehlen.

In den letzten 15 Jahren hat das Interesse an der Theoretischen Mechanik vor allem im Zusammenhang mit Fragen der *Nichtlinearen Dynamik* eine wahre Renaissance erlebt. Wenngleich der Schwerpunkt der Fragestellungen, die in diesem Zusammenhang von Interesse sind, deutlich über dem Kursniveau angesiedelt ist, hat diese Entwicklung dennoch Ausstrahlungen auf die Kursvorlesung besessen und insbesondere dazu geführt, daß eine Anzahl neuer Monographien der Theoretischen Mechanik entstanden ist.

Die ersten vier Titel dieser Art, die hier erwähnt werden sollen, gehören allerdings noch der Ära vor diesem Wandel an. Zunächst handelt es sich hierbei um

H. GOLDSTEIN: „Klassische Mechanik", 11. Aufl., AULA-Verlag, 1991.

Dieses ursprünglich in Englisch geschriebene, aber gut übersetzte Buch muß (auch im internationalen Rahmen) als *das* Standardwerk der Disziplin gelten. Es kann ohne Einschränkungen als allgemeines Lehrbuch empfohlen werden.

Als Ergänzung zu dem vorliegenden Buch würde ich allerdings dem Werk

F. KUYPERS: „Klassische Mechanik", 2. Aufl., Physik-Verlag, 1989

den Vorzug geben. Dieses umfangreiche Werk ist schwerpunktmäßig der *analytischen Mechanik* gewidmet und entwickelt sein Thema in großer Allgemeinheit und mit allergrößter – wissenschaftlicher wie pädagogischer – Sorgfalt. Zur seiner hervorragenden Verständlichkeit tragen unzählige illustrative Beispiele bei, mit denen praktisch jede einzelne grundlegende Aussage belegt ist. Deswegen kann dieses Buch sowohl zur *Vertiefung* als auch zur *Verbreiterung* des Wissens dienen, das in dem vorliegenden Band entwickelt wird.

Von ganz anderer Art ist die Monographie

G. HAMEL: „Theoretische Mechanik", Springer-Verlag, 1949,

die in der berühmten „Gelben Reihe"[1] erschienen ist und in erster Linie auf eine mathematisch einwandfreie und umfassende Darstellung ihres Gegenstandes aus ist. Als Lehrbuch wenig geeignet (und dafür auch nicht intendiert), bietet dieses Buch dem fortgeschrittenen Leser eine große Fülle von Einsichten in den Teil der Theoretischen Mechanik, der zur Zeit seines Entstehens im Zentrum dieser Disziplin stand.

Das Buch

E. J. SALETAN und A. H. CROMER: „Theoretical Mechanics", John Wiley, 1971

bietet eine gut aufgebaute und klar geschriebene Darstellung der Mechanik, die als Lehrbuch empfohlen werden kann. Ähnlich wie in dem vorliegenden Werk werden mathematische Methoden, wo immer angezeigt, im physikalischen Zusammenhang aus sich verständlich dargestellt. Im Ausbau der formalen Mechanik geht dieses Buch wesentlich über das vorliegende hinaus; hier kann es vor allem zur *Vertiefung* des Stoffes dienen. Nützlich mag man auch die allerdings sehr komprimierte Einführung in die Lagrangetheorie der *Felder* finden, die in diesem Buch gegeben wird.

Wer eine Darstellung der Mechanik sucht, die sich deutlich an den modernen Entwicklungen auf diesem Gebiet orientiert, sei auf

F. SCHECK*: „Mechanik", 4. Aufl., Springer-Verlag, 1994

---

[1] „Die Grundlehren der mathematischen Wissenschaften in Einzeldarstellungen", Springer-Verlag

verwiesen. Die Vielfalt an mathematischen Methoden, die in diesem Buch Anwendung finden, übersteigt die in allen bisher zitierten Lehrbüchern zum Zuge kommenden ganz wesentlich. Obwohl der Verfasser diese Methoden mit großer didaktischer Sorgfalt entwickelt und darlegt, ist kein „leichtes Buch" herausgekommen, sondern ein Werk, das schon seine Anforderungen an den Leser stellt. Den formal-theoretisch interessierten Studenten mit einigen Vorkenntnissen wird es allerdings sehr faszinieren können.

Auf etwa der gleichen grundsätzlichen Ebene der Beschreibung bewegt sich auch das Büchlein

J. MOSER: „*Stable and Random Motion in Dynamical Systems*", Princeton University Press, 1973,

doch handelt es sich bei ihm um ein Stück knochenharte Mathematik, dargestellt von einem der führenden Vertreter dieser Richtung. Interessant kann es sein, einmal zu sehen, auf welche Weise und mit welchen Mitteln die wirklich grundlegenden Aussagen der „modernen Mechanik" gewonnen werden.

Will man die wichtigsten Befunde dieser komplizierten Theorien und vor allem ihre weitreichenden Implikationen auf weniger strapaziöse Weise kennenlernen, so empfiehlt sich dafür die Lektüre von

I. PROGOGINE: „*Vom Sein zum Werden*", Piper-Verlag, 1980.

Dieses um Allgemeinverständlichkeit bemühte Buch entwickelt ein faszinierendes Bild eines großen und äußerst vielschichtigen Problemkreises der modernen theoretischen Physik, als dessen einer Stützpfeiler die theoretische Mechanik gelten kann. Wenngleich die entscheidenden Konsequenzen, die der Autor aus seinem Material zieht, nicht unumstritten sind, hat dieses Buch wohl mehr als jedes andere das große Interesse der Naturwissenschaftler an der *Nichtlinearen Dynamik* in all ihren Ausformungen geweckt.

Schließlich sei an dieser Stelle noch der Klassiker

F. KLEIN und A. SOMMERFELD: „*Über die Theorie des Kreisels*", Teubner-Verlag, 1910

erwähnt, der seinen Gegenstand erschöpfend behandelt. Seit der frühen Zeit seines Entstehens ist meines Wissens kaum noch ein Ergebnis von grundsätzlicher Bedeutung zu dieser Theorie hinzugekommen.

Das vorliegende Buch enthält viel Mathematik, setzt aber naturgemäß noch viel mehr davon voraus. Als bewährte Einführung in die *Differential- und Integralrechnung* und ihr Umfeld nenne ich

K. ENDL und W. LUH*: „*Analysis I - III*", AULA-Verlag, 1987 - 89,

dessen zweiter Band auch im Problemzusammenhang zitiert wurde.

Literaturverzeichnis

Folgende Werke können Hintergrundwissen, Vertiefung und Verbreitung für einige mathematische Spezialgebiete liefern, die im Rahmen dieses Buches angesprochen wurden:

H. RICHTER: *„Wahrscheinlichkeitstheorie"*, Springer, 1956,

wie der HAMEL in der *„Gelben Reihe"* erschienen, bietet eine entsprechend strenge und nicht ganz leicht zu lesende, dafür aber sehr konsistente axiomatische Einführung in die moderne Theorie der Wahrscheinlichkeit auf der Basis von Mengenkörpern.

Nicht allerjüngsten Datums, dennoch für die Belange der Physik ausgezeichnet geeignet, ist die Einführung in die *Variationsrechnung*, die in dem schmalen Band

B. BAULE: *„Die Mathematik des Naturforschers und Ingenieurs"*, Band II, unveränderter Nachdruck der 8. Aufl.: Harri Deutsch, 1980,

gegeben wird.

Die Theorie der *partiellen Differentialgleichungen* findet im normalen Ausbildungsgang des Physikers trotz ihrer unbestrittenen Wichtigkeit nie so richtig Platz. Deswegen sollte man sich einmal privat die Zeit nehmen, die allerwichtigsten Dinge über sie zu lernen. Das Buch

K. H. WEISE: *„Differentialgleichungen"*, Vandenhoeck & Ruprecht, 1966

empfiehlt sich zu diesem Zweck als gute Lektüre.

Das Thema *Differenzengleichungen* mag auf den ersten Blick ziemlich speziell erscheinen. Dieser Eindruck trügt aber: so selten begegnet man diesem Gleichungstyp in der Physik durchaus nicht. Deswegen darf man ruhig die allerelementarsten Dinge darüber wissen. Nicht nur diese, sondern viel darüber hinaus findet man bei

H. MESCHKOWSKI: *„Differenzengleichungen"*, Vandenhoeck & Ruprecht, 1959.

Das vorliegende Buch besitzt einen eigenen ausführlichen *Übungsteil*. Dennoch sollen zur Ergänzung und Erweiterung der Übungsmöglichkeiten vier empfehlende Literaturhinweise gegeben werden. Bei drei von ihnen handelt es sich um Veröffentlichungen aus der bekannten *„Schaum's Outline Series"* bei **McGraw-Hill**, nämlich um die Bände

F. AYRES, JR.: *„Matrices"*,

M. R. SPIEGEL.: *„Theoretical Mechanics"*

und

D. A. WELLS: *„Lagrangian Dynamics"*,

die nicht nur reine Übungssammlungen zu ihrem jeweiligen Gegenstand sind, sondern durchaus auch der anwendungsnahen Theorievermittlung dienen können.

Das vierte dieser Bücher ist

J. SCHMELZER, R. MAHNKE und H. ULBRICHT*: „*Aufgabensammlung zur klassischen theoretischen Physik*", AULA-Verlag, 1993,

das ein umfangreiches Kapitel mit Aufgaben zur *Mechanik* enthält.

Wer theoretische Physik *anwenden* will, stößt immer wieder auf die sogenannten *Speziellen Funktionen der mathematischen Physik*. Sie sind in zahlreichen Spezialwerken behandelt, tabuliert und graphisch dargestellt. Nur eines von ihnen sei hier erwähnt, nämlich

M. ABRAMOWITZ und I.A. STEGUN (Herausgeber)*: „*Handbook of Mathematical Functions*", Dover, 1966.

Dieses Buch enthält eine überwältigende Materialfülle. Jeder Physikstudent sollte es *besitzen*!

Ebenso nützlich ist die Verfügung über eines der inzwischen ziemlich verbreiteten symbolischen Rechen- und Graphikprogramme, die einem – freilich nicht ohne Eingewöhnung – den praktischen Umgang mit theoretischer Physik sehr erleichtern können.

Übungsaufgaben mit Lösungen

Einige der folgenden Übungsaufgaben haben wichtige oder doch nützliche **Ergänzungen des Lehrstoffs** *dieses Buches zum Inhalt, andere dienen dem nachträglichen Beweis von Fakten und Formeln, die im Text Verwendung gefunden haben. Solche Aufgaben sind mit einem * gekennzeichnet.*

Zu Kapitel 7

Die wenigen Aufgaben, die wir zu diesem mathematischen Kapitel bringen können, reichen natürlich keinesfalls aus, die wichtigen Rechentechniken der Matrizenrechnung sicher einzuüben. Sie sind ausschließlich als Ergänzung von Problemen gedacht, die man in Lehr- und Übungsbüchern[1] der *linearen Algebra* reichlich dazu findet.

A7.1: Man zeige, daß eine reelle antisymmetrische Matrix im dreidimensionalen euklidischen Vektorraum die Null als einzigen Eigenwert besitzt. Wie sieht ihr Spektrum im dreidimensionalen unitären Raum aus?

L7.1: In 7.3.2.5 haben wir gesehen, daß der antisymmetrischen Matrix A ein Vektor $\mathbf{a}$ so assoziiert werden kann, daß sich das Eigenwertproblem in der Form

$$\mathbf{a} \times \mathbf{b} = \lambda \mathbf{b} \qquad (*)$$

darstellt. Jeder reelle Vektor $\mathbf{b}$, der für $\lambda \neq 0$ diese Gleichung erfüllen sollte, müßte also auf sich selber senkrecht stehen, und das ist nur dem *Nullvektor* möglich. Ist andererseits $\lambda = 0$, erfüllt (s. S. 25) $\mathbf{b} = \alpha \mathbf{a}$ die Gleichung für beliebiges α. Also ist $\lambda = 0$ einziger Eigenwert im euklidischen Raum.
Verzichten wir auf die Forderung, daß λ und $\mathbf{b}$ reell sein müssen, sieht das anders aus. Mit

$$\lambda = \lambda' + i\lambda''$$
$$\mathbf{b} = \mathbf{b}' + i\mathbf{b}''$$

---

[1] Besonders hingewiesen sei auf die umfangreiche Aufgabensammlung in dem Buch von F. AYRES, JR., *'Matrices'* (Schaum's Outline Series, McGraw-Hill Book Company).

entsteht durch Zerlegung von (∗) in Real- und Imaginärteil zunächst das System

$$\mathbf{a} \times \mathbf{b}' = \lambda' \mathbf{b}' - \lambda'' \mathbf{b}''$$
$$\mathbf{a} \times \mathbf{b}'' = \lambda'' \mathbf{b}' + \lambda' \mathbf{b}'',$$

aus dem zunächst wie oben $\lambda' = 0$ folgt. Übrig bleiben damit die Beziehungen

$$\mathbf{a} \times \mathbf{b}' = -\lambda'' \mathbf{b}''$$
$$\mathbf{a} \times \mathbf{b}'' = \lambda'' \mathbf{b}',$$

aus denen man erkennt, daß $\mathbf{a}$, $\mathbf{b}'$ und $\mathbf{b}''$ paarweise senkrecht aufeinander stehen. Multipliziert man nun z.B. die erste Gleichung vektoriell mit $\mathbf{a}$ und nützt diese Kenntnis aus, erhält man die Beziehung $\lambda''^2 = (\mathbf{a} \cdot \mathbf{a})$ und daraus die übrigen zwei Eigenwerte $\lambda = \pm i |\mathbf{a}|$ von A im unitären Raum. Ebenso wie diese Eigenwerte sind auch die dazugehörigen Eigenvektoren komplex. □

A7.2: Eine eigentliche Drehung im dreidimensionalen euklidischen Vektorraum kann als $\mathbf{C} = e^{\mathbf{a} \times}$ geschrieben werden, wobei $\hat{\mathbf{a}}$ die Drehachse ist. Was ist die Bedeutung von $a = |\mathbf{a}|$?

L7.2: $\mathbf{C}$ angewandt auf den Ortsvektor $\mathbf{r}$ liefert

$$\mathbf{C}\,\mathbf{r} = \mathbf{r} + (\mathbf{a} \times \mathbf{r}) + \frac{1}{2!}\left(\mathbf{a} \times (\mathbf{a} \times \mathbf{r})\right) + \frac{1}{3!}\left(\mathbf{a} \times \left(\mathbf{a} \times (\mathbf{a} \times \mathbf{r})\right)\right) + \ldots \quad (*)$$

Nun legen wir die Drehachse o.B.d.A. in Richtung der z-Achse: $\boldsymbol{a}^\mathsf{T} = (0,0,a)$ [2]. Damit erhalten wir

$$(\boldsymbol{a} \times \boldsymbol{r})^\mathsf{T} = a(-y, x, 0) = a\,\boldsymbol{b}^\mathsf{T},$$
$$\left(\boldsymbol{a} \times (\boldsymbol{a} \times \boldsymbol{r})\right)^\mathsf{T} = a(\boldsymbol{a} \times \boldsymbol{b})^\mathsf{T} = -a^2(x,y,0) = -a^2\,\boldsymbol{c}^\mathsf{T},$$
$$\left(\boldsymbol{a} \times \left(\boldsymbol{a} \times (\boldsymbol{a} \times \boldsymbol{r})\right)\right)^\mathsf{T} = -a^2(\boldsymbol{a} \times \boldsymbol{c})^\mathsf{T} = -a^3\,\boldsymbol{b}^\mathsf{T}$$

usf.; die mehrfachen Kreuzprodukte führen also immer wieder auf die gleichen Vektoren $\boldsymbol{b}$ und $\boldsymbol{c}$. Ordnet man die Potenzreihe (∗) nach diesen, so sieht man, daß man gemäß

$$(\boldsymbol{C}\,\boldsymbol{r})^\mathsf{T} = (\cos(a)\,x - \sin(a)\,y, \sin(a)\,x + \cos(a)\,y, z)$$

aufsummieren kann. Dieses Ergebnis läßt sich aber als

$$\boldsymbol{C}\,\boldsymbol{r} = \begin{pmatrix} \cos(a) & -\sin(a) & 0 \\ \sin(a) & \cos(a) & 0 \\ 0 & 0 & 1 \end{pmatrix} \begin{pmatrix} x \\ y \\ z \end{pmatrix}$$

schreiben; die Matrix $\boldsymbol{C}$ stellt dabei eine Drehung um den Winkel a um die z-Achse dar. Also ist $a = |\mathbf{a}|$ der *Drehwinkel*. □

---

[2] Aus typographischen Gründen geben wir die *Zeilenvektoren* an.

A7.3: Berechnen Sie für
$$A = \begin{pmatrix} 3 & \sqrt{2} \\ \sqrt{2} & 2 \end{pmatrix}$$
die Matrix $B = \sqrt{A}$.

L7.3: Natürlich könnten wir in diesem einfachen Fall direkt von der Funktionalgleichung $BB = A$ ausgehen, um die Matrixelemente von B zu berechnen. Eleganter ist jedoch das folgende allgemein anwendbare Verfahren:
Die Matrix A besitzt die Eigenwerte $\lambda_1 = 4$ und $\lambda_2 = 1$ und die (normierten) Eigenvektoren $a^{1\top} = (\sqrt{2/3}, \sqrt{1/3})$ und $a^{2\top} = (\sqrt{1/3}, -\sqrt{2/3})$. Folglich wird sie gemäß
$$V A V^\top = D$$
durch die orthogonale Matrix
$$V = \begin{pmatrix} \sqrt{2/3} & \sqrt{1/3} \\ \sqrt{1/3} & -\sqrt{2/3} \end{pmatrix}$$
mit
$$D = \begin{pmatrix} 4 & 0 \\ 0 & 1 \end{pmatrix}$$
auf Hauptachsen gebracht.
Die Matrix B besitzt als Quadratwurzel von A die Eigenwerte $\sqrt{\lambda_1} = 2$ und $\sqrt{\lambda_2} = 1$ und die nämlichen Eigenvektoren wie A. Deswegen bringt V gemäß
$$V B V^\top = D'$$
auch B mit
$$D' = \begin{pmatrix} 2 & 0 \\ 0 & 1 \end{pmatrix}$$
auf Hauptachsen.
Also erhält man B nach
$$B = V^\top D' V$$
zu
$$B = \frac{1}{3} \begin{pmatrix} 5 & \sqrt{2} \\ \sqrt{2} & 4 \end{pmatrix}$$
und macht leicht die Probe $BB = A$.
Diese Matrix B ist jedoch nicht die einzige, die $BB = A$ erfüllt; weitere erhält man dadurch, daß man die Eigenwerte von B als $-\sqrt{\lambda_1} = -2$ und/oder $-\sqrt{\lambda_2} = -1$ wählt. □

A7.4*: Satz von Cayley-Hamilton und das Minimalpolynom. Zeigen Sie, daß eine hermitesche Matrix ihr eigenes Säkularpolynom identisch erfüllt.

L7.4: Sei $\mathcal{P}(\lambda)$ das Säkularpolynom der hermiteschen $(n \times n)$-Matrix $\boldsymbol{A}$. Seine n Wurzeln λ_i bestimmen mit $\mathcal{P}(\lambda_i) = 0$ die Eigenwerte von $\boldsymbol{A}$. Sei weiterhin $\boldsymbol{U}$ die unitäre Matrix, die gemäß

$$\boldsymbol{U}\boldsymbol{A}\boldsymbol{U}^\dagger = \boldsymbol{D} = \begin{pmatrix} \lambda_1 & & 0 \\ & \ddots & \\ 0 & & \lambda_n \end{pmatrix}$$

$\boldsymbol{A}$ auf Hauptachsen bringt. Für sie und jedes natürliche m gelten

$$\boldsymbol{U}\boldsymbol{A}^m\boldsymbol{U}^\dagger = \left(\boldsymbol{U}\boldsymbol{A}\boldsymbol{U}^\dagger\right)^m = \boldsymbol{D}^m$$

mit

$$\boldsymbol{D}^m = \begin{pmatrix} \lambda_1^m & & 0 \\ & \ddots & \\ 0 & & \lambda_n^m \end{pmatrix}.$$

Folglich ist

$$\mathcal{P}(\boldsymbol{A}) = \boldsymbol{U}^\dagger\boldsymbol{U}\,\mathcal{P}(\boldsymbol{A})\,\boldsymbol{U}^\dagger\boldsymbol{U} = \boldsymbol{U}^\dagger\,\mathcal{P}(\boldsymbol{U}\boldsymbol{A}\boldsymbol{U}^\dagger)\,\boldsymbol{U} = \boldsymbol{U}^\dagger\,\mathcal{P}(\boldsymbol{D})\,\boldsymbol{U}$$

mit

$$\left(\mathcal{P}(\boldsymbol{D})\right)_{ij} = \delta_{ij}\,\mathcal{P}(\lambda_i) = 0$$

und somit

$$\mathcal{P}(\boldsymbol{A}) \equiv \boldsymbol{O}\,,$$

was zu beweisen war.

Zu diesem Problem führen wir ergänzend aus:
Seien die λ_i die *verschiedenen* Eigenwerte von $\boldsymbol{A}$ und d_i ihr *Entartungsgrad*. Dann besitzt $\mathcal{P}(\lambda)$, wie man sich leicht überlegt, die Produktdarstellung

$$\mathcal{P}(\lambda) = (-1)^n \prod_i (\lambda - \lambda_i)^{d_i}\,, \qquad \sum_i d_i = n\,,$$

und folglich gilt

$$\prod_i (\boldsymbol{A} - \lambda_i\,\boldsymbol{E})^{d_i} \equiv \boldsymbol{O}\,.$$

Aber bereits

$$\mathcal{M}(\boldsymbol{A}) = \prod_i (\boldsymbol{A} - \lambda_i\,\boldsymbol{E})$$

verschwindet identisch. Denn es verschwindet wegen

$$(\boldsymbol{A} - \lambda_j\,\boldsymbol{E})\,\boldsymbol{a}^j = \boldsymbol{o}$$

in Anwendung auf jeden Eigenvektor $\boldsymbol{a}^j$ von $\boldsymbol{A}$, und da jeder Vektor $\boldsymbol{b}$ aus dem unitären Raum gemäß

$$\boldsymbol{b} = \sum_j \alpha_j\,\boldsymbol{a}^j$$

Übungsaufgaben zu Kap. 7

dargestellt werden kann, gilt damit auch

$$\mathcal{M}(A)\,b \equiv o\,.$$

$\mathcal{M}(A)$ ist das Polynom niedrigster Ordnung in A, das identisch verschwindet. Es trägt den Namen *Minimalpolynom* von A.
Im übrigen gilt der *Satz von Cayley-Hamilton* nicht nur für hermitesche, sondern für ganz beliebige quadratische Matrizen. □

A7.5*: **Projektionsoperatoren.** Seien $\hat{a}$ ein vorgegebener normierter und f beliebiger Vektor aus einem unitären Vektorraum. Untersuchen und charakterisieren Sie die Abbildung

$$f \longrightarrow g = (\hat{a}\cdot f)\,\hat{a} = Pf\,.$$

L7.5: Weil das Skalarprodukt im rechten Faktor linear ist, besitzt auch die Abbildung diese Eigenschaft. Das Bild jeden Vektors f ist ein Vektor in Richtung von $\hat{a}$ mit der Länge $(\hat{a}\cdot f) = |f|\cos(\sphericalangle(\hat{a}, f))$. Das ist aber gerade der Vektor, der *durch Projektion* von f auf die durch $\hat{a}$ definierte Raumrichtung entsteht. Deswegen heißt P – oder genauer $P_{\hat{a}}$ – auch *Projektionsoperator* (auf $\hat{a}$).
Wegen

$$(Pg \cdot f) = \big((\hat{a}\cdot g)\,\hat{a}\cdot f\big) = (g\cdot\hat{a})(\hat{a}\cdot f) = \big((g\cdot(\hat{a}\cdot f)\,\hat{a}\big) = (g\cdot Pf)$$

ist P sogar *hermitesch*. Durch zweifache Anwendung von P erhalten wir für jedes f

$$P^2 f = P\big((\hat{a}\cdot f)\,\hat{a}\big) = (\hat{a}\cdot f)\,P\hat{a} = (\hat{a}\cdot f)(\hat{a}\cdot\hat{a})\,\hat{a} = (\hat{a}\cdot f)\,\hat{a} = Pf\,,$$

und folglich erfüllt P die Beziehung

$$\boxed{P^2 = P}\,.$$

In Anwendung der Ergebnisse aus A7.4 folgt daraus aber sofort, daß P die *Eigenwerte* 0 und 1 besitzen muß. Die *Eigenvektoren* sind schnell gefunden: Einerseits gilt

$$P(\alpha\hat{a}) = (\alpha\hat{a}) = 1\,(\alpha\hat{a})$$

für jedes α, und andererseits ist

$$Pb = o = 0\,b$$

für jeden Vektor b, der senkrecht auf $\hat{a}$ steht.
Wie sieht nun die Matrixdarstellung P von P aus? Seien (in irgendeinem vONS) $\hat{a}^\mathsf{T} = (a_1\,\cdots\,a_n)$ und $f^\mathsf{T} = (f_1\,\cdots\,f_n)$. Dann ist

$$g_i = \sum_j P_{ij}\,f_j = \sum_j \bar{a}_j f_j a_i = \sum_j (a_i \bar{a}_j)\,f_j\,.$$

Folglich ist $P_{ij} = (a_i \bar{a}_j)$. Manchmal findet man dafür auch den Ausdruck $\boldsymbol{P} = \hat{\boldsymbol{a}} \circ \bar{\hat{\boldsymbol{a}}}$, wobei mit $\boldsymbol{a} \circ \boldsymbol{b}$ das sogenannte *dyadische* oder *Tensorprodukt* zweier Vektoren gemeint ist, das eben durch

$$(\boldsymbol{a} \circ \boldsymbol{b})_{ij} = a_i b_j$$

definiert ist. Auf dieses Produkt und seine Bedeutung werden wir später zu sprechen kommen, wenn wir im Zusammenhang mit der *Speziellen Relativitätstheorie* die Tensorrechnung behandeln [3].

Projektionsoperatoren und Konzepte, die sich aus solchen ergeben, spielen in der linearen Algebra und Funktionalanalysis eine wichtige Rollen. Wir werden ihnen in der *Quantenmechanik*[4] wiederbegegnen und und uns dort sehr viel ausführlicher mit ihnen auseinanderzusetzen haben. □

A 7.6: Zeigen Sie, daß die orthogonalen Matrizen in einem dreidimensionalen euklidischen Vektorraum eine nicht-abelsche Gruppe bilden, und daß die eigentlichen Drehungen eine nicht-abelsche Untergruppe dieser Gruppe darstellen.

L 7.6: Seien die $\boldsymbol{V}_i$ orthogonale Matrizen mit $\boldsymbol{V}_i^{-1} = \boldsymbol{V}_i^\mathsf{T}$. Unter ihnen ist die Einheitsmatrix $\boldsymbol{E}$, denn diese ist trivialerweise orthogonal. Des weiteren ist das Produkt $\boldsymbol{V}_1 \boldsymbol{V}_2$ orthogonal, denn es gilt

$$(\boldsymbol{V}_1 \boldsymbol{V}_2)^{-1} = \boldsymbol{V}_2^{-1} \boldsymbol{V}_1^{-1} = \boldsymbol{V}_2^\mathsf{T} \boldsymbol{V}_1^\mathsf{T} = (\boldsymbol{V}_1 \boldsymbol{V}_2)^\mathsf{T} \ .$$

Das Assoziativgesetz ist trivialerweise erfüllt, denn es gilt für die Matrixmultiplikation generell. Das genügt bereits, sicherzustellen, daß die orthogonalen Transformationen eine Gruppe bilden. – Daß diese Gruppe *nicht-kommutativ* ist, hat man bewiesen, wenn man nur zeigen kann, daß es zwei ihrer Elemente gibt, auf deren Reihenfolge es ankommt. Also solche kann man z.B. Drehungen um $\pi/2$ um die x- und die y-Achse verwenden.

Drehmatrizen besitzen die Determinante $+1$. Wegen der generell gültigen Formel $\|\boldsymbol{A}\boldsymbol{B}\| = \|\boldsymbol{A}\| \|\boldsymbol{B}\|$ bleibt diese Eigenschaft unter der Produktbildung erhalten; außerdem ist auch $\|\boldsymbol{E}\| = +1$. Deswegen bilden die Drehungen eine Untergruppe aller orthogonalen Transformationen. Da wir zum Nachweis der Nicht-Kommutativität der orthogonalen Gruppe Elemente dieser Untergruppe verwandt haben, steht die Nicht-Kommutativität der Drehgruppe von vornherein außer Frage.

Die *Drehspiegelungen*, d.h. die orthogonalen Transformationen mit Determinante -1 bilden hingegen keine Untergruppe der orthogonalen Gruppe, denn das Produkt zweier Drehspiegelungen liefert eine reine Drehung. □

---

[3] Band III: *Elektrodynamik*.
[4] Band IV.

Zu Kapitel 8

A8.1: Ein Massenpunkt der Masse m sei mittels identischer Fäden der „Ruhelänge" ℓ_o, die einer Verlängerung eine harmonische Kraft entgegensetzen, zwischen zwei im Abstand L $(> 2\,\ell_o)$ befindlichen Backen eingespannt. Zeigen Sie, daß die resultierende Kraft bei Auslenkungen in der (x,y)-Ebene dennoch *in Strenge* nicht harmonisch ist. Lösen Sie die Bewegungsgleichung für kleine Auslenkungen aus der Gleichgewichtslage.

L8.1: Wir legen die eine Aufhängung in **o**, die andere in $\mathbf{L} = (L, 0)$. Solange die Bewegung im Außenbereich der beiden Kreise mit Radien ℓ_o um die Aufhängungen stattfindet, sind beide Fäden verlängert und besitzen die harmonischen Potentiale

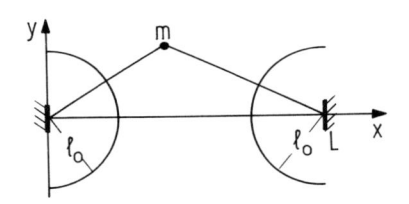

$$V = \frac{D}{2}(\ell - \ell_o)^2.$$

Folglich ist

$$V(\mathbf{r}) = \frac{D}{2}\left\{(|\mathbf{r}| - \ell_o)^2 + (|\mathbf{r}'| - \ell_o)^2\right\}$$
$$= \frac{D}{2}\left\{(|\mathbf{r}| - \ell_o)^2 + (|\mathbf{r} - \mathbf{L}| - \ell_o)^2\right\}$$

das Gesamtpotential. Aus ihm folgt die Kraft

$$\mathbf{K} = -\boldsymbol{\nabla}V = -D\left\{\mathbf{r}\frac{(|\mathbf{r}| - \ell_o)}{|\mathbf{r}|} + (\mathbf{r} - \mathbf{L})\frac{(|\mathbf{r} - \mathbf{L}| - \ell_o)}{|\mathbf{r} - \mathbf{L}|}\right\},$$

und die ist keineswegs harmonisch.
Man überzeugt sich davon, daß die Kraft im Punkte $\mathbf{r}_o = (x_o, 0) = (L/2, 0)$ verschwindet. In dieser Lage ist der Massenpunkt im *Gleichgewicht*; das Potential nimmt sein Minimum

$$V_o = D\left(\frac{L}{2} - \ell_o\right)^2$$

an. Nun führen wir mittels

$$\mathbf{r} = \mathbf{r}_o + \mathbf{u}$$

die Auslenkung des Massenpunktes aus dieser Gleichgewichtslage ein und erhalten damit

$$V(\mathbf{u}) = \frac{D}{2}\left\{(|\mathbf{u} + \mathbf{r}_o| - \ell_o)^2 + (|\mathbf{u} - \mathbf{r}_o| - \ell_o)^2\right\}.$$

Sind die Auslenkungen *klein*, können wir dieses Potential in eine Potenzreihe entwickeln und nach der zweiten Ordnung abbrechen; die Rechnung ergibt

$$V(\mathbf{u}) \simeq \tilde{V}(\mathbf{u}) = V_o + D\left\{u_x^2 + \left(1 - \frac{\ell_o}{x_o}\right)u_y^2\right\}.$$

Jetzt ist das Potential *harmonisch*; die Bewegungsgleichungen werden zu

$$m\,\ddot{u}_x + 2\,D\,u_x = 0\,,$$
$$m\,\ddot{u}_y + 2\,D\left(1 - \frac{\ell_o}{x_o}\right) u_y = 0$$

und sind bereits entkoppelt. Als Eigenschwingungen treten auf eine in x-Richtung verlaufende *longitudinale*

$$\mathbf{u}(t) = \mathbf{U}_\ell\,e^{-i\,\omega_\ell\,t}$$

mit

$$\mathbf{U}_\ell = \begin{pmatrix} U \\ 0 \end{pmatrix}$$

und der Frequenz

$$\omega_\ell = \sqrt{\frac{2\,D}{m}}$$

und eine *transversale*, in Richtung der y-Achse verlaufende

$$\mathbf{u}(t) = \mathbf{U}_t\,e^{-i\,\omega_t\,t}$$

mit

$$\mathbf{U}_t = \begin{pmatrix} 0 \\ U \end{pmatrix}$$

und

$$\omega_t = \sqrt{\frac{2\,D}{m}\left(1 - \frac{2\,\ell_o}{L}\right)}$$

und es fällt auf, daß diese *unterschiedliche Frequenzen* besitzen.
(Im dreidimensionalen Fall tritt neben die transversale Schwingung in y-Richtung noch eine weitere, aus Symmetriegründen mit dieser entartete in Richtung von $\mathbf{e}_z$.)
□

A8.2: Man zeige, daß die aus A8.1 folgende Kraft *in Strenge* harmonisch ist, solange man nur Bewegungen längs der x-Achse zuläßt. Wodurch unterscheidet sich dabei der Fall $L = 2\,\ell_o$ vom Fall $L > 2\,\ell_o$?

L8.2: Den ersten Teil der Aufgabe erledigt man, indem man in $\tilde{V}(\mathbf{u})$ der letzten Aufgabe $u_y = 0$ setzt. Für $L > 2\,\ell_o$ und Auslenkungen $|u_x| < L/2 - \ell_o$ (nur hierfür gilt der Terminus *in Strenge*) sind beide Fäden verlängert. Aus dem Potential $\tilde{V} = V_o + D\,u_x^2$ folgt sofort die Eigenfrequenz $\omega = \sqrt{2\,D/m}$. Für $L = 2\,\ell_o$ ist *für jede* Auslenkung einer der beiden Fäden entlastet und trägt zum Potential nicht bei. Jetzt ist das Potential $\tilde{V} = \frac{1}{2}\,D\,u_x^2$ und die Eigenfrequenz gemäß $\omega = \sqrt{D/m}$ um den Faktor $\sqrt{2}$ verringert.
□

A8.3*: Modell der linearen Kette. N gleiche Massen seien mittels $N+1$ gleichen Federn der Ruhelänge ℓ_o zwischen zwei Backen der Entfernung

$L > (N+1)\ell_o$ eingespannt. Die Bewegung sei auf die Kettenrichtung beschränkt. Bestimmen Sie die Gleichgewichtslage und die allgemeine Bewegung des Systems.

L8.3: Die linke Backe befinde sich im Punkt O. Dann erfahren die Massenpunkte die Kräfte

$$K_1 = -D(x_1 - \ell_o) + D(x_2 - x_1 - \ell_o),$$
$$K_n = -D(x_n - x_{n-1} - \ell_o) + D(x_{n+1} - x_n - \ell_o), \qquad n = 2,\ldots, N-1$$
$$K_N = -D(x_N - x_{N-1} - \ell_o) + D(L - x_N - \ell_o)$$

bzw.

$$K_1 = -D(2x_1 - x_2),$$
$$K_n = -D(2x_n - x_{n-1} - x_{n+1}), \qquad n = 2,\ldots, N-1$$
$$K_N = -D(2x_N - x_{N-1} - L).$$

Die *Gleichgewichtslage* ergibt sich aus dem Verschwinden aller Kräfte: Man findet zunächst aus $K_1 = 0$ $x_2^o = 2x_1^o$ und aus $K_2 = 0$ $x_3^o = 2x_2^o - x_1^o = 4x_1^o - x_1^o = 3x_1^o$ und schließt (durch Induktion) $x_n^o = n x_1^o$. Schließlich ergibt $K_N = 0$ $2Nx_1^o - (N-1)x_1^o = (N+1)x_1^o = L$, und somit erhalten wir

$$x_n^o = n\frac{L}{N+1}.$$

Drücken wir die Kräfte in den Auslenkungen

$$u_n = x_n - x_n^o$$

aus den Gleichgewichtslagen aus, ergeben sich die – gekoppelten – Bewegungsgleichungen mit $d = D/m$ und $\boldsymbol{u}^\mathsf{T} = (u_1, \ldots, u_N)$ in der Form

$$\ddot{\boldsymbol{u}} + d\boldsymbol{D}\boldsymbol{u} = \boldsymbol{o} \,;$$

dabei ist $\boldsymbol{D}$ die tridiagonale Matrix

$$\boldsymbol{D} = \begin{pmatrix} 2 & -1 & & & & \\ -1 & 2 & -1 & & \text{\Large 0} & \\ & -1 & 2 & -1 & & \\ & & \ddots & \ddots & \ddots & \\ & \text{\Large 0} & & -1 & 2 & -1 \\ & & & & -1 & 2 \end{pmatrix} \Bigg\} N\;.$$

Mit dem Lösungsansatz

$$\boldsymbol{u}(t) = \boldsymbol{U}\,\mathrm{e}^{-\mathrm{i}\omega t}$$

wird hieraus
$$(d\,\mathbf{D} - \omega^2\,\mathbf{E})\,\mathbf{U} = \mathbf{o}\,.$$
Also bestimmen sich die Eigenfrequenzen als die Eigenwerte und die Vektoren $\mathbf{U}$ als die Eigenvektoren von $d\,\mathbf{D}$.

Es sieht zunächst einigermaßen schwierig aus, dieses Problem für beliebiges N lösen zu wollen. Doch gelingt es auf die folgende Weise:

Wir schreiben die Eigenwertgleichung komponentenweise aus, wobei wir gleichzeitig $\omega^2/d = \omega'^2$ nennen. Dabei ergeben sich – zunächst nur für $n = 2, \ldots, N-1$ – die Gleichungen
$$-u_{n-1} + (2 - \omega'^2)\,u_n - u_{n+1} = 0\,. \qquad (*)$$
Führen wir jetzt jedoch *fiktive Größen* u_0 und u_{N+1} ein, die wir in den *Randbedingungen*
$$u_0 = u_{N+1} = 0$$
sofort wieder Null setzen, so gelten die Gleichungen (∗) auch für $n = 1$ und $n = N$. Eine Gleichung vom Typ (∗) wird als *Differenzengleichung* bezeichnet. Genauer handelt es sich um eine *lineare* Differenzengleichung *mit konstanten Koeffizienten*[5], die sich ganz ähnlich lösen läßt wie eine Differentialgleichung des nämlichen Typs.

Wir machen dazu den – räumlich periodischen – Lösungsansatz
$$U_n = \mathrm{e}^{\mathrm{i}\,k\,n}$$
und erhalten durch Einsetzen in (∗)
$$\mathrm{e}^{\mathrm{i}\,k\,n}\left(-\mathrm{e}^{-\mathrm{i}\,k} + (2 - \omega'^2) - \mathrm{e}^{\mathrm{i}\,k}\right) = 0\,.$$
Da $\mathrm{e}^{\mathrm{i}\,k\,n}$ sicherlich nicht verschwindet, muß
$$\omega'^2 = 2 - \mathrm{e}^{\mathrm{i}\,k} - \mathrm{e}^{-\mathrm{i}\,k} = 2\left(1 - \cos(k)\right) = 4\sin^2(k/2)$$
und somit
$$\omega = \sqrt{d}\,\omega' = \pm 2\sqrt{d}\,|\sin(k/2)|$$
gelten. Diese Beziehung erzeugt einen Zusammenhang zwischen den Eigenfrequenzen ω und den Größen k. Da dieser in k symmetrisch ist, läßt sich k durch $-k$ ersetzen, und somit löst mit $\mathrm{e}^{\mathrm{i}\,k\,n}$ auch $\mathrm{e}^{-\mathrm{i}\,k\,n}$ die Gleichung (∗) zum gleichen ω. Allgemeiner tut dies sogar – siehe unsere entsprechenden Erörterungen im Fall linearer Differentialgleichungen[6] – jede Linearkombination der Form
$$U_n = \alpha\,\mathrm{e}^{\mathrm{i}\,k\,n} + \beta\,\mathrm{e}^{-\mathrm{i}\,k\,n}\,. \qquad (**)$$
Nun haben wir aber noch die Randbedingungen zu erfüllen, die durch Einsetzen von (∗∗) zu
$$U_0 = \alpha + \beta = 0\,, \qquad (1)$$
$$U_{N+1} = \alpha\,\mathrm{e}^{\mathrm{i}\,k\,(N+1)} + \beta\,\mathrm{e}^{-\mathrm{i}\,k\,(N+1)} = 0 \qquad (2)$$

---

[5] Siehe hierzu z.B. H. MESCHKOWSKI, *‚Differenzengleichungen'* (Vandenhoeck & Ruprecht, 1959).

[6] *Mechanik I*, 6.3.1, S. 211 f.

werden.
Führt man das Ergebnis $\beta = -\alpha$ aus (1) in (2) ein, erhält man

$$U_{N+1} = \alpha\,(e^{i\,k\,(N+1)} - e^{-i\,k\,(N+1)}) = 2\,i\,\alpha\,\sin\bigl(k\,(N+1)\bigr) = 0\,.$$

Nun kann α nicht verschwinden, ohne U insgesamt zu annullieren. Vielmehr müssen die k so bestimmt werden, daß der Sinus verschwindet. Es muß also

$$k\,(N+1) = \ell\,\pi$$

gelten und k damit einen der Werte

$$k_\ell = \ell\,\frac{\pi}{N+1}\,,\qquad \ell = -\infty,\ldots,+\infty$$

annehmen.
Damit erhalten wir für die Eigenmoden und -frequenzen

$$\begin{aligned}U_n^\ell &= 2\,i\,\alpha\,\sin(k_\ell n)\,,\\ \omega_\ell &= \pm 2\,\sqrt{d}\,|\sin(k_\ell/2)|\,.\end{aligned} \qquad (***)$$

Störend daran ist, daß wir zunächst einmal unendlich viele davon zu haben scheinen, obwohl die Oszillatorkette als System von N Freiheitsgraden doch genau $2N$ unabhängige Eigenschwingungen besitzen sollte.
Genaueres Hinsehen zeigt, daß das auch tatsächlich der Fall ist. Es genügt nämlich, ℓ von 1 bis N laufen zu lassen. Zunächst einmal fallen nämlich alle Vielfachen von $N + 1$ aus, weil sie U annullieren würden. Außerdem läßt sich jedes ℓ, das nicht im Intervall $[1, N + 1]$ liegt, durch

$$\ell = m\,(N+1) + \ell'$$

auf ein $\ell' \in [1, N+1]$ reduzieren, wobei $U_n^\ell = U_n^{\ell'}$ und $\omega_\ell = \pm\omega_\ell'$ gelten. Folglich liefert bereits $\ell = 1,\ldots,N$ alle *linear unabhängigen* Lösungen.
Zum Abschluß konstruiere man aus den komplexen noch die reellen Eigenlösungen, die physikalisch allein bedeutsam sind.
Insgesamt sehen wir also, daß die Eigenmoden der Oszillatorkette aus räumlich und zeitlich periodischen Schwingungen bestehen, zwischen deren Frequenz ω und Wellenlänge $\lambda = 2\pi/|k|$ – letzteres überlege man sich genau – die Beziehung $(***)$ besteht.
Im übrigen lassen sich unsere Überlegungen sofort auf mehrere Dimensionen übertragen. Sie stellen die Grundlage der *Theorie der Gitterschwingungen* in der Festkörperphysik dar. □

A8.4*: Wellengleichung. Man nehme an, daß in Aufgabe A8.3 bei festem endlichem L (und entsprechend abnehmendem ℓ_o) $N \to \infty$ geht, so daß am Ende die Kette gleichmäßig mit Massenpunkten belegt ist, und leite aus der Bewegungsgleichung eine partielle Differentialgleichung ab.

L8.4: Wir gehen aus von der Bewegungsgleichung

$$\ddot{u}_n + d\,(2\,u_n - u_{n-1} - u_{n+1}) = 0\,,$$

die wir in L8.3 abgeleitet haben. Statt die Teilchen nach ihrer „Nummer" n zu indizieren, indizieren wir sie jetzt nach ihrer Gleichgewichtslage

$$u_n \;\to\; u(x_n^\circ) \;=\; u(n\,a)\,,$$

wobei a der Gleichgewichtsabstand zweier benachbarter Teilchen ist. Das ist offenbar eindeutig möglich. $u(n\,a)$ ist dann die Auslenkung desjenigen Teilchens, dessen Gleichgewichtslage $n\,a$ ist.
Dadurch erhalten wir

$$\ddot{u}(n\,a) + d\,\bigl(2\,u(n\,a) - u((n-1)\,a) - u((n+1)\,a)\bigr) = 0\,. \qquad (*)$$

Nun lassen wir N sehr groß werden, wodurch $a = L/(N+1)$ beliebig klein wird, und nehmen an, daß im Limes $N \to \infty$ die Lösung gegen eine analytische Funktion strebt[7]. Demzufolge können wir entwickeln

$$u((n \pm 1)\,a) \;=\; u(n\,a) \pm u'(n\,a)\,a + \tfrac{1}{2}\,u''(n\,a)\,a^2 \pm \tfrac{1}{3!}\,u^{3\prime}(n\,a)\,a^3 \pm \ldots\,.$$

Setzen wir diese Reihe in $(*)$ ein, ergibt sich

$$\ddot{u}(n\,a) + d\,\Bigl\{ - u''(n\,a)\,a^2 - \tfrac{2}{4!}\,u^{4\prime}\,a^4 - \ldots \Bigr\} = 0\,;$$

$u(n\,a)$ selber und alle ungeraden Ableitungen heben sich heraus.
Nun lassen wir a bei konstantem $n\,a = x$ gegen Null streben. *Falls* dabei $d\,a^2 = c^2$ endlich bleibt, müssen $d\,a^4$, $d\,a^6$ usf. verschwinden, und wir erhalten

$$\ddot{u}(x) - c^2\,u''(x) = 0\,.$$

Nun ist aber $d\,a^2 = (D/m)\,a^2 = (D\,a)/(m/a)$, und m/a ist die Masse pro Längeneinheit der Kette, also die Massendichte ρ der Kette, die endlich ist. Deswegen bedeutet unsere Forderung, daß $D\,a$ endlich bleiben muß. Das ist aber ebenso vernünftig, weil die rücktreibende Kraft einer Feder im allgemeinen umgekehrt proportional zu deren Ruhelänge ist. Folglich ist die Annahme „$d\,a^2 = c^2$ endlich" physikalisch gerechtfertigt.
Die partielle Differentialgleichung, die wir somit abgeleitet haben, ist unter dem Namen (eindimensionale) *Wellengleichung* bekannt. Das Modell, an dem wir sie gewonnen haben, ist das einer *schwingenden Saite*. Genaugenommen haben wir hier nur longitudinale Schwingungen betrachtet. Die Bedeutung dieser Gleichung ist aber nicht auf diesen Spezialfall beschränkt. Mit ihrer Hilfe lassen sich ganz generell in *Kontinuums*- bzw. *Feldtheorien* Eigenschwingungen beschreiben – zumindest solange deren Amplitude klein ist. In der *Elektrodynamik*[8] werden wir ihr wiederbegegnen und uns bei dieser Gelegenheit ausführlich mit ihr beschäftigen. □

---

[7] Das läßt sich anhand der Lösungen von A8.3 explizit beweisen.

[8] *Band III*

Zu Kapitel 9

A9.1: Ein Beobachter sitze im Abstand a von der Achse auf einem Karussell, das sich mit konstanter Winkelgeschwindigkeit ω um die z-Achse des raumfesten Koordinatensystems Σ dreht. Durch welche Formel beschreibt er die Trajektorie eines Teilchens, das in Σ die gleichförmig-geradlinige Bewegung $\mathbf{r}(t) = (x_0, vt, z_0)$ ausführt? Zur Zeit $t = 0$ seien die Koordinaten des Beobachters in Σ durch $(a, 0, 0)$ gegeben.

L9.1: Man überlege sich zunächst, daß der Übergang von Σ zum System Σ' des Beobachters durch

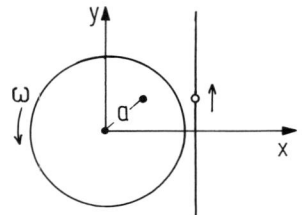

$$\mathbf{r}' = \begin{pmatrix} \cos(\omega t) & \sin(\omega t) & 0 \\ -\sin(\omega t) & \cos(\omega t) & 0 \\ 0 & 0 & 1 \end{pmatrix} \mathbf{r} - \begin{pmatrix} a \\ 0 \\ 0 \end{pmatrix}$$

beschrieben wird.
Damit hat für den Beobachter in Σ' die Trajektorie des Teilchens die Form

$$\mathbf{r}'(t) = \begin{pmatrix} x_0 \cos(\omega t) + vt \sin(\omega t) - a \\ -x_0 \sin(\omega t) + vt \cos(\omega t) \\ z_0 \end{pmatrix}.$$

□

A9.2: Transformieren Sie die Newtonsche Bewegungsgleichung auf das Bezugssystem eines Beobachters, der sich im Abstand a von der Achse eines Karussells aufhält, welches sich mit der Winkelgeschwindigkeit $\omega(t)$ um die z-Achse dreht, und diskutieren Sie die dabei auftretenden Scheinkräfte.

L9.2: Im raumfesten Inertialsystem Σ gilt

$$m\,\mathbf{b}_\Sigma = \mathbf{K}\,.$$

Umgerechnet in Σ' ergibt sich (siehe S. 58)

$$\mathbf{b}_\Sigma = \mathbf{b}_{\Sigma'} + \dot{\boldsymbol{\omega}} \times \mathbf{r} + 2(\boldsymbol{\omega} \times \mathbf{v}_{\Sigma'}) + \boldsymbol{\omega} \times (\boldsymbol{\omega} \times \mathbf{r})\,,$$

denn mit $\mathbf{R}' =$ constans verschwinden $\mathbf{V}_{\Sigma'}$ und $\mathbf{B}_{\Sigma'}$.
Folglich hat die Bewegungsgleichung die Gestalt

$$m\,\mathbf{b}_{\Sigma'} = \mathbf{K} - m\left\{\dot{\boldsymbol{\omega}} \times \mathbf{r} + 2(\boldsymbol{\omega} \times \mathbf{v}_{\Sigma'}) + \boldsymbol{\omega} \times (\boldsymbol{\omega} \times \mathbf{r})\right\}$$
$$= \mathbf{K} + \mathbf{K}^s\,.$$

Die Scheinkräfte setzen sich zusammen aus

(1) der *linearen Kraft* $-m(\dot{\boldsymbol{\omega}} \times \mathbf{r})$, die nur dann auftritt, wenn das Karussell beschleunigt wird. Sie liegt in der (x,y)-Ebene und steht senkrecht auf $\mathbf{r}$;

(2) der *Corioliskraft* $-2\,m\,(\boldsymbol{\omega} \times \mathbf{v}_{\Sigma'})$. Sie tritt nur auf, falls sich der Massenpunkt relativ zu Σ' bewegt, liegt ebenfalls in der (x,y)-Ebene und steht senkrecht auf $\mathbf{v}_{\Sigma'}$;

(3) der *Zentrifugalkraft* $-m\,\big(\boldsymbol{\omega} \times (\boldsymbol{\omega} \times \mathbf{r})\big) = m\omega^2\,(x,y,0)$, die radial von der Drehachse wegzeigt. □

A9.3*: Die Oberfläche einer rotierenden Flüssigkeit. Die Gleichgewichtsbedingung für eine Flüssigkeitsoberfläche ist die Normalität der Kräfte auf jedem Punkt der Oberfläche. Bestimmen Sie aus dieser Bedingung die Oberfläche $z = f(x,y)$ einer Flüssigkeit, die mit konstanter Winkelgeschwindigkeit um die (vertikale) z-Achse rotiert und dabei der Schwerkraft unterliegt.

L9.3: Im mitbewegten Koordinatensystem Σ' soll jedes Flüssigkeits„teilchen" ruhen; es gelten $\mathbf{v}_{\Sigma'} = \mathbf{b}_{\Sigma'} = \mathbf{o}$. Folglich verschwinden die Corioliskraft und wegen $\dot{\boldsymbol{\omega}} = \mathbf{o}$ auch die lineare Kraft und die Bewegungsgleichung lautet

$$\mathbf{o} = \mathbf{K} - m\,\big(\boldsymbol{\omega} \times (\boldsymbol{\omega} \times \mathbf{r})\big)\,. \qquad (*)$$

Nun setzt sich $\mathbf{K}$ zusammen aus der äußeren Schwerkraft $-m\,g\,\mathbf{e}_z$ und einer *Zwangskraft* $\mathbf{K}^z$, die von der Wechselwirkung der Flüssigkeitsteilchen herrührt. Von dieser Kraft wissen wir nur, daß sie auf der Flüssigkeitsoberfläche *senkrecht* steht, denn Verschiebungen der Flüssigkeitsteilchen längs der Oberfläche werden von ihr nicht verhindert. Demzufolge gilt für die Tangentialkomponenten von $(*)$

$$\big\{ -m\,g\,\mathbf{e}_z - m\,\big(\boldsymbol{\omega} \times (\boldsymbol{\omega} \times \mathbf{r})\big)\big\}_{\text{tang}} = 0$$

oder – gleichbedeutend –, daß

$$\mathbf{K}^a = -m\,g\,\mathbf{e}_z - m\,\big(\boldsymbol{\omega} \times (\boldsymbol{\omega} \times \mathbf{r})\big)$$

senkrecht auf der Oberfläche stehen muß. Das erklärt die Gleichgewichtsbedingung. In unserem Spezialfall ist $\mathbf{K}^a$ von der Form

$$\mathbf{K}^a = m\,(\omega^2\,x, \omega^2\,y, -g)\,.$$

Nun sei die Oberfläche durch $z = f(x,y)$ gegeben. Wenn $\mathbf{K}^a$ senkrecht auf ihr stehen soll, muß es auch orthogonal zu jedem *Tangentenvektor* an die Oberfläche sein:

$$\mathbf{K}^a \cdot \mathbf{T} = 0\,. \qquad (**)$$

Halten wir nun y konstant, so ändert sich z mit einer Änderung von x gemäß

$$\mathrm{d}z = \frac{\partial f}{\partial x}\,\mathrm{d}x\,.$$

Folglich liegt $\mathbf{T}_1 = (1, 0, \frac{\partial f}{\partial x})$ tangential an die Fläche und ebenso $\mathbf{T}_2 = (0, 1, \frac{\partial f}{\partial y})$. Da $\mathbf{T}_1$ und $\mathbf{T}_2$ linear unabhängig sind, stellen sie eine Basis der Tangentialebene dar.

Setzen wir nun $\mathbf{T}_1$ und $\mathbf{T}_2$ in (**) ein, ergeben sich die Beziehungen

$$\omega^2 x = g \frac{\partial f}{\partial x}, \qquad \omega^2 y = g \frac{\partial f}{\partial y}.$$

Das sind besonders einfache partielle Differentialgleichungen, die schnell gelöst sind. Zunächst folgt nämlich aus der ersten Gleichung

$$f(x,y) = \frac{\omega^2}{g} \int x \, \mathrm{d}x + h(y) = \frac{\omega^2}{2g} x^2 + h(y).$$

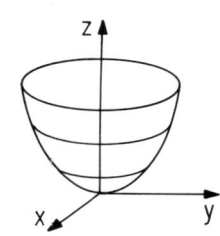

Setzt man diesen Ausdruck in die zweite Gleichung ein, ergibt sich

$$h'(y) = \frac{\omega^2}{g} y,$$

also insgesamt

$$z = f(x,y) = z_0 + \frac{\omega^2}{2g}(x^2 + y^2).$$

Das ist die Gleichung eines *Rotationsparaboloids* um die z-Achse. □

Zu Kapitel 10

A10.1: Man transformiere den Drehimpuls eines Massenpunktes auf Zylinderkoordinaten.

L10.1: Das Ergebnis ist $L_\rho = -m\rho\dot\phi\zeta$, $L_\phi = m(\dot\rho\zeta - \rho\dot\zeta)$, $L_\zeta = m\rho^2\dot\phi$. □

A10.2: Rechnen Sie das Potential

$$V(x,y) = \frac{x}{(x^2+y^2)^{3/2}}$$

und das aus im folgende Kraftfeld in Polarkoordinaten um und bestätigen Sie, daß es gleichgültig ist, ob man zunächst zu krummlinigen Koordinaten übergeht und dann den Gradienten bildet oder umgekehrt.

L10.2: Zunächst erhalten wir

$$V(r,\phi) = \frac{\cos(\phi)}{r^2}.$$

An diesem Ausdruck ist die keulenförmige Gestalt der Äquipotentiallinie viel leichter abzulesen als an dem ursprünglichen.

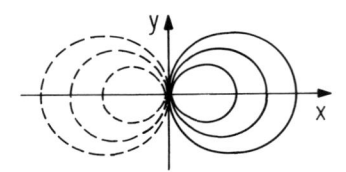

Für das Kraftfeld ergibt sich

$$K_x = -\frac{1}{r^3}\left(1 - 3\frac{x^2}{r^2}\right) = -\frac{1}{r^3}\left(1 - 3\cos^3(\phi)\right),$$

$$K_y = 3\frac{xy}{r^5} = 3\frac{\sin(\phi)\cos(\phi)}{r^3}.$$

Daraus folgen sofort

$$K_r = 2\frac{\cos(\phi)}{r^3}, \qquad K_\phi = \frac{\sin(\phi)}{r^3}.$$

Die gleichen Resultate erhält man aber auch aus

$$K_r = -\frac{\partial V}{\partial r}, \qquad K_\phi = -\frac{1}{r}\frac{\partial V}{\partial \phi}. \qquad \square$$

A10.3: Elliptische Koordinaten. Untersuchen Sie die krummlinigen Koordinaten, die durch die Abbildung

$$x = \sqrt{1+\xi^2}\cos(\phi), \qquad y = \xi\sin(\phi)$$

definiert werden.

L10.3: Der Definitionsbereich ist durch

$$0 \leq \xi < \infty, \qquad 0 \leq \phi < 2\pi$$

gegeben. Die Koordinatenlinien sind
- für $\xi = \xi_o = $ const.: *Ellipsen* um den Ursprung

$$\left(\frac{x}{a}\right)^2 + \left(\frac{y}{b}\right)^2 = 1$$

mit den Halbachsen $b = \xi_o$ und $a = \sqrt{1+\xi_o^2}$, und
- für $\phi = \phi_o = $ const.: *Hyperbeln* um den Ursprung

$$\left(\frac{x}{a'}\right)^2 - \left(\frac{y}{b'}\right)^2 = 1$$

mit den Halbachsen $b' = \sin(\phi_o)$ und $a' = \cos(\phi_o)$.

Mit den Abkürzungen

$$c = \cos(\phi), \qquad s = \sin(\phi), \qquad W = \sqrt{1+\xi^2}, \qquad W' = \sqrt{s^2 + \xi^2}$$

erhalten wir für die Funktionalmatrix

$$D = \begin{pmatrix} (\xi/W)c & -Ws \\ s & \xi c \end{pmatrix}$$

und für die Funktionaldeterminante

$$\|D\| = W'^2/W .$$

Folglich ist die Abbildung mit Ausnahme der Punkte $x = \pm 1$, $y = 0$ lokal umkehrbar. Die beiden Spaltenvektoren von D stehen senkrecht aufeinander: Das Koordinatensystem ist demzufolge *orthogonal*. Die orthogonale Transformationsmatrix $\boldsymbol{\alpha}$ ist durch

$$\boldsymbol{\alpha} = \frac{1}{W'} \begin{pmatrix} \xi c & -Ws \\ Ws & \xi c \end{pmatrix}$$

gegeben.
Der Ortsvektor hat die Komponenten

$$r_\xi = (W/W')\,\xi , \qquad r_\phi = -s\,c/W' .$$

Für den Gradienten erhalten wir

$$(\boldsymbol{\nabla} V)_\xi = \frac{W}{W'}\frac{\partial V'}{\partial \xi} , \qquad (\boldsymbol{\nabla} V)_\phi = \frac{1}{W'}\frac{\partial V'}{\partial \phi} .$$

Die Koordinaten dieser Aufgabe gehören zur Klasse der *elliptischen Koordinaten*, die noch weitere Transformationen ähnlicher Art umfaßt. □

Zu Kapitel 11 [9]

A11.1: Betrachten Sie die folgenden Systeme vom Standpunkt der Konfigurationsdynamik aus:

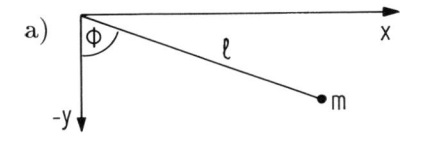

a) ebenes Pendel im Schwerefeld;

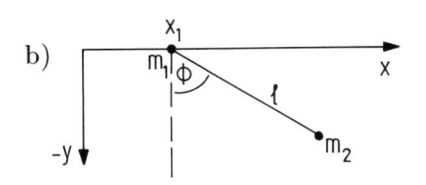

b) ebenes Pendel der Masse m_2 im Schwerefeld, dessen Aufhängungspunkt der Masse m_1 sich reibungsfrei entlang der x-Achse bewegen kann;

---

[9] Zur Ergänzung der Aufgaben zu diesem und den folgenden Kapiteln wird auf die Werke von M. R. SPIEGEL, *,Theoretical Mechanics'*, und D. A. WELLS, *,Lagrangian Dynamics'* (beide Schaum's Outline Series, McGraw-Hill Book Company) verwiesen.

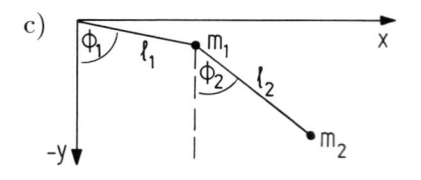

c) ebenes Doppelpendel im Schwerefeld.

α) Wieviele Freiheitsgrade besitzen die Systeme?

β) Wie lauten die Zwangsbedingungen?

γ) Wählen Sie geeignete generalisierte Koordinaten und zeigen Sie anhand der erzeugenden Transformationen, daß dabei die Bindungsflächen durch die Koordinatenflächen dargestellt werden.

δ) Geben Sie die Lagrangefunktionen und die Lagrange-Gleichungen der Systeme an.

L11.1:

a) Den zwei natürlichen Freiheitsgraden steht die holonome Zwangsbedingung $x^2 + y^2 = \ell^2$ gegenüber; folglich bleibt ein Freiheitsgrad übrig. Geeignete generalisierte Koordinate ist der Winkel ϕ zwischen der negativen y-Achse und der Richtung des Pendelfadens. Damit erhalten wir die modifizierten Polarkoordinaten

$$x = \ell \sin(\phi), \qquad y = -\ell \cos(\phi),$$

mit ihnen die Lagrangefunktion

$$L = \frac{m}{2} \ell^2 \dot{\phi}^2 + m g \ell \cos(\phi)$$

und aus ihr die Bewegungsgleichung in der Gestalt

$$m \ell \left(\ell \ddot{\phi} + g \sin(\phi) \right) = 0,$$

die wir bereits vom Modell der Schiffschaukel[10] her kennen.

b) Zwei der natürlichen vier Freiheitsgrade werden durch die beiden Zwangsbedingungen $y_1 = 0$ und $(x_2 - x_1)^2 + y_2^2 = \ell^2$ kompensiert. Demzufolge besitzt das System zwei Freiheitsgrade. Als generalisierte Koordinaten wählen wir x_1 und den Winkel ϕ zwischen der y-Achse und dem Pendelfaden. Damit haben wir

$$x_2 = x_1 + \ell \sin(\phi), \qquad y_2 = -\ell \cos(\phi), \qquad x_1 = x_1, \qquad y_1 = 0.$$

---

[10] *Mechanik I*, 5.1.2.2, S. 165 ff.

Die Lagrangefunktion ergibt sich zu

$$L = \frac{1}{2}(m_1 + m_2)\dot{x}_1^2 + m_2\,\ell\,\dot{x}_1\,\dot{\phi}\,\cos(\phi) + \frac{1}{2}m_2\,\ell^2\,\dot{\phi}^2 + m_2\,g\,\ell\,\cos(\phi)\,.$$

Aus ihr errechnen wir die Bewegungsgleichungen zu

$$\frac{\mathrm{d}}{\mathrm{d}t}\big((m_1+m_2)\,\dot{x}_1 + m_2\,\ell\,\cos(\phi)\,\dot{\phi}\big) = 0\,,$$

$$m_2\,\ell\,\Big(\frac{\mathrm{d}}{\mathrm{d}t}\{\cos(\phi)\,\dot{x}_1 + \ell\,\dot{\phi}\} + \sin(\phi)\,\dot{x}_1\,\dot{\phi} + g\,\sin(\phi)\Big) = 0\,.$$

c) Auch in diesem Fall bleiben zwei Freiheitsgrade übrig. Als generalisierte Koordinaten lassen sich der Winkel ϕ_1 zwischen der y-Achse und dem Faden des Pendels 1 und der Winkel ϕ_2 zwischen der y-Achse und dem Faden des Pendels 2 einführen[11]. Mit dieser Wahl ergeben sich

$$x_1 = \ell_1\,\sin(\phi_1)\,, \qquad y_1 = -\ell_1\,\cos(\phi_1)\,,$$
$$x_2 = \ell_1\,\sin(\phi_1) + \ell_2\,\sin(\phi_2)\,, \qquad y_2 = -\ell_1\,\cos(\phi_1) - \ell_2\,\cos(\phi_2)$$

und

$$L = \frac{1}{2}(m_1+m_2)\,\ell_1^2\,\dot{\phi}_1^2 + \frac{1}{2}m_2\,\ell_2^2\,\dot{\phi}_2^2 + m_2\,\ell_1\,\ell_2\,\cos(\phi_1-\phi_2)\,\dot{\phi}_1\,\dot{\phi}_2$$
$$+ (m_1+m_2)\,g\,\ell_1\,\cos(\phi_1) + m_2\,g\,\ell_2\,\cos(\phi_2)\,.$$

Damit sind die Bewegungsgleichungen durch

$$\frac{\mathrm{d}}{\mathrm{d}t}\big\{(m_1+m_2)\,\ell_1^2\,\dot{\phi}_1 + m_2\,\ell_1\,\ell_2\,\cos(\phi_1-\phi_2)\,\dot{\phi}_2\big\}$$
$$+ m_2\,\ell_1\,\ell_2\,\sin(\phi_1-\phi_2)\,\dot{\phi}_1\,\dot{\phi}_2 + (m_1+m_2)\,g\,\ell_1\,\sin(\phi_1) = 0\,,$$

$$\frac{\mathrm{d}}{\mathrm{d}t}\big\{m_2\,\ell_2^2\,\dot{\phi}_2 + m_2\,\ell_1\,\ell_2\,\cos(\phi_1-\phi_2)\,\dot{\phi}_1\big\}$$
$$- m_2\,\ell_1\,\ell_2\,\sin(\phi_1-\phi_2)\,\dot{\phi}_1\,\dot{\phi}_2 + m_2\,g\,\ell_2\,\sin(\phi_2) = 0$$

gegeben. □

A11.2*: Isoperimetrisches Problem. Welche ebene geschlossene Kurve gegebener Länge umschließt die Fläche größten Flächeninhaltes?

L11.2: Die Kurven, die wir betrachten, seien gemäß $x(t), y(t)$ mit $0 \leq t \leq T$ parametrisiert, wobei $x(0) = x(T)$, $y(0) = y(T)$ gelten. Außerdem nehmen wir o.B.d.A. an, daß *alle Kurven* $x(0)$ und $y(0)$ gemeinsam hätten, so daß

$$\delta x(0) = \delta x(T) = \delta y(0) = \delta y(T) = 0$$

---

[11] Eine andere Möglichkeit bestände darin, neben ϕ_1 den Winkel χ zwischen den beiden Fäden zu wählen.

gelten.
Die Kurvenlänge ist dann durch

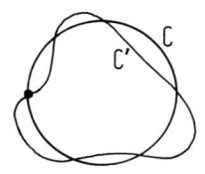

$$L = \int_0^T \sqrt{\dot{x}^2 + \dot{y}^2}\, \mathrm{d}t$$

und die eingeschlossene Fläche durch

$$F = \frac{1}{2} \int_0^T (\dot{x}\, y - \dot{y}\, x)\, \mathrm{d}t$$

gegeben, wobei die zweite Beziehung z.B. aus unseren früheren Überlegungen zur *Flächengeschwindigkeit*[12] folgt.

Da nun $L = $ const. gilt, muß δL identisch verschwinden; es gilt mit der Abkürzung

$$W = \sqrt{\dot{x}^2 + \dot{y}^2}$$

$$\delta L = \int_0^T \left(\frac{\dot{x}}{W}\delta\dot{x} + \frac{\dot{y}}{W}\delta\dot{y}\right) \mathrm{d}t$$

$$= \left.\left(\frac{\dot{x}}{W}\delta x + \frac{\dot{y}}{W}\delta y\right)\right|_0^T - \int_0^T \frac{\mathrm{d}}{\mathrm{d}t}\left(\frac{\dot{x}}{W}\right)\delta x\,\mathrm{d}t - \int_0^T \frac{\mathrm{d}}{\mathrm{d}t}\left(\frac{\dot{y}}{W}\right)\delta y\,\mathrm{d}t \equiv 0. \quad (*)$$

Außerdem soll F *maximal* werden, so daß auch $\delta F = 0$ gelten soll; d.h. aber

$$\delta F = \frac{1}{2}\int_0^T (\dot{y}\,\delta x + x\,\delta\dot{y} - \dot{x}\,\delta y - y\,\delta\dot{x})\,\mathrm{d}t$$

$$= \frac{1}{2}(x\,\delta y - y\,\delta x)\Big|_0^T + \int_0^T \dot{y}\,\delta x\,\mathrm{d}t - \int_0^T \dot{x}\,\delta y\,\mathrm{d}t = 0. \quad (**)$$

Dabei verschwinden sowohl in $(*)$ als auch in $(**)$ die ausintegrierten Beiträge wegen der Randbedingungen. Die Beziehung $(*)$ zeigt uns, daß die Variationen δx und δy nicht ganz unabhängig voneinander gewählt werden dürfen. Nun können wir immer eine Konstante λ finden, so daß

$$\int_0^T \frac{\mathrm{d}}{\mathrm{d}t}\left(\frac{\dot{x}}{W}\right)\delta x\,\mathrm{d}t + \lambda\int_0^T \dot{y}\,\delta x\,\mathrm{d}t = \int_0^T \frac{\mathrm{d}}{\mathrm{d}t}\left(\frac{\dot{x}}{W} + \lambda y\right)\delta x\,\mathrm{d}t = 0$$

wird. Mit ihr ist aber auch

$$\int_0^T \frac{\mathrm{d}}{\mathrm{d}t}\left(\frac{\dot{y}}{W}\right)\delta y\,\mathrm{d}t - \lambda\int_0^T \dot{x}\,\delta y\,\mathrm{d}t = \int_0^T \frac{\mathrm{d}}{\mathrm{d}t}\left(\frac{\dot{y}}{W} - \lambda x\right)\delta y\,\mathrm{d}t = 0.$$

---

[12] *Mechanik I*, S. 134 f.

Nun sind die Variationen δx und δy unabhängig geworden[13], und demzufolge müssen die Zeitableitungen in den Integranden einzeln verschwinden; das führt auf

$$\frac{\dot{x}}{W} + \lambda y = A = \text{const.}, \qquad \frac{\dot{y}}{W} - \lambda x = B = \text{const.}$$

oder

$$\dot{x} = W(A - \lambda y), \qquad \dot{y} = W(B + \lambda x).$$

Quadriert man diese Gleichungen und addiert sie, erhält man sofort

$$\dot{x}^2 + \dot{y}^2 = W^2 = W^2\left\{(A - \lambda y)^2 + (B + \lambda x)^2\right\}$$

oder

$$(\lambda y - A)^2 + (\lambda x + B)^2 = 1.$$

Das ist aber die implizite Darstellung eines *Kreises*. Folglich löst – wie erwartet – die Kreiskurve unser Problem.

Aufgaben dieser Art, die sich als Variationsproblem mit *Nebenbedingungen* darstellen, tragen den Namen *isoperimetrische Probleme*. □

A11.3*: Fermatsches Prinzip. Nach dem *Fermatschen Prinzip* gelangt ein Lichtstrahl auf dem Wege vom Punkt A zum Punkt B, auf dem er die kürzeste Zeit benötigt. Bestimmen Sie die Lichtbahn zwischen $A = (a, a', 0)$ und $B = (b, b', 0)$ in einem Medium, in dem die Lichtgeschwindigkeit gemäß $c = \lambda x$ linear mit x anwächst.

L11.3: In Formeln ausgedrückt, lautet die Forderung des Fermatschen Prinzips

$$t = \int_A^B \mathrm{d}t = \int_A^B c^{-1}\,\mathrm{d}s = \text{Min!}.$$

Parametrisieren wir die Kurve nach $x(\tau)$, $y(\tau)$, $z(\tau)$ und bezeichnen wir die Ableitungen nach τ durch Punkte, so heißt das ausführlich

$$t = \frac{1}{\lambda} \int_0^T \frac{1}{x} \sqrt{\dot{x}^2 + \dot{y}^2 + \dot{z}^2}\,\mathrm{d}\tau = \text{Min!}$$

auf allen Kurven, die für $\tau = 0$ durch A und für $\tau = T$ durch B laufen. Folglich lauten die Eulerschen Differentialgleichungen mit

$$W = (\dot{x}^2 + \dot{y}^2 + \dot{z}^2)^{1/2}$$

$$\frac{\mathrm{d}}{\mathrm{d}\tau}\left(\frac{\dot{x}}{xW}\right) = -\frac{1}{x^2}W, \qquad \frac{\mathrm{d}}{\mathrm{d}\tau}\left(\frac{\dot{y}}{xW}\right) = \frac{\mathrm{d}}{\mathrm{d}\tau}\left(\frac{\dot{z}}{xW}\right) = 0.$$

---
[13] Wer die Methode der *Lagrangeschen Multiplikatoren* kennt, kann diesen Beweis wesentlich abkürzen.

Die letzten beiden sind schnell integriert; sie liefern

$$\frac{y}{xW} = C = \text{const.}, \qquad \frac{z}{xW} = C' = \text{const.} \qquad (*)$$

Dabei muß aber $C' = 0$ sein, denn anderenfalls hätte z wegen $xW > 0$ das Vorzeichen von C' und die Kurve könnte nie die Randbedingungen $z(0) = z(T) = 0$ erfüllen. Folglich ist $z \equiv 0$ und die Kurve bleibt demzufolge in der (x,y)-Ebene. Aus der ersten der beiden Gleichungen $(*)$ bestimmen wir

$$\dot{y} = \frac{Cx}{\sqrt{1-(Cx)^2}}\dot{x}, \qquad W = \frac{\dot{x}}{\sqrt{1-(Cx)^2}}$$

und finden mit diesem W die erste der Eulerschen Gleichungen identisch erfüllt; die erste der obigen Beziehungen hingegen schreiben wir als

$$\frac{\mathrm{d}y}{\mathrm{d}x} = (Cx)(1-(Cx)^2)^{-1/2}.$$

Die Integration dieser Beziehung liefert einen Kreisabschnitt zwischen A und B, der stets in Richtung auf zunehmende Lichtgeschwindigkeit hin gewölbt ist und dessen Mittelpunkt auf der y-Achse liegt:

$$x^2 + (y-y_\mathrm{o})^2 = (1/C)^2. \qquad \square$$

A11.4*: Brachystochronenproblem. Bestimmen Sie die Form der Bahn, auf der ein Teilchen unter Einfluß der Schwerkraft am schnellsten von A nach B rutscht.

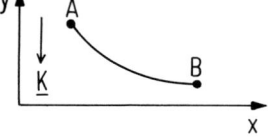

L11.4: Abermals gilt die Forderung

$$t = \int_A^B v^{-1}\,\mathrm{d}s = \text{Min!}.$$

Doch bestimmt sich v diesmal aus dem Energiesatz

$$E = \frac{m}{2}v^2 + mgy.$$

Legen wir den Nullpunkt der Energieskala in den Startpunkt A des Teilchens, erhalten wir

$$v = \sqrt{2g}\sqrt{a'-y} = \sqrt{2g}\sqrt{u}.$$

Mit der gleichen Parametrisierung wie in L11.3 und $\dot{y}^2 = \dot{u}^2$ ergibt sich

$$t = \frac{1}{\sqrt{2g}}\int_0^T u^{-1/2}(\dot{x}^2+\dot{u}^2)^{1/2}\,\mathrm{d}\tau = \text{Min!}.$$

Damit sind die Eulerschen Gleichungen

$$\frac{d}{d\tau}\left(u^{-1/2}(\dot{x}^2+\dot{u}^2)^{-1/2}\dot{x}\right) = 0,$$
$$\frac{d}{d\tau}\left(u^{-1/2}(\dot{x}^2+\dot{u}^2)^{-1/2}\dot{u}\right) = -\frac{1}{2}u^{-3/2}(\dot{x}^2+\dot{u}^2)^{1/2}.$$

Aus der Lösung der ersten,

$$\dot{x}\left(u^{-1/2}(\dot{x}^2+\dot{u}^2)^{-1/2}\right) = C = \text{const.},$$

errechnet man

$$\frac{dx}{du} = \left(u(C^{-2}-u)^{-1}\right)^{1/2}.$$

Damit ist die zweite Eulersche Gleichung identisch erfüllt. Nun hilft die Substitution

$$u = \frac{C^{-2}}{2}\left(1-\cos(\tau)\right) = C^{-2}\sin^2(\tau/2)$$

weiter. Mit ihr erhält man die Parameterdarstellung der Kurve

$$\begin{aligned} x &= a + \frac{C^{-2}}{2}\left(\tau-\sin(\tau)\right), \\ y &= a' - \frac{C^{-2}}{2}\left(1-\cos(\tau)\right), \end{aligned} \quad (*)$$

die für $\tau = 0$ durch A geht und für $\tau = T$ durch B führen muß. Aus der zweiten dieser Bedingungen kann man dann T und C bestimmen.

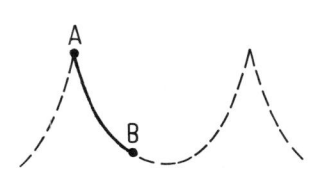

Die Kurve $(*)$ stellt einen in einer Spitze beginnenden, monoton fallenden Abschnitt der *gemeinen Zykloide* dar, die wir in den Übungen der *Mechanik I*[14] ausführlich diskutiert haben. Das Problem, das wir soeben gelöst haben, ist unter dem Namen *Brachystochronenproblem* bekannt. □

A11.5: Berechnen Sie das Wirkungsintegral für den harmonischen Oszillator mit der Frequenz 1 zwischen den Werten $x = 0$ bei $t = 0$ und $x = x_0$ bei $t = t_0$

a) für die physikalisch durchlaufene Extremalbahn;

b) für die Gerade, die beide Punkte verbindet.

Vergleichen Sie die beiden Werte.

---

[14] *Band I*, Aufgabe AII.8, S. 252 f.

L11.5: Die Lagrangefunktion des Oszillators hat die Gestalt

$$L(x, \dot{x}) = \frac{m}{2}(\dot{x}^2 - x^2).$$

Die physikalisch durchlaufene Bahn nach (a) hat die Form

$$x(t) = x_\circ \frac{\sin(t)}{\sin(t_\circ)},$$

der Geradenabschnitt nach (b) lautet

$$x(t) = x_\circ \frac{t}{t_\circ}.$$

(Beachten Sie, daß im Fall (a) das System bereits für $t < t_\circ$ den Punkt $x_\circ$ ein- oder mehrfach durchlaufen haben kann!) Setzen wir diese Bahnen in L ein, um $\tilde{L}(t)$ zu erhalten, ergeben sich im Fall (a)

$$\tilde{L}(t) = \frac{m}{2} \frac{x_\circ^2}{\sin^2(t_\circ)} \cos(2t)$$

und im Fall (b)

$$\tilde{L}(t) = \frac{m}{2} \left(\frac{x_\circ}{t_\circ}\right)^2 (1 - t^2).$$

Die Integration dieser Funktion von 0 bis $t_\circ$ liefert im Fall (a)

$$S = \frac{m}{2} x_\circ^2 \cot(t_\circ)$$

und im Fall (b)

$$S = \frac{m}{2} x_\circ^2 \left(\frac{1}{t_\circ} - \frac{1}{3} t_\circ\right),$$

also genau die Reihenentwicklung von S nach (a.) bis zur Ordnung linear in $t_\circ$. Das Vorzeichen der Differenz beider Wirkungen oszilliert nun mit $t_\circ$. Daraus kann man erkennen, daß die *stationäre Bahn*, die physikalisch durchlaufen wird, keineswegs durchgängig zu einem Minimum (oder Maximum) der Wirkung führen muß!

□

A11.6*: Leiten sie die Lagrange-Gleichungen ab, die in einem beliebig bewegten kartesischen Koordinatensystem gelten, und bestätigen Sie ihre Identität mit den in Kapitel 9 elementar bestimmten Bewegungsgleichungen.

L11.6: Im Inertialsystem Σ besitzt die Lagrangefunktion die Gestalt

$$L = \frac{m}{2} \dot{\boldsymbol{r}}^\mathsf{T} \dot{\boldsymbol{r}} - V(\boldsymbol{r}).$$

Der Übergang von Σ' nach Σ wird durch

$$\boldsymbol{r} = \boldsymbol{V}^\mathsf{T}(\boldsymbol{r}' + \boldsymbol{R}') = \boldsymbol{V}^\mathsf{T} \tilde{\boldsymbol{r}}$$

Übungsaufgaben zu Kap. 11

besorgt. Das ist mit Sicherheit eine *Punkttransformation*.
Daraus erhalten wir zunächst

$$\dot{r} = \dot{V}^\top \tilde{r} + V^\top \dot{\tilde{r}}$$

und damit

$$\begin{aligned}\dot{r}^\top \dot{r} &= (\dot{V}^\top \tilde{r} + V^\top \dot{\tilde{r}})^\top (\dot{V}^\top \tilde{r} + V^\top \dot{\tilde{r}}) \\ &= \tilde{r}^\top \dot{V} \dot{V}^\top \tilde{r} + \tilde{r}^\top \dot{V} V^\top \dot{\tilde{r}} + \dot{\tilde{r}}^\top V \dot{V}^\top \tilde{r} + \dot{\tilde{r}}^\top V V^\top \dot{\tilde{r}}\,.\end{aligned}$$

Darin sind

$$\begin{aligned} V V^\top &= E\,, \\ \dot{V} V^\top &= A\,, \\ V \dot{V}^\top &= (\dot{V} V^\top)^\top = A^\top = -A\,, \\ \dot{V} \dot{V}^\top &= \dot{V} V^\top V \dot{V}^\top = A A^\top = -A A \end{aligned}$$

und

$$A a = -\omega \times a\,.$$

Folglich ist die transformierte Lagrangefunktion durch

$$\begin{aligned}L' &= \frac{m}{2} \left(-\tilde{r}^\top A A \tilde{r} + \tilde{r}^\top A \dot{\tilde{r}} - \dot{\tilde{r}}^\top A \tilde{r} + \dot{\tilde{r}}^\top \dot{\tilde{r}} \right) - V(V^\top \tilde{r}) \\ &= \frac{m}{2} \left(-\tilde{r} \cdot (\omega \times (\omega \times \tilde{r})) - \tilde{r} \cdot (\omega \times \dot{\tilde{r}}) + \dot{\tilde{r}} \cdot (\omega \times \tilde{r}) + \dot{\tilde{r}} \cdot \dot{\tilde{r}} \right) - V'(\tilde{r})\end{aligned}$$

gegeben.
Nun gelten aber

$$\frac{\partial \tilde{\mathbf{r}}}{\partial x'_i} = \frac{\partial \mathbf{r}'}{\partial x'_i}\,, \qquad \frac{\partial \dot{\tilde{\mathbf{r}}}}{\partial \dot{x}'_i} = \frac{\partial \dot{\mathbf{r}}'}{\partial \dot{x}'_i}\,,$$

und deswegen erhält man

$$\frac{\partial L'}{\partial \dot{x}'_i} = m \left(\dot{\tilde{x}}_i + (\omega \times \tilde{\mathbf{r}})_i \right)\,,$$

$$\frac{\mathrm{d}}{\mathrm{d}t}\left(\frac{\partial L'}{\partial \dot{x}'_i}\right) = m \left(\ddot{\tilde{x}}_i + (\dot{\omega} \times \tilde{\mathbf{r}})_i + (\omega \times \dot{\tilde{\mathbf{r}}})_i \right)\,, \qquad (*)$$

$$\frac{\partial L'}{\partial x'_i} = -m \left((\omega \times \dot{\tilde{\mathbf{r}}})_i + (\omega \times (\omega \times \tilde{\mathbf{r}}))_i \right) - \frac{\partial V'}{\partial x'_i}\,. \qquad (**)$$

Dabei haben wir ausgenützt, daß

$$\begin{aligned}\tilde{\mathbf{r}} \cdot (\omega \times \dot{\tilde{\mathbf{r}}}) &= \dot{\tilde{\mathbf{r}}} \cdot (\tilde{\mathbf{r}} \times \omega) = -\dot{\tilde{\mathbf{r}}} \cdot (\omega \times \tilde{\mathbf{r}})\,, \\ \tilde{\mathbf{r}} \cdot \left(\omega \times (\omega \times \tilde{\mathbf{r}})\right) &= -(\omega \times \tilde{\mathbf{r}}) \cdot (\omega \times \tilde{\mathbf{r}})\end{aligned}$$

und

$$\left(\frac{\partial}{\partial x'_i}(\omega \times \tilde{\mathbf{r}})\right) \cdot (\omega \times \tilde{\mathbf{r}}) = -\left(\omega \times (\omega \times \tilde{\mathbf{r}})\right)_i\,.$$

gelten.
Bildet man jetzt die Lagrange-Gleichungen, indem man (**) von (*) subtrahiert und für $\tilde{r}$ einsetzt, erhält man ersichtlich die Bewegungsgleichung, die wir auf S. 59 abgeleitet haben. □

Zu Kapitel 12

A12.1: Seien r und ϕ ebene Polarkoordinaten und $p > 0$, $\epsilon \geq 0$. Zeigen Sie, daß
$$r(\phi) = \frac{p}{1 + \epsilon \cos(\phi)} \quad (*)$$
die Gleichung von Kegelschnitten darstellt, deren (einer) Brennpunkt im Koordinatenursprung liegt. Unterscheiden Sie die verschiedenen möglichen Fälle und bestimmen Sie die Lage der Kurven in der (x, y)-Ebene.

L12.1: In kartesischen Koordinaten wird ein Kegelschnitt durch eine gemischtquadratische Form dargestellt. Daß das mit der Gleichung (*) so ist, ist schnell nachgewiesen: man erhält zunächst
$$(1 - \epsilon^2) x^2 + 2p\epsilon\, x + y^2 = p^2 \ .$$
Für $\epsilon = 0$ ist das die Gleichung eines Kreises, für $\epsilon = 1$ die einer symmetrisch zur x-Achse liegenden Parabel mit Scheitelpunkt $(p, 0)$, die sich zu negativen Werten von x hin öffnet.
Aber auch für allgemeines ϵ liegt der Kegelschnitt symmetrisch zur x-Achse. Denn es kommen weder gemischte Glieder der Form xy noch lineare in y vor; die erstgenannten würden zu einer Drehung der Symmetrieachse, die letztgenannten zu einer Verschiebung führen. – Nähere Auskunft über Art und Lage der Kegelschnitte erhält man, indem man sie auf die *Standardform* bringt. Man findet für $\epsilon < 1$ die *Ellipsenform*
$$\left(\frac{x - x_\circ}{A}\right)^2 + \left(\frac{y}{B}\right)^2 = 1$$
und für $\epsilon > 1$ die *Hyperbelform*
$$\left(\frac{x - x_\circ}{A}\right)^2 - \left(\frac{y}{C}\right)^2 = 1,$$
wobei
$$x_\circ = \frac{-\epsilon p}{1 - \epsilon^2}, \quad A = \frac{p}{1 - \epsilon^2}, \quad B = \frac{p}{\sqrt{1 - \epsilon^2}}, \quad C = \frac{p}{\sqrt{\epsilon^2 - 1}}$$
gelten. Der *Mittelpunkt* der Kegelschnitte besitzt somit die Koordinaten $(x_\circ, 0)$.
Da $A > B$ ist, liegt die große Hauptachse der Ellipse auf der x-Achse. Auch die Hyperbeläste öffnen sich längs dieser Achse; ihre Scheitelpunkte sind durch $(x = x_\circ \pm A, y = 0)$ gegeben.

Um die *Brennpunkteigenschaft* des Punktes $(0,0)$ nachzuweisen, muß man zunächst einmal wissen, wie der Brennpunkt definiert ist[15]. Dazu muß man etwas tiefer in die Lehre von den Kegelschnitten eintauchen. Wir wollen uns damit nicht weiter aufhalten, sondern auf beliebige Lehrbücher der elementaren analytischen Geometrie verweisen. □

Zu Kapitel 13

A13.1: Mittels eines Eishockeyschlägers wird ein Puck der Masse $m = 0.1$ kg längs einer in cm eingeteilten Skala über das Eis geschlagen. Der vom Schläger auf ihn ausgeübte Kraftstoß sei dabei 3 kg m s^{-1}. (Welcher Kraft entspricht das, wenn man annimmt, daß der Stoß 10^{-2} s lang wirkt?) Die Bewegung wird durch Gleitreibung mit $\mu = 0.1$ gedämpft[16] und der Puck kommt nach einiger Zeit zur Ruhe. Ergebnismenge des Experimentes seien die Zahlen 0 – 9, die sich als Einerstelle der in cm gemessenen Entfernung ergeben, die er dabei zurückgelegt hat. Wie groß ist die relative Genauigkeit, mit der der Kraftstoß dosiert werden müßte, um ein bestimmtes Ergebnis zu sichern? (Man setze $g = 10$ m s^{-2}.)

L13.1: Die Kraft, die auf den Puck einwirkt, ist $K = 300$ N. Er kommt nach 450 m zur Ruhe. Die relative Genauigkeit, mit der der Kraftstoß dosiert werden müßte, um ein bestimmtes Ergebnis sicherzustellen, ist $\frac{5}{9} \times 10^{-5}$, also wesentlich kleiner als praktisch je zu erreichen. Folglich wird das Experiment mit Hilfe der Wahrscheinlichkeitsrechnung zu beschreiben sein.
Das beschriebene Experiment ist ein lineares Modell des *Glücksrades*, das früher auf Jahrmärkten viel Verwendung fand. □

A13.2*: Statistische Verbundexperimente. Wie groß sind die Wahrscheinlichkeiten p_m^n dafür, mit n Würfeln m Augen zu erzielen?

L13.2: Die Ergebnismenge e eines Würfels besteht aus den Zahlen $1, \ldots, 6$. Die Ergebnismenge des Experimentes, das aus dem Werfen von n Würfeln besteht, ist durch das n-fache *kartesische Mengenprodukt*

$$\mathcal{E} = e \times e \times e \times \ldots \times e \qquad (n \text{ Faktoren})$$

gegeben; es ist dies die Menge, die aus den 6^n geordneten Zahlen-n-tupeln besteht,

$$\mathcal{E} = \{(i_1, \ldots, i_n) : \; i_j = 1, \ldots, 6\}.$$

---

[15] Sein Name erklärt sich aus seiner interessanten *physikalisch-optischen Bedeutung*.
[16] Siehe *Mechanik I*, 5.2.2, S. 171 ff.

Da die einzelnen Würfel *voneinander unabhängig* sind, die Wahrscheinlichkeit für eine bestimmte Augenzahl beim j. Würfel also *nicht* von den Ergebnissen der übrigen Würfel abhängt, ist

$$P(i_1,\ldots,i_n) = \prod_1^n p_j(i_j)\,.$$

Dabei ist $p_j(i_j)$ die Wahrscheinlichkeit dafür, mit dem j. Würfel das Ergebnis i_j zu erhalten. Unter der Voraussetzung, daß alle Würfel „gut" sind, gilt $p_j(i_j) = \frac{1}{6}$. Folglich ergibt sich $P(i_1,\ldots,i_n)$ einheitlich zu

$$P(i_1,\ldots,i_n) = \left(\frac{1}{6}\right)^n;$$

das Experiment ist also abermals ein *Laplace-Experiment*.
Auf $\mathcal{E}$ ist nun die *Zufallsvariable*

$$f(i_1,\ldots,i_n) = \sum_{j=1}^n i_j$$

definiert. Ihr Wertebereich umfaßt die natürlichen Zahlen

$$\mathcal{W}_f = \{m:\ m = n,\ldots,6n\}\,.$$

Die p_m^n stellen nun nichts anderes dar als die Wahrscheinlichkeitsverteilung dieser Zufallsvariable. Wenn H_m^n die Anzahl der Elemente aus $\mathcal{E}$ darstellt, auf denen $f = m$ ist, ist sie durch

$$p_m^n = \left(\frac{1}{6}\right)^n H_m^n$$

gegeben.
Um H_m^n zu berechnen, gehen wir folgendermaßen vor: Sei für $i = 1,\ldots,6$ $0 \leq h_i \leq n$ die Anzahl der Ziffern i, die in dem Ereignis $(i_1,\ldots,i_n)$ auftritt, und $\mathcal{A}(h_1,\ldots,h_6)$ die Untermenge von $\mathcal{E}$, in der jedes i genau h_i-fach vorkommt. Dann ist f auf $\mathcal{A}(h_1,\ldots,h_6)$ konstant und besitzt den Wert $f = \sum i h_i$. Außerdem gelten $n = \sum h_i$ und

$$\mathcal{E} = \bigcup_{\substack{h_1,\ldots,h_6 \\ \sum h_i = n}} \mathcal{A}(h_1,\ldots,h_6)\,.$$

Sei weiterhin

$$\mathcal{A}_m = \bigcup_{\substack{h_1,\ldots,h_6 \\ \sum h_i = n,\ \sum i h_i = m}} \mathcal{A}(h_1,\ldots,h_6)\,.$$

Dann ist $\mathcal{A}_m \in \mathcal{E}$ die Untermenge von $\mathcal{E}$, auf der $f = m$ ist, und H_m^n ist die Anzahl ihrer Elemente. Bezeichnen wir die Anzahl der Elemente von $\mathcal{A}(h_1,\ldots,h_6)$ mit $\ell(h_1,\ldots,h_6)$, so gilt demzufolge

$$H_m^n = \sum_{\substack{h_1,\ldots,h_6 \\ \sum h_i = n,\ \sum i h_i = m}} \ell(h_1,\ldots,h_6)\,.$$

Übungsaufgaben zu Kap. 13

Nun ist aber $\ell(h_1,\ldots,h_6)$ nichts anderes als die Anzahl der Möglichkeiten, ℓ_1 Ziffern 1, ℓ_2 Ziffern 2, ..., ℓ_6 Ziffern 6 auf n Positionen zu verteilen, und demzufolge durch

$$\ell(h_1,\ldots,h_6) = \binom{n}{h_1,\ldots,h_6} = \frac{n!}{h_1!\,h_2!\ldots h_6!}$$

gegeben. Folglich haben wir

$$p_m^n = \sum_{\substack{h_1,\ldots,h_6 \\ \sum h_i = n,\, \sum i\,h_i = m}} \frac{n!}{h_1!\,h_2!\ldots h_6!} \left(\frac{1}{6}\right)^n.$$

Wegen der Nebenbedingung $\sum i\,h_i = m$ läßt sich diese Summe nicht mehr geschlossen auswerten. Für hinreichend kleines n ist es jedoch möglich, alle *Partitionen* $h_1,\ldots,h_6$ von $\sum h_i = n$ und $\sum i\,h_i = m$ durch Probieren zu finden. Für großes n stellt die *Kombinatorik* in Form der *erzeugenden Funktion* ein mächtiges Hilfsmittel zur Verfügung, mit Hilfe dessen zumindest eine asymptotische Auswertung gelingt. Doch wollen wir auf diese Dinge nicht näher eingehen.
Erwähnt sei nur noch, daß man die h_i als die *Besetzungszahlen* der Ziffern i bezeichnen kann und daß die Darstellung von Mengen durch Besetzungszahlen in der *Quantenmechanik II*[17] eine wichtige Rolle spielen wird. □

A13.3: Sei die Verteilungsfunktion eines auf $-\infty < x < +\infty$ verteilten Zufallsexperimentes durch

$$\rho(x) \propto \mathrm{e}^{-(x/x_\circ)^2}$$

gegeben.

a) Wie groß muß die Proportionalitätskonstante sein?

b) Seien $y = f(x) = x^2$ und $y = g(x) = \sin(x)$ Zufallsvariable. Wie ist y in beiden Fällen verteilt?

L13.3: Die Proportionalitätskonstante bestimmt sich aus der Normierung von $\rho(x)$,

$$\int_{-\infty}^{+\infty} \rho(x)\,\mathrm{d}x = C \int_{-\infty}^{+\infty} \mathrm{e}^{-(x/x_\circ)^2}\,\mathrm{d}x = 1\,.$$

Nachschlagen in einer Integraltafel[18] liefert $C = \dfrac{1}{|x_\circ|\sqrt{\pi}}$.

---

[17] *Band V*
[18] Später in der *Quantenmechanik I* werden wir den Wert dieses Integrals explizit ausrechnen.

Für $y = x^2$ finden wir aus der auf S. 149 f abgeleiteten Formel die Verteilung

$$\hat{\rho}(y) = \begin{cases} C \dfrac{1}{\sqrt{y}} e^{-(\sqrt{y}/x_o)^2} & , y > 0, \\ 0 & , y < 0. \end{cases}$$

Für $y = \sin(x)$ gehen wir von der auf S. 150 abgeleiteten *Radon-Transformation* aus. Bezeichnen wir mit

$$A = \text{Arcsin}(y)$$

den Hauptwert des arcsin von y, erhalten wir nach einiger Rechnung

$$\hat{\rho}(y) = C \frac{e^{-(A/x_o)^2}}{\sqrt{1-y^2}} \sum_{m=-\infty}^{\infty} \Big(\exp\{-4m\pi\,(m\pi + A)/x_o^2\}$$
$$+ \exp\{-(2m+1)\pi\,((2m+1)\pi - 2A)/x_o^2\}\Big)$$

für $-1 < y < +1$ und $\hat{\rho}(y) = 0$ für $|y| > 1$. □

A13.4: Die Potentialschwelle. Gegeben sei das Potential

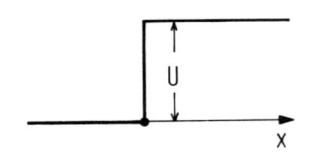

$$V(\mathbf{r}) = \begin{cases} 0 & , x < 0, \\ U > 0 & , x \geq 0. \end{cases}$$

Ein Teilchen der Masse m laufe mit der Geschwindigkeit $\mathbf{v}$ aus dem Halbraum $x < 0$ auf $x = 0$ zu. Bestimmen Sie die Änderung der Bewegungsrichtung des Teilchens und kontrollieren Sie die Impulsbilanz.

L13.4: Die Kraft, die das Teilchen bei Berührung der Potentialschwelle erfährt, zeigt ausschließlich in Richtung der negativen x-Achse. Demzufolge bleibt die Impuls- und somit die Geschwindigkeitskomponente parallel zur Schwelle erhalten: $v_\parallel = v'_\parallel$. Außerdem gilt der Energiesatz

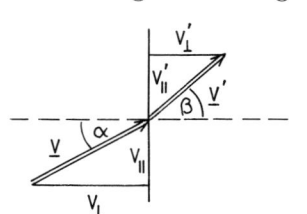

$$\frac{m}{2} v^2 = \frac{m}{2} v'^2 + U = E,$$

wobei wegen der obigen Bedingung $v' > v_\parallel$ sein muß. Das führt auf den Zusammenhang

$$v'_\perp = \sqrt{v_\perp^2 - \frac{2U}{m}}.$$

Er ist nur zu erfüllen, falls $v_\perp^2 > 2U/m$ gilt. Anderenfalls wird das Teilchen nach den normalen *Stoßgesetzen*[19] total reflektiert, wobei die Potentialschwelle die Impulsdifferenz $\Delta \mathbf{p} = 2\,m\,v_\perp\,\mathbf{e}_x$ übernimmt.

---

[19] Siehe *Mechanik I*, 4.4.3.1, S. 145 ff.

Ist die obige Bedingung hingegen erfüllt, dringt das Teilchen in den Halbraum $x > 0$ ein. Dabei besteht zwischen $\tan(\alpha) = v_\parallel/v_\perp$ und $\tan(\beta) = v'_\parallel/v'_\perp = v_\parallel/v'_\perp$ die Beziehung

$$\frac{\tan(\beta)}{\tan(\alpha)} = \frac{v_\perp}{v'_\perp} > 1 \; ; \qquad (*)$$

das Teilchen wird also *vom Einfallslot weg* gebeugt. Diesmal übernimmt das Potential die Impulsdifferenz

$$\Delta \mathbf{p} = m \left(v_\perp - \sqrt{v_\perp^2 - 2U/m} \right) \mathbf{e}_x \; .$$

Die Gleichung $(*)$ läßt sich leicht in

$$\frac{\sin(\alpha)}{\sin(\beta)} = \frac{v}{v'} \qquad (**)$$

ummünzen.
Damit ergibt sich insgesamt das folgende Bild:
Ist $E < U$, findet unter allen Umständen Totalreflexion statt. Für $E > U$ findet Totalreflexion dann statt, wenn der Einfallswinkel α größer ist als der Grenzwinkel α_g, der durch

$$\sin(\alpha_g) = v'/v$$

gegeben ist. Für diesen Winkel wird nämlich $\sin(\beta) = 1$. Für $\alpha < \alpha_g$ hingegen haben wir *Teilchenbrechung*. □

A13.5: Streuung an einer Kugel. Bestimmen Sie den differentiellen Wirkungsquerschnitt eines Teilchens der Masse m und der Anfangsgeschwindigkeit v bei Streuung am Potential

$$V(r) = \begin{cases} U > 0 & , \; 0 \leq r \leq R \, , \\ 0 & , \; r > R \, . \end{cases}$$

L13.5: Gemäß den Ergebnissen von A13.4 sind verschiedene Fälle zu unterscheiden. Ist $E = \frac{m}{2}v^2 < U$, wird das Teilchen für alle Stoßparameter $s < R$ an der Kugel reflektiert, für $E > U$ hingegen wird es für $s < s_g < R$ die Kugel durchdringen und für $s > s_g$ total reflektiert werden.
Wir behandeln zunächst den ersten Fall. Wie die Zeichnung zeigt, bestehen zwischen dem Stoßparameter s, dem Einfallswinkel α und dem Streuwinkel θ die folgenden Beziehungen:

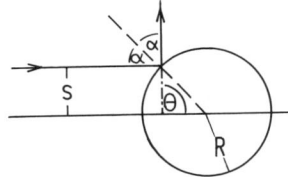

$$\sin(\alpha) = \frac{s}{R} \, , \qquad \theta + 2\alpha = \pi \, .$$

Folglich haben wir

$$s = R \cos(\theta/2) \, .$$

Mit Hilfe der Formel
$$\sigma(\theta) = \frac{s(\theta)}{\sin(\theta)} \left|\frac{ds}{d\theta}\right| ,$$
die wir auf S. 158 abgeleitet haben, finden wir sofort
$$\sigma(\theta) = \frac{R^2}{4} = \text{const.}$$

Etwas komplizierter ist der Fall $E > U$ zu behandeln. Mit den Bezeichnungen aus L13.4 erhalten wir Totalreflexion für $\sin(\alpha) > v'/v$, d.h. aber für $s > s_g = R v'/v$. Der Streubereich für $s_g \leq s < R$ ist dann durch $\theta_g = 2\arccos(v'/v) \geq \theta > 0$ gegeben. In diesem Winkelbereich trägt die Totalreflexion zum Streuquerschnitt mit $\sigma_1 = R^2/4$ bei. Für $s < s_g$ besteht, wie man aus der Zeichnung entnimmt, der Zusammenhang
$$\theta = 2(\beta - \alpha) ,$$
wobei
$$\sin(\beta) = \sin(\alpha)\frac{v}{v'}$$
gilt. Mit $v/v' = (1 - U/E)^{-1/2} = n$ erhält man daraus
$$s^2 = R^2 \frac{\sin^2(\theta/2)}{n^2 + 1 - 2n\cos(\theta/2)} .$$

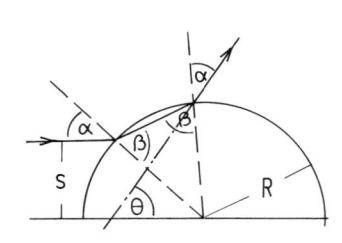

Diesmal wächst der Streuwinkel monoton mit s; bei $s = 0$ hat er den Wert 0, bei $s = s_g$ nimmt er abermals den Wert θ_g an.
Werten wir mit diesem Ausdruck den Beitrag zum Streuquerschnitt aus, erhalten wir das Ergebnis
$$\sigma_2(\theta, E) = \frac{R^2}{4\cos(\theta/2)} \frac{(n^2+1)\cos(\theta/2) - n\cos^2(\theta/2) - n}{\left\{(n^2+1) - 2n\cos(\theta/2)\right\}^2} .$$

Dabei haben wir die *Energieabhängigkeit* des Streuquerschnitts, die über die Abhängigkeit $n(E)$ zustande kommt, ausdrücklich vermerkt.
Insgesamt ist der Streuquerschnitt nun durch
$$\sigma(\theta, E) = \begin{cases} \sigma_1 + \sigma_2 , & 0 \leq \theta \leq \theta_g , \\ 0 , & \theta_g \leq \theta \leq \pi \end{cases}$$
gegeben.

Abschließend ein Wort zur *Interpretation*: Wir haben gesehen, daß alle Teilchen mit $E < U$ am Potential total reflektiert werden, wie dies bei einer starren Kugel der Fall wäre. Strebt $U \to \infty$, tritt dieser Fall unabhängig von E auf. Deswegen liefert dieser Grenzfall ein Modell für die Streuung an einer *starren Kugel*. Das entsprechende Potential bezeichnet man als *hard core*-Potential. □

Zu Kapitel 14

A14.1: Berechnen Sie die auf den Schwerpunkt bezogenen Trägheitstensoren der folgenden Gebilde:

a) homogene Kugel des Radius R;

b) homogener Quader der Kantenlängen a, b und c. Betrachten Sie auch den Spezialfall des Würfels ($a = b = c$);

c) homogener Zylinder der Höhe h und des Radius R;

d) homogener Hohlzylinder der Höhe h, des Radius R und der Wandstärke a;

e) homogener Kreiskegel der Höhe h und des Basisradius R.

Berechnen Sie den Trägheitstensor des Kreiskegels (e) auch in bezug auf seine Spitze.

L14.1: Man erhält in bezug auf die Achsen höchster Symmetrie die folgenden Resultate:

(a) $\Theta_{ii} = \frac{8}{15}\pi\rho R^5$, $\Theta_{ij} = 0$ für $i \neq j$ (Kugelkreisel).

(b) $\Theta_{xx} = \frac{1}{3}\rho abc(b^2 + c^2)$, $\Theta_{yy} = \frac{1}{3}\rho abc(a^2 + c^2)$, $\Theta_{zz} = \frac{1}{3}\rho abc(a^2 + b^2)$, $\Theta_{ij} = 0$ für $i \neq j$. Für den Würfel ergibt sich: $\Theta_{ii} = \frac{2}{3}\rho a^5$. Damit ist auch der Würfel ein Kugelkreisel.

(c) $\Theta_{xx} = \Theta_{yy} = \frac{1}{4}\pi\rho R^2 h(R^2 + \frac{1}{3}h^2)$, $\Theta_{zz} = \frac{1}{2}\pi\rho R^4 h$, $\Theta_{ij} = 0$ für $i \neq j$. Gilt speziell $h = \sqrt{3}\,R$, ist der Zylinder ein Kugelkreisel.

(d) Man ersetze in den Ergebnissen zu (c) R^n durch $R^n - (R-a)^n$.

(e) Der Schwerpunkt des Kegels liegt in der Höhe $h/4$ über der Basis auf der Achse. In bezug auf diesen Punkt erhalten wir $\Theta_{ij} = 0$ für $i \neq j$, $\Theta_{xx} = \Theta_{yy} = \frac{1}{20}\pi\rho R^2 h(R^2 + \frac{1}{16}h^2)$, $\Theta_{zz} = \frac{1}{10}\pi\rho R^4 h$. Die Kegelspitze liegt auf der Achse um $\frac{3}{4}h$ vom Schwerpunkt entfernt. Um den Trägheitstensor in bezug auf diesen Punkt zu erhalten, müssen wir nach dem Satz von Steiner[20] zu Θ^S den Trägheitstensor Θ_S^Q des Schwerpunktes in bezug auf den Punkt Q berechnen. Mit der Gesamtmasse $M = \frac{1}{3}\pi\rho R^2 h$ ergeben sich $\Theta_{xx}^Q = \Theta_{yy}^Q = \frac{3}{16}\pi\rho R^2 h^3$, $\Theta_{zz}^Q = 0$, $\Theta_{ij}^Q = 0$ für $i \neq j$. □

A14.2: Durch die Bewegung $\{V; R\}$ mit

$$V = \begin{pmatrix} \cos(\phi(t)) & \sin(\phi(t)) & 0 \\ -\sin(\phi(t)) & \cos(\phi(t)) & 0 \\ 0 & 0 & 1 \end{pmatrix}, \qquad R = \begin{pmatrix} x(t) \\ y(t) \\ z(t) \end{pmatrix}$$

---

[20] Siehe S. 184.

sei der Übergang von einem raumfesten zu einem körperfesten Koordinatensystem beschrieben. Unter welchen Bedingungen stellt diese Transformation eine reine Drehung dar, die durch ungeschickte Wahl des körperfesten Systems verschleiert wird?

L14.2: Nach unseren Untersuchungen auf S. 172 f ist die Transformation eine reine Drehung genau dann, wenn es einen Vektor $\mathbf{X}$ gibt, der im raumfesten System ortsfest ist: $\dot{\mathbf{X}} = \mathbf{o}$. Dieser ist dann Lösung der Gleichungen

$$\boldsymbol{\omega} \times \mathbf{X} = -\mathbf{D}_\Sigma \mathbf{R} + \boldsymbol{\omega} \times \mathbf{R}.$$

In unserem Fall lauten diese Gleichungen mit $\mathbf{X}^\mathsf{T} = (X, Y, Z)$

$$\begin{aligned}
-\dot\phi Y &= -\dot x(t) - \dot\phi\, y(t)\,, \\
\dot\phi X &= -\dot y(t) + \dot\phi\, x(t)\,, \\
0 &= -\dot z(t)\,,
\end{aligned}$$

wobei X und Y konstant sein müssen. Aus der dritten Gleichung folgt sofort die erste Bedingung: $z = $ const. Aus den ersten beiden erhalten wir unter Berücksichtigung der Beziehungen

$$\frac{\dot x}{\dot\phi} = \frac{\mathrm{d}x}{\mathrm{d}\phi} = x'\,, \qquad \frac{\dot y}{\dot\phi} = \frac{\mathrm{d}y}{\mathrm{d}\phi} = y'$$

die Differentialgleichungen

$$x' + y = Y\,, \qquad x - y' = X\,.$$

Setzen wir

$$x - X = u\,, \qquad y - Y = v\,,$$

so erhalten wir mit $x' = u'$ und $y' = v'$ die neuen Gleichungen

$$u' = -v\,, \qquad v' = u\,.$$

Diese sind nach bekanntem Verfahren schnell gelöst. Insgesamt ergibt sich

$$\begin{aligned}
x(t) &= X + u_\mathrm{o} \cos\bigl(\phi(t)\bigr) + v_\mathrm{o} \sin\bigl(\phi(t)\bigr)\,, \\
y(t) &= Y - u_\mathrm{o} \sin\bigl(\phi(t)\bigr) + v_\mathrm{o} \cos\bigl(\phi(t)\bigr)\,, \\
z(t) &= Z
\end{aligned}$$

mit beliebigen Konstanten X, Y, Z, u_o und v_o. Folglich muß sich $\mathbf{R}(t)$ – was auch anschaulich ist – aus einem konstanten und einem synchron zu $\mathbf{V}$ gedrehten Vektor zusammensetzen. □

A14.3: An den beiden Punkten P_1 und P_2 gleicher Masse einer starren Hantel mögen die folgenden Kräfte angreifen:

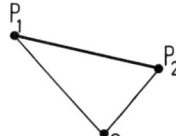

a) $\mathbf{K}_1 = K_1\,\mathbf{e}_x\,, \qquad \mathbf{K}_2 = K_2\,\mathbf{e}_x;$

b) $\mathbf{K}_1 = K_1\,\mathbf{e}_x\,, \qquad \mathbf{K}_2 = K_2\,\mathbf{e}_y.$

Ist es möglich, das System durch Festhalten eines starr mit der Hantel verbundenen Punktes Q auszutarieren?

L14.3: Man benutze die Gleichung (∗∗) von S. 176. Im Fall (a) gibt es einen im Endlichen liegenden Punkt Q, falls nicht gerade $K_1 = -K_2$ ist. Im Fall (b) kann das System nicht austariert werden, denn es gilt $\mathbf{K}\cdot\mathbf{D}\neq\mathbf{o}$. □

A14.4: Rollender Zylinder. Ein homogener Zylinder mit Radius R und Masse M rolle unter dem Einfluß der Schwerkraft ohne zu gleiten eine schiefe Ebene mit dem Neigungswinkel α hinab.

a) Wieviele Freiheitsgrade besitzt das System und wie lautet die Zwangsbedingung?

b) Stellen Sie die Lagrangefunktion auf.

c) Lösen Sie die Bewegungsgleichung.

Nun werde der Vollzylinder durch einen Hohlzylinder gleicher Masse und gleichen Radius ersetzt. Welcher der beiden Zylinder rollt schneller?

L14.4: Wir können das Problem von vornherein in der (x,z)-Ebene behandeln. Dort besitzt es zunächst einen rotatorischen Freiheitsgrad (Drehwinkel ϕ) und einen translatorischen (z.B. die Koordinate s des Schwerpunktes längs der schiefen Ebene). Doch besteht zwischen ihnen die Zwangsbedingung

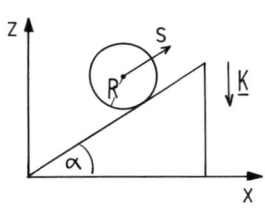

$$\Delta s = R\,\Delta\phi\,.$$

Folglich bleibt ein Freiheitsgrad übrig. Eliminieren wir aus der kinetischen Energie

$$T = \frac{M}{2}\dot{s}^2 + \frac{1}{2}\Theta_{zz}\,\dot{\phi}^2$$

den Drehwinkel, erhalten wir

$$L = \frac{1}{2}(M + R^{-2}\,\Theta_{zz})\,\dot{s}^2 - M\,g\,s\,\sin(\alpha)$$

und daraus die Bewegungsgleichung

$$(M + R^{-2}\,\Theta_{zz})\,\ddot{s} = -M\,g\,\sin(\alpha)\,.$$

Das ist die nämliche Gleichung wie die für die Gleitbewegung, nur ist die Masse M durch den größeren Wert $M + R^{-2}\Theta_{zz}$ zu ersetzen. Das Rollen erfolgt also langsamer als das Gleiten. Unter Verwendung des Trägheitsmoments aus L14.1c und der Formel $M = \pi R^2 h$ ergibt sich konkret für diesen Faktor der Wert $\frac{3}{2} M$. – Ein Hohlzylinder gleicher Masse und gleichen Radius hat stets ein größeres Trägheitsmoment als ein Vollzylinder. Folglich rollt der Hohlzylinder langsamer. □

A14.5: Eine starre symmetrische Hantel, die sich im Schwerefeld um einen starr mit ihr verbundenen Drehpunkt Q dreht (s. A14.3), stellt eine Realisierung eines schweren Kreisels dar. Wie muß Q gewählt werden, damit dieser Kreisel symmetrisch wird?

L14.5: Um diese Frage zu beantworten, müssen wir uns die Hauptträgheitsmomente des Gebildes für einen beliebigen Punkt Q ausrechnen. Dazu legen wir das System o.B.d.A. in die (x, y)-Ebene und den Punkt Q in den Koordinatenursprung und richten die Hantel parallel zur x-Achse aus. Sei $(x, y, 0)$ die Koordinate des Schwerpunktes und ℓ die Hantellänge. Dann ergibt sich der Trägheitstensor des Systems zu

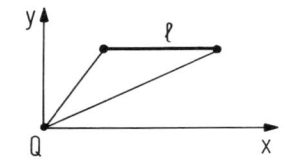

$$\Theta = m \begin{pmatrix} 2y^2 & -2xy & 0 \\ -2xy & \frac{1}{2}\ell^2 + 2x^2 & 0 \\ 0 & 0 & \frac{1}{2}\ell^2 + 2(x^2 + y^2) \end{pmatrix}.$$

Hieraus berechne man die Hauptträgheitsmomente und frage nach der Bedingung dafür, daß zwei von ihnen identisch sind. Man findet zwei Möglichkeiten: Entweder ist $y = 0$, d.h. Q liegt auf der Hantelachse, oder es gilt $x = 0$, $y = \pm \ell/2$. Dann steht die Verbindungslinie von Q zum Schwerpunkt S senkrecht auf der Hantelachse und hat die Länge $\ell/2$. Im ersten Fall verschwindet das Trägheitsmoment um die Aufhängung $\overline{QS}$ und man kann die Hantel durch einen einzigen Massenpunkt der Masse $2m$ ersetzen, dessen Abstand von Q durch $X = (x^2 + \ell^2/4)^{1/2}$ gegeben ist. Damit haben wir aber nichts anderes als das Problem eines (nicht harmonischen) *räumlichen Pendels*, das sich so als spezielles Kreiselproblem darstellt. □

Zu Kapitel 15

A15.1: Bestimmen Sie die Hamiltonfunktion und die kanonischen Bewegungsgleichungen für das Einkörper-Zentralkraftproblem.

L15.1: Aus der Lagrangefunktion (s. S. 114) entnehmen wir

$$p_r = \frac{\partial L'}{\partial \dot{r}} = m\dot{r}, \qquad p_\phi = \frac{\partial L'}{\partial \dot{\phi}} = m r^2 \dot{\phi}.$$

Damit wird
$$H(\mathbf{q},\mathbf{p}) = T + V = \frac{1}{2m} p_r^2 + \frac{1}{2mr^2} p_\phi^2 - \frac{\alpha}{r}.$$
Die kanonischen Bewegungsgleichungen ergeben sich zu
$$\dot{r} = \frac{\partial H}{\partial p_r} = \frac{1}{m} p_r, \qquad \dot{\phi} = \frac{\partial H}{\partial p_\phi} = \frac{1}{mr^2} p_\phi,$$
$$\dot{p}_r = -\frac{\partial H}{\partial r} = \frac{1}{mr^3} p_\phi^2 - \frac{\alpha}{r^2}, \qquad \dot{p}_\phi = -\frac{\partial H}{\partial \phi} = 0. \qquad \square$$

A15.2: Berechnen Sie die Hamiltonfunktionen und die kanonischen Bewegungsgleichungen für die Systeme der Aufgabe A11.1.

L15.2: Bei dieser Aufgabe und besonders in den Fällen (b) und (c), in denen zwei Freiheitsgrade vorliegen, kommt es sehr darauf an, nicht blind loszurechnen, sondern sich zunächst über die allgemeine Struktur des Problems Gedanken zu machen:
Die generalisierten Geschwindigkeiten $\dot{q}$ gehen in die Lagrange-Funktion L in der Form $\dot{q}^\mathsf{T} A \dot{q}$ ein, wobei A eine symmetrische Matrix ist, deren Elemente von q abhängen können und im allgemeinen auch werden. Die generalisierten Impulse p erhält man durch Ableiten dieser quadratischen Form nach $\dot{q}$. Speziell ergibt sich
$$p_k = \frac{\partial}{\partial \dot{q}_k} \sum_{ij} A_{ij}\, \dot{q}_i \dot{q}_j = 2 \sum_j A_{kj}\, \dot{q}_j,$$
in Matrixform also
$$p = 2 A \dot{q}.$$
Daraus erhält man durch Inversion
$$\dot{q} = \frac{1}{2} A^{-1} p. \qquad (*)$$
Nun ist die Hamiltonfunktion (in den hier vorliegenden einfachen konservativen Fällen) durch $H = T + V$ gegeben, wobei T in den generalisierten Impulsen ausgedrückt werden muß. Das ist mit Hilfe der Relation $(*)$ leicht getan, und man erhält
$$T = \frac{1}{4} p^\mathsf{T} A^{-1} A A^{-1} p = \frac{1}{4} p^\mathsf{T} A^{-1} p.$$
Von diesem Ausdruck gehe man aus, um die Aufgabe zu lösen.

a) In diesem einfachen Fall mit einem einzigen Freiheitsgrad erhält man
$$H = \frac{1}{2m\ell^2} p_\phi^2 - mg\ell \cos(\phi).$$

b) Hier hat H die Gestalt
$$H = \frac{1}{2\ell^2 m_2 (m_1 + m_2 \sin^2(\phi))} \left[\ell^2 m_2 p_x^2 - 2\ell m_2 \cos(\phi)\, p_x p_\phi \right.$$
$$\left. + (m_1 + m_2) p_\phi^2 \right] - m_2 g\ell \cos(\phi).$$

c) In diesem Fall ergibt sich

$$H = \frac{1}{2\ell_1^2 \ell_2^2 m_2 (m_1 + m_2 \sin^2(\phi_1 - \phi_2))} \left[\ell_2^2 m_2 \, p_{\phi_1}^2 \right.$$
$$\left. - 2\ell_1 \ell_2 m_2 \, \cos(\phi_1 - \phi_2) p_{\phi_1} p_{\phi_2} + \ell_1^2 (m_1 + m_2) \, p_{\phi_2}^2 \right]$$
$$- (m_1 + m_2) g\ell_1 \, \cos(\phi_1) - m_2 g \ell_2 \, \cos(\phi_2) \,.$$

Die Aufstellung der *kanonischen Gleichungen* ist für den nichttrivialen Teil $\dot{p}_i = -\partial H / \partial q_i$ eine Fingerübung im Differenzieren. Was man dabei lernt, ist, daß diese Gleichungen keineswegs übersichtlicher sind als die Lagrangeschen. Für die Lösbarkeit eines mechanischen Problems bringt der Übergang von der Lagrangeschen zu der Hamiltonschen Formulierung im allgemeinen keine praktischen Vorteile. □

A15.3*: Berechnen Sie die Poissonklammern $\{L_i, L_j\}$ zwischen den Komponenten des Drehimpulses eines mechanischen Systems.

L15.3: Mit

$$L_i = \sum_{\mu=1}^{N} (x_j^\mu p_k^\mu - x_k^\mu p_j^\mu) \,, \qquad (i,j,k) \quad \text{zyklisch}$$

haben wir

$$\{L_i, L_{i'}\} = \sum_{\mu,\mu'} \left\{ x_j^\mu p_k^\mu - x_k^\mu p_j^\mu, x_{j'}^{\mu'} p_{k'}^{\mu'} - x_{k'}^{\mu'} p_{j'}^{\mu'} \right\} \,.$$

Löst man diese Doppelsumme nach der Formel

$$\{ab, cd\} = a \{b, c\} d + \{a, c\} b d + c a \{b, d\} + c \{a, d\} b$$

auf und berücksichtigt

$$\{x_j^\mu, x_{j'}^{\mu'}\} = \{p_j^\mu, p_{j'}^{\mu'}\} = 0 \,, \qquad \{x_j^\mu, p_{j'}^{\mu'}\} = \delta_{jj'} \, \delta_{\mu\mu'} \,,$$

erhält man neben dem trivialen Resultat $\{L_i, L_i\} = 0$ das Ergebnis

$$\{L_i, L_j\} = L_k \,, \qquad (i,j,k) \quad \text{zyklisch} \,. \qquad \square$$

A15.4*: Zeigen Sie mit Hilfe der Poisson-Klammern, daß der Drehimpuls eines Massenpunktes, der sich in einem Zentralfeld bewegt, eine Konstante der Bewegung ist.

L15.4: Die Hamiltonfunktion des Problems setzt sich additiv aus der kinetischen Energie T und dem Potential V zusammen; T ist proportional zu p^2 und V ist eine Funktion $f(r)$. Wir beweisen zunächst, daß $\{\mathbf{L}, p^2\} = 0$ gilt. Es ist nämlich

$$\{L_i, p^2\} = \left\{ (x_j p_k - x_k p_j), \sum_\ell p_\ell^2 \right\} = \sum_\ell \left(2\{x_j, p_\ell\} p_k p_\ell - 2\{x_k, p_\ell\} p_j p_\ell \right)$$
$$= 2 \sum_\ell \left(\delta_{j\ell} p_k p_\ell - \delta_{k\ell} p_j p_\ell \right) = 0 \,.$$

Da **L** vollkommen (anti)symmetrisch aus den Komponenten von **r** und **p** aufgebaut ist, folgt daraus unmittelbar auch $\{\mathbf{L}, r^2\} = \mathbf{o}$.
Nun wollen wir für eine beliebige Observable A aus $\{A, r^2\}$ die Klammer $\{A, r\}$ ausrechnen. Aus $\{A, r^2\} = 2r\{A, r\}$ folgt sofort

$$\{A, r\} = \frac{1}{2r}\{A, r^2\}$$

und daraus $\{\mathbf{L}, r\} = \mathbf{o}$.
Eine ganz ähnliche Rechnung wiederholen wir jetzt, um $\{A, r^n\}$ für beliebiges natürliches n zu berechnen. Hierfür ergibt sich

$$\{A, r^n\} = n\, r^{n-1}\{A, r\}\,. \qquad (*)$$

Also ist auch $\{\mathbf{L}, r^n\} = \mathbf{o}$.
Schließlich wollen wir uns noch $\{A, r^{-n}\}$ mit natürlichem n ansehen. Hierfür finden wir

$$0 = \{A, 1\} = \{A, r^n r^{-n}\} = r^n\{A, r^{-n}\} + r^{-n}\{A, r^n\}\,,$$

und das ergibt

$$\{A, r^{-n}\} = -r^{-2n}\{A, r^n\} = -n\, r^{-(n+1)}\{A, r\}\,. \qquad (**)$$

Also gilt auch $\{\mathbf{L}, r^{-n}\} = \mathbf{o}$.
Damit können wir nun $\{A, f(r)\}$ für jede Funktion $f(r)$ ausrechnen, die sich als endliche oder unendliche Linearkombination *ganzzahliger Potenzen* von r, also im allgemeinsten Fall als *Laurentreihe* (um 0) darstellen läßt. Und zwar zeigt eine genauere Inspektion der Formeln $(*)$ und $(**)$, daß das Ergebnis die Gestalt

$$\boxed{\{A, f(r)\} = f'(r)\{A, r\}} \qquad (***)$$

besitzt. Für den Fall $A = \mathbf{L}$, der uns primär interessiert, ist also $\{\mathbf{L}, f(r)\} = \mathbf{o}$.
Damit gilt aber auch $\{\mathbf{L}, H\} = \mathbf{o}$; der Drehimpuls bleibt erhalten.
Das Interessante an der obigen Ableitung ist, daß wir dabei an keiner Stelle auf die spezielle Definition der Poisson-Klammer zurückgegriffen haben, sondern uns ausschließlich der allgemeinen Rechenregeln für Klammersymbole und der elementaren Klammern zwischen q und p bedient haben. Unter Rückgriff auf die spezielle Definition des Klammersymbols wäre es nämlich ein Leichtes gewesen, die Relation $(***)$ abzuleiten, und noch dazu für jede (differenzierbare) Funktion $f(r)$. Doch auch der algebraische Beweis hängt nicht wesentlich an der Darstellbarkeit durch eine Laurentreihe, sondern läßt sich generalisieren. So überlege man sich, wie man etwa die Klammer $\{A, \sqrt{r}\}$ berechnen kann. □

A15.5*: Teilchen in elektrischen und magnetischen Feldern. Ein Teilchen der Masse m und der elektrischen Ladung e, das sich in einem elektrischen

Feld $\mathbf{E}(\mathbf{r},t)$ und einem Magnetfeld $\mathbf{B}(\mathbf{r},t)$ bewegt, erfährt dabei die *Lorentzkraft*

$$\mathbf{K} = e(\mathbf{E} + \mathbf{v} \times \mathbf{B}).$$

Dabei lassen sich die Felder $\mathbf{E}$ und $\mathbf{B}$ gemäß

$$\mathbf{E} = -\frac{\partial \mathbf{A}}{\partial t} - \operatorname{grad}\Phi, \qquad \mathbf{B} = \operatorname{rot}\mathbf{A}$$

aus einem skalaren Potential $\Phi(\mathbf{r},t)$ und einem Vektorpotential $\mathbf{A}(\mathbf{r},t)$ ableiten. Zeigen Sie, daß die Funktion

$$L = \frac{1}{2}m\,\mathbf{v}\cdot\mathbf{v} + e\,\mathbf{A}\cdot\mathbf{v} - e\,\Phi$$

eine Lagrangefunktion dieses Problems darstellt. Berechnen Sie die Hamiltonfunktion und stellen Sie die kanonischen Bewegungsgleichungen auf.

L15.5: Durch Ableiten von L erhalten wir zunächst

$$\frac{\partial L}{\partial v_i} = p_i = m\,v_i + e\,A_i, \qquad \frac{\partial L}{\partial x_i} = -e\frac{\partial \Phi}{\partial x_i} + e\sum_j \frac{\partial A_j}{\partial x_i}\,v_j.$$

Damit ist

$$\dot{p}_i = m\,\dot{v}_i + e\frac{\mathrm{d}A_i}{\mathrm{d}t} = m\,\dot{v}_i + e\frac{\partial A_i}{\partial t} + e\sum_j \frac{\partial A_i}{\partial x_j}\,v_j.$$

Als nächstes bestätige man die Beziehung

$$\sum_j \left(\frac{\partial A_j}{\partial x_i} - \frac{\partial A_i}{\partial x_j}\right) v_j = (\mathbf{v}\times\operatorname{rot}\mathbf{A})_i.$$

Damit wird die Lagrange-Gleichung aber identisch zur Newtonschen Bewegungsgleichung im Falle der Lorentzkraft.

Die Hamiltonfunktion erhält man gemäß

$$H(\mathbf{r},\mathbf{p}) = \mathbf{p}\cdot\mathbf{v}(\mathbf{r},\mathbf{p}) - L\bigl(\mathbf{v}(\mathbf{r},\mathbf{p}),\mathbf{r},t\bigr)$$

zu

$$H = \frac{1}{2m}(\mathbf{p} - e\,\mathbf{A})\cdot(\mathbf{p} - e\,\mathbf{A}) + e\,\Phi.$$

Zu beachten ist, daß der zu $\mathbf{r}$ kanonisch konjugierte Impuls $\mathbf{p} \neq m\,\mathbf{v}$ ist, obwohl wir kartesische Koordinaten benutzt haben!

Die kanonischen Bewegungsgleichungen lauten

$$\dot{x}_i = v_i = \frac{\partial H}{\partial p_i} = \frac{1}{m}(p_i - e\,A_i),$$

$$\dot{p}_i = -\frac{\partial H}{\partial x_i} = e\sum_j (p_j - e\,A_j)\frac{\partial A_j}{\partial x_i} - e\frac{\partial \Phi}{\partial x_i}.$$

Eliminiert man aus diesen Gleichungen **p**, erhält man natürlich abermals die Newtonsche Form der Bewegungsgleichungen. □

A15.6: Man behandle den freien Fall in der (x,z)-Ebene mittels der Theorie von Hamilton-Jacobi.

L15.6: Da Energieerhaltung gilt, können wir mit der verkürzten Wirkung arbeiten. Die Hamilton-Jacobische Differentialgleichung lautet damit

$$\frac{1}{2m}\left(\frac{\partial W}{\partial x}\right)^2 + \frac{1}{2m}\left(\frac{\partial W}{\partial z}\right)^2 + mgz = E\,.$$

Mit dem Separationsansatz $W(x,z) = \psi(x) + \chi(z)$ geht sie in

$$\psi'^2 = 2mE - 2m^2 gz - \chi'^2 = C = \text{const.}$$

über. Daraus erhalten wir

$$\psi = \sqrt{C}\,x + A\,, \qquad \chi = -\frac{1}{3m^2 g}\{2mE - C - 2m^2 gz\}^{3/2} + B$$

und

$$S = \sqrt{C}\,x - \frac{1}{3m^2 g}\{2mE - C - 2m^2 gz\}^{3/2} - Et + D\,.$$

Weiter ist

$$Q_E = \frac{\partial S}{\partial E} = -t - \frac{1}{mg}\{2mE - C - 2m^2 gz\}^{1/2}\,,$$

$$Q_C = \frac{\partial S}{\partial C} = \frac{1}{2\sqrt{C}}\,x + \frac{1}{2m^2 g}\{2mE - C - 2m^2 gz\}^{1/2}\,.$$

Lösen wir diese Gleichungen nach x und z auf, ergeben sich

$$z(t) = \frac{2mE - C}{2m^2 g} - \frac{g}{2}(Q_E + t)^2\,,$$

$$x(t) = 2\sqrt{C}\left\{Q_C + \frac{1}{2m}(Q_E + t)\right\}\,,$$

und das sind dem Funktionstyp nach die richtigen Lösungen. Will man die Bewegung als Funktion der physikalischen Anfangsbedingungen x_o, z_o, $v_{x,o}$ und $v_{z,o}$ darstellen, bilde man weiter

$$p_x = \frac{\partial S}{\partial x}\,, \qquad p_z = \frac{\partial S}{\partial z}$$

und eliminiere die Konstanten E, C, Q_E und Q_C. □

A15.7: Man berechne die Wirkungsfunktion für die eindimensionale kräftefreie Bewegung und zeige, daß sie mit der Lösungsfunktion der Hamilton-Jacobi-Gleichung für diesen Fall übereinstimmt.

L15.7: Wir wählen als Anfangsbedingungen $x(t_a) = x_a$, $x(t_e) = x_e$. Damit ist die Teilchenbahn durch
$$x(t) = x_a + \frac{x_e - x_a}{t_e - t_a}(t - t_a)$$
und die Lagrangefunktion auf dieser Bahn durch
$$L = \frac{m}{2}\dot{x}^2 = \frac{m}{2}\left(\frac{x_e - x_a}{t_e - t_a}\right)^2$$
gegeben. Integriert man diesen Ausdruck zwischen t_a und t_e über t, erhält man die Wirkungsfunktion
$$S(x_e, t_e; x_a, t_a) = \frac{m}{2}\frac{(x_e - x_a)^2}{t_e - t_a}.$$
Die Hamilton-Jacobi-Gleichung dieses Problems hat die Gestalt
$$\frac{1}{2m}\left(\frac{dW}{dx}\right)^2 = E$$
und wird durch
$$W = \sqrt{2mE}\,x + A$$
gelöst; folglich ergibt sich die volle Lösung zu
$$F_2 = \sqrt{2mE}\,x - Et + C.$$
Daraus erhalten wir
$$p = \frac{\partial F_2}{\partial x} = \sqrt{2mE}, \qquad Q = \frac{\partial F_2}{\partial E} = -t + \sqrt{\frac{m}{2E}}\,x.$$
Nun eliminieren wir die Konstanten E und C zugunsten der Anfangsbedingungen und finden durch Einsetzen in F_2 tatsächlich
$$F_2(x_e, t_e) - F_2(x_a, t_a) = \frac{m}{2}\frac{(x_e - x_a)^2}{t_e - t_a} = S(x_e, t_e; x_a, t_a).$$
□

Register

*Seitenzahlen mit einem vorangestellten * kennzeichnen Stichwörter aus dem Aufgabenteil am Ende des Buches.*

Abbildung
– Kern einer 2
–, lineare 1 f
– – homogen- 1
– – inhomogen- 1
–, punktweise 65
–, reguläre 12
–, singuläre 12
abgeschlossen 38, 132
Ableitung, kovariante 80
aktive Deutung 16, 17
Algebra 10
– mit Einselement 10
– Lie- 223
algebraische Eigenschaften 222
analytische Invarianten 230
antikommutativ 222
antisymmetrische Matrix 13, 24 f, 55
–, Eigenwerte einer 25, *263
auswuchten 186
axialsymmetrisch 154, 157

Bahn
– Ellipsen- 131
– Hyperbel- 131
– Konfigurations- 166, 217, 226
– Parabel- 131
– Phasen- 216 f, 226
Basis, lokale 69

Beschleunigung 80, 87
Bewegung 53, *296
– Integrale der 195
– Konstante der 225, *300
– Planeten- 128
– Relativ- 122 f
– Translationsanteil der 192
Bewegungsgleichungen
– Hamiltonsche 110, 213, *298, *299
– kanonische 213, *298, *299
– – bei Anwesenheit
   elektromagnetischer Felder *301
– Lagrangesche 106, *279
– mechanischer Größen 220
– Newtonsche 90, 202
Bewegungsgruppe 53, 172
Bezugssystem, nicht-inertiales 51, 275
– Newtonsche Bewegungsgleichung in
   275
– Lagrangesche Bewegungsgleichung
   in *286
bijektiv 11, 66
Bindungshyperfläche 96
Bild
– Heisenberg- 18
– Schrödinger- 18
black box 78
Bohr-Sommerfeldsche Theorie des

Atombaus 121
Brachystochronenproblem 101, *284
Breite, geographische 61
Brennpunkt 131

Cayley-Hamilton, Satz von *265
Charakteristikentheorie 250
Coriolis
– -beschleunigung 58
– -kraft 59, *275
Coulomb
– -potential 121
– -streuung 158

Deformation 166
Detektor 138
Determinante 28 f
– Definition der 29
– Funktional- 68
– Jacobi- 68, 85, 153
Determination 139, 216 f
Deviationsmomente 179
Dichte 149, 170
– Flächen- 170
– Hamilton- 256
– Lagrange- 256
– Massen- 170
– , skalare 170
– Strecken- 170
– Tensor- 170
– Vektor- 170
– Volumen- 170
Differential 207
– , totales 80, 212
Differentialgleichung
– , Eulersche — des
   Variationsproblems 104
– , partielle 249
– – von Hamilton-Jacobi 248, *303,
   *304
Differenzengleichung *272
direkte Summe 93
Dissipationsfunktion 119
dissipativer Prozeß 118
Distribution 148

distributiv 222
Divergenz 80
Doppelsternsystem 135
Drehachse 28
– , momentane 56
– , raumfeste 184
Drehgruppe 16, 190, *268
– Parametrisierung der 191
Drehimpuls *300, *301
– Erhaltung des 209 f, *301
– Gesamt- 38, 209 f
Drehmoment 174
– Zwangs- 186
Drehspiegelung 15
Drehung
– Exponentialdarstellung der 27, *264
– , infinitesimale 209
– , reine 54, 173, *296
– , zeitunabhängige 59
Dreikörperproblem 136
Dynamik 202
– des starren Körpers 188 f
dynamische
– Größe 178
– Gruppe 247
– Halbgruppe 247
– Unwucht 186
– Variable 189

Eigen-
– frequenz, komplexe 38, 40
– -mode 40
– -raum 18
– -schwingung 40, 164, *269 f
– -vektor 18 f
– -wert 18 f
– – einer antisymmetrischen Matrix
   25, *263
– -wertproblem 18 f, 181
Einfachstreuung 155
Einkörper-Zentralkraftproblem *298
Einteilchenpotential 47
Ellipsenbahn 131
Energie 205
– -erhaltung 205 f, 253

Register 307

– Rotations- 188
– Translations- 188
Entartung 18
Ereignis 140
–, atomares 140
– -körper 140
– -menge 140
– -raum 140
Erfahrungshorizont 60
Erhaltungssätze 203 f
– der Energie 205 f, 253
– des Gesamtdrehimpulses 209 f
– des Gesamtimpulses 207 f
erstes Integral 198
Erzeugende 82
– der Bewegung 245
– Formen der 234
– Funktion 237, 253
– von generalisierten Koordinaten 232, 234 f
– einer Punkttransformation 238
– einer Phasentransformation 232
Erwartungswert 144
Eulersche
– Differentialgleichung des Variationsproblems 104
– Kreiselgleichung 195
– Winkel 191 f
Exponentialdarstellung von Drehungen 27
Exziton 135
Exzentrizität, numerische 131

Fahrstrahl 132
fast überall 67
Feld
–, skalares 76
– -theorie 256, *274
– Vektor- 76
Fermatsches Prinzip 256, *283
Figurenachse 193, 196
Fischer-Riesz, Satz von 4
Fläche
– Hyper- 94
– Koordinaten- 83, 70, 85

– Koordinatenhyper- 71, 96
Flächen
– -element 153
– -geschwindigkeit 133
formale Mechanik 202 f
Forminvarianz 90, 110, 228
Foucaultsches Pendel 63
freier Fall 62, *303
Freiheitsgrade 91 f, *279
–, rotatorische 168
– des starren Körpers 168
–, translatorische 168
– Zahl der 92
Fundamentaltensor, metrischer 75
Funktion
–, erzeugende 69, 252
– Hamilton- 211 f, 213
– Lagrange- 99, 107, 204, *279
– einer Matrix 10, 25, *265
– Phasen- 220, 243
– Wirkungs- 245, *303
Funktional 3
– -analysis 2
– -determinante 68
– -matrix 68, 85
–, lineares 3, 145
– Wirkungs- 98

Galilei-Transformation 58, 90
Gangpolkegel 200
generalisierte
– Geschwindigkeit 98, 211
– Koordinaten 64, 91 f, 95, 190, 211, *279
– Kraft 113, 117
generalisierter Impuls 113, 212
geographische
– Breite 61
– Länge 61
Geometrie, nichteuklidische 75
geostationär 63
Geschwindigkeit 79, 86
–, generalisierte 98, 211
– Winkel- 56, 123
– –, momentane 56

Gitterschwingungen 46, *273
Gleichgewicht 41, 46, 175, 177
– mechanisches 37, *297
– stabiles 48
Gleichgewichts-
– -bedingung
– – für den starren Körper 175
– – für eine Flüssigkeitsoberfläche *276
– -konfiguration 47
– -lagen, Schwingungen um 46 f, *269 f
– -thermodynamik 219
Gleichung, prozeßdefinierende 220
Gleichungssystem
– , homogenes 32
– , inhomogenes 32
global umkehrbar 67
Gradient 80
Gravitationskräfte 89
Grundgleichungen der Mechanik 244
Gruppe
– Bewegungs- 53, 172
– Dreh- 16, 190, *268
– , dreiparametrige 190
– , dynamische 247
– Halb- 247
– , nicht-abelsche 16, *268
– Raum- 53
– Rotations- 16
Gruppeneigenschaften 172

Hamilton
– -dichte 256
– -funktion 211 f, *298, *299
– – bei Anwesenheit elektromagnetischer Felder *301
Hamilton-Jacobi, Theorie von 115, 203, 247 f, *303
Hamiltonsche
– Bewegungsgleichungen 110, 213, *298, *299
– Form der Mechanik 211 f
Hamiltonsches Prinzip 97 f, 98, 202, 226 f

Hard-core-Potential *294
Harmonischer Oszillator 34, 214, 238, 250
harte Kugel, Modell der *294
Häufigkeit 143
– , relative 143
Hauptachsen 22, 193
– -system 21
– -transformation 21, *265
Hauptträgheits-
– -achsen 181 f
– -momente 181 f
Heisenbergbild 18
Heisenbergsche Unschärferelation 163
Hilbertraum 225
– , unitäre Transformationen im 255
holonom 92
– nicht- 92
Homogenität
– des Raumes 207 f
– der Zeit 205 f
Hyperbelbahn 131
Hypermaximale Darstellung unitärer Transformationen 26

Impuls
– , generalisierter 113, 212
– Gesamt- 38, 207 f
Inertialsystem 59
Information, maximal mögliche 217
Infrarotspektroskopie 46
injektiv 11, 65
Integral
– der Bewegung 195
– , erstes 198
– -prinzip 100, 203
– -sätze 87
– Stieltjessches 147
Integrationstheorie 87, 148
Instabilität, orbitale 136, 230
Invarianten, analytische 230
Invarianz der Lagrange-Gleichungen 107 $f\!f$
irreversibles Verhalten 230, 247
isoperimetrisches Problem 101, *281

Isotropie des Raumes 209 f

Jacobi
- -Determinante 68, 85, 153
- -Identität 222
- – siehe auch: Hamilton-Jacobi

Kegel
- Gangpol- 200
- Pol- 200
- Rastpol- 200
- -schnitte 131, *288
- Spur- 200

Keplerproblem 114 f, 120
Keplersche Gesetze 132 f
Kern
- einer Abbildung 2
- -kräfte 120
- , symmetrischer 49

Kinematik 171 f
Kinetik 46
kinetisches Potential 99, 204
Klammersymbol, abstraktes 223
- Realisation des 224

Kommutator 9, 223, 225
Konfiguration 96, 217
Konfigurations-
- -bahn 166, 217, 226
- -raum 91 f, 96
- -vektor 96

Konstante der Bewegung 225, *300
Kontinuum 166
Kontinuums-
- -mechanik 256
- -theorie *274

Koordinaten
- , elliptische *278
- -flächen 70, 83, 85
- , generalisierte 91 f, 190, 211, *279
- -hyperflächen 70
- , krummlinige 64 f, 71
- Kugel- 84 f, *277
- -linien 70, 83, 85
- , orthogonale 72
- Polar- 64, 73
- räumliche Polar- 84 f, *277
- , schiefwinklige 72
- Zylinder- 82 f, *277

koordinatenfrei 244
Koordinatensystem
- , körperfestes 193
- , krummliniges 64 f
- , raumfestes 193

Koordinatentransformation
- , orthogonale 14 f, 15
- , unitäre 14 f

kovariante Ableitung 80
Körper
- , ausgedehnter 166
- , kontinuierlicher 169
- , starrer 166 f, 167, 181
- – Dynamik 188 f
- – Gleichgewichtsbedingungen 175
- – Kinematik 171 f
- – Statik 174 f

Kraft
- Coriolis- 59, *275
- , generalisierte 113, 117
- Gravitations- 89
- , harmonische 49
- , konservative 97
- , lineare 59, *275
- Lorentz- *302
- Schein- 59, *275
- Trägheits- 59
- Zentral- 89
- Zentrifugal- 59, 62, 125, *275
- Zwangs- 119, *276
- Zweikörper-Zentral- 47, 120

Kräftepaar 174
Kreisel 182
- , abgeplatteter 193
- , allgemeiner 182
- , freier 193, 195 f
- -gleichungen 194, 195 f
- Kugel- 182, 193
- , oblater 193
- , prolater 193
- , schwerer 193, 201, *298

–, symmetrischer 182, 196 f, 201, *298
–, zigarrenförmiger 193
Kugelkoordinaten 84 f, *277
kugelsymmetrisch 82
Kurve, einfach geschlossene 126

Laborsystem 60, 163
Lagrange
– -dichte 256
– -funktion 99, 107, 204, *279
– – bei Anwesenheit elektromagnetischer Felder *302
– -gleichungen 97 f, 106 f, 202, *279
– – I. Art 119
– – II. Art 106
– – in nicht-inertialen Bezugssystemen *286
– -theorie 88, 97 f
Länge, geographische 61
Laplace-Experiment 143, *289
Laurentreihe *301
Legendre-Transformation 215, 235
Linearbeschleunigung 57
lineare
– Kette, Modell der *270
– Kraft 59, *275
Linien
– Koordinaten- 70, 83, 85
Linkssystem 15
lokal umkehrbar 67
Lorentzkraft *302
Loschmidtsche Zahl 136
Lösung
–, allgemeine 249
–, globale 254
–, lokale 254
–, vollständige 249
Lösungsschar 249

makroskopische Eigenschaften 255
Makrozustand 255
Mannigfaltigkeit 92
Maßbestimmung 75
Maß- und Integrationstheorie 148

Masse
– Gesamt- 169
–, reduzierte 122, 134
–, verallgemeinerte 112
Massen
– -anziehungsgesetz 134
– -matrix 112, 114
Matrix
–, adjungierte 12
–, antisymmetrische 13, 24 f, 55
– – Eigenwerte einer 25, *263
– Einheits- 9
– -elemente 5
– Funktion einer 11, 25, *265
– Funktional- 68, 85
–, hermitesche 13
–, inverse 12, 31
– Null- 8
–, orthogonale 13, 15, 28 f, *268
– -produkt 5
–, quadratische 8
–, reguläre 12
–, selbstadjungierte 13
–, singuläre 12
–, symmetrische 13
–, transponierte 12
–, unitäre 13, 15, 28 f
Mehrfachstreuung 155
Menge
– Komplementär- 141
–, leere 141
Mengen-
– -größe 169, 170
– -körper 141
Metrik 75
metrischer Fundamentaltensor 75
Mikrophysik 45, 120
Mikrowellenspektroskopie 45
Minimalpolynom *265
Mittelwert 144, 148
Modell
– der linearen Kette *270
– der harten Kugel *294
– -findung 60
Moden

Register 311

– Eigen- 40, 137
– Normal- 19
Molekül
– -achse 43
– -rotation 43
– -schwingungen 43
– -spektroskopie 43
– , symmetrisches 43
monochromatisch 138, 157
Mößbauereffekt 162

Newtonsche
– Bewegungsgleichungen 90, 202
– – in nicht-inertialen Bezugssystemen *275
– Form der Mechanik 202
Noethersche Theoreme 203 f, 211
Normalmodenanalyse 19
nullteilerfrei 9, 10

Oberflächenintegral 153
Operator 3
– , linearer 3, 225
– Projektions- *267
Orbit 129
Oszillator
– siehe: *harmonischer Oszillator*

Parabelbahn 131
partielle Differentialgleichung 249
– von Hamilton-Jacobi 248, *303, *304
passive Deutung 16, 17
Pendel
– , Foucaultsches 63
– , physikalisches 186 f
– , physisches 187
Pendellänge
– , effektive 187
– , reduzierte 187
Phase 216
Phasen-
– -bahn 216 f, 226
– -funktion 243
– -punkt 216
– -raum 216 f

– -trajektorie 216
– -transformation 228, 241
Phononen 46
Planetenbewegung 128
Plancksches Wirkungsquantum 225
Platten, schwingende 45
Poissonklammer 216 f, 220, 244, *300 f
– für Drehimpulskomponenten *300
Polar-
– -darstellung der Kegelschnitte 131, *288
– -darstellung komplexer Zahlen 64
– -koordinaten 64, 74
– – , räumliche 84 f, *277
Polkegel 200
Positronium 135
Potential
– Coulomb- 121
– , effektives 125
– Einteilchen- 47
– hard-core- *294
– , kinetisches 99, 204
– -muldenmodell 124
– -schwelle *292
– Yukawa- 120
– , zeitabhängiges 116
– Zentral- 89
– Zweiteilchen- 47
Prinzip
– , Hamiltonsches 97 f, 98, 202, 226 f
– Integral- 100, 203
– , teleologisches 100
Projektionsoperator *267
Prozeß 217 f, 219
– , dissipativer 118
– , dynamischer 219
– -orbit 219
– , quasistatischer 219
– -trajektorie 219
prozeßdefinierende Gleichung 220
Punkt 51
– -system 168
– – , kollineares 168
– – , starres 168

– -transformation 65, 108, 110, 228
punktweise Abbildung 65

Quantenmechanik 218, 225

Radon-Transformation 150, *292
Rastpolkegel 200
Raum
– globale Struktur des 256
– Homogenität des 207 f
– -inversion 15
– Isotropie des 209 f
– Konfigurations- 91 f, 96
– Null- 2
– Phasen- 216 f
– -winkel 151
– – -element 153
– Zustands- 219
Rechtssystem 15
Relativitätstheorie, allgemeine 256
Ring 10
rheonom 94
Rotation 80
Rotations-
– -energie 188
– -gruppe 16
– -paraboloid *277

Saiten, schwingende 45, *274
säkulare Schwankungen 61
Säkularpolynom 32 f, *265
Sarrussche Regel 29
Separationsansatz 251, *303
skleronom 94
Spektrum 18
– einer hermiteschen Matrix 32
spezifische Wärme 241
– von Festkörpern 46
Spurkegel 200
System
– , abgeschlossenes 208
– , integrables 230, 239
– , körperfestes 171
– , nicht-integrables 254
– , raumfestes 171

Scheinkraft 59, *275
schiefwinklig 81
Schwankung, mittlere quadratische 145
Schwerpunkt 166
Schwerpunktsystem 121
Schwingkreise, elektrische 45
Schrödingerbild 18

Staeckelsches Theorem 254
Stamm-
– -funktion 251
– -gleichung 39
starrer Körper
– siehe: Körper, starrer
Statik des starren Körpers 174 f
stationär 99
Statistik 139 f
Steinerscher Satz 183 f
Stieltjessches Integral 147
Stoß
– , elastischer 156
– -kinematik 155
– -parameter 157
– Zweier- 155
Streu-
– -experiment *292
– -prozesse, reale 162
– -querschnitt 152
– -rate 154
– -theorie 138 f
– – , inverse 138
Streuung
– an einer Kugel *293
– an einer Potentialschwelle *292
– Coulomb- 158
– Einfach- 155
– , elastische 156, 163
– , inelastische 164
– Mehrfach- 155

target 138, 150
teleologisch 100
Teilchenstreuung 138, *292, *293
Tensor

- -analysis 80, 149
- -dichte 170
- Trägheits- 177 f, 179, 184, *295
Theorie
- elektrischer Systeme 78
- Feld- 256, *274
- Kontinuums- *274
- von Hamilton-Jacobi 115, 203, 247 f, *303
- , klassische 218
Thermodynamik 216, 240
- Gleichgewichts- 219
Trägheits-
- -ellipsoid 183
- -haupt-
- - -achsen 181, 193
- - -momente 181
- -momente 179
- -moment um eine Achse 184
- -tensor 177 f, 179, 184, *295
- - , physikalische Bedeutung 180
Transformation
- Einheits- 53
- Galilei- 58, 90
- Hauptachsen- 21, *265
- , homogen lineare 1
- , identische 238
- , inhomogen lineare 1
- , kanonische 110, 226 f, 228
- , lineare 1 f
- , orthogonale 13, 15, 25
- Phasen- 228, 241
- Punkt- 65, 108, 110, 228
- , unitäre 13, 15, 25, 255
Translation 53
Translationsenergie 188

Unwucht, dynamische 186

Variation 104, 207
- , zweite 105
Variations-
- -problem mit Nebenbedingungen *283
- -rechnung 101 f

Vektor
- -dichte 170
- -feld 76
- Konfigurations- 96
- Orts- 51
- Spalten- 7
- Verschiebungs- 52
- Zeilen- 7
Verschiebung 53, 166
Verteilungsfunktion 147, *291
Verrückung 210

Wahrscheinlichkeit 140
- , atomare 141, 147
Wahrscheinlichkeits-
- -dichte 147
- -rechnung 140 f
- - , Axiome der 142
Wasserstoffatom 135
Wechselwirkung, fundamentale 138
Wellengleichung *273
Winkel
- -beschleunigung 57
- , Eulersche 191
- -geschwindigkeit 56
- - , momentane 56
- , infinitesimaler 209
- -variable 123
Wirkungs-
- -funktion 245, *304
- -funktional 98
- -integral *285
- -linie 177
- -querschnitt 150
- - , differentieller 152, *293
- - , totaler 154, 162
Wirkung, verkürzte 253, *303

Yukawa-Potential 120

Zeitableitung 78
zeitlich homogen 205
Zentral-
- -kraft 89
- -potential 89

Zentripetalbeschleunigung 58
Zentrifugalkraft 59, 62, 125, *275
Zufalls-
– -experiment 139, *289
– -variable 144, 148, *289, *291
Zustand 217 f
Zustandsraum 219
Zwangs-
– -bedingung 91 f, *279
– – , holonome 92, 97
– – , nicht-holonome 92, 119

– – , rheonome 94
– – , skleronome 94
– -drehmoment 186
– -kraft 119, *276
Zweierstoß 155
Zweikörper-Zentralkraftproblem 47, 120 f, 134
Zweiteilchenpotential 47
zyklische Variable 115
Zykloide *285
Zylinderkoordinaten 82 f, *277

AULA

Weitere Titel aus dem Programm Physik

Schmelzer, Jürn / Mahnke, Reinhard / Ulbricht, Heinz
Aufgabensammlung zur klassischen theoretischen Physik
Aufgaben mit Lösungen und Lösungshinweisen
1993. XII / 399 S., zahlr. Abb., Kt, DM 29,80
ISBN 3-89104-545-X,
Bestell.-Nr. 315-00896

Diese Aufgabensammlung zu Themen der klassischen theoretischen Physik ist so konzipiert, daß sie unabhängig von einem speziellen Lehrbuch benutzt werden kann. Sie hat die Durchdringung der wichtigsten Resultate und Ergebnisse aus den Bereichen theoretische Mechanik, Elektrodynamik sowie Thermodynamik zum Ziel. Im Gegensatz zu anderen, bereits existierenden Aufgabensammlungen wird in dieser eine Kombination von analytischen und numerischen Lösungsmethoden angestrebt. Die Aufgabenstellung ist von unterschiedlichem Schwierigkeitsgrad, so daß eine stufenweise Erarbeitung des Stoffes möglich ist.

Schmelzer, Jürn
Repetitorium der klassischen theoretischen Physik
Theoretische Mechanik, Elektrodynamik und Thermodynamik
Formelsammlung, wesentliche Resultate und Kontrollfragen
1992. XII/205 S., 91 Abb., Kt, DM 29,90
ISBN 3-89104-534-4, Bestell.-Nr. 315-00516

Dieses Buch gibt einen kurzen und prägnanten Überblick über die wichtigsten Ergebnisse der klassischen theoretischen Physik. Es ermöglicht dem Lehrer und Dozenten ein schnelles Nachschlagen von Formeln und Resultaten und dem Studenten dient es als praktische Hilfe zur Nachbereitung von Vorlesungen und Praktika sowie zur Vorbereitung auf Prüfungen.

Nach einer systematischen Übersicht über Resultate, Begriffe und Formeln aus den einzelnen Bereichen der klassischen theoretischen Physik wird am Ende eines jeden Kapitels durch eine Liste von Fragen dem Studenten die Möglichkeiten gegeben, sein aktuelles Wissen zu überprüfen.

Preisänderungen vorbehalten

AULA-Verlag · Postfach 1366 · D-65003 Wiesbaden

AULA

Fick, Eugen
Einführung in die Grundlagen der Quantentheorie
6., durchges. Aufl. 1988. 489 S., 95 Abb., kt., DM 39,80
ISBN 3-89104-472-0, Best.-Nr. 315-00394

Dieses Buch führt Studenten in den heutigen Kalkül und die physikalischen Aussagen der Quantentheorie so weit ein, daß selbständig ihre unzähligen Anwendungen in den verschiedenen physikalischen Richtungen weiterverfolgt werden können. Etwa 120 Aufgaben mit Lösungen sind zur Vertiefung des Stoffes enthalten.

Grawert, Gerald
Quantenmechanik
5. Aufl. 1989. 346 S., 22 Abb., kt., DM 29,80
ISBN 3-923944-40-3, Bestell.-Nr. 315-00025

Das Buch gibt für Studenten der Physik, Mathematik und physikalischen Chemie eine Darstellung der physikalischen Konzepte der Theorie der Quantenmechanik. Es beschränkt sich auf die nichtrelativistische Quantenmechanik, behandelt jedoch auch Themen, die in erweiterter Form gerade für die Quantenfeldtheorie bis zur modernen Entwicklung hin von Bedeutung sind.

Mandl, Franz / Shaw, Graham
Quantenfeldtheorie
Übers. aus dem Engl. von R. Bönisch
1993. 363 S., 95 Abb., kt, DM 68,–
ISBN 3-89104-532-8, Bestell.-Nr. 315-00524

Das Buch stellt ein kurze, selbstkonsistente und unkomplizierte Einführung in die Quantenfeldtheorie dar. Die drei behandelten Schwerpunkte sind:

– Formalismus und zugrundeliegende Physik der Quantenfeldtheorie

– störungstheoretische Berechnung unter Benutzung von Feynman-Diagrammen

– Einführung in die fundamentalen Eichtheorien der elektroschwachen Elementarteilchenphysik

Dieses Buch, das im Englischen einen wichtigen Platz in dem Lehrbuchangebot für Studenten der theoretischen Physik einnimmt, wurde fachmännisch übersetzt. Teilweise wurden auch aktuelle Korrekturen und Änderungen des Autors mit eingearbeitet.

Preisänderungen vorbehalten

AULA-Verlag · Postfach 1366 · D-65003 Wiesbaden

AULA

Joos, Georg
Lehrbuch der theoretischen Physik
Bearbeitet von Burkhardt Fricke und Klaus Schäfer.
15., völlig neu bearb. Aufl. 1989. XIV/829 S., 195 Abb., Gb, DM 84,–
ISBN 3-89104-462-3, Best.-Nr. 315-00013

Bei der vorliegenden aktualisierten Neubearbeitung wurde der überragende und klare Darstellungsstil von Professor Joos beibehalten. In allen Kapiteln wurden die jetzt gültigen Internationalen Einheiten eingeführt und die neuesten Erkenntnisse eingearbeitet. Die Kapitel über Quantenmechanik und ihre Anwendung wurden vollständig neu geschrieben. Damit bietet dieses kompakte, übersichtlich gegliederte Werk eine moderne und aktuelle Übersicht über alle Teilgebiete der theoretischen Physik. Für den Studenten ist es ein wichtiges Lehrbuch, für Lehrer und Hochschullehrer ein hilfreiches Nachschlagewerk.

Goldstein, Herbert
Klassische Mechanik
11. Aufl. 1991. IX/443 S., 72 Abb., Kt, DM 44,–
ISBN 3-89104-514-X, Best.-Nr. 315-00132

Die klassische Mechanik ist ein unentbehrlicher Bestandteil der Ausbildung des Physikers und dient der Vorbereitung auf das Studium der modernen Physik. Das Lehrbuch von Herbert Goldstein ist durch den klaren Aufbau und die gut verständliche Darstellung seither unerreicht. Dies begründet den hohen Stellenwert des Buches bei der Ausbildung von Studenten der experimentellen und theoretischen Physik.

Heber, Gerhard
Einführung in die Theorie des Magnetismus
1983. 172 S., 53 Abb., Kt., DM 29,80
ISBN 3-929344-46-2, Best.-Nr. 315-00471

Das Phänomen Magnetismus ist in der Natur weit verbreitet. Dieses Buch bietet die Basis zum Verständnis der physikalischen Vorgänge, die dem Magnetismus zugrunde liegen. Die verschiedensten Formen und Erscheinungsweisen des Magnetismus werden erklärt und seine physikalischen und mathematischen Grundlagen erläutert. In zwei weiteren Kapiteln wird eine breite Palette von aktuellen Anwendungsbeispielen des Magnetismus in verschiedenen Disziplinen, wie z. B. der Technik, Informationsverarbeitung und Medizin gegeben.

Preisänderungen vorbehalten

AULA-Verlag · Postfach 1366 · D-65003 Wiesbaden

AULA

Rainer J. Jelitto
Theoretische Physik
Eine Einführung in die mathematische Naturbeschreibung
mit Übungsaufgaben und Lösungen, in 6 Bänden.

Der Schwerpunkt dieses mehrbändigen Studientextes liegt in der zeitgemäßen mathematischen Beschreibung physikalischer Sachverhalte. Im Vordergrund steht dabei das Bemühen um eine klare Definition von Begriffen und das Aufzeigen von strukturellen Zusammenhängen der einzelnen Teildisziplinen. Dabei haben die mathematischen Konzepte nicht nur Bedeutung als nützliche Rechenmethode, sondern es wird deutlich gemacht, daß sie ihren eigenen Stellenwert zum Verständnis des Stoffes haben. Insgesamt wird der Synthese physikalischer und mathematischer Denkweisen bei diesem Werk besondere Bedeutung zugemessen.

Band 1
Mechanik I
3., korr. Aufl., X/273 Seiten, 85 Abb., kart., DM 26,80
ISBN 3-89104-512-3, Best.-Nr. 315-00510

Band 2
Mechanik II
3., vollst. neu bearb. Aufl., 328 Seiten, 73 Abb., kart., DM 39,90
ISBN 3-89104-569-7, Best.-Nr. 315-00918

Band 3
Elektrodynamik
3. vollst. neu bearb. Aufl., 382 Seiten, 106 Abb., kart., DM 39,80
ISBN 3-89104-568-9, Best.-Nr. 315-00512

Band 4
Quantenmechanik I
3., korr. Aufl., 380 Seiten, 54 Abb., kart., DM 36,80
ISBN 3-89104-547-6, Best.-Nr. 315-00894

Band 5
Quantenmechanik II
2., korr. Aufl., 458 Seiten, 52 Abb., kart., DM 36,80
ISBN 3-89104-468-2, Best.-Nr. 315-00514

Band 6
Thermodynamik und Statistik
2., korr. Aufl., 440 Seiten, 82 Abb., kart., DM 36,80
ISBN 3-89104-469-0, Best.-Nr. 315-00515

Preisänderungen vorbehalten.

AULA-Verlag · Postfach 1366 · D-65003 Wiesbaden